口絵 1

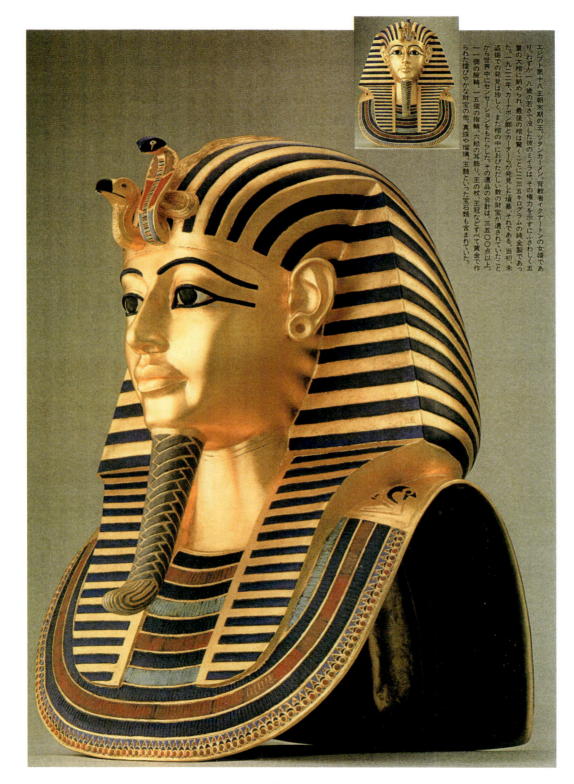

エジプト第十八王朝末期の王、ツタンカーメン。背教者イクナートンの女婿であり、わずか一八歳の若さで没した彼のミイラは、その権力を示すにふさわしく五重の大棺に納められ、最後の棺は驚くことに一一三五キログラムの純金製であった。一九二二年、カーナボン卿とカーターらが発見した墳墓された。当初未盗掘での発見は珍しく、また棺の中におびただしい数の財宝が遺されていたことから世界中にセンセーションをもたらした。その遺品の合計は、三五〇〇点以上。一一個の柩輪、一五個の指輪、六組の耳飾り、王の杖、王冠などすべて黄金で作られた煌びやかな財宝の他、真珠や瑠璃、玉髄といった宝石類も含まれていた。

ツタンカーメン王の黄金のマスク（解説は第3章）

口絵 2

Feather cloak of Chief Kalaniopuu (Elgin Cloak)
ハワイ島酋長，カラニオプウの羽毛製マント（エルジンクローク）

美麗鳥アパパネ

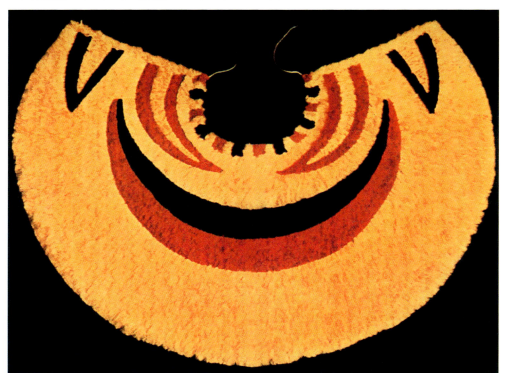

ハワイの羽毛製のマントとケープ（出典：ビショップ博物館の所蔵品）
ハワイの羽毛製のマントやケープはハワイ独特のもの．長いマント（左上）は最高の威信と権威を示すもので，男性酋長に限ってそれを着用する資格があった．ここに示したものは酋長カラニオプウ Kalaniopuu のものである．下は酋長から王妃に贈られたケープ．どちらもホノルルのビショップ博物館の展示品．

【学名解】右上の鳥は美しい羽を提供したハワイミツスイ科のアパパネ *Himatione sanguinea*．属名は ギ（羽毛が）衣服になる（鳥），種小名は ラ 血紅色の．

極楽鳥の一種アオフウチョウの華麗なディスプレー（出典：1984年発行のニューギニア航空の機内誌）
【学名解】鳥の学名を *Paradisaea rudolphi* という．属名はギ楽園の．種小名はオーストリア・ハンガリーの皇太子 A. Rudolph に因む．英名は Blue Bird of Paradise.

口絵 4

早春,枝に積もった雪の上に仲良く止まるつがいのメジロ(出典:寺本哲郎氏撮影)

口絵 5

40年ぶりに宮崎県に飛来したコウノトリ（出典：寺本哲郎氏撮影, 2000年12月）

口絵 6

魚をついばむコウノトリ（宮崎県一ツ瀬川にて）（出典：寺本哲郎氏撮影）

アオバズクの巣立ち（出典：寺本哲郎氏撮影）

口絵 8

巣立ちのフクロウ（出典：寺本哲郎氏撮影）

イカル（出典：寺本哲郎氏撮影）

カワセミ（出典：寺本哲郎氏撮影）

北ボルネオの美麗鳥セイラン（出典：筆者撮影，1962年）

旧世界のホーンビル3題（出典：すべて筆者撮影）
上：アフリカ産（モモグロサイチョウ），中：英領北ボルネオ産，下：パプアニューギニア産

おしゃれ好きなパプアニューギニアの高地人（出典：高地の町ゴロカにて，筆者撮影，1969年）
鳥の羽をアレンジして飾りとし，それを挿した帽子は有袋類のクスクスの毛皮である．おしゃれ好きなニューギニアの高地人の笑顔が愛らしい．

口絵 14

コウライウグイス　*Oriolus chinensis*　（出典：児嶋正人氏撮影）
インドから東南アジアに分布．日本では稀な旅鳥．
【学名解】属名は ラ 金色の鳥．種小名は近代 ラ 中国の．

クロハゲワシ　*Aegypius monachus*　（出典：児嶋正人氏撮影）
南ヨーロッパからアジアに分布．日本では稀な迷鳥．
【学名解】属名は ギ ハゲワシ．種小名は ラ 修道僧．

ヒメウタイムシクイ　*Hippolais caligata*　（出典：児嶋正人氏撮影）
モンゴル・イランなどが主産地．非常な珍品で，日本では最初の撮影と確信．
【学名解】属名は ギ 小鳥の名．種小名は ラ 長靴をはいた．

インドアカガシラサギ　*Ardeola grayii*　（出典：児嶋正人氏撮影）
イラン・ビルマを主産地とする．日本では極めて稀．
【学名解】属名は ラ サギ．種小名は Gray 氏に因む．

ナベコウ　*Ciconia nigra*　（出典：児嶋正人氏撮影）
ヨーロッパ・アジアを主産地とする．日本には稀に冬季に渡来．足とくちばしは赤い．
【学名解】属名は ラ コウノトリ．種小名は ラ 黒い．

世界の鳥の学名解

― ツタンカーメン王の黄金のマスクの謎 ―

平嶋義宏

(九州大学名誉教授・宮崎公立大学名誉教授)

北隆館

Etymology of the Scientific Names of the Birds of the World

with a Special Understanding on the Gold Musk of Phalaoh Tutankhamen

Written by

Dr. YOSHIHIRO HIRASHIMA
Professor Emeritus, Kyushu University
Professor Emeritus, Miyazaki Municipal University

Published by

The HOKURYUKAN CO., LTD. Tokyo, Japan : 2018

はしがき

　日本鳥類学会は『日本鳥類目録』を編集・発行している．1975 年に発行された目録によれば，まれな迷鳥も含めて，日本の鳥の種類数は 496 である（1974 年時点）．ところが，2000 年発行の同目録（改訂第 6 版）には 542 種の鳥が載っている．25 年の間に 46 種も増えている．一方，1997 年発行の『日本動物大百科』の「鳥類」（第 3・4 巻）（平凡社）によると，日本の鳥は総数 552 種であるという．この違いはどこからきたのであろうか．勿論，全部が全部とは言わないが，新種として新しく記載発表されたものもあるに違いない．
　筆者は鳥学者ではないのではっきりしたことは言えないが，旅鳥とか迷鳥とか，あるいはかご抜け鳥とか帰化鳥とか，さらに輸入した狩猟鳥もあって，これらが新しく発見され，追加されたものであろう．しかし，これらを国産の鳥としてリストに加えるかどうか，議論の余地もあろう．
　筆者は 1967 年の初春に，ハワイ列島の西端のカウアイ島に登った．頂上近くのロッジの庭で，愛らしい小鳥が歩いているのを見た（201 頁，囲み記事 11）．ロッジの主人は誇らしげに，この小鳥はアラスカから飛んできたのだ，そうして，やがてアラスカに帰る，と話してくれた．アラスカといえばハワイからは遠い遠い国である．この小鳥（ゴールデンプラバーという）はか弱い身でそことハワイを行き来するのである．それを知って私は感動した．あとで調べて，アラスカとハワイは 4,000 km の隔たりがある．これを真っ直ぐ南下し，あるいは北上するのだろうか．移動中の休憩はどこでとるのだろうか．海面しかないが，そこは小鳥に危険な場所ではなかろうか．疑問は次々に飛び出してくる．また，地域別の鳥のリストを作れば，この鳥はアラスカ産ともなり，ハワイ産ともなろう．
　現在，日本では鳥の図鑑や事典類が数多く出版されている．どれを手にしても美しい写真が載せてある．買うのにどれを選ぶか，戸惑うほどである．図鑑には鳥の 1 種ごとに和名と学名が載せてある（稀に学名なしの本もある）．しかし，学名の語源と意味の解説がない．日本国内では鳥の和名を知ればそれで良い，とする風潮がある．しかし，和名は国内では通用するが，世界には通用しない．世界に通用するのは学名だけである．外国の人との会話にはその鳥の学名か英名しかない．
　和名や英名にもその名の由来と意味がある．学名にもその一つ一つに意味がある．学名の意味を知るにはそれ相応の知識と学力が無くてはできない．そこで僭越にも筆者がその役を引き受けて，鳥の学名の解説書すなわち本書を著すことになった．筆者は『蝶の学名，その語源と解説』以来数冊の学名解説の本を上梓した．おそらく本書がその最後になるであろう．
　本書には，かねて筆者の気になっていた「ツタンカーメン王の黄金のマスク」に登場してもらった．筆者は数年前に「ツタンカーメン王の黄金のマスク」の素晴らしい写真（口絵 1 参照）を手に入れて，その見事さに感動した．そしてその王冠についている記念章（記章）に注目した．これはどんな動物で，何故ついているのか，という疑問である．

その写真はルーブル彫刻美術館（三重県一志郡白山町）発行の『ルーブルの至宝』の中の一枚である．ここにこの至宝の写真の転載をお許し下さった館長竹川規清氏に心から感謝します．

　この「ツタンカーメン王の黄金のマスク」の秘密といえば，マスクの額の部分に存在する2つの記念章である．一つは蛇であり一つは鳥である．そこでこの記念章（記章）のいわれを知ろうと色々な本，例えば吉村作治博士の名著『ツタンカーメンの謎』ほかを当たってみたが，収穫はなかった．それで筆者がこの本の中の1章をさいてその謎を解く，ということになったのである．

　もう一つここで述べておきたいことがある．本書の口絵の7図版（4〜10）と「第6章 日本の鳥たち」の中に使用した多数の鳥の写真は，筆者の知友寺本哲郎氏の撮影になるもので，彼の著書『ふるさとの野鳥たち』（鉱脈社）から引用したものである．寺本氏は宮崎県西臼杵郡五ヶ瀬町大字三ヶ所の古利淨専寺の第16代の住職である．住職でありながら写真を趣味とし，素晴らしい野鳥の写真を撮り続けられた．惜しいことに数年前に他界された．私は平成5年のトリ年の元旦に宮崎日日新聞に発表された2羽の「雪のメジロ」の写真をみて感動し，躊躇なく見知らぬ寺本氏に手紙を書いて，その写真を頂戴し，拙著『生物学名概論』（東京大学出版会，2002年，207頁）に発表したのである．その後寺本氏とは親交を結んだ．気品のある温厚な紳士であった．本書の付図に寺本氏撮影の写真を用いたのは，敬愛する寺本氏の功績を顕彰すると共に，寺本氏のご冥福をお祈りするためである．

　ところで，鳥の学名の解説書には，内田清一郎・島崎三郎氏の名著『鳥類学名辞典』（東京大学出版会，1987年）がある．1,207頁の大著で，世界中の鳥の学名が扱われている．しかし30年前の出版であるから，現在，この大著を座右において活用している鳥の愛好者は少ないと思われる．そこで筆者のこの新本の意義がある．本書は江湖に広く利用して頂きたい．なお，『鳥類学名辞典』にも誤りや不可解な解釈もある．気がついたものはそのつど指摘しておいた．

　最後に，本書の発行についていろいろご配慮いただいた北隆館社長福田久子氏や編集部の角谷裕通氏に感謝します．また，原稿の整理に加勢していただいた紙谷聡志博士（九州大学准教授）に心からお礼申し上げます．併せて『ガラパゴス自然紀行』を貸与下さった野村郁子さん（福岡市）と特別に写真をいただいた鳥類写真家の児嶋正人氏（福岡県大野城市）に謝意を表します．

2018年10月1日

平嶋義宏

目　　　次

口絵 ———————————————————————————————————— 1〜16

はしがき ———————————————————————————————————— 1

目次 ———————————————————————————————————— 3

第 1 章　鳥のよもやま話 ———————————————————————————— 5

第 2 章　鳥の古典名とそれを用いた現代の学名 ———————————————— 11

第 3 章　ツタンカーメン王の黄金のマスクの謎 ———————————————— 33

第 4 章　世界の珍鳥たち ———————————————————————————— 39

　　（1）1 属 1 種の鳥 ————————————————————————————— 39
　　（2）1 科 1 属 1 種の鳥 ——————————————————————————— 44
　　（3）1 科に 300 種以上の鳥を含むもの ——————————————————— 52
　　（4）飛ばずに走る鳥 ——————————————————————————— 55
　　（5）飛ばずに泳ぐ鳥 ——————————————————————————— 58
　　（6）ハワイのハワイミツスイ ——————————————————————— 61
　　（7）ニューギニアの極楽鳥 ———————————————————————— 62
　　（8）南米とアマゾンの珍鳥 ———————————————————————— 63
　　（9）道具を使う鳥 ———————————————————————————— 64
　　（10）蜂蜜のありかを教えるミツオシエ —————————————————— 65
　　（11）ものまね鳥 ————————————————————————————— 65
　　（12）社会性の鳥 ————————————————————————————— 66
　　（13）絶滅した鳥 ————————————————————————————— 66
　　（14）アメリカ国立自然史博物館の鳥の標本拝見 —————————————— 69

第 5 章　ガラパゴス諸島の鳥たち ——————————————————————— 87

第 6 章　日本の鳥たち ————————————————————————————— 109

第 7 章　日本のレッドデータブックの鳥たち ————————————————— 197

第 8 章　那須塩原市のレッドデータブックの鳥たち............213

第 9 章　鳥の羽毛の色彩斑紋を表現した学名............223

第 10 章　奇抜な習性を表現した学名............255

第 11 章　都道府県の指定の鳥............271

第 12 章　さまざまな鳥の切手拝見............281

■囲み記事
1 野鳥の行動に関する用語　8／**2** 日本の天然記念物の鶏　9／**3** アフリカ産のミミヒダハゲワシ　14／**4** 始祖鳥の化石　17／**5** 始祖鳥に次ぐ鳥の祖先タソガレドリ　18／**6** オーストラリアのワライカワセミ　25／**7** 南米のオニオオハシ　32／**8** ガラパゴスには水上を歩く小鳥がいる．えっ，それ本当？　91／**9** 寺本哲郎写真集 ふるさとの野鳥たち　117／**10** アフリカ産サギの 1 種 *Egretta* sp.　200／**11** 遠距離の渡りをするゴールデン・プラバー（上 2 羽の小鳥）　201／**12** カナダの紙幣に登場した鳥たち　211／**13** パプアニューギニアの国章　221／**14** 天下一の奇声，北ボルネオのホーンビル　257／**15** 世界で最も危険な鳥　260／**16** 人おじしないハワイのハワイガン　265／**17** 我が家のペットのオカメインコ　270

参照文献............302

和名索引............305

属名索引............326

種小名索引............332

第 1 章
鳥のよもやま話

　本論に入る前に，鳥について，これだけは知っておきたいという話をしておきたい．

　まず，鳥の特徴はなにか．こういう質問をうけたとして，その答えを考えてみよう．第一に，空を飛ぶ動物である，ということである．空を飛ぶ鳥にあこがれて人間は飛行機を発明したのである．次に，その鳥は爬虫類から進化したものである，と答えられる人は少ない．それが事実だとして，爬虫類には羽毛がないが，鳥には羽毛がある，という大きな違いもあり，また，爬虫類は冷血であるが鳥は温血である，と答えられる人は物知りの部類である．こういう人は始祖鳥という化石が発見されていることも知っている．始祖鳥は1億4千万年前のジュラ紀に生息していた．ハト位の大きさである．その大きさを知っている人も実は少ない．しかし，始祖鳥が温血だったのかどうか，化石からは分からない．

　始祖鳥は1億4千万年前のジュラ紀に生息していた．始祖鳥が本当に鳥の祖先だとすると，鳥の歴史は実に長いということになる．恐竜が絶滅して哺乳類の進化が始まったとされているが，恐竜の絶滅はすでに空を飛んでいた鳥類には悪い影響を及ぼしていない，と思われる．

　鳥には背骨がある．すなわち脊椎動物である．脊椎動物は高度に進化した動物である．それでは，脊椎動物にはどんな種類がいるか，復習してみたい．

　まず，背骨をもたない無脊椎動物をみてみると，種類は実に多い．しかし，陸生のものは一般に小さい．最も素晴らしいものは昆虫類であろう．50年前には世界中の昆虫は100万種といわれていたが，現在では300万種はいるという学者もいる．

　これに対し，脊椎動物の特徴は体が大きいということである．陸上の脊椎動物は原則として4足である（鳥類を除く）．体には骨格が発達して体を支えている．背骨はその中心である．脊椎動物には先ず魚類（軟骨魚類と硬骨魚類）が登場する．次いで両生類，次いで爬虫類，次いで鳥類（前足は翼に変化），次いで哺乳類であり，その中で進化の頂点にたつのが霊長目（サル目）であり，そこに人類が君臨する．

　脊椎動物でも，魚類，両生類，爬虫類と鳥類までは卵生であり，哺乳類のみが胎生である．この違いは大きい．これをすらすらと言える人は博識な人である．

　こうみてくると，鳥はなかなか変わった性質をもっていることが分かる．現在，鳥は地球上のあらゆる環境にうまく適応している．空を飛べることも素晴らしい．また，水との関係も断ちがたく，いわゆる水禽類や水中で活躍するペンギンさえも進化している．

総じて，現代の鳥は地球の環境に適応してうまく繁栄している，ということができる．そこで，現生の世界の鳥は何種いるか，また，日本の鳥は何種いるか，という疑問が生じるのである．しかし，この質問に明快に即答できる人は鳥類分類学者以外ではごく稀であろう．それを書いて教えてくれる本や図鑑類が少ないからである．

　ここで，生物の分類の仕方について，概説しておこう．

　生物には動物，植物，微生物などの違いがある．一般に，動物は動くが植物は動かない，と教えられる．それらの分類では，最高の区分が界（Kingdom）である．すなわち動物界，植物界など．

　次に，動物界の分類では，最高の区分が門（Phylum）である．例えば原生動物門，線形動物門（センチュウほか），軟体動物門（貝，イカなど），節足動物門（エビ，カニ，クモ，昆虫など），ほか．

　門の下部が綱（Class）である．例えば昆虫綱，鳥綱など．

　綱の下部が目（Order）である．鳥でいえばダチョウ目，カモ目，キジ目，ほか．

　目の下部が科（Family）である．例えばペンギン科，カモ科，フクロウ科，など．

　科の下部が属（Genus）である．例えばゴイサギ属，コウノトリ属，ハヤブサ属．

　属の下部が種（Species）であり，普通われわれが目にしている動物が夫々の種を代表している．その下部が亜種（Subspecies）である．亜種は種の中の地方的変異をもつ個体群である．動物命名規約では亜種までの命名法を規定している．昔はその下部の型（Forma）も認められていた．動物学では型の命名は認められないが，植物学では型も認められている．

　生物学では種を基準として研究が進められる．種とは何か．一時その議論がやかましかった．端的に表現すれば，種とは同様な行動（習性）や形態をもち，仲間同士で繁殖が可能な永続的な個体群である，といえる．しかし，野生の状態での動物の習性を観察するのは面白いが，常に困難が伴う．例えばカラス同志の交尾をみた人は非常に少ない．

　こうして，個体の似たもの同士をあつめて種とみなし，その種を認識すると同時に他種（近似種）と区別するために学名をつける．そこに分類学が登場する．

　種の学名は属名と種名（種の学名，と紛らわしいので特に種小名という）の2語の組み合わせである．似たもの同士をまとめて属と認定し，命名規約に従って属名を命名する．そしてそのグループとは特徴の違った別の個体群が発見される．そこでこれらを別の属として扱うことになる．そして新しい属が次々に誕生する．属は近似の属とは形態的に明瞭な区別がなくてはならない．

　一つの属に含まれる種類数には制限はない．極端な例では1属1種というものもある．これには希少種という折り紙がつけられる．衛生害虫のヤブカ属 *Aedes* には日本産約40種，イエカ属 *Culex* には日本産約30種が存在する．双眼顕微鏡で覗いてみれば，これらの蚊の違い（種の違い，属の違い）はすぐ納得できる．私の遊びの計算では，世界の動物は1属に平均して5種含まれるという値がでた．ヤブカやイエカは種類が多い方である．

　分類学では属が中心である．属名がわからなければ種の命名ができないからである．また，属の上位である科名もある属名を基本としてつけられる．例えば鳥のカモメ科

Laridae はカモメ属 *Larus* を基本とし，これに科名の語尾 -idae を付した造語である．

（注）以上の属名の意味の解説．
【学名解】**Aedes** はギリシア語で不愉快な，迷惑な．**Culex** はラテン語でカ（蚊）．*Larus* はギリシア語でカモメ（ラテン語でも同様）．

さて，この項の前にも提出した疑問であるが，世界の鳥は何種か，日本の鳥は何種か，ということである．そろそろこの答えを出さねばならない．岩波の『生物学辞典』の第4版によれば，世界の鳥はシギダチョウ目をはじめスズメ目まで28目に分類されている．この中で圧倒的に多いのがスズメ目 Passeriformes であり，ヒロハシ属 *Eurylaimus*（ヒロハシ科）はじめカラス属 *Corvus*（カラス科）まで実に60属が示されている．しかし，残念なことに，種類数は示されていない．

非常に面白くて有益な記事は『世界鳥類事典』（同朋舎出版，1990年）に見出される．目数は28と同じであるが，それに含まれる種類数が示してある．すなわち下表のとおりである．

1. ダチョウ目　1種	11. コウノトリ目　117種	21. フクロウ目　174種
2. レア目　2種	12. カモ目　150種	22. ヨタカ目　109種
3. ヒクイドリ目　4種	13. タカ目　290種	23. アマツバメ目　429種
4. キーウィ目　3種	14. キジ目　274種	24. ネズミドリ目　6種
5. シギダチョウ目　46種	15. ツル目　190種	25. キヌバネドリ目　39種
6. ペンギン目　18種	16. チドリ目　337種	26. ブッポウソウ目　204種
7. アビ目　5種	17. サケイ目　16種	27. キツツキ目　381種
8. カイツブリ目　21種	18. ハト目　300種	28. スズメ目　5,414種
9. ミズナギドリ目　110種	19. オウム目　342種	
10. ペリカン目　62種	20. カッコウ目　159種	

これを総計すれば世界中の鳥は9,203種となる．スズメ目が圧倒的に種類数が多い．このスズメ目の中で最も大きいのがスズメ亜目であり，約57科，4,288種を含む．試みに，本事典で示されたスズメ目 **Passeriformes** の科名（和名のみ）を挙げてみよう．

ヒロハシ科	タイランチョウ科	クサムラドリ科
オニキバシリ科	トガリハシ科	ヒバリ科
カマドドリ科	クサカリドリ科	ツバメ科
アリドリ科	ヤイロチョウ科	セキレイ科
オタテドリ科	イワサザイ科	サンショウクイ科
カザリドリ科	マミヤイロチョウ科	ヒヨドリ科
マイコドリ科	コトドリ科	コノハドリ科
ルリコノハドリ科	オーストラリアムシクイ科	アメリカムシクイ科
モズ科	トゲハシムシクイ科	モズモドキ科
ブタゲモズ科	モズヒタキ科	ムクドリモドキ科
メガネモズ科	シジュウカラ科	アトリ科（ハワイミツスイを含む）
オオハシモズ科	エナガ科	カエデチョウ科
レンジャク科	ツリスガラ科	ハタオリドリ科
ヤシドリ科	ゴジュウカラ科	スズメ科
カワガラス科	キバシリ科	ムクドリ科

ミソサザイ科	キバシリモドキ科	コウライウグイス科
マネシツグミ科	キノボリ科	オウチュウ科
イワヒバリ科	ハナドリ科	ホオダレムシクイ科
ツグミ科	ホウセキドリ科	ツチスドリ科
ハシリチメドリ科	タイヨウチョウ科	オオツチスドリ科
チメドリ科	メジロ科	モリツバメ科
ダルマエナガ科	ミツスイ科	フエガラス科
ウグイス科	オーストラリアヒタキ科	ニワシドリ科
ヒタキ科	オナガミツスイ科	フウチョウ科
カササギビタキ科	ホオジロ科	カラス科

以上を総計すれば75科となる．実に多い．

囲み記事1

野鳥の行動に関する用語

留　鳥　ある地域で1年中見られる鳥．

漂　鳥　季節によって日本国内を移動する鳥．主に冬に，北の地方や山岳地帯から暖地や平地に移動する．

夏　鳥　春に，日本より南の地域から渡来して繁殖し，秋には南の地域に渡って越冬する鳥．代表的な夏鳥に，サシバ，オオルリ，キビタキ，コアジサシ，ツバメ，カッコウ，オオヨシキリなどがいる．

冬　鳥　日本より北の地域で繁殖し，秋になると越冬のために日本に渡来し，春に渡去する鳥．代表的な冬鳥に，ツグミ，ジョウビタキ，コハクチョウ，コガモ，ユリカモメなど．

旅　鳥　日本より北の地域で繁殖し，日本より南の地域で越冬する鳥で，春と秋に日本を通過する．

迷　鳥　何らかの理由で，本来の分布域や渡りのコースを外れて日本へ渡来（迷行）した鳥．

渡り鳥　毎年決まった季節になると日本にやってきて，そして時が経つとまた一斉に姿を消す鳥．鳥が旅をすることを「渡り」といい，渡りをする鳥を「渡り鳥」という．最も長距離の渡りをする鳥はキョクアジサシ（*Sterna paradisaea*）で，北極と南極間を最大3万6千kmにわたって往復する．

托　卵　他種の巣に卵を産みつけ，その鳥（宿主）に雛を育てさせる習性．例えばカッコウ（高原などの開けた環境に多く，カッコウと鳴く）はオオヨシキリ，モズ，ホオジロ，セキレイ類に托卵する．

帆翔（はんしょう）　翼を広げたまま，殆どはばたかずに，上昇気流を利用して，大きな円を描いて飛ぶ．主にワシタカ類に見られる．

滑翔（かっしょう）　何度か強くはばたいた後，翼を広げたまま滑るように飛ぶこと．滑空ともいう．

停空飛翔　ホバリング（hovering）ともいう．翼を高速ではばたかせ，空中の1点にとどまり続ける飛翔で，獲物を狙う時などによく見られる．

次に，日本の鳥の総数であるが，実は明確なことは不明である．平凡社の『日本動物大百科』（1997年）には日本産鳥類は約550種と示してある．しかし同じ平凡社の『決定版日本の野鳥590』（2002年）には日本鳥学会発行（2000年）の〈日本鳥類目録〉に掲載された542種に未収録の89種を合わせて631種を日本産鳥類と認め，そのうちの590種を掲載した，とある．また，『日本絶滅危機動物図鑑　レッドデータアニマルズ』には「現在668種が知られる」とある．数値が一定していない．私は異を唱えるつもりはないが，日本産鳥類は約600種と思っている．

囲み記事2

日本の天然記念物の鶏

　鶏は東南アジア原産のセキショクヤケイ *Gallus gallus* を家畜化したものである．日本鶏 *Gallus gallus* var. *domesticus* には肉用や卵用のほかに形の美しさや鳴き声を楽しむ愛玩用や闘鶏用の品種がある．

　これらのうち特別天然記念物に指定されているのは尾長鶏（土佐のオナガドリ）1種だけである．あとは次のものが天然記念物に指定されている．すなわち，長鳴き鶏で有名な土佐の東天紅（とうてんこう），声良（こえよし），唐丸（とうまる）や，地鶏（じどり）（特別な品種ではなく，古くから各地で飼われていた在来鶏の総称），小国（しょうこく），シャモ（軍鶏）（闘鶏用のニワトリ．小型のものは愛玩用），チャボ（矮鶏），比内鶏（ひないどり），烏骨鶏（うこっけい），薩摩鶏（さつまどり）などである．

　【学名解】属名 *Gallus* は雄鶏のラテン語．変種名は ヲ 家の，家庭の．動物学では変種名は命名しないのが普通．

第2章
鳥の古典名とそれを用いた現代の学名

古典名とはラテン語名とギリシア語名をさし，サンスクリットは除外した．

(1) 鳥　Bird

ラ avis　鳥；aviarius, a, um　鳥の，鳥類の；aviarius　鳥を飼う人；avicula　小鳥
Aves 鳥綱．
Avicedo カッコウハヤブサ属（タカ科）．ラ avis + ラ cedo　行く，帰する，認める．鳥に近いもの，の意．この鳥とは分類学的にクロカッコウハヤブサ *Lophotes*（冠羽のある，の意）を指す．

ギ ornis，　連結形　ornitho- 鳥，ornithion　小鳥（縮小形）
Ornithion タンビコタイランチョウ属（タイランチョウ科）．ギ ornithion 小鳥．この鳥は南米産．
Thalassornis コシジロガモ属（カモ科）．ギ 海の鳥，の意．ギ thalassa 海．アフリカ産．
Ornithology 鳥類学．

(2) ダチョウ　Ostrich

ラ struthio, -onis　ダチョウ＝ギ strouthos　ダチョウ（このギリシア語にはスズメという意味もある）

ラ struthiocamelus ＝ ギ strouthiokamēlos　ダチョウ
Struthio ダチョウ属（ダチョウ科）．*Struthio camelus* ダチョウ．種小名はラ ラクダ．
（注）ラ struthiocamelus を二つに分けた造語にみえる．

(3) アビ　Loon

ラ gavia　鳥の一種（この鳥とは多分 seamew カモメをさす）
　（注）古代では近似の鳥の区別は困難であった．
Gavia アビ属（アビ科）．*Gavia stellata* アビ．種小名はラ 星斑のある．冬鳥として日本全域の沿岸に渡来．保護鳥．

(4) ペリカン　Pelican

ラ pelicanus ＝ pelecanus　ペリカン

ギ pelekan　属格　pelekanos　ペリカン
  Pelecanus ペリカン属（ペリカン科）．*Pelecanus crispus* ハイイロペリカン．種小名は **ラ** ちぢれ毛の．日本ではまれな迷鳥として記録されている．

(5) サギ　Heron

ラ ardea　サギ；ardeola（縮小形）　小さなアオサギ
  Ardea アオサギ属（サギ科）．*Ardea cinerea* アオサギ．ヨーロッパから日本まで．種小名は **ラ** 灰色の．

ギ erōdios　アオサギ
  Ardea herodias オオアオサギ．北米から中米．ガラパゴス諸島にも産する．種小名は **ギ** erōdios に由来．

ラ platalea　ヘラサギ＝**ギ** leukerōdios　ヘラサギ（leukos 白い＋ erōdios アオサギ）
  Platalea ヘラサギ属（トキ科）．*Platalea leucorodia* ヘラサギ．種小名は **ギ** ヘラサギ leukerōdios に由来．疑問のあるラテン語化．日本では冬鳥または迷鳥．

(6) コウノトリ　Stork

ラ ciconia　コウノトリ；ciconius, a, um　コウノトリの
  Ciconia コウノトリ属（コウノトリ科）．*Ciconia ciconia* コウノトリ．最初は *Ardea ciconia* と命名されたが，その後種小名が属名に昇格されたので，*Ciconia ciconia* というトートニムの学名になった．国の特別天然記念物．
  （注）種小名を *boyciana* とするものもある．意味不詳．

ギ pelargos　コウノトリ
  Pelargopsis コウハシショウビン属（カワセミ科）．属名の後節は **ギ** opsis 像，外観．コウノトリに似たもの，の意．*Pelargopsis amauroptera* チャバネコウハシショウビン．種小名は **ギ** amauros 暗い＋**ギ** pteron 翼．インド〜ヒマラヤ産．

(7) ガン　Goose

ラ anser　ガン
  （注）ガン（雁）を飼いならしたものをガチョウ（鵞鳥）という．Goose の複数形を Geese という．
  Anser マガン属（カモ科）．*Anser albifrons* マガン．種小名は **ラ** 白い額の．群れで飛ぶ時は斜めにならんで行く．これを雁行（がんこう）という．

ギ chēn　ガン
  Chen ハクガン属．現在は *Anser* 属に併合されていて，単独では用いられない．
  Chenonetta タテガミガン属（カモ科）．オーストラリア産．属名の後節は **ギ** nētta カモ．

(8) ハクチョウ　Swan

ラ cycnus ＝ cygnus　ハクチョウ
ギ kyknos　ハクチョウ
  Cygnus ハクチョウ属（カモ科）．*Cygnus olor* コブハクチョウ．種小名は下記．

■ olor ハクチョウ
Olor ハクチョウ亜属（カモ科）．最初は属名であったが，現在はハクチョウ属 **Cygnus** の亜属に格下げになっている．

(9) カモ　Duck, Mallard, Teal

■ anas カモ，アヒル（マガモを飼いならしたもの）
Anas マガモ属（カモ科）．**Anas platyrhynchos** マガモ．種小名は ■ 広い嘴の＜ platys ＋ rhynchos．

■ nētta カモ
Netta アカハシハジロ属（カモ科）．**Netta rufina** アカハシハジロ．種小名は ■ 赤らんだ＜ rufus 赤い＋接尾辞 -inus．日本ではまれな冬鳥．

■ pēnelops カモの一種
Anas penelope ヒドリガモ（カモ科）．
（注）Penelope はギリシア伝説のオデッセウスの妻の名．彼女の名はカモの名に由来するという．

(10) ワシ　Eagle

■ aetos ワシ（総称）
Spizaetus クマタカ属（タカ科）．前節は ■ spizias ハイタカ．

ハクトウワシ *Haliaeetus leucocephalus*
（出典：平嶋義宏著　生物学名辞典，東京大学出版会）

囲み記事3

アフリカ産のミミヒダハゲワシ

（出典：筆者撮影．ロンドン動物園にて）

　写真の鳥は一見して南米のコンドル（英名 Condor）に似ている．写真のミミヒダハゲワシ（英名 Vulture）の主産地はアフリカで，そこのワシ・タカ類では最強である．

　【学名解】学名を *Aegypius tracheliotus* という．属名は ギ ハゲワシ．種小名は ギ 喉に耳たぶ（肉のひだ）のある．

ギ haliaetos ＝ haliaietos　オジロワシ（またはミサゴ）
　Haliaeetus オジロワシ属（タカ科）．*Haliaeetus leucocephalus* ハクトウワシ．種小名は ギ 白い頭の．アメリカ合衆国の国鳥．
　Haliaeetus albicilla オジロワシ．種小名は ラ 白い尾の．北海道で少数が繁殖．国の天然記念物．

ギ chrysaetos　イヌワシ（タカ科．語意は金色のワシ．用例は下記）

ギ morphnos　ワシの一種
　Morphnus ヒメオウギワシ属（タカ科）．中・南米産．

ラ aquila　ワシ
　Aquila イヌワシ属（タカ科）．*Aquila chrysaetos* イヌワシ．種小名は ギ イヌワシ（上記）．北海道から九州にかけて生息，繁殖する．国の天然記念物．

（11）ハゲワシ　Vulture

ヲ aigypios　ハゲワシ（禿鷲）

Aegypius ハゲワシ属（タカ科）．*Aegypius monachus* クロハゲワシ．種小名は ヲ 修道士．日本ではまれな迷鳥．

ギ gyps　ハゲワシ

Gyps シロエリハゲワシ属（タカ科）．*Gyps fulvus* シロエリハゲワシ．種小名は ヲ 黄褐色の．地中海領域～北インド．

Gymnogyps カリフォルニアコンドル属（コンドル科）．属名の前節は ギ gymnos 裸の．北米産．

ヲ vultur　ハゲワシ

Vultur コンドル属（コンドル科）．*Vultur gryphus* コンドル．南米産．種小名は ヲ gryps ＝ gryphus に由来．ギリシア神話の怪物 gryps（ライオンの胴体に鷲の頭と翼をもつ）に因む．

（12）タカ　Hawk

以下名前の配列はアルファベット順．ハイタカ，ノスリ，トビ，ハヤブサなどを含む．

ヲ accipiter　属格　accipitris　タカ（鷹）

Accipiter ハイタカ属（タカ科）．*Accipiter nisus* ハイタカ（英名 Sparrowhawk）．種小名はギリシア神話のメガラ王 Nisos に因む．死後ハイタカに変えられた．冬鳥として全国に渡来．

Accipiter gularis ツミ．種小名は ヲ 喉に特徴のある．全国で繁殖する．
　（注）この語を種小名にもつ鳥は世界に 22 種ある．

ギ aisalōn　タカの一種（コチョウゲンボウともいわれる）

Aesalon コチョウゲンボウ属（ハヤブサ科）．現在ハヤブサ属 *Falco* に併合．

ヲ astur　タカの一種

Astur オオタカ属（タカ科）．現在 *Accipiter* 属に併合．

Butastur サシバ属．前節は ヲ buteo（ノスリ）に由来．

ヲ buteo　ノスリ

Buteo ノスリ属（タカ科）．*Buteo buteo* ノスリ（英名 Common Buzard）．珍しいトートニムの学名．冬季には全国で見られる．

Buteo lagopus ケアシノスリ．種小名は ギ ノウサギの足（ノウサギのように足に毛の多い）．

ギ elanos　トビ（英名 Kite．凧の意もある）

Elanus カタグロトビ属（タカ科）．*Elanus leucurus* オジロトビ．種小名は ギ 白い尾の．北米～南米産．

Elanoides ツバメトビ属．属名は ギ カタグロトビに似たもの．黒と白の羽色が目立ち，飛ぶ姿は非常に美しい．北米～南米産．

- ラ **falco** 属格 **falconis** ハヤブサ（隼．英名 Falcon）

    Falco ハヤブサ属（ハヤブサ科）．*Falco peregrinus* ハヤブサ．種小名は ラ よそ者の（渡りをするため）．全国に留鳥として繁殖．

    Falco tinnunculus チョウゲンボウ．種小名は ラ tinnunculus チョウゲンボウ．本州中部，東北地方で繁殖．

- ギ **hierax** 小型のタカ，ハヤブサ

    Hierax ヒメハヤブサ属（ハヤブサ科）．ヒメハヤブサ属 *Microhierax* のシノニム．

- ギ **iktinos** トビ

    Ictinia ムシクイトビ属（タカ科）．*Ictinia plumbea* ムシクイトビ．種小名は ラ 鉛色の．中米・南米産．

- ギ **kirkos** タカの一種

    Circus チュウヒ属（タカ科）．*Circus spilonotus* チュウヒ．種小名は ギ 斑点のある背中の．日本では冬鳥で，本州以南にみられる．

- ラ **milvus** トビ

    Milvus トビ属（タカ科）．*Milvus migrans* トビ（英名 Black Kite）．種小名は ラ さ迷う．全国で見られる．

- ギ **spizias** ハイタカ

    Spizaetus クマタカ属（タカ科）．後節は ギ aetos ワシ．*Spizaetus nipalensis* クマタカ．種小名は近代 ラ ネパール産の．九州以北で繁殖．絶滅危惧種．

- ラ **tinnunculus** チョウゲンボウ（ハヤブサの一種）

    Tinnunculus チョウゲンボウ属（タカ科）．現在はハヤブサ属 *Falco* に併合されている．*Falco tinnunculus* チョウゲンボウ（前出）．

(13) ライチョウ　Grouse, Ptarmigan

- ギ **lagōpous** ライチョウ
- ラ **lagopus** ライチョウ

    Lagopus ライチョウ属（ライチョウ科）．*Lagopus mutus* ライチョウ．種小名は ラ 無言の，静かな．年間を通じて高山で生活する．冬は尾羽を除いて雌雄とも全身白色となる．

- ギ **tetraōn** ライチョウの一種
- ラ **tetrao** ライチョウの一種

    Tetrao オオライチョウ属（ライチョウ科）．*Tetrao urogallus* ヨーロッパオオライチョウ．種小名は ギ 山のニワトリ，の意．ギ oros 山 ＋ ラ gallus おんどり．または，前節は ギ oura 尾．尾に特徴のある鶏，の意．シチメンチョウに似て威風堂々とした大きな鳥．

- ギ **tetrix** クロライチョウ

    Tetrao tetrix クロライチョウ．イギリスから朝鮮半島まで分布．

囲み記事 4

始祖鳥の化石

　始祖鳥は最古の鳥とされる．ジュラ紀後期に出現した．カラス大で，首は長く，胴は小さく，頑丈な後肢と長い尾をもつ．前肢は大きく，羽毛の痕が認められる．3本の手指は長くて独立していて，先端に爪がある．翼は飛翔器官ではなく，高所から低空への滑走に用いられたと思われる．ドイツのバイエルン地方から発見されている．冷血か温血かは不明．付図は J. Leunis（1886）からの引用である．

　【学名解】学名を *Archaeopteryx lithographica* という．属名は ギ 太古の翼，種小名は ギ 石に描かれた（もの）．

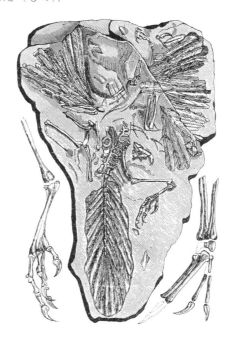

（14）シチメンチョウ　Turkey

ラ gallopavo　シチメンチョウ（孔雀のような鶏，の意）

　Meleagris シチメンチョウ属（シチメンチョウ科）．原意はホロホロチョウ．ギリシア神話の英雄 Meleagros の死を悲しんだ姉妹たちはホロホロチョウに変えられた．***Meleagris gallopavo*** シチメンチョウ．北米産．

（15）ウズラ　Quail

ラ coturnix ウズラ

　Coturnix ウズラ属（キジ科）．***Coturnix japonica*** ウズラ．種小名は近代 ラ 日本の．本州中部以北で繁殖し，中部以南で越冬する．

囲み記事 5

始祖鳥に次ぐ鳥の祖先タソガレドリ

　タソガレドリは白亜紀に生存した鳥の祖先で，始祖鳥に次ぐ貴重な存在である．ロイニス博士（J. Leunis）の名著『Synopsis der Thierkunde』にその骨格の図があるので，それをここに転載して読者諸賢特に鳥類研究者・愛好者にお目にかけたい．特に注目されたいのは，長い嘴（その内縁には小さな歯（歯状突起）がならんでいる），長い首，強大な後脚と3本の長い足指（趾）である．もう一つの短い足指も見逃せない．

　【学名解】学名を *Hesperornis regalis* という．属名は ギ 夕方（または暗闇の神）＋ 鳥，種小名は ラ 王の．

ギ **ortyx**　ウズラ
　Ortyxelos ミフウズラ属（ミフウズラ科）．属名は ギ 沼のウズラ＜ ortyx ＋ helos 沼．
　Oreortyx ツノウズラ属．属名は山（oreo-）のウズラ，の意．北・中米産．
ギ **perdix**　ヤマウズラ
　Perdix ヤマウズラ属（キジ科）．*Perdix perdix* ヨーロッパヤマウズラ．トートニム．

(16) キジ　Pheasant

ギ **phasianos**　キジ
ラ **phasianus**　キジ

Phasianus キジ属（キジ科）．***Phasianus colchicus*** キジ（雄）．種小名は ラ コルキス地方の（黒海東岸の古代の地名）．また，キジの学名は ***Phasianus versicolor*** とも用いられる．種少名は ラ 雑色の．北海道と対馬には輸入されたコウライキジ ***P. c. karpowi*** が生息している．亜種名は人名由来．
　　（注）キジは日本の国鳥である．
Hydrophasianus レンカク（レンカク科）．水（hydro-）のキジ，の意．中型で脚の長い水鳥．東南アジア産．
Argusianus セイラン（キジ科）．意味は「Argos という名のキジ Phasianus」で，属名はその縮合形．Argos は ギ 神話の百眼の巨人．彼の死後女神ヘーラーがその目をとってクジャクの尾を飾ったという．セイランの尾羽にはクジャク同様に美しい眼状紋がならんでいる．口絵 11 を参照．

(17) クジャク　Peafowl, 雄を Peacock, 雌を Peahen

ラ pavo　クジャク（孔雀）
Pavo クジャク属（キジ科）．***Pavo cristatus*** インドクジャク．種小名は ラ 冠羽をもつ．インド原産．世界各地に移入．雄の見事なディスプレイは世界中の動物園でおなじみ．

(18) ニワトリ　Cock, メンドリを Hen

ギ alektōr　オンドリ
ギ alektoris　メンドリ
Alectoris イワシャコ属（キジ科）．ユーラシア大陸産．
Alectroenas ルリバト属（ハト科）．alektōr + ギ oinas カワラバト．訂正名に ***Alectoroenas*** あり．マダガスカル島産．

ラ gallus　オンドリ
ラ gallina　メンドリ
Gallus gallus セキショクヤケイ（キジ科）．ニワトリの原種．マレーシア，インド，中国南部に産する．トートニム．
Gallinago タシギ属（シギ科）．gallina + 接尾辞 -ago 類似を示す．***Gallinago gallinago*** タシギ．ユーラシア産．トートニム．
Gallirallus ニュージーランドクイナ属（クイナ科）．ニワトリのようなクイナ＜ gallus ニワトリ + rallus クイナ．***Gallirallus okinawae*** ヤンバルクイナ．沖縄本島北部のみに生息する日本特産種で，飛べない．国の天然記念物．写真を第 6 章の 153 頁に示した．

(19) ツル　Crane

ギ geranos　ツル
Geranospiza セイタカノスリ属（タカ科）．属名は geranos + spizias ハイタカ．***Geranospiza caerulescens*** セイタカノスリ．種小名は ラ 暗青色の．メキシコ〜アルゼンチン産．

ラ grus　ツル
Grus ツル属（ツル科）．***Grus japonensis*** タンチョウ（丹頂）．種小名は近代 ラ 日本の．1

年中北海道の釧路湿原にいる．国の特別天然記念物．
Grus monacha ナベヅル．種小名は ▶ 修道女．冬鳥として毎年，鹿児島県出水地方と山口県熊毛町に渡来する．渡来地では特別天然記念物に指定されている．
Grus vipio マナヅル．種小名は ▶ 小形のツルの一種．冬鳥として毎年鹿児島県出水地方に渡来する．渡来地では特別天然記念物に指定されている．

▶ vipio　小形のツルの一種
Grus vipio マナヅル．上述．

(20) クイナ　Rail

▶ fulica　オオバン
Fulica オオバン属（クイナ科）．*Fulica atra* オオバン．種小名は ▶ 黒い ater の女性形．日本を含めユーラシアに広域分布する．

▶ rallus　クイナ（中世のラテン語）
Rallus クイナ属（クイナ科）．*Rallus aquaticus* クイナ．種小名は ▶ 水生の．東北地方や北海道で繁殖する．
　（注）ヤンバルクイナ *Gallirallus*（Okinawa Rail）は上述．

(21) ノガン　Bustard

▶ otis　ノガン（野雁）
▶ ōtis　ノガン
Otis ノガン属（ノガン科）．*Otis tarda* ノガン．種小名は ▶ tardus の女性形．動きがのろい，鈍い．冬季にあらわれる迷鳥．ユーラシア大陸に広く分布．

(22) チドリ　Plover

▶ charadrius　チドリ
▶ charadrios　チドリ
Charadrius チドリ属（チドリ科）．*Charadrius asiaticus* オオチドリ．種小名は ▶ アジアの．まれな旅鳥．中国東北部で繁殖．日本には本属の7種の記録がある．

(23) シギ　Snipe

▶ himantpous　水鳥の一種
Himantopus セイタカシギ属（セイタカシギ科）．*Himantopus himantopus* セイタカシギ．トートニムの学名．旅鳥として渡来．汎世界種．脚は細長くて赤い．

▶ kalidris　シギの一種
Calidris オバシギ属（シギ科）．*Calidris alpina* ハマシギ．種小名は ▶ 高山の．おもに本州以南で多数の群れが越冬．

ギ noumēnios　ダイシャクシギ
　Numenius ダイシャクシギ属（シギ科）．*Numenius arquata* ダイシャクシギ．種小名はラ アーチ形の（＝ arcuata）．
　（注）内田・島崎（1987）によると，この種小名はダイシャクシギのラ 古名であるという．

ギ skolopax　ヤマシギ
　Scolopax ヤマシギ属（シギ科）．*Scolopax mira* アマミヤマシギ．種小名はラ *mirus* の女性形，驚くべき，特異な．奄美大島・徳之島特産．絶滅危惧種．

(24) カモメ　Gull

ギ gygēs　水鳥の一種
　Gygis シロアジサシ属（カモメ科）．*Gygis alba* シロアジサシ．種小名はラ 白い．ごく稀な旅鳥として小笠原諸島ほかに渡来．

ギ laros　カモメ
ラ larus　カモメ
　Larus カモメ属（カモメ科）．*Larus ridibundus* ユリカモメ．種小名はラ 笑っている．全国で越冬．アジア～ヨーロッパに分布．

(25) ハト　Dove, Pigeon

ラ columba　ハト
　Columba カワラバト属（ハト科）．*Columba livia* カワラバト．種小名はラ *livius* の女性形，鉛色の．家畜化されて**ドバト**（英名 Domestic Pigeon）*Columba livia domestica* となった．亜種小名はラ 家の．
　Columba janthina カラスバト．種小名はラ スミレ色の．本州中部以南の島嶼に産する日本の固有種で，先島諸島や硫黄列島産のものは国の天然記念物．
　Falco columbarius コチョウゲンボウ．属名はラ ハヤブサ（12：タカの項を見よ）．種小名はラ ハトの．ハトを狩るため．

ギ oinas　カワラバト
　Oena シチホウバト属（ハト科）．*Oena capensis* シチホウ（七宝）バト．種小名はギ 喜望峰産の．アフリカ産．
　Caloenas ミノバト属（ハト科）．ギ 美しいハト（kalos ＋ oinas）．*Caloenas nicobarica* ミノバト．種小名は近代ラ ニコバル諸島の．

ラ palumbes（＝ palumbus）　モリバト
　Columba palumbus モリバト（Wood Pigeon）．ヨーロッパなどに野生するハトの一種．属名は上述．何万という群れをつくり，ときに農作物に害を及ぼす．

ギ peleia　カワラバト
　Streptopelia キジバト属（ハト科）．属名の前節はギ *streptos* 首輪．*Streptopelia orientalis* コキジバト．種小名はラ 東方の．ユーラシア産．日本では全国に生息する．

■ phaps　モリバト，野生のハト
　Phaps ニジハバト属（ハト科）．**Phaps histrionica** クマドリバト．種小名は ▶ 役者のような．オーストラリア産．

■ trērōn　ハト（原意は臆病な）
　Treron アオバト属（ハト科）．**Treron curvirostra** ハシブトアオバト．種小名は ▶ 曲った嘴の．東南アジア産．

■ trygōn　キジバト
　Trugon ハシブトバト属（ハト科）．**Trugon terrestris** コキジバト．種小名は ▶ 地上性の．ニューギニア産．
　（注）属名は *Trygon* となるべきもの．
　Geotrygon アメリカウズラバト（ハト科）．地上性のキジバト，の意．北・南米産．

▶ turtur　コキジバト
　Streptopelia turtur コキジバト．属名は上述．ヨーロッパからモンゴルまで．

ヨウム *Psittacus erithacus*
〔26〕

カッコウ *Cuculus canorus*
〔27〕

（出典：J. Leunis, 1886）

(26) オウム　Parrot

ギ psittakos ＝ ラ psittacus　オウム

Psittacus ヨウム属（オウム科）．*Psittacus erithacus* ヨウム．種小名は ギ erithakos ものまねをする鳥．アフリカ産．

Psittacella クビワインコ属（オウム科）．語尾の -ella は縮小辞．*Psittacella modesta* ヒメクビワインコ．種小名は ラ 控え目な．ニューギニア産．

Psittacula ホンセイインコ属（オウム科）．語尾の -ula は縮小辞．*Psittacula columboides* ミドリワカケインコ．種小名は ラ ハト columba に似たもの．インド産．

(27) カッコウ　Cuckoo

ラ cuculus　カッコウ

Cuculus ホトトギス属（ホトトギス科）．*Cuculus canorus* カッコウ．種小名は ラ よい声の．ヨーロッパ，アジア産．

ギ kokkyx　カッコウ

Chrysococcyx ミドリカッコウ属（ホトトギス科）．前節は ギ chrysos 金（金色の）．アフリカ産．

(28) フクロウ　Owl

ギ aigōlios　フクロウの一種

Aegolius キンメフクロウ属（フクロウ科）．*Aegolius acadicus* アメリカキンメフクロウ（ヒメキンメフクロウ）．種小名は ラ アカディア地方（カナダ南東部）の．

ラ asio　ミミズク

Asio トラフズク属（フクロウ科）．*Asio otus* トラフズク．種小名は ギ ōtos ミミズク（下記）．本州中部以北で局所的に繁殖する．ユーラシアと北米の温帯に分布．

Asio flammeus コミミズク．種小名は ラ 炎色の．冬鳥として全国に渡来．ユーラシアと北米の亜寒帯以北で繁殖．

ラ bubo　フクロウ（ワシミミズク）

Bubo ワシミミズク属（フクロウ科）．*Bubo bubo* ワシミミズク．トートニムの学名．まれな迷鳥であったが，近年北海道で繁殖が確認された．

ギ glaux　コフクロウ

特にコキンメフクロウ *Athene noctua* を指す．これは ギ 女神アテナ Athēnē（知恵，技術の女神）の聖鳥とされる．輝く目に由来する．

Glaux メンフクロウ属（メンフクロウ科）．これは *Tyto*（下記参照）のシノニムで，消えている．

ギ kikkabē　コノハズク

Ciccaba ヒナフクロウ属（フクロウ科）．*Ciccaba huhula* クロオビヒナフクロウ．種小名は擬声語に由来する鳥の名．南米産．

ラ **noctua**　フクロウ
　　Athene noctua コキンメフクロウ．属名は ギ アテナ女神．種小名は ラ フクロウ，すなわち夜の鳥，の意．
　　　（注）noctua は昆虫のヤガ科（夜蛾）Noctuidae のタイプ属ナカグロヤガ *Noctua* に用いられていて，鳥にはない．

 ギ **nyktikorax**　コノハズクまたはミミズク（夜のカラス，の意）
　　Nycticorax ゴイサギ属（サギ科）．***Nycticorax nycticorax*** ゴイサギ．トートニムの学名．本州以南に広く分布．本州北部では夏鳥．南北アメリカ，ユーラシアなどに広く分布．

 ギ **ōtos**　ミミズク
　　Otus コノハズク属（フクロウ科）．***Asio otus*** トラフズク．属名は上述．本州中部以北で局所的に繁殖する．ユーラシアと北米の温帯地方で繁殖する．

 ギ **ptynx**　ワシミミズク
　　Ptynx フクロウ属（フクロウ科）．現在はフクロウ属 *Strix* のシノニムで，消滅．

 ギ **skōps**　コノハズク
　　Scops コノハズク属（フクロウ科）．現在はコノハズク属 *Otus* 属のシノニムで，消滅．

 ギ **strix**　コノハズクの一種
　　Strix フクロウ属（フクロウ科）．***Strix uralensis*** フクロウ．種小名は近代 ラ ウラル地方の．北ヨーロッパから日本まで．日本では九州以北に留鳥として分布．
　　Lophostrix ミミナガフクロウ（カンムリズク）属（フクロウ科）．属名の前節は ギ lophos 冠羽．頭部にある顕著な冠羽が特徴的．南米産．

 ギ **tytō**　フクロウの一種
　　Tyto メンフクロウ属（メンフクロウ科）．***Tyto alba*** メンフクロウ．種小名は ラ 白い．南北アメリカ，ヨーロッパなど分布の広い美しいフクロウ．
　　Tyto capensis ミナミメンフクロウ．種小名は ラ 喜望峰の．わが国では西表島での記録があるのみの迷鳥．インド，オーストラリアなど不連続な分布をする．

 ラ **ulula**　フクロウの一種．
　　Surnia ulula オナガフクロウ．属名の語源は不詳．推測すれば，ラ surdus（音がしない，不明瞭な）に由来し，誤植となったもの．-ia は ラ 接尾辞．ユーラシア北部の北極圏に接する地域に生息．名前の通り尾が長い．昼に活動する習性がある．

(29) ヨタカ　Nighthawk, Goatsucker

 ギ **aigothēlas**　ヨタカ　原意は「山羊の乳を吸う者」．ギリシア時代からの言い伝え．
　　Aegotheles ズクヨタカ属（ズクヨタカ科）．***Aegotheles cristatus*** オーストラリアズクヨタカ．種小名は ラ 冠羽のある．オーストラリアとその近隣諸国産．

 ラ **caprimulgus**　ヨタカ
　　Caprimulgus ヨタカ属（ヨタカ科）．***Caprimulgus europaeus*** ヨーロッパヨタカ．種小名は ラ ヨーロッパの．ヨーロッパで繁殖，アフリカで越冬．空中で獲物をとるのが常で，夜行性のガなどを追って，夕暮の空で旋回，急降下する．

囲み記事 6

オーストラリアのワライカワセミ

（出典：筆者撮影．ロンドン動物園にて）

　この大型のカワセミは人間の笑い声のような賑やかな大きな声をあげて縄張りを主張する．知る人ぞ知る，ワライカワセミの鳴き声はオーストラリアのラジオのコールサインに用いられたことがあるので，その声を懐かしむ人もいるだろう．
　学名を *Dacelo novaeguineae* という．学名解は本文 (30) を見られたい．

(30) カワセミ　Kingfisher

ラ alcedo　カワセミ

Alcedo カワセミ属（カワセミ科）．***Alcedo hercules*** オオカワセミ．種小名はギリシア神話伝説中の最大の英雄ヘーラクレース．ヒマラヤ〜ベトナム産．

Dacelo novaeguineae ワライカワセミ（カワセミ科）．属名は alcedo のアナグラム．種小名は基産地の **ラ** ニューサウスウェールスの誤り．オーストラリア産．大きな声でなわばりを誇示するが，それが人間の笑い声に似ている．それが和名の由来．

Lacedo pulchella カザリショウビン（カワセミ科）．属名は alcedo のアナグラム．一つの単語から二つのアナグラムが誕生した珍しい例．種小名は **ラ** 奇麗な，かわいい．ビルマ〜ボルネオ産．

[ギ] **alkyōn ＝ halkyōn**　カワセミ
　Halcyon ヤマショウビン属（カワセミ科）．*Halcyon malimbica* アオムネショウビン．種小名は近代 [ラ] マリンバ Malimba 山脈（ザイール東南）の．アフリカ産．

[ギ] **keyx**　雄のカワセミ
　Ceyx ミツユビカワセミ属（カワセミ科）．*Ceyx picta* ヒメショウビン．種小名は [ラ] 彩色された．熱帯アフリカ産．
　Clytoceyx ハシブトカワセミ属（カワセミ科）．属名は [ギ] 素晴らしいカワセミ，の意＜ klytos ＋ keyx．ニューギニア産．

[ギ] **kērylos**　伝説的な海鳥，ときにカワセミとされる
　Ceryle ヒメヤマセミ属（カワセミ科）．*Ceryle rudis* ヒメヤマセミ．種小名は [ラ] 粗野な．アフリカ～東南アジア産．魚を探すとき，枝に止まるよりはホバリングすることが多い．

(31) ハチクイ　Bee-eater

[ラ] **apiastra**　ハチクイ
　Merops apiaster ヨーロッパハチクイ（ハチクイ科）．属名は [ギ] ハチクイ（下記）．種小名は apiastra を男性形に変形したもの．ヨーロッパ～ヒマラヤ産．

[ギ] **merops**　ハチクイ
　Merops ハチクイ属（ハチクイ科）．*Merops viridis* ルリノドハチクイ．種小名は [ラ] ミドリの，若々しい．東南アジア産．

(32) ヤツガシラ　Hoopoe

[ギ] **epops**　ヤツガシラ
　Upupa epops ヤツガシラ（ヤツガシラ科）．属名は [ラ] upupa ヤツガシラ．ユーラシアに広く分布．次頁に図あり．

[ラ] **upupa**　ヤツガシラ
　Upupa ヤツガシラ属．ヤツガシラ科．アフリカ，ユーラシアに広く分布．

(33) キツツキ　Woodpecker

[ギ] **dendrokoraptēs**　キツツキ　原意は木を阻害するもの．
　Dendrocolaptes オニキバシリ属（オニキバシリ科）．*Dendrocolaptes certhia* ヨコジマオニキバシリ．種小名は [ギ] kerthios キバシリ．中・南米産．林床部を行く軍隊アリの隊列についてゆく．アリそのものは無視し，アリから逃げようとする他の昆虫を捕えて食べる．

[ギ] **iynx**　アリスイ
　Jynx アリスイ（キツツキ科）．i を j に書き換えた造語．*Jynx torquilla* アリスイ．種小名は [ラ] 首をねじる（小鳥）．『鳥類学名辞典』による．英名 Wryneck（ねじれた首，の意）．北海道，本州北部では夏鳥．ユーラシアに広く分布．次頁に図あり．

[ギ] **keleos**　緑色のキツツキ
　Celeus テンニョゲラ属（キツツキ科）．*Celeus castanea* チャバネテンニョゲラ．種小名は [ラ] 栗色の．メキシコ～パナマ産．

第 2 章 鳥の古典名とそれを用いた現代の学名　27

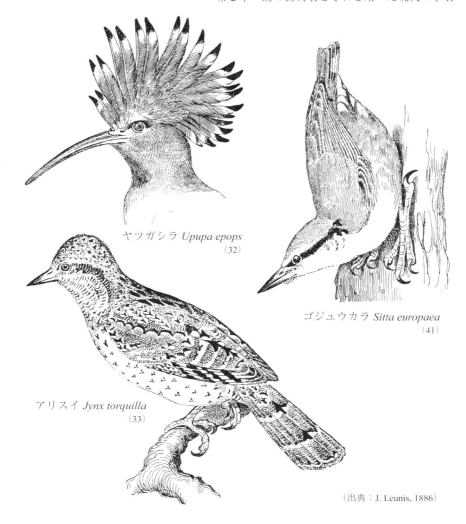

ヤツガシラ *Upupa epops*
(32)

ゴジュウカラ *Sitta europaea*
(41)

アリスイ *Jynx torquilla*
(33)

(出典：J. Leunis, 1886)

ギ kolios　キツツキの一種
　Colius ネズミドリ属（ネズミドリ科）．*Colius striatus* チャイロネズミドリ．種小名は ラ 条斑のある．羽ばたきと滑空を交互にくりかえしながら，非常に長い尾を後ろにピンと突き出し，群れで飛ぶ．アフリカ中部以南産．

ラ picus　キツツキ
　（注）pica カササギ．鳥同士は無関係．
　Picus アオゲラ属（キツツキ科）．*Picus awokera* アオゲラ．種小名は日本語のアオゲラより．日本の固有種．

ギ pipō ＝ pipra　キツツキ
　Sapheopipo ノグチゲラ属（キツツキ科）．属名は ギ 独特なキツツキ，の意．*Sapheopipo noguchii* ノグチゲラ．種小名は人名由来．詳細不明であるが，Preyer（横浜在住の貿易商，蝶と鳥を採集）の採集人かと推定されている．沖縄島の特産種．国の特別天然記念物．
　Pipra マイコドリ属（マイコドリ科）．*Pipra aureola* アカクロマイコドリ．種小名は ラ 金色がかった．中・南米産．美しい色彩の小鳥．

(34) ヒバリ　Lark

ラ alauda　ヒバリ

Alauda ヒバリ属（ヒバリ科）．*Alauda arvensis* ヒバリ．種小名はラ畑の．北アフリカ，ヨーロッパ〜日本．繁殖期には雄は空中に舞い上がり，空中で囀る．

ギ karandra ＝ kalandros　ヒバリ

Calandrella ヒメコウテンシ属（ヒバリ科）．語尾の -ella は縮小辞．*Calandrella cinerea* ヒメコウテンシ．種小名はラ灰色の．旅鳥としてごく少数が渡来．

ギ korydōn　カンムリヒバリ

Corydon コウテンシ属（ヒバリ科）．コウテンシ属 *Melanocorypha*（小鳥のギ名で，黒い頭頂，の意）のシノニム．

(35) ツバメ　Swallow

ギ apous　ツバメ　原意は無足．

Apus アマツバメ属（アマツバメ科）．*Apus apus* ヨーロッパアマツバメ．学名はトートニム．飛行に優れたツバメで，陸鳥では空中で過ごす時間が最も長い．食事も水を飲むのも眠るのも，交尾さえ飛びながら行う．

ギ chelidōn　ツバメ

Chelidon ツバメ属．ツバメ属 *Hirundo* のシノニム．

Delichon イワツバメ属（ツバメ科）．*Chelidon* のアナグラム（語句の綴りかえ）．*Delichon urbica* イワツバメ．種小名はラ都市の．夏鳥として全国に渡来．

Callichelidon バハマツバメ（ツバメ科）．美しいツバメ，の意．バハマ諸島産．

ラ hirundo　ツバメ

Hirundo ツバメ属（ツバメ科）．世界中で親しまれている鳥．

　（注）面白いことに，魚のトビウオにツバメという名がある．それはホソアオトビウオ *Hirundichthys* である．属名は燕魚という意味．波の上を飛翔するため．

ギ kypselos　ツバメ

Cypselus アマツバメ属（アマツバメ科）．現在は *Apus*（上記）のシノニム．

(36) セキレイ　Wagtail

ギ anthos　セキレイ　原意は花．

Anthus タヒバリ属（セキレイ科）．*Anthus spinoletta* タヒバリ．種小名はタヒバリのイタリア語由来．

ギ kinklos　セキレイの一種（尾を振る鳥，の意）

Cinclus カワガラス属（カワガラス科）．*Cinclus cinclus* ムナジロカワガラス．トートニムの学名．ヨーロッパ〜ヒマラヤ産．

ラ motacilla　セキレイ（尾を動かすもの，の意）

Motacilla セキレイ属（セキレイ科）．わが国には5種の記録があるが，その中のセグロセキレイ *Motacilla grandis* は日本列島の固有種．ラ grandis 大きな．

(37) ミソサザイ　Wren

ギ trōglodytēs　ミソサザイ　原意は穴にもぐるもの.
　Troglodytes ミソサザイ属（ミソサザイ科）. ***Troglodytes troglodytes*** ミソサザイ. トートニム. ミソサザイは世界中に 5 種いるが, 日本を含め旧世界にいるのはこれ 1 種だけである. 本種は 40 の亜種に分類されている. 日本産は 4 亜種.
　　（注）類人猿のチンパンジーの学名を ***Pan troglodytes*** という. この種小名はチンパンジーの性質を捉えた適格な命名とはいえない.

(38) コマドリ　Robin

ギ erithakos ヨーロッパコマドリ
　Erithacus コマドリ属（ヒタキ科）. コマドリ属のコマドリ ***Erithacus akahige*** とアカヒゲ ***Erithacus komadori*** は種小名を取り違えて命名された. これは命名者のオランダの Temminck が間違えたのである. 世にも珍しい例である.

ラ luscinia サヨナキドリ（ナイチンゲール）
　Luscinia サヨナキドリ属. さえずりの美しさでわが国でも有名なナイチンゲールもコマドリの仲間である. その学名を ***Luscinia megarhynchos*** という. 種小名は ギ 大きな嘴の. 現在, この属名は ***Erithacus***（上記）に併合されている.

(39) ツグミ　Thrush

ギ kichlē　ツグミ
　Cichlornis ツグミモドキ属（ヒタキ科）. ツグミのような鳥（ornis）, の意. ニューブリテン島産.
　Trichocichla ハチマキムシクイ属（ヒタキ科）. 属名は毛の生えたツグミ. 嘴の根元に短い 2 本の毛がある. フィージー諸島産.

シキチョウ *Copsychus sauralis*（39）
（出典：平嶋義宏著　生物学名辞典. 東京大学出版会）

- **ギ kopsichos　クロウタドリ**
  Copsychus シキチョウ属（ヒタキ科）．*Copsychus sauralis* シキ（四季）チョウ．種小名はヲ よたよた歩きの．東南アジア産．
- **ヲ merula　ツグミの一種，クロウタドリ**
  Turdus merula クロウタドリ（ヒタキ科）．属名はヲ ツグミ．
- **ギ trichas　ツグミ**
  Turdus trichas カオグロアメリカムシクイ（ヒタキ科）．属名はヲ ツグミ．
- **ヲ turdus　ツグミ**
  Turdus ツグミ属（ヒタキ科）．世界中に63種を産する．わが国ではツグミ *Turdus naumanni* ほか13種の記録がある．種小名はドイツの鳥学者 J. F. Naumann（1857没）に因む．

(40) シジュウカラ　Titmouse

- **ギ aigithalos ＝ aigithallos　シジュウカラ**
  Aegithalos エナガ（エナガ科）．*Aegithalos caudatus* エナガ．種小名はヲ 尾のある．実際にエナガの尾は長い．九州以北で繁殖．
- **ヲ parus　シジュウカラ**
  Parus シジュウカラ属（シジュウカラ科）．*Parus atricapillus* アメリカコガラ．種小名はヲ 黒髪の．北米産．英名 Chickadee はその地鳴きの声に由来する．

(41) ゴジュウカラ　Nuthatch

- **ギ sitte ＝ ヲ sitta　ゴジュウカラ**
  Sitta ゴジュウカラ属（ゴジュウカラ科）．*Sitta europaea* ゴジュウカラ．種小名はヲ ヨーロッパの．九州以北では留鳥．西はヨーロッパまで分布．

(42) キバシリ　Treecreeper

- **ギ kerthios　キバシリ**
  Certhia キバシリ属（キバシリ科）．*Certhia familiaris* キバシリ．種小名はヲ 家族の，見慣れた．九州以北に分布．西はヨーロッパまで．

(43) ヒワ，アトリ，ウソ　Finch（総称）

ガラパゴス諸島の有名なダーウィンフィンチは日本での一般的な呼称で，英語では Cactus Finch（サボテンフィンチ），Tree-finch（樹上フィンチ），Ground-finch（地上フィンチ）などと区別されている．別章を見られたい．

- **ギ akanthis　ヒワ**
  Acanthis ベニヒワ属（アトリ科）．*Acanthis flammea* ベニヒワ．種小名はヲ 炎色の．冬鳥として主に北海道に渡来．北半球北部全域で繁殖．

- **ギ aigithos　ベニヒワ**
  Aegithina ヒメコノハドリ属（コノハドリ科）．aigithos に似た鳥，の意．***Aegithina viridissima*** ミドリヒメコノハドリ．種小名は **ラ** 極めて緑色の．東南アジア産．

- **ラ carduelis　ヒワ**
  Carduelis ヒワ属（アトリ科）．***Carduelis carduelis*** ゴシキヒワ．トートニムの学名．ヨーロッパからモンゴルまで分布．

- **ラ fringilla　ズアオアトリ**
  Fringilla アトリ属（アトリ科）．***Fringilla montifringilla*** アトリ．種小名は **ラ** 山のアトリ．冬鳥として渡来し，全国各地に生息．

- **ギ kokkothraustes　シメ，イカルの類**　原意は穀粒を打ち砕くもの，の意．
  Coccothraustes シメ属（アトリ科）．***Coccothraustes coccothraustes*** シメ．トートニムの学名．ヨーロッパから日本まで．北海道で繁殖．

- **ギ phrygilos　ズアオアトリ**
  Phrygilus ヤマシトド属（ホオジロ科）．***Phrygilus dorsalis*** セアカヤマシトド．種小名は **ラ** 脊中の（背中に特徴のある）．南米産．

- **ギ pyrrhoula　ウソ**
  Pyrrhula ウソ属（アトリ科）．***Pyrrhula pyrrhula*** ウソ．トートニム．本州中部以北の亜高山帯針葉樹林，北海道低地のエゾマツ林で繁殖する．国外ではユーラシアの北方に広く分布する．英名を Bullfinch という．

（44）スズメ　Sparrow

- **ラ passer　スズメ**
  Passer スズメ属（スズメ科）．***Passer luteus*** コガネスズメ．種小名は **ラ** 黄色の．魅力的な小型種で，サハラ砂漠以南の乾燥地帯に生息．
  Passerina ルリノジコ属（ホオジロ科）．属名は *Passer* 属のような，の意．***Passerina ciris*** ゴシキノジコ．種小名はギリシア神話の鳥の名 keiris より（『鳥類学名辞典』）．

- **ギ strouthos　スズメ**
  Struthidia ハイイロツチスドリ属（ツチスドリ科）．属名は strouthos ＋ **ギ** -oidea 〜の形の（もの），すなわち，スズメのような鳥，の意．オーストラリア産．

（45）ムクドリ　Starling

- **ラ sturnus　ムクドリ**
  Sturnus ムクドリ属（ムクドリ科）．世界に 16 種，日本に 6 種（迷鳥を含め）の記録がある．

（46）カラス，Crow

- **ラ corax ＝ ギ korax　ワタリガラス**
  Corvus corax ワタリガラス．属名は下記．冬鳥として北海道の東部の海岸に渡来する．国外では北半球に広く分布する．

ラ cornix　カラス（ハシボソガラス）
　Corvus corone cornix ズキンガラス(カラス科)．ハシボソガラス *Corvus corone* のヨーロッパ産亜種．

ラ corvus　カラス
　Corvus カラス属（カラス科）．世界中に分布する．

ラ graculus　コクマルガラス
　Gracula キュウカンチョウ属（ムクドリ科）．九官鳥に何故このような学名がついたか不明．九官鳥は物真似が非常に上手い．鳥の仲間でも突出している．

ギ korōnē　カラスの類
　Corvus corone ハシボソガラス．九州以北に留鳥として生息．ユーラシア全域に分布する．

ラ pica　カササギ（英名を Magpie（マグパイ）という）
　Pica pica カササギ（カラス科）．学名はトートニム．ヨーロッパから東に分布．わが国では佐賀県を中心に限られた地域に生息．希少種ならびに地域指定の国の天然記念物．
　Cyanopica オナガ属．青いカササギ，の意．*Cyanopica cyana* オナガ．種小名は ラ 青い．岐阜県以北に留鳥として分布．国外ではヨーロッパまで．

囲み記事 7

南米のオニオオハシ

（出典：筆者撮影．スミソニアン動物園にて）

　オニオオハシは巨大な嘴をもっているのでその名がある．熱帯アメリカで，この属の仲間は中・南米に 7 種いる．英名を Toucan という．
　【学名解】学名を *Ramphastos toco* という．属名は ギ 大きな嘴の鳥，の意．種小名はこの鳥の地方名（ブラジルの Tupi 語）．

第3章
ツタンカーメン王の黄金のマスクの謎

ツタンカーメンといえば，「燦然と輝く黄金のマスク」とか「ファラオの呪い」で有名であり，現代の日本人でその王の名を知らぬ人はいないと思われる．

ファラオとは古代エジプトの王のことである．ツタンカーメン王は古代エジプトの紀元前1565年頃から始まる新王国時代（18〜20王朝）の紀元前1360年頃に即位した王で，当時10歳か11歳であったと推定されている．そして死亡したのが18歳（一説に20歳くらい）であった．非常に短命なファラオであった．この幼少で短命なファラオが残した業績は良く知られていない．それにもかかわらず壮大な墓が発見されている．

そんなものはあり得ない，と思われていたツタンカーメン王の墓が奇跡的に発見されたのは1922年11月26日で，イギリスの考古学者ハワード・カーターの功績であった．彼はやがてエジプトに病気療養にきたイギリスの資産家カーナボン卿と知り合い，彼の援助をうけて，ツタンカーメン王の墓の発掘を始めた．そうして，苦労の末，ツタンカーメン王の墓を掘りあてた．当時，ファラオの墓はほとんどが盗掘され，中の財宝は持ち去られていたのであるが，ツタンカーメン王の墓は未盗掘であった．これは奇跡的なことであった．そして，彼らは墓の中に約2千点という驚くべき数の宝物すなわち美しい副葬品を目にしたのである．

ところがカーナボン卿は1923年2月に健康状態が悪化し，4月6日に息をひきとったのである．これを当時の新聞が「ファラオの呪い」と書き立てた．また，発掘関係者がつぎつぎに死亡した．「ファラオの呪い」の死亡者は21名にもおよんだという．このあたりの事情や「ツタンカーメン王墓の発掘」，「出生と生いたちの謎」，「死をめぐる疑惑」などツタンカーメン王に関する逸話は吉村作治博士の著書『ツタンカーメンの謎』（講談社現代新書，1984年第1刷発行）に詳しい．

ツタンカーメン王の黄金のマスク

ところが，ツタンカーメン王の黄金のマスクは世界的に有名であるが，マスク自体について詳しく記述したものは見当たらない．筆者の私が知る限り吉村作治博士の『ファラオと死者の書，古代エジプト人の死生観』（小学館，1994年第1刷）の145頁に「ツタンカーメンのマスク」として掲載されている写真が和書では唯一みるべきものである．しかし，この本にも写真があるだけで，説明は全くない．不思議な話である．

不思議な話は『世界不思議百科』（コリン・ウイルソン著，関口篤訳）（青土社，1989 年）にもあてはまる．即ち，本書の「3 歴史」の最初の稿「ツタンカーメン王の呪い」の中にも「ツタンカーメン王の墓の発掘」について詳しい記述があり，その中に正面から見たツタンカーメン王の黄金のマスクの写真があるが，このマスクについての説明は全くない．この写真にも額にある 2 つの記章（蛇と鳥）がはっきりと写っているのである．

　さらに，マンフレート・ルルカー著，山下主一郎訳『エジプト神話シンボル事典』（大修館書店，1996 年）に「Uraeus　蛇形記章」と題して簡単な解説がある（Uraeus の語源解は後記）．その中に蛇形記章は王権のシンボルである，と書いてある．同じ頁に蛇形記章とハゲワシの写真があり，「ハゲワシ（エル・カブの女神ネクベト）は上エジプトを意味し，ファラオの右，南側にいた．蛇形記章（ブトの女神ワジェト）は下エジプトを象徴し，ファラオの左，北側にいた」とある．これは特にツタンカーメン王の黄金のマスクの二つの記章を意識しての記述ではない．

　そこで，私が入手したツタンカーメン王の黄金のマスクをここに紹介し，記章の謎に迫ることにしたい．

　先ずは口絵 **1** と 35 頁の写真を見られたい．この素晴らしい写真の出所はルーブル彫刻美術館発行の『ルーブルの至宝』である．この冊子（図録）を発行された彫刻美術館は三重県一志郡白山町にある．私はそこの館長竹川規清氏からこの写真の使用について特別にお許しを得た．ここに記して心からの感謝の意を表する次第である．

　口絵の写真の右肩に説明がついている．小さい字で読みづらいので，次に再録したい．

"エジプト第十八王朝末期の王，ツタンカーメン．背教者イクナートンの女婿であり，わずか十八歳で没した彼のミイラは，その権力をしめすにふさわしく五重の大棺に納められ，最後の棺は驚くことに二三五キログラムの純金製であった．一九二二年，カーナボン卿とカーターらが発見した墳墓，それである．当初，未盗掘での発見は珍しく，また棺の中におびただしい数の財宝が遺されていたことから世界中にセンセーションをもたらした．その遺品の合計は，三五〇〇点以上．一一個の腕輪，一五個の指輪，六組の耳飾り，王の杖，王冠などすべて黄金で作られた煌びやかな財宝の他，真珠や瑠璃，玉髄といった宝石類も含まれていた"．

また，マスクの下の説明には次のように記してある．すなわち，

"ツタンカーメン王の黄金のマスク．紀元前 1325 年．原型・金の厚板　模刻・ブロンズ　純金三重張り　高さ 57 cm"
"禿鷹の嘴は黒曜石　コブラは青金石（ラピスラズリ）（宝石）　白目はリューサイト（宝石）　眼と眉　黒眼はソウダライト（宝石）を使用"．カイロ博物館原型所蔵．

　ここで初めて二つの飾りもの（記章という）を禿鷹とコブラと断定した記述に遭遇するのである．しかし，それ以上の説明はない．

第 3 章　ツタンカーメン王の黄金のマスクの謎　　35

ファラオのマスク 3 態（出典：下段の 2 図は各種資料より）
上：ツタンカーメン王のマスク，右下：アメンエムオペト王の黄金のマスク，
左下：カフラー王像

黄金のマスクは，ツタンカーメンの他に 2 つある，という．一つが第三中間期の第 21 王朝のアメンエムオペト王の黄金のマスク，もう一つが同時代のプセンネス 1 世のそれである．カイロの国立エジプト博物館所蔵のこれらの黄金のマスクは門外不出であるが，アメンエムオペト王のものだけがその公開が許されている．これは最近福岡市博物館でも公開され展示された（2017 年 7 月 8 日〜 8 月 27 日）．

　このアメンエムオペト王の黄金のマスクにも明らかに記章がついている（35 頁の写真参照）．しかしそれは蛇 1 匹であり，鳥はない．また，同じ頁に示したカフラー王の額にも蛇らしい記章がついている．カフラー王はクフ王らと大ピラミッドを建造したファラオである．このように，古代エジプトでは死んだファラオの冠には記章をつけたもののようである．

　それが何故蛇のコブラなのか．このコブラはエジプトコブラ *Naja haje*（学名の解説は後述）であることに間違いはない．動きは敏捷で，強力な毒をもつ．そのコブラが鎌首をもたげた様子を表現したのがファラオのマスクの蛇の記章である．古代エジプトでは，それはファラオの主権，王権，神聖の象徴であった．そういう事情を知れば，そのコブラの記章（聖蛇ウラエウス）の存在が理解できる．

　ウラエウス uraeus とはエジプト語である．これはギリシア語の basiliskos と同義で，エジプトコブラのことである．このウラエウスは古代エジプトの諸王が王者の象徴あるいは王権・統治権のシンボルとして王冠につけた蛇形記章である．それをウラエウスといった．

　次の問題は記章の鳥である．古代のエジプト人はかなりな程度に鳥の違いを認識していたようである．それはいろいろな図や壁画などによって判断される．『ルーブルの至宝』によれば，この鳥は禿鷹であるという．これは鋭い洞察である．

　国語辞典によれば，禿鷹はハゲワシ・コンドルの俗称とある．コンドルは新世界の鳥であるから，エジプトとは無関係である．とすれば，ツタンカーメン王の黄金のマスクの鳥はハゲワシである．たしかに黄金のマスクの記章の鳥は首が細くて長い．ハゲワシであることに疑いはない．古代エジプトの人々の観察力と表現力に敬意を表したい．

　黒川哲朗氏の『〔図説〕古代エジプトの動物』（六興出版，1987 年初版）によれば，「古代エジプト人は，ハゲワシを嫌悪するどころか，逆に神々の列に加え，王国の守護神のひとりとしても尊崇したのである」と書いておられる．また，平凡社の『大百科辞典』（1985 年）によれば，ハゲワシは古代エジプト人にとって大母神，特にハトホルを象徴する聖鳥である，とある．これらによれば，ツタンカーメン王の黄金のマスクのハゲワシの由来は，コブラと同様に，王権と王国を守護するためのものであり，また，その権威を現したものである，といえる．

　ところが，ハゲワシにも種類があるのである．黒川氏によれば，エジプトに生息するのは，エジプトハゲワシ，ヒゲワシ，マダラシロエリハゲワシ，シロエリハゲワシ，ヒダハ

第 3 章　ツタンカーメン王の黄金のマスクの謎　　37

マダラハゲワシ
(出典："Rueppell's Griffon (Gyps rueppellii)" ©2008 Lip Kee (Licensed under CC BY-SA 2.0) https://creativecommons.org/licenses/by-sa/2.0/)

シロエリハゲワシ
(出典："Picture showing a Griffon Vulture (Gyps fulvus) beak" ©2005 Thermos (Licensed under CC BY-SA 2.5) https://creativecommons.org/licenses/by-sa/2.5/)

ゲワシ，そしてクロハゲワシである，という．黒川氏は考古学者であるが，エジプトの鳥にも詳しいことがわかる．敬意を表したい．

さて，黄金のマスクに記章として現れたハゲワシはこの6種のうちのどれであろうか．実はこの中には首の太い種類もいる．例えばエジプトハゲワシである．首は太く，羽毛が密生している．このハゲワシは道具を使う数少ない鳥の一種である．嘴で石をつまみあげ，ダチョウの卵に投げつけ，厚い殻を破って食べる．

黄金のマスクのハゲワシをみれば，首は長く裸である（37頁の写真を見られたい）．この特徴に合致するのはマダラハゲワシ（黒川氏のマダラシロエリハゲワシ）とシロエリハゲワシである．では，この二つのうちのどちらであろうか．

古代のエジプト人はこの2種をはっきり区別していたかどうか，疑問である．そこで，この2種を一緒にしてハゲワシと言ってよい．しかし，どうしてもはっきりさせたいと思うならば，その決め手は分布にある．シロエリハゲワシはアフリカでは地中海領域だけに棲んでいる．これに対し，マダラハゲワシはエチオピア西部に広く分布する．これから判断すれば，分布の広い方に軍配があがろう．

結論として，ツタンカーメン王の黄金のマスクの鳥の記章はマダラハゲワシといえる．だたし，この2種のハゲワシの分布は古代も現代も同じ，と仮定してのことである．

ハゲワシは古代のエジプトでも神聖な鳥として認められていたようである．黒川哲朗氏の『〔図説〕古代エジプトの動物』にも下記のような記述がある．すなわち，

"王権の守護神，上エジプトの女主人であるネクベト女神や，神々の王アメン神の妻にして，神々の女王，ムト女神といった神々に擬せられたのはエジプトハゲワシではなく，マダラシロエリハゲワシやミミヒダハゲワシであった"．

また，吉村作治氏の著書に「ハゲワシの姿のネクベト女神」の図がある．この図から判断すれば，ツタンカーメン王の鳥の記章は疑いもなく王権の守護神としてのマダラハゲワシである．

特記すべきは，ツタンカーメン王の黄金のマスクには王権の守護神としての蛇と鳥の2つの記章がついていることで，数多いファラオのマスクの中でも異例中の異例であり，筆者が知る限り，唯一のものである．重ねて言うが，この2つの記章が同時に存在することは真に貴重なことである．これを東洋流に表現すれば「天上天下唯我独尊」であろう．

【学名解】マダラハゲワシの学名を *Gyps rueppelli*，シロエリハゲワシの学名を *Gyps fulvus* という．属名の語源と意味は ギ ハゲワシ．種小名は，前者が Dr. W. Ruepplli（1884没）に因む．北アフリカ，アビシニアで活躍した鳥学者．後者が ラ 黄褐色の．
また，エジプトコブラの学名を *Naja haje* という．属名はサンスクリットで蛇を意味する naga 由来．種小名はエジプトコブラのアラビア語名 hayyah より．

第4章
世界の珍鳥たち

ネコ・パブリッシングという出版社から『世界動物大図鑑』という大著（定価 10,000 円）が発行されている．2004 年の初版である．写真が美しいので図鑑としての価値がある．

これによると，脊椎動物の鳥綱には，世界中に 29 の目と約 180 の科と約 9,000 の種が含まれるとしている．陸生の脊椎動物としては抜群の大きさである．

私は鳥学者ではないので鳥の実態をよく知らない．しかし，R. Howard & A. Moore（1991）の定評のある世界の鳥のチェックリスト『A Complete Checklist of the Birds of the World』（Academic Press）を見ていると，分類学者として，これは面白い，という事実があることに気がついた．それは何かというと，鳥には 1 属 1 種というものが非常に多いということである．動物の世界では 1 属に 1 種しかいない，というのは珍しいもの，すなわち珍種である．日本産の鳥の例ではトキを筆頭にあげることができる．国の特別天然記念物で，絶滅危惧種であるが，日本では野生のトキは既に絶滅している．

また，鳥には 1 科 1 属 1 種という変わり者もいる．これも珍鳥の仲間であろう．一つの科にはいくつもの属が含まれ，それぞれに多くの種類がいる，というのが普通である．

また，鳥は空を飛ぶために進化してきた動物であるが，空を飛ばず地上を走りまわるのが得意であるという鳥もいる．これを一般に走禽類（走鳥類）という．世界中に少なくても 5 種類はいる．

さらに習性が変わっていて面白い，という鳥もいる．

本章ではこれらの特殊な鳥について述べる．先ず，1 属 1 種から始めよう．

(1) 1 属 1 種の鳥

R. Howard & A. Moore（1991）の『A Complete Checklist of the Birds of the World』（Academic Press）を見ると，世界には 1 属 1 種（亜種を含むものもある）の鳥が非常に多い，ということに気がつく．その数は実に 845 もある．これはいささか異常といってよい数である．しかし，ただこれだけの説明では心細い．そのいくつかの実例をあげよう．

1. コンドル科

Coragyps atratus クロコンドル（北・南米産）
【学名解】属名は ギ カラスのようなハゲワシ＜ korax ＋ gyps．種小名は ラ 黒い．

Gymnogyps californianus カリフォルニアコンドル（北米産）
【学名解】属名は ギ 禿（頭）のハゲワシ＜ gymnos ＋ gyps．種小名は近代 ラ カリフォルニアの．

Sarcoramphus papa　トキイロコンドル（中・南米産）
　　【学名解】属名は ギ 肉（瘤）のある嘴の＜ sarx, sarkos ＋ rhamphos．種小名は ラ 父，法王．

Vultur gryphus　コンドル（南米産）
　　【学名解】属名は ラ ハゲワシ．種小名はギリシア神話の怪物（ライオンの胴体にワシの頭と翼をもつ）．

2. タカ科

Leptodon cayanensis　ハイガシラトビ（中・南米産）
　　【学名解】属名は ギ 細い歯＜ leptos ＋ odōn．種小名は近代 ラ カイエンヌ Cayenne 産の．

Chondrohierax uncinatus　カギハシトビ（中・南米産）
　　【学名解】属名は ギ chondros 小粒 ＋ ギ hierax 小形のタカ．目先にある黄斑を表現．種小名は ラ（嘴に）鉤のある．

Elanoides forficatus　ツバメトビ（北米・南米産）．
　　【学名解】属名は近代 ラ カタグロトビ *Elanus* に似たもの．種小名は ラ（尾が）分岐した．

Machaerhamphus alcinus　コウモリダカ（アフリカ〜ニューギニア産）
　　【学名解】属名は ギ machaira 短剣（のような）＋ ギ rhamphos 嘴．種小名は ギ 由来の造語で，力強い．

Gampsonyx swainsonii　シンジュトビ（南米産）
　　【学名解】属名は ギ gampsōnyx 曲った爪の（猛禽）．種小名はブラジルやニュージーランドで活躍したイギリスの博物学者 W. Swainson（1855 没）に因む．

Chelictinia riocourii　アフリカツバメトビ（アフリカ産）
　　【学名解】属名は ギ chēlē（鳥の）爪 ＋ ギ iktinos トビ．種小名は人名由来．

Lophoictinia isura　シラガトビ（オーストラリア産）
　　【学名解】属名は ギ lophos 冠羽 ＋ ギ iktinos トビ．種小名は ギ isos 等しい ＋ ギ oura 尾．この鳥の尾の長さと幅が等しい，ことを表現．

Hamirostra melanosternon　クロムネトビ（オーストラリア産）
　　【学名解】属名は ラ hamus 鉤 ＋ ラ rostrum 嘴．種小名は ギ 黒い胸の．

Necrosyrtes monachus　ズキンハゲワシ（アフリカ産）
　　【学名解】属名は ギ nekros 屍体 ＋ ギ syrtēs 引きずるもの．種小名は ラ 修道士（ギリシア語由来）．

Neophron percnopterus　エジプトハゲワシ（アフリカが主産地）
　　【学名解】属名はギリシア神話の Neophron に因む．死後，ハゲワシに変えられた（『鳥類学名辞典』）．種小名は ギ ハゲワシの一種（暗色の翼，の意）．

Gypaetus barbatus　ヒゲワシ（アフリカ〜アジア産）
　　【学名解】属名は ギ gyps ハゲワシ ＋ ギ aetos ワシ．種小名は ラ 髭のある．

Gypohierax angolensis　ヤシハゲワシ（アフリカ産）
　　【学名解】属名は ギ gyps ハゲワシ ＋ ギ hierax 小形のタカ．種小名は近代 ラ アンゴラ産の．

第4章 世界の珍鳥たち

Terathopius ecaudatus ダルマワシ（アフリカ産）
【学名解】属名は ギ 軽業師．種小名は ラ 尾のない．

Dryotriorchis spectabilis ヘビワシ（西アフリカ産）
【学名解】属名は ギ dryos 森林地帯 + ギ triorchis ノスリ（タカの一種）．種小名は ラ 顕著な．

Eutriorchis astur マダガスカルヘビワシ（マダガスカル島産）
【学名解】属名は ギ eu- 良い，美しい + ギ triorchis ノスリ（タカの一種）．種小名は ラ タカの一種．

Micronisus gabar ガバールオオタカ（アフリカ産）
【学名解】属名は ギ 小さな + ギ ハイタカ属 *Nisus*．種小名は近代 ラ イラン派の拝火教徒（英語より）．

Kaupifalco monogrammicus トカゲノスリ（アフリカ産）
【学名解】属名は近代 ラ Kaupi 氏のハヤブサ．同氏はダルムシュタット博物館長．種小名は ギ 一本の線で描かれた．

Urotriorchis macrourus オナガオオタカ（ガーナ産）
【学名解】属名は ギ oura 尾の（長い）+ ギ triorchis ノスリ．種小名は ギ 長い尾の．

Geranospiza caerulescens セイタカノスリ（中・南米産）
【学名解】属名は ギ geranos ツル + ギ spizias ハイタカ．すなわち，ツルのようなタカ，の意．種小名は ラ 暗青色の．

Asturina nitida ハイイロノスリ（北米〜南米産）．
【学名解】属名は近代 ラ オオタカ *Astur* のような．種小名は ラ 輝かしい．

Busarellus nigricollis ミサゴノスリ（中・南米産）
【学名解】属名は近代 ラ 小さなノスリ＜ノスリのフランス語 buse．種小名は ラ 黒い頸の．

Geranoaetus melanoleucus ワシノスリ（中・南米産）
【学名解】属名は ギ ツル geranos + ギ ワシ aetos．声がツルのようであるため．種小名は ギ 黒と白の．

Parabuteo unicinctus モモアカノスリ（北米〜南米産）
【学名解】属名は ギ para- 側に + ノスリ属 *Buteo*．種小名は ラ 一本の帯斑の．

Morphnus guianensis ヒメオウギワシ（南米産）
【学名解】属名は ギ morphnos ワシの一種．種小名は近代 ラ ギアナ産の．

Harpia harpyia オウギワシ（中・南米産）
【学名解】属名はギリシア神話に登場する怪物の名．種小名も同じ．顔と体が女で鳥の翼と爪をもった怪物．

Harpiopsis novaeguineae パプアオウギワシ（ニューギニア産）
【学名解】属名は *Harpia*（上述）+ ギ opsis 外観．種小名は近代 ラ ニューギニアの．

Pithecophaga jefferyi サルクイワシ（フィリピン産）
【学名解】属名は ギ サル pithēkos + ギ -phaga 食べる．種小名は人名由来．

Ictinaetus malayensis　カザノ（風野）ワシ（インド～モルッカ産）
　【学名解】属名は ギ トビのようなワシ＜iktinos トビ ＋ aetos ワシ．種小名は近代 ラ マレー半島の．

Spizaetus melanoleucus　セグロクマタカ（南米産）
　【学名解】属名は近代 ラ ハイタカのようなタカ＜ ギ spizias ハイタカ ＋ ラ astur タカの一種．種小名は ギ 黒と白の．

3．キジ科

Meleagris gallapavo　シチメンチョウ（北米・メキシコ産）
　【学名解】属名は ギ meleagris ホロホロチョウ．種小名は ラ gallus ニワトリ ＋ ラ pavo クジャク．

Agriocharis ocellata　ヒョウモンシチメンチョウ（ユカタン半島～ガテマラ産）
　【学名解】属名は ギ agrios 野生の ＋ ギ charis 優美（な鳥）．種小名は ラ 小さな目のある．この目は眼状紋のことであろう．

Centrocercus urophasianus　キジオライチョウ（北米西部産）
　【学名解】属名は ギ kentron 先の尖ったもの ＋ ギ kerkos 尾．種小名は ギ 尾がキジのような（鳥）＜ oura 尾 ＋ *Phasianus* キジ属．

Oreortyx picta　ツノウズラ（北・中米産）
　【学名解】属名は ギ oreo- 山の ＋ ギ ortyx ウズラ．種小名は ラ 彩色された．

Callipepla squamata　ウロコウズラ（北・中米産）
　【学名解】属名は ギ 美しい外衣の（鳥），の意＜ kallos 美 ＋ peplos 外衣．種小名は ラ 鱗模様の．

Philortyx fasciatus　ヨコフウズラ（メキシコ産）
　【学名解】属名は ギ philos 親しい ＋ ギ ortyx ウズラ．種小名は ラ 帯斑のある．

Dactylortyx thoracicus　ユビナガウズラ（中米産）
　【学名解】属名は ギ daktylos 指 ＋ ギ ortyx ウズラ．種小名は ギ 胸の，胸に特徴のある．本種には 11 亜種あり．

Rhynchortyx cinctus　アシナガコリン（中・南米北部産）
　【学名解】属名は ギ rhynchos 嘴 ＋ ギ ortyx ウズラ．種小名は ラ 帯斑の．

Lerwa lerwa　ユキシャコ（ヒマラヤ～雲南省産）
　【学名解】属名はネパール語でシャコの意．トートニムの学名．

Anurophasis monorthonyx　ユキヤマウズラ（ニューギニア産）
　【学名解】属名は ギ 尾のないキジ phasianos．種小名は ギ 一本の真っ直ぐな爪．

Margaroperdix madagarensis　マダガスカルシャコ（マダガスカル島産）
　【学名解】属名は ギ margaron 真珠（真珠模様の）＋ ギ perdix シャコ．種小名は近代 ラ マダガスカル島産の．

Melanoperdix nigra　クマシャコ（ヒマラヤ～ボルネオ産）
　【学名解】属名は ギ 黒いシャコ perdix．種小名は ラ 黒い，niger の女性形．

Caloperdix oculea　アカチャシャコ（東南アジア産）
　【学名解】属名は ギ 美しいシャコ．種小名は ラ 眼（紋）がたくさんある．

Haematortyx sanguiniceps アカガシラシャコ（ボルネオ産）
　【学名解】属名は ギ 血紅色のウズラ ortyx．種小名は ラ 血紅色の頭の．

Rollulus rouloul カンムリシャコ（ボルネオ産）
　【学名解】属名は鳴き声由来の地方名 rouloul のラテン語化（『鳥類学名辞典』）．この名は種小名にも用いられている．種小名はこの鳥の地方名．スペルに注意されたい．

Ptilopachus petrosus イシシャコ（アフリカ産）
　【学名解】属名は ギ 羽（軸）の太い（鳥）＜ ptilon 羽 ＋ pachys 太い，厚い．種小名は ラ 岩の多い．

Ophrysia superciliosa ケバネウズラ（ヒマラヤ産）
　【学名解】属名は ギ 眉のある（鳥）＜ ophrys 眉．種小名は ラ 傲慢な．または，眉のある（『鳥類学名辞典』）．

Ithaginis cruentus ベニキジ（アジア南部産）
　【学名解】属名は ギ 純系の（鳥）＜ ithagenēs 土着の．種小名は ラ 血にそまった．本種には 14 亜種あり．

Pucrasia macrolopha ミノキジ（中国〜ヒマラヤ産）
　【学名解】属名はネパール語でこの鳥の名 Pokras に因む．種小名は ギ 長い冠羽の＜ makros ＋ lophos．

Rheinartia ocellata カンムリセイラン（ヒマラヤ産）
　【学名解】属名はフランス陸軍の Rheinard 大尉に因む．種小名は ラ 小さな目のある．
　　（注）この属名は *Rheinardia* とも綴られる．

Argusianus argus セイラン（タイ〜ボルネオ産）．
　【学名解】属名は ギ Argus という名のキジ *Phasianus*．種小名はギリシア神話のアルゴス．百の輝く目をもった巨人．彼の死後女神ヘーラーがその目をとってクジャクの尾を飾ったという．口絵 11 参照．

Afropavo congensis コンゴクジャク（アフリカ産）
　【学名解】属名は ラ アフリカのクジャク pavo．種小名は近代 ラ コンゴ産の．

Phasidus niger クロホロホロチョウ（アフリカ産）
　【学名解】属名は ラ キジに似た（鳥），の意＜キジ属 *Phasianus* ＋ 接尾辞 -idus 〜に似た．種小名は ラ 黒い．

Agelastes meleagrides ムナジロホロホロチョウ（アフリカ産）
　【学名解】属名は ギ 笑わない（鳥），歌わない（鳥），の意．また，群居性の（鳥）（『鳥類学名辞典』）．種小名は ラ ホロホロチョウ *Meleagris* に似たもの．

Numida meleagris ホロホロチョウ（アフリカ産）
　【学名解】属名は ラ ヌミディア Numidia（アフリカ北部の古王国）の鳥，の意．種小名は ラ ホロホロチョウ．
　　（注）本種には 20 亜種あり．

Acryllium vulturinum フサホロホロチョウ（アフリカ産）
　【学名解】属名は近代 ラ 尖った尾の鳥，の意＜ ギ akros 頂点の ＋ 縮小辞 -illus ＋ 縮小辞 -ium（二重の縮小辞）．種小名は ラ ハゲワシ vultur のような．

(2) 1科1属1種の鳥

動物界を見渡せば，一つの科に1種しかいない，という事例があることに気がつく．これも珍しいことである．鳥の場合，1科1属1種という存在は実は21例もある．科には多くの属と種類が含まれるのが普通である．1科に1種しかいない，というのも実は異常な例であり，その動物の進化の一端がそこにある，ということを知ることになる．

1. ダチョウ科　ダチョウ

学名を *Struthio camelus*，英名を Ostrich という．世界最大の鳥で，飛ばずに走り回るのが得意という珍鳥で，時速 70 km で 30 分も走り続けることができる．**また，1目1科1属1種という世界唯一の極めて特異な鳥でもある．** アフリカ産．次頁に図あり．
　【学名解】属名は ギラ ダチョウ．種小名は ギラ ラクダ．また，ギリシア語由来のダチョウの
　　　　ラテン語名 struthiocamelus を 2 分して命名したものともとれる．

2. サギ科　ヒロハシサギ

学名を *Cochlearius cochlearius*，英名を Boat-billed Heron という．学名はトートニム．嘴は大きく，幅広い．これをボートに見立てたのが英名の由来．分布はメキシコからブラジルまで．次頁に図あり．
　【学名解】属名は ラ さじ（匙）のような（嘴の鳥）．

3. ハシビロコウ科　ハシビロコウ

学名を *Balaeniceps rex*，英名を Whale-billed Stork という．体長は 1 m を超える．嘴は非常に大きく，幅広く，かつ扁平である．脚も長い．産地はアフリカ．次頁に図あり．
　【学名解】属名は ラ クジラの頭．種小名は ラ 王．

4. シュモクドリ科　シュモクドリ

学名を *Scopus umbretta*，英名を Hammerhead という．頭はハンマー状（英名の由来）で，嘴も長く，鋭い．脚も細く長い．産地はアフリカ．次頁に図あり．
　【学名解】属名は ギ skōps コノハズク．種小名は ラ 小さな影．

5. ヘビクイワシ科　ヘビクイワシ

学名を *Sagittarius serpentarius*，英名を Secretarybird という．全長約 1.5 m．脚も長く，指と爪は鋭い．首もやや長い．うなじ（えり首）に冠毛がある．主食は蛇で，その他の小動物や昆虫なども食べる．英名は書記官の鳥．産地はアフリカ．47 頁に図あり．
　【学名解】属名は ラ 射手（蛇を狙うから）．種小名は ラ ヘビの．

6. タカ科　ミサゴ

学名を *Pandion haliaetus*，英名を Osprey という．体長は雄で 54 cm，雌は約 10 cm 大きい．魚を獲るタカとして有名．北半球全域に産する．日本では全国に分布し，北日本では冬鳥．オスプレイは評判の悪いアメリカの軍用機（輸送機）の名前についている．47 頁に図あり．
　【学名解】属名はギリシア神話のアテネの王 Pandion に因む．種小名は ギ 海のワシ，の意で，ミサ
　　　　ゴの古名．

第 4 章　世界の珍鳥たち　　45

ダチョウ *Struthio camelus*

ヒロハシサギ *Cochlearius cochlearius*

ハシビロコウ *Balaeniceps rex*

シュモクドリ *Scopus umbretta*

（出典：Van Tyne & Berger, 1958）

7. ツメバケイ科　ツメバケイ

学名を **Opisthocomus hoazin**, 英名を Hoatzin という．全長約 60 cm．大きな翼とかなり長い尾が目立つ．頭頂に細くまばらな冠羽あり．南米北部産．次頁に図あり．

【学名解】属名は ギ (頭の) 後方に長毛のある (鳥)．種小名はナーワー Nahuatl 語 (中米) でこの鳥の名．

8. クビワミフウズラ科　クビワミフウズラ

学名を **Pedionomus torquatus**, 英名を Collard-hemipode という．体長は約 16 cm で，まるっこい体が特徴的．脚は体の後方についている．首に顕著な首輪模様がある．嘴は細く小さい．オーストラリア産．次頁に図あり．

【学名解】属名は ギ 平原にすむ (鳥) < pedion 平原 + nomos 居住地．種小名は ラ 首飾りのある．

9. ツルモドキ科　ツルモドキ

学名を **Aramus guarauna**, 英名を Limpkin という．体長は約 65cm．体形はツルに似ているが，嘴が細長く，脚の盾状形成 (scutellation) が大きい．北米～南米産．われわれ日本人にはなじみがない．48 頁に図あり．

【学名解】属名は ギ aramos サギの一種．種小名はブラジル土語でこの鳥の名．

10. カグー科　カグー

学名を **Rhinocetos jubatus**, 英名を Kagu という．体長は約 60 cm．カグーという名前にはよくお目にかかるが，実際にみたことはない．ニューカレドニア産．筆者も 1969 年にニューカレドニアには数日間滞在したが，とてもお目にかかれる鳥ではなかった．地上性で，飛ばない特異な鳥である．頭背と首筋の冠毛が見事．48 頁に図あり．

【学名解】属名は ギ 鼻 (嘴の根本) に長毛のある (鳥)，の意 < rhino- 鼻の + chaitē 長毛．種小名は ラ たてがみのある．

11. ジャノメドリ科　ジャノメドリ

学名を **Eurypyga helias**, 英名を Sunbittern という．体長約 46 cm．嘴は細長くて鋭い．首は細く，長い．飛行は優美である．中米～南米産．48 頁に図あり．

【学名解】属名は ギ 広い尾の (鳥) < eurys 広い + pygē 尻．種小名は ギ 太陽の．

12. カニチドリ科　カニチドリ

学名を **Dromas ardeola**, 英名を Grabplover という．体長 40 cm 未満．脚もかなり長く，姿は如何にも速く走りそうな印象である．英名はひったくるチドリ，の意．アフリカ～インド産．48 頁に図あり．

【学名解】属名は ギ 走る (鳥)，の意．種小名は ラ 小さなサギ．

第 4 章　世界の珍鳥たち　　47

ヘビクイワシ *Sagittarius serpentarius*

ミサゴ *Pandion haliaetus*

ツメバケイ *Opisthocomus hoazin*

クビワミフウズラ *Pedionomus torquatus*

（出典：Van Tyne & Berger, 1958）

(出典：Van Tyne & Berger, 1958)

13. アブラヨタカ科　アブラヨタカ

学名を **Steatornis caripensis**，英名を Oilbird という．体長 50 cm 未満．如何にも果物や小動物を切り裂いて食べるような鋭い嘴をもっている．夜行性で，飛ぶ力は強い．パナマ～ボリビア産．次頁に図あり．

【学名解】属名は ギ 脂の多い鳥．種小名は近代 ラ カリプ洞窟（ベネズエラ）産の．

14. オオブッポウソウ科　オオブッポウソウ

学名を **Leptosomus discolor**，英名を Cuckoo-roller という．体長約 46 cm．頭は円く，嘴は短くて鋭い．樹上性．食物は大きな昆虫とトカゲ．産地はマダガスカル島．次頁に図あり．

【学名解】属名は ギ 繊細な体の．種小名は ラ 色とりどりの．

15. ヤツガシラ科　ヤツガシラ

学名を **Upupa epops**，英名を Hoopoe という．体長は 28 cm．嘴は細くて長く，頭に長くて密な冠毛があり，冠毛の先端は黒い．冠羽，頭と首は橙褐色で，黒地に明瞭な白斑のある翼とは強く対比する．アフリカからアジアに産する．日本には旅鳥として渡来する．次頁に図あり．

【学名解】属名は ラ ヤツガシラ．種小名は ギ ヤツガシラ．

16. トガリハシ科　トガリハシ

学名を **Oxyruncus cristatus**，英名を Crested Sharpbill という．体長約 18 cm．頭は上に尖り，短い冠毛がある．嘴は短小で鋭い．コスタリカ～パラグアイ産．次頁に図あり．

【学名解】属名は ギ 鋭い嘴の（鳥）．種小名は ラ 冠羽をもつ．

17. マダガスカルモズ科　ベニハシゴジュウカラ

学名を **Hypositta corallirostris**，英名を Coral-billed Nuthatch という．

体長約 13 cm の小鳥．一見して何の変哲もない小鳥のようであるが，嘴は赤いサンゴ色で，足の後ろの指が非常に長い．産地はマダガスカル島．51 頁に図あり．

【学名解】属名はゴジュウカラ属 *Sitta* に近い（hypo-）鳥，の意．種小名は ラ サンゴ色の嘴の．

18. アメリカムシクイ科　ズアカサザイ

学名を **Zeledonia coronata**，英名を Wren-thrush という．体長約 12 cm の小鳥．
頭頂は赤橙色で目立つ．嘴は弱くて短い．脚はやや長く，足（足首から下）は大きい．産地はパナマやコスタリカの高山の山頂付近．51 頁に図あり．

【学名解】属名はコスタリカに在住した Don J. Zeledon（1923 没）に因む．種小名は ラ 冠羽のある．

19. ヤシドリ科　ヤシドリ

学名を **Dulus dominicus**，英名を Palmchat という．体長約 18 cm．どこといって特徴のつかめない小鳥．産地はヒスパニオラ島．51 頁に図あり．

【学名解】属名は ギ どれい（奴隷）．種小名は近代 ラ ドミニカの．

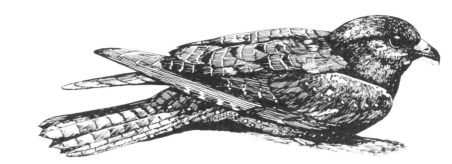

アブラヨタカ *Steatornis caripensis*

オオブッポウソウ *Leptosomus discolor*

ヤツガシラ *Upupa epops*

トガリハシ *Oxyruncus cristatus*

（出典：Van Tyne & Berger, 1958）

第4章　世界の珍鳥たち　51

ベニハシゴジュウカラ *Hypositta corallirostris*

ズアカサザイ *Zeledonia coronata*

ヤシドリ *Dulus dominicus*

ツバメフウキンチョウ *Tersina viridis*

ズキンコウカンチョウ *Catamblyrhynchus diadema*

（出典：Van Tyne & Berger, 1958）

20. ツバメフウキンチョウ科　ツバメフウキンチョウ

学名を ***Tersina viridis***，英名を Swallow-tanager という．体長 17 cm．翼は長く，脚は短い．顔面と喉は黒く，よく目立つ．産地は中・南米．前頁に図あり．
　【学名解】属名はこの鳥のフランス語名 Tersine に因む．種小名は ラ 緑色の．

21. ズキンコウカンチョウ科　ズキンコウカンチョウ

学名を ***Catamblyrhynchus diadema***，英名を Plush-capped Finch という．体長 16 cm．頭部に特徴があり，頭頂（の短い冠羽）は灰色で目立つ．嘴は短小で力強い．産地はコロンビア〜アルゼンチン．前頁に図あり．
　【学名解】属名は ギ katamblynō 鈍くする ＋ ギ rhynchos 嘴．すなわち，鈍い嘴の鳥，の意．種
　　　　　小名は ギ ラ 王冠．

（3）1 科に 300 種以上の鳥を含むもの

　鳥の種類数は，世界中に約 9,200 種を数える．これが 173 の科に分類されている．その各個の科に含まれる種類数は，1 種から最高 398 種までである．1 科に含まれる鳥を 50 種以下と 50 種以上にわけてみると，50 種までの科数が優に全体の半数を超える．そういうことで，1 科に 300 種以上を含むものは例外的存在で，貴重な存在であろう．Van Tyne & Berger（1959）の『Fundamentals of Ornithology』によれば，その科の数は 8 つもある．以下にその科名と種類数を紹介する（順不同）．

1. オウム科　Psittacidae

　315 種を含む．大半が南半球産で，渡りをしない．英名を Parrot という．冠毛があって鮮麗なものを Cockatoo という．この科の中に 1 属 1 種のものが 22 も存在する．わが国ではセキセイインコやオカメインコなど愛玩用に飼育される．
　我が家では以前にペットとしてオカメインコ *Nymphicus hollandicus* を飼っていた．勿論手乗りである（270 頁，「囲み記事 17」を参照）．愛称はピッピ君．籠から出すと畳の上をよちよち歩いたり，家の中を飛び回ったり，私の肩にとまったりした．実に愛らしい小鳥であった．これが 37 年も生きてくれた．庭の片隅に作った墓にはピッピ君の弔いにハナモモの苗を植えた．それがすくすくと成長して，5 年後の今年も素晴らしい花を咲かせてくれている．閑話休題．
　【学名解】オカメインコの属名は ギ ニンフのような（鳥），の意．種小名はニューホーランド（オー
　　　　　ストラリア）の．付図（54 頁）のオウムの和名と学名をクルマサカオウム *Cacatua*
　　　　　leadbeateri という．英名を Pink Cockatoo という．属名はオウムという意味で，オラ
　　　　　ンダ語由来．種小名はロンドンの有名な動物商 Benjamin Leadbeater に因む．

2. ハチドリ科　Trochilidae

　319 種を含む．英名を Hummingbird という．この中で目立つものに，ユミハシハチドリ属 *Phaethornis*（25 種，太陽の鳥，の意），ミドリハチドリ属 *Amazilia*（30 種，フランスの

作家マルモンテルの作品中のヒロインの名，アマゾンの少女，の意），インカハチドリ属 *Coeligena*（11 種，天に生まれたもの，の意）がある．

なお，この科には 1 属 1 種の鳥が非常に多く，63 を数える．詳しい紹介は割愛する．

【学名解】図示（次頁）したのは南米産のラケットハチドリ *Ocreatus underwoodi* である．英名を White-booted Rackettail という．この属名は ラ すね当てをつけた，の意．種小名は南米の住人でこの小鳥を欧州に送ってくれた人に因む．

3. タイランチョウ科　Tyrannidae

365 種を含む．小〜中型の鳴禽類．北米・南米に産する．1 属に 15 種以上を含むものに，シラギクタイランチョウ属 *Elaenia*（17 種，オリーブ色の鳥，の意），コバシハエトリ属 *Phylloscartes*（21 種，葉を跳躍するもの，の意），コビトドリモドキ属 *Hemitriccus*（19 種，コビトドリにやや似たもの，の意），メジロハエトリ属 *Empidonax*（15 種，蚊の王様，の意），オオヒタキモドキ属 *Myiarchus*（22 種，ハエの首領，の意），カザリドリモドキ属 *Pachyramphus*（16 種，太い嘴の鳥，の意）などがある．

図示（次頁）した鳥はオウサマタイランチョウ *Tyrannus tyrannus* である．珍しいトートニムの学名．

【学名解】属名は ギ 暴君，専制君主．

なお，この科にも 1 属 1 種の鳥が多く，36 を数える．詳しい説明は割愛する．

4. ツグミ科　Turdidae

305 種を含む．雌雄の色彩斑紋が類似しているものも類似していないものもある．1 属に多数の種を含むものに，サバクヒタキ属 *Oenanthe*（19 種），トラツグミ属 *Zoothera*（31 種），ツグミ属 *Turdus*（63 種）がある．

また，本科のなかに 1 属 1 種の鳥は 19 を数える．

図示（次頁）したものはツグミ属 *Turdus* の 1 種である．わが国には本属のツグミが 13 種生息する．これも珍しいことである．

【学名解】*Oenanthe* はハシグロヒタキの ギ 古名．*Zoothera* は ギ 虫を狩るもの．*Turdus* はツグミの ラ 古名．

この科に 1 属 1 種の鳥は 19 例がある．また，1 種の鳥が多数の亜種に分割されたものがある．その筆頭にノビタキ *Saxicola torquata* とタイワンツグミ *Turdus poliocephalus* がある．前者には 26 亜種（日本にはそのうちの 1 亜種が渡来する），後者には驚くなかれ 64 亜種がある．

【学名解】*Saxicola* は ラ 岩場に住む（鳥），*torquata* は ラ 頸飾りのある．*Turdus* はツグミの ラ 古名．*poliocephalus* は ギ 灰色の頭の．

5. ヒタキ科　Sylviidae

398 種を含む．おそらく鳥の世界で最高の数である．多くの種類を含む属に次の 7 つをあげることができる．すなわち，オウギセッカ属 *Bradypterus*（21 種，ゆっくり飛ぶ鳥，の意），ヨシキリ属 *Acrocephalus*（28 種，尖った頭の鳥，の意．この中の 2 種が日本に渡来する），セッカ属 *Cisticola*（45 種，ゴジアオイ *Cistus* の灌木に住むもの，の意．日本には 1 種が生息），

54

ラケットハチドリ *Ocreatus underwoodi*

クルマサカオウム *Cacatua leadbeateri*

ツグミの1種 *Turdus* sp.

オウサマタイランチョウ *Tyrannus tyrannus*

（出典：Van Tyne & Berger, 1958）

ハウチワドリ属 *Prinia*（26 種，この鳥のジャワ語より），イロムシクイ属 *Apalis*（21 種，柔らかい鳥，の意），メボソムシクイ属 *Phylloscopus*（46 種，葉の見張り番，の意，日本から8 種の記録がある），ズグロムシクイ属 *Sylvia*（17 種，森の鳥，の意）．

　図示（次頁）したものはズグロムシクイ *Sylvia atricapilla* である．
【学名解】種小名は ラ 黒髪の．

6. カササギヒタキ科　Muscicapidae

　328 種を含む．多くの種を含むものに，サメビタキ属 *Muscicapa*（27 種．ハエをとる鳥，の意．わが国には 3 種の記録あり），アオヒタキ属 *Niltava*（24 種．この鳥のネパール名に由来），サンコウチョウ属 *Terpsiphone*（14 種．楽しい声の鳥，の意．わが国には 1 種が渡来），カササギヒタキ属 *Monarcha*（29 種．専制君主，の意），オウギヒタキ属 *Rhipidura*（39 種．扇状の尾の鳥，の意）などがある．

　図示（次頁）したものはカワリサンコウチョウ *Terpsiphone paradisi* である．
【学名解】種小名は ラ 楽園の．

7. ハタオリドリ科　Ploceidae

　313 種を含む．わが国に普通なスズメ（イエスズメ）Sparrow も含まれる．スズメ属 *Passer* はアフリカとユーラシアに 18 種がいる．この属名はラテン語でスズメの意．最も注意すべきはハタオリ属 *Ploceus* で，本属は 64 種を含む．凄い数である．また，ハタオリ類は群居性が強い．この属名は（巣を）編む鳥，の意．

　図示（次頁）した鳥はホウオウジャク *Steganura paradisaea* である．
【学名解】属名は ギ 覆われた尾の鳥，の意．種小名は ギ 楽園の．

8. アトリ科　Fringillidae

　375 種．ヒタキ科に次いで種類数が多い．種類数が多い属名をみると，カナリア属 *Serinus* 35 種，ヒワ属 *Carduelis* 24 種，マシコ属 *Carpodacus* 21 種がある．

　図示（次頁）した鳥はカオグロシトド *Zonotrichia querula* である．一説によれば，本種はホオジロ科 Emberizidae に属するという．このような意見の違いは珍しい．
【学名解】*Serinus* はカナリアのフランス語名に由来．*Carduelis* は ラ ゴシキヒワ．*Carpodacus* は ギ 果物をついばむもの．*Zonotrichia* は ギ 帯斑のある頭髪．種小名 *querula* は ラ 不平をいう，ぶつぶついう．

（4）飛ばずに走る鳥

　飛ばずに走る鳥を一般に走禽類という．その筆頭にあがるのがアフリカ産のダチョウである．続いて有名なのが同じアフリカ産のレアである．次に有名なのがオーストラリア産のエミューである．この 3 者に共通なことは長くて太い脚をもっていることである．足指も太くて 3 本ある．ただしダチョウだけは足指が 2 本で，その内側のものは特に太くて長い．この 3 者は如何にも走れば速い，という感じをうける．その通りで，ダチョウは時速

56

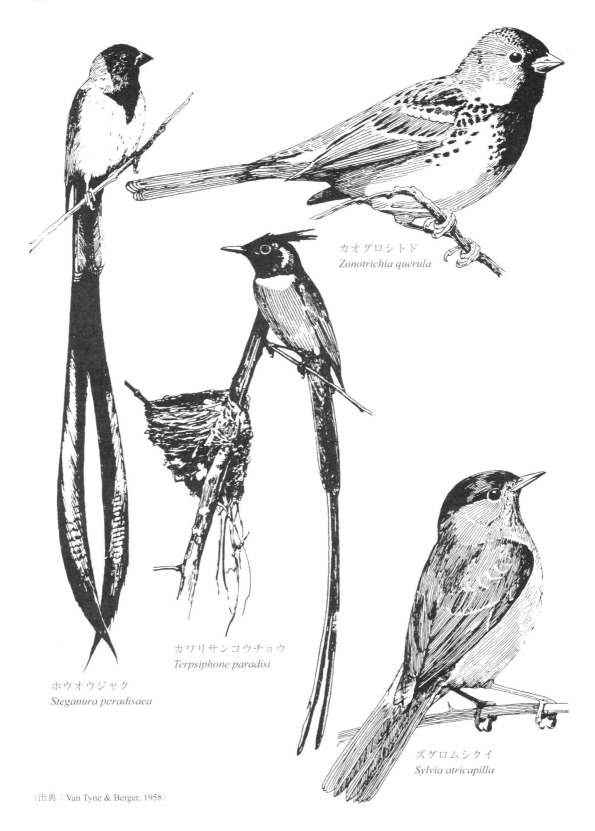

カオグロシトド
Zonotrichia querula

カワリサンコウチョウ
Terpsiphone paradisi

ホウオウジャク
Steganura paradisaea

ズグロムシクイ
Sylvia atricapilla

(出典：Van Tyne & Berger, 1958)

72 km もの速さで走ることができる．そして瞬間最大速度は 96 km と推定されている．

4番目の送禽類はニューギニアのヒクイドリである．脚は強大であるが短い．森林や低木中にすみ，特に速く走る必要がない

5番目のキーウイはニュージーランド産の珍奇な姿をした夜行性の鳥で，体は丸くて，翼と尾を欠く．脚は強大であるが，短い．特徴的なことは細くて長くやや湾曲した嘴で，地中の昆虫を探り出して食べるのに適している．この鳥に走禽という名はぴったりしない．ニュージーランドで開発された果物キーウイフルーツはその色合いと形が似ているための命名．72 頁の写真を見られたい．

次にこれらの鳥の学名を解説しておきたい．

ダチョウ　*Struthio camelus*　英名 Ostrich
【学名解】属名は ラ ダチョウ．種小名は ラ ラクダ．細長い首をラクダの首に見立てたもの．また，ラクダの ラ 名 Struthiocamelus を二分した命名ともとれる．1目1科1属1種という珍鳥．

レア　*Rhea americana*　英名 Common Rhea（Greater Rhea）．
【学名解】属名はギリシア神話の大地の女神レアー Rhea に因む．種小名は近代 ラ アメリカの．1属2種の珍鳥．

エミュー　*Dromaius novaehollandiae*　英名 Emu.
【学名解】属名は ギ 早く走る（全速力の）（鳥）．種小名は近代 ラ New Holland（オーストラリアの旧名）の．1科1属1種の珍鳥．

レア *Rhea americana*
（出典：Van Tyne & Berger, 1958）

エミュー *Dromaius novaehollandiae*　　　　　　　ヒクイドリ *Casuarius casuarius*
（出典：Van Tyne & Berger, 1958）　　　　　　　（出典：Van Tyne & Berger, 1958）

ヒクイドリ　***Casuarius casuarius***　英名 Southern Cassowary
　【学名解】属名はマレー語のヒクイドリ kesuari をラテン語化したもの．トートニムの学名．
キーウイ　***Apteryx australis***　英名 Brown Kiwi　72 頁に写真あり．
　【学名解】属名は ギ 翼のない（鳥）．種小名は ラ 南方の．1 属 3 種あり．

(5) 飛ばずに泳ぐ鳥

　飛ばずに泳ぐ鳥，といえば言わずと知れたペンギンである．ペンギンは動物園や水族館の人気者である．よちよち歩く姿が愛らしい．水に入れば優美である．翼は水中で泳ぐために進化した．水中では翼を使っておそろしいスピードで泳いで魚をとる．その時は水かきのついた足で舵をとる．
　ペンギンには 3 つの泳ぎがある．急がない時は頭と尾を水上にだし，翼を動かしてゆっくりと泳ぐ．獲物を追う時は上述のように水中で翼をはばたいて飛ぶように泳ぐ．その時は足で舵をとる．第 3 の泳ぎは疾走と呼ばれる．ペンギンは水面直下を泳ぎ，周期的に空中に躍り出て息つぎをする．
　ペンギンの胴体は非常に特徴的である．流線形をしていて，防水と保温のために非常に短い羽毛が非常に密に体を覆っている．写真でよく確かめて頂きたい．ケープペンギン（72 頁）の胴体の先に黒くみえるのは尻尾の先端である．嘴と足が大きいのもケープペンギンの特徴である．ケープペンギンはかつては 100 万羽もいたが，ここ 20 年間で 15 万羽に減少した．油汚染に弱いのと餌のニシン科の魚ピルチャード Pilchard が乱獲されているからである．
　ペンギンは南極海・亜南極海域に分布するが，赤道直下（ガラパゴス諸島）にもいる．

島の周りを寒流が洗っているからである．
　世界中のペンギンは1科(ペンギン科)6属18種に分類される．次にその学名を解説する．

オオサマペンギン　*Aptenodytes patagonicus*　英名 King Penguin
　【学名解】属名は ギ aptēnos 翼のない ＋ ギ dytēs 潜水者．種小名はパタゴニア地方の．
　（注）大きなペンギンで，産地は南米のパタゴニア地方．

コウテイペンギン　*Aptenodytes forsteri*　英名 Emperor Penguin
　【学名解】属名は上述．種小名はペンギンの最も初期の科学的記載をした J. R. Forster（1798 没）に因む．キャプテン・クックの世界一周に参加した．
　（注）本種はペンギンの中でも最大で，頭高は 1.1 m，体重は 57 kg 以上．産地は南極大陸の周辺地域．水深 530 m まで，20 分間潜水可能．餌をもとめて 1,000 km も旅をするという．

ジェンツーペンギン　*Pygoscelis papua*　英名 Gentoo Penguin
　【学名解】属名は ギ 尻に足(のある鳥)＜ pygē 尻 ＋ skelos 脚．種小名はマレー語でニューギニア．ニューギニアにいないこの鳥に何故この名がついたか不明．英名の Gentoo はフォークランドの住民がこの鳥につけた名前で，ポルトガル語で異教徒をさす．

アデリーペンギン　*Pygoscelis adeliae*　英名 Adelie Penguin
　【学名解】属名は上述．種小名はフランスの提督 D. d'Urville の妻 Adelie に因む．その名をとった南極のアデリー島でこの鳥は発見された．

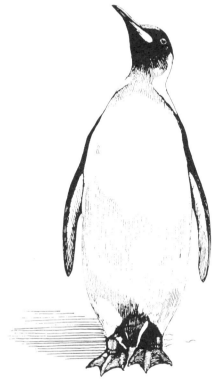

オオサマペンギン *Aptenodytes patagonicus*
(出典：Van Tyne & Berger, 1958)

ヒゲペンギン　*Pygoscelis antarctica*　英名 Bearded Penguin
【学名解】属名は上述．種小名は ラ 南極の．
　（注）このペンギンの背側は黒く，腹側は白い．頭には顎の下をとおって耳から耳までつながった細いラインが特徴的で，英名や和名のヒゲはこれに由来する．

キマユペンギン　*Eudyptes pachyrhynchus*　英名 Victoria Penguin
【学名解】属名は ギ よく潜るもの．種小名は ギ pachys 太い ＋ ギ rhynchos 嘴．
　（注）産地はニュージーランド．キマユペンギンをはじめ本属に属する 6 種のペンギンには頭に飾り毛がある．

ハシブトペンギン　*Eudyptes robustus*　英名 Snales Crested Penguin
【学名解】属名は上述．種小名は ラ 頑丈な．
　（注）英名の Snales は産地の島の名．

マユダチペンギン　*Eudyptes sclateri*　英名 Big-crested Penguin
【学名解】属名は上述．種小名はイギリスの鳥類学者 Dr. P. L. Sclater（1913 没）に因む．産地はニュージーランド南方の島嶼．英名と和名どおりならば大きな冠毛がある．

イワトビペンギン　*Eudyptes chrysocome*　英名 Rockhopper Penguin
【学名解】属名は上述．種小名は ギ 金色の頭髪の．
　（注）和名や英名からは岩をピョンピョンと跳ねる姿が浮かんでくる．TV の映像で見る限り非常に軽快である．産地は南米南端とニュージーランド．

ロイヤルペンギン　*Eudyptes schlegeli*　英名 Royal Penguin
【学名解】属名は上述．種小名はオランダのライデン博物館長 Prof. H. Schlegel（1884 没）に因む．産地はニュージーランド南西のマッコリー島．

マカロニペンギン　*Eudyptes chrysolophus*　英名 Macaroni Penguin
【学名解】属名は上述．種小名は ギ 金色の冠羽の．
　（注）英名におしゃれ者のペンギンの意．産地はフォークランドを含む亜南極海域の島嶼．

キンメペンギン　*Megadyptes antipodes*　英名 Yellow-eyes Penguin
【学名解】属名は ギ 大きな潜水者．種小名は ラ ギ 地球の反対側に住む人．
　（注）1 属 1 種の珍奇な鳥．地球の反対側とは産地のニュージーランドを指す．

コビトペンギン　*Eudyptula minor*　英名 Little Penguin
【学名解】属名は ギ 小さなイワトビペンギン属．語尾の -ula は縮小辞．種小名は ラ より小さな．
　（注）ペンギン類中で最も小さい．頭高 41 cm．体重 1 kg．日没後も活発に動き回る．産地はオーストラリア南部とニュージーランド．

マガイコビトペンギン　*Eudyptula albosignata*　英名 White-flipperd Penguin
【学名解】属名は上述．種小名は白い斑紋のある．
　（注）産地はコビトペンギンと同じ．コビトペンギンの亜種ともされる．

ケープペンギン　*Spheniscus demersus*　英名 Jackass Penguin．72 頁に写真あり．
【学名解】属名は ギ 小さな楔形の（翼を持つ鳥）．語尾の -iscus は縮小辞．種小名は ラ 水にもぐる（もの）．
　（注）産地は南アフリカの海岸や島嶼．

フンボルトペンギン *Spheniscus humboldti*　英名 Humboldt Penguin
　【学名解】属名は上述．種小名はドイツの自然科学者 A. von Humboldt（1859 没）に因む．1800
　　　年頃に南米で活躍．
　　（注）産地はペルーやチリの海岸と島嶼．嘴は大きく，頭部の色と模様は顕著．
マゼランペンギン *Spheniscus magellanicus*　英名 Magellanic Penguin
　【学名解】属名は上述．種小名はマゼラン海峡の．
　　（注）産地はチリ・アルゼンチン（南）・フォークランド諸島．
ガラパゴスペンギン *Spheniscus mendiculus*　英名 Galapagos Penguin
　【学名解】属名は上述．種小名は ラ 乞食のような．
　　（注）産地は赤道直下のガラパゴス諸島．本書の「第5章　ガラパゴス諸島の鳥たち」を参照．

(6) ハワイのハワイミツスイ

　ハワイにはハワイミツスイ（英名 Hawaiian Honeycreeper）という小鳥たちがすんでいる．ハワイの特産種である．ガラパゴス諸島のダーウィンフィンチに勝るとも劣らぬ適応放散をした鳥である．赤や黄色の美しい羽毛をもっているので，例えばアパパネのように，過去にマントやケープ等の衣料や装飾品に利用されたことは口絵 2 に示した通りである．

　Howard & Moore（1991）の「世界の鳥のチェックリスト」（和訳）には，ハワイミツスイは1科12属20種がのせてある．これを紹介すれば以下の通りである．

Telespyza　ハワイマシコ属（2種）．ギ 由来で，遠くで小鳥が鳴いている，の意．
Psittirostra　オウムハワイマシコ属（仮称）（1種）．ギ 由来で，オウムの嘴の，意．
Loxioides　ヤマハワイマシコ属（仮称）（1種）．ギ 由来で，イスカ *Loxia* に似た鳥．
Pseudonestor　オウムハシハワイマシコ属（1種）．ギ 由来で，偽のミヤマオウム *Nestor*．
Hemignathus　ユミハシハワイミツスイ（5種）．ギ 由来で，半分の顎（下嘴が短い）．

ベニハワイミツスイ *Vestiaria coccinea*．
現地名を Iiwi（イーウィ）という．種小名は ラ 緋色の．
　　　　　　　（出典：Van Tyne & Berger, 1958）

Oreomystis ヤマハワイミツスイ属（仮称）（2種）．ギ由来で，山の創始者．
Paroreomyza キバシリハワイミツスイ属（3種）．ギ由来で，山のミツイ．
Loxops ハワイミツスイ属（1種）．ギ由来で，イスカ *Loxia* の顔（嘴がイスカ状）．
Vestiaria ハワイミツスイ属（1種）．ラ由来で，（赤い）衣服を着た（鳥），の意．
Palmeria カンムリハワイミツスイ属（1種）．人名由来．ハワイでこの鳥を捕った人．
Himatione アカハワイミツスイ属（1種）．ギ由来で，羽毛が衣服になる鳥，の意．
Melamprosops カオグロハワイミツスイ属（1種）．ギ由来で，黒い顔の鳥，の意．

上記のように，ハワイミツスイには特別に注意すべきことがある．それは1属1種の鳥が格段に多いという事実である．12属のなかの8属を占める．これはハワイミツスイが非常に特化した鳥であるということであろう．

(7) ニューギニアの極楽鳥

(A) アカカザリフウチョウ

ニューギニアと聞いてどんな鳥を思い出すかといえば，ヒクイドリと答える人がいるかもしれないが，先ずは極楽鳥と庭師鳥であろう．特に極楽鳥は美しい色彩と樹上での派手なディスプレイが有名である．私も1969年の夏にマウントハーゲンの極楽鳥保護区の敷地内でこれを見た．踊りの場の高所の枝の葉はむしりとられていた．自分の踊りが目立つためである．踊りながらの鳴き声もよく四方に響いて，今でも耳に残っている．

私の蔵書の一つに自慢の一品がある．それは Michael Everett (1978) の『The Birds of Paradise and Bowerbird』という豪華本である．1頁に1種の鳥の図も素晴らしい．鳥の説明の記載も丁寧である．鳥の研究者には是非一読をお勧めしたい．

私が保護区で撮影した極楽鳥の写真を掲載したので，鑑賞して頂きたい．

写真（73頁）に示したものはアカカザリフウチョウ *Paradisaea raggiana* の雄である．囲われの身でありながらもしきりにディスプレイをするのが面白かった．その雌（図の左下）は全く地味な色をしている．

【学名解】属名は近代ラ楽園の（鳥），の意．種小名はニューギニアに滞在（1873年）した Francis Raggi 伯爵に因む．

(B) モルッカ諸島の珍鳥と献名された進化論のウォーレス

モルッカ諸島のシロハタフウチョウ *Semioptera wallacei* は珍鳥中の珍鳥である．図（74頁）を一見してその特異さがわかる．進化論といえばチャールズ・ダーウィンであるが，そのダーウィンを支持したのがイギリスの博物学者 Alfred R. Wallace（1913没）である（写真）．また，この珍鳥を最初に発見し採取したのもウォーレスである．よってこの珍鳥の学名も彼に献呈された．

【学名解】属名はギ軍旗のような翼（の鳥）．種小名は上述．

ウォーレス（出典：M. Everett, 1978）

(C) シロカマハシフウチョウ

　胸元に独立の飾り羽をもつ珍鳥で，鎌状の細長い嘴が白い，というのもこの鳥の特徴の一つである．学名を *Drepanornis bruijnii* という．ニューギニアの西北部の低地に産するが，その生態については何も知られていない．74頁に図あり．

　　【学名解】属名は ギ 鎌（状の嘴）の鳥．種小名はオランダの海軍士官で，鳥の収集家 Bruijn 氏に因む．

(8) 南米とアマゾンの珍鳥

　国立科学博物館は『図録　大アマゾン展』と題する図説を発行している．お許しを得たので，この中から南米とアマゾンの珍鳥を紹介したい．記して謝意を表します．

(A) コンゴウインコ

　南米のインコ類は多様化が著しく，30属150種に及ぶ．その中で色彩が豊で，体が大きく，尾の長いグループがコンゴウインコで，英名を（マコー Macaw）という．3属17種が知られている．アマゾンを象徴する鳥とされる．いま，このうちコンゴウインコ属 *Ara* の2種を選んで紹介する．

　図（75頁）の左下はベニコンゴウインコ *Ara chloroptera*（英名 Green-winged Macaw）の集団である．鉱物質を含んだ砂粒が露出している土手が好きらしい．

　図（75頁）の右上はコンゴウインコ *Ara macao*（英名 Scarlet Macaw）である．南米のインコ類の中で最もよく知られた種で，分布域も広く，また，食性も広い．いろいろな木の葉や果実，種子を食べる．

　　【学名解】属名 *Ara* はブラジルの Tupi 語でコンゴウインコを表す Arara に由来する．鳴き声を模したもの．種小名 *chloroptera* は ギ 緑色の翼の．種小名 *macao* はコンゴウインコ類を示すポルトガル語 macau に由来する．英名にもなっている．

(B) レア

　南北アメリカ産の最大の鳥で，頭高は1.3mに達する．飛行力はないが強力な脚を持つ．いわゆる走鳥類（走禽類）の一種．ブラジル南部からパタゴニアの草原に住む．いまでも冬の乾季には100羽以上の群れが発見される．アフリカのダチョウと同じように，2羽から10羽程度の雌が同じ巣に卵を産む．雄が抱卵してヒナを守る．57頁と76頁に図あり．

　　【学名解】学名を *Rhea americana* という．属名はギリシア神話の大地の女神 Rhea に因む．種小名は ラ アメリカの．

(C) カラカラ

　中南米に分布する16種のカラカラ類の中で最も分布の広い（メキシコ以南）のが図示（77頁）するカラカラ *Caracara plancus* である．日常の大半を地上を歩いて過す．腐肉などの食物を探すためである．また，地面を掘ったり，ハゲワシなどの猛禽類の後をつけたりする．雑食性で，手当たり次第に何でも食べる．

　　【学名解】属名はブラジルの Tupi 語でこの鳥の名．種小名は ラ ギ ワシの一種．

(D) トキイロコンドル

トキイロコンドル *Sarcoramphus papa* は中・南米に生息する大型の腐肉食の鳥で，1 属 1 種の珍鳥である．密林の上空を飛んで，優れた嗅覚を使って腐肉を探す．頭部が血で汚れないように禿げているのは旧世界のハゲワシと同様である．コンドルの仲間では頭部の色彩が最も豊である．英名を King Vulture という．Vulture はハゲワシのこと．78 頁に写真あり．

【学名解】属名は ギ 嘴に肉瘤のある（鳥），の意．種小名は ラ 法王．

(9) 道具を使う鳥

(A) ガラパゴス諸島には，サボテンの棘を使って，木の幹に潜っている昆虫の幼虫をつつき出して食べる，という習性の小鳥がいる．感動的な行為である．この小鳥は所謂ダーウィンフィンチの仲間のキツツキフィンチ *Certhidea olivacea* である．和名をムシクイフィンチともいう．

【学名解】属名は近代 ラ キバシリ *Certhia* に似たもの，の意．種小名は ラ オリーブ色の．

キツツキフィンチ *Certhidea olivacea*
（出典：伊藤秀三著 新版ガラパゴス諸島．中公新書 690，1983 その原典は Jack, D. Darwin's Finches, 1947）

(B) 熊本市の水前寺公園の池にはササゴイ *Butorides striatus*（英名 Striated Heron）がいる．この鳥は「撒き餌漁」という離れ業をする．草の葉などを水面に落とし，魚をおびき寄せてこれを捕食するのである．私もこれを実際に観察した．この行為は，多分，観光客が水面にパン屑などを撒いて魚に与えているのを見て，これを真似ているものと思われる．頭の良い行動である．

【学名解】属名は ラ サンカノゴイ butio に似たもの．種小名は ラ 条斑のある．

(C) ハシボソガラス *Corvus corone*（英名 Carrion Crow）は日本中どこにもいるが，特に東北地方のものは面白い習性をみせる．貝は堅い貝殻に包まれているので嘴で割るのは大変である．これを高いところから硬い地面に落とせば割れることを知ったハシボソガラスがそのような行動をはじめた．それを見た仲間のカラスが真似をはじめた．ところがクルミのような硬い木の実も上空から落とせば実が割れることを知ったのである．そこでそのような行動が仲間に伝わった．ある時，落として割れたクルミを食べようとしたら，そこに自動車が走ってきて，クルミを挽いた．車を利用すれば簡単にクルミが割れることを知ったカラスには，その行動が広がったのである．非常に知恵のある行動である．なお，近縁のハシブトガラス *Corvus macrorhynchos*（英名 Large-billed Crow）にはこの行動はみられない由．このハシボソガラスの話は細川博昭氏（2017年）の『知っているようで知らない鳥の話』から引用した．記して謝意を表します．

【学名解】属名 *Corvus* は ラ ワタリガラス．種小名 *corone* は ギ ハシボソガラス．種小名 *macrorhynchos* は ギ 大きな嘴の．

(D) アフリカ北部からインドにかけて分布するエジプトハゲワシ *Neophron percnopterus*（英名 Egyptian Vulture）は全長 70 cm 未満の小型のハゲワシで，腐肉食である．しかしアフリカにすむエジプトハゲワシはダチョウの卵も食べる．この時は嘴で石をつまみあげ，ダチョウの卵に投げつけ，厚い殻を破る．この石も立派な道具である．

【学名解】属名 *Neophron* はギリシア神話のネオフロン．ハゲワシに変えられた人物．種小名 *percnopterus* は ギ 暗色の翼，の意で，ハゲワシの一種をさす．

(10) 蜂蜜のありかを教えるミツオシエ

アフリカとアジア南部にミツオシエという名の変わり種の鳥がいる．属名を *Indicator* という．読んで字の如く「指示者」という意味で，ラテン語である．普段は森の木に静かに止まっている．しかしハチの巣をみつけると非常に示威的になる．尾を振り，やかましく鳴いて助っ人の人間やミツアナグマの注意をひき，その巣まで案内するのである．その助っ人が巣を壊している間は静かに待ち，その壊れた巣からハチミツや蜜ろうを食べる．ろう（蝋）を食べるのも珍しいが，おそらく腸内のバクテリアの力をかりて消化しているのであろう．マメミツオシエ *Indicator exilis*，ノドグロミツオシエ *Indicator indicator* はアフリカ産，マレーミツオシエ *Indicator archipelagicus* はマレー・ボルネオ産である．ほかに7種が知られている．

【学名解】種小名の *exilis* は ラ 小さな．種小名 *archipelagicus* はドイツ語 Archipelagus のラテン語化で，半島の．

(11) ものまね鳥

鳥の世界もひろいもので，人の声を真似る鳥とか，おしゃべりをする鳥がいる．まずはオウムとインコであろう．ともにインコ目オウム科に属する．姿の美しさ，賢さ，人の声音を巧みに真似ることで，愛玩用とか観賞用に飼育されている．いわゆるペットの一つである．この中でオウムの一種キバタン *Cacatua galerita* は白色の大きな鳥で，黄色の冠羽が

あるのも愛らしい．古くからものまね鳥として飼われている．また，セキセイインコ *Melopsittacus undulatus* も美しい色彩のために観賞用に飼われている．おしゃべりが得意で，人慣れもする．

　【学名解】属名 *Cacatua* はマレー語のオウム kokatua 由来．種小名 *galerita* は ラ 帽子をかぶった．
　　　　　属名 *Melopsittacus* は ギ 歌うオウム．種小名は ラ 波状斑の．

オウム科の中で特に目立つのはヨウム *Psittacus erithacus* である．ものまねが特に上手である．この属名は ラ オウム．種小名は ギ ものまねをする鳥．

また，スズメ目ムクドリ科のキュウカンチョウ（九官鳥）も目立った存在である．人語の真似がオウム以上に上手である．この名は，この鳥を日本に紹介した中国人九官に因むという．学名を *Gracula religiosa* という．属名は ラ コクマルガラス．種小名は ラ 宗教的な．

ところで，世界最高のものまね鳥はオーストラリア南部原産のスズメ目コトドリ科のコトドリ（琴鳥）*Menura novaehollandiae* であろう．雄の尾羽が竪琴に似ているためについた和名．ものまねの王者というか，人の声や他の鳥の声は言うに及ばず，チェーンソウとかシャッター音などの人工音までまねてしまう．傑作なのはワライカワセミのけたたましい笑い声まで真似てしまうという．日本の動物園で飼育されているものがあれば，運よくそのものまね声を聞けるかも知れない．

　この属名は ギ 月（三日月）の尾の．種小名は ラ オーストラリアの（そこの旧名）．

(12) 社会性の鳥

アフリカの中央部および南部のアカシアの育つサバンナにすむシャカイハタオリ *Philetairus socius* は極めて群居性が強く，10羽〜300羽が一つのコロニーを作り，1本の木に大きなむき出しの巣をつくる．この巣には大きな屋根があり，その下に番いのための巣がつくられる．巣は一定の集団によって，ねぐらにも繁殖のためにも使われる．何年も持続されることもあるらしい．この項は『世界鳥類事典』（同朋舎出版）によった．

　【学名解】属名は ギ 仲間を好む（鳥），の意＜ philos 〜を好む ＋ hetairos 仲間．種小名は ラ 仲間の，共同の．

(13) 絶滅した鳥

有史以来絶滅した鳥は多いと思われる．ここには近年絶滅した有名な鳥を紹介したい．

シノトームスメインコ

ポリネシアの遺跡の土の中から発掘された鳥の足の骨をタイプとして記載された絶滅鳥に †*Vini sinotoi* という種類がいる．和名のシノトームスメインコは私が命名したもの．この化石鳥の命名者はニューヨーク州立博物館の D. Steadman と M. Zarriel の両博士．1987年に発表された．命名者たちによれば，この鳥は約 2000 年前にポリネシア人が島に上陸するまでは生きていたという．

ここには同属の現生種コンセイインコ *Vini ultramarina* を示す．

　【学名解】属名はタヒチ島でのこの鳥ムスメインコの呼び名 Vini をとったもの．種小名は発見者の篠遠喜彦博士に因む．種少名 *ultramarina* は ラ 群青色の．

この鳥の骨の発見者は太平洋考古学の第一人者の篠遠喜彦博士である．篠遠博士はビショップ博物館の人類学部長を長年勤め，太平洋地域の遺跡発掘に大きな貢献をされた．私の 40 年来の知友であったが，真に遺憾なことながら，2017 年に 94 歳で逝去された．賢夫人の和子様（ハワイへの日本人移入の歴史の研究家で，その第一人者）もその 2 年前に他界されている．ここに改めてお二人のご冥福をお祈りします．

コンセイインコ *Vini ultramarina*．マルケサス諸島産．

ドードー

　かつてインド洋のモーリシアス Mauritius 島に住んでいたドードー *Raphus cuculatus* はガチョウほどの大きさで，翼が退化して飛べない鳥であった．人間が持ち込んだ天敵（サル，マングースほか）によって 17 世紀末に絶滅した．その剥製標本はロンドンの大英自然史博物館に展示されている．それを私が撮影したのが次頁の写真である．これは拙著『生物学名辞典』（東京大学出版会，2007 年）に公表した．
　【学名解】属名はこの鳥のモーリシアス土名から．種小名は ラ 頭巾をかぶった．

モア

　ニュージーランド産の巨大な絶滅鳥モア Moa はかつて地球上に存在した鳥の中の最大種であった．71 頁の図に示したオオモア *Dinornis giganteus* は高さ 4 m に達したという．足指は 3 本．図は 19 世紀の本の挿絵より．
　【学名解】属名は ギ deinos 恐ろしい＋ ギ ornis 鳥．種小名は ラ 巨人の，巨大な．

ドードー *Raphus cuculatus*（出典：著者撮影）

オオウミガラス *Pinguinus impennis*（出典：著者の資料）

オオウミガラス

かつて北大西洋に住んでいたオオウミガラス Pinguinus impennis は大型のウミガラスで，ヨーロッパではペンギンと呼ばれていた．前頁の図をみるとペンギンそっくりである．翼が小さく，飛べなかった．南半球の本物のペンギンは，一見オオウミガラス（通称ペンギン）に似ているために，ペンギンと呼ばれた，という（『鳥類学名辞典』による）．

【学名解】属名はウェールズ語 penguin をラテン語化したもの．種小名は ラ 翼のない．

リョコウバトの最後の1羽，その名はマーサ

リョコウバト Ectopistes migratorius （英名 Passenger Pigeon）といえば，体長約 40 cm の北米原産のハトの一種で，1850 年代にはその個体数が特別に多いので有名であった．渡りの季節になると，数日間，切れ目のない大群が空を覆い，地上が薄暗くなったという話が残っている．ところがこの鳥は食用のために乱獲され，遂に絶滅してしまった．これも劇的な話である．

その最後の1羽はワシントンのスミソニアン・インスティテューションの自然史博物館で飼われていて，マーサ Martha という愛称がつけられていた．そのマーサは 1914 年に死亡した．それがこのリョコウバトの最後になったのである．71 頁の写真はそのマーサである．

多分，その剥製標本は同博物館に展示されているはずである．この写真は同博物館の案内書（入館時に配布）から転載したものである．

【学名解】属名は近代 ラ 旅行するもの．種小名は ラ 渡り鳥の．

（14）アメリカ国立自然史博物館の鳥の標本拝見

私は 1967 年の夏にワシントンのアメリカ国立自然史博物館の友人を訪ね，研究上の打ち合わせをした折に，博物館の館内を見学し，展示されていた鳥の標本の一部を写真に収めた．それをここに公開したい．順不同である．79 〜 86 頁に 22 種の写真を示す．

1. ハクトウワシ　*Haliaeetus leucocephalus*
   【学名解】属名は ギ ミサゴまたはオジロワシ．種小名は ギ 白い頭の．
2. チャックウイルヨタカ　*Caprimulgus carolinensis*
   【学名解】属名は ラ ヨタカ．原意はヤギの乳をしぼるもの．種小名は近代 ラ カロライナ地方産の．
3. アメリカワシミミズク　*Bubo virginianus*
   【学名解】属名は ラ ワシミミズク．種小名は近代 ラ バージニア州の．
4. メンフクロウ　*Tyto alba*
   【学名解】属名は ギ フクロウの一種．種小名は ラ 白い．
5. シロフクロウ　*Nyctea scandiaca*
   【学名解】属名は ギ 夜の（鳥），の意．種小名は近代 ラ スカンジナビアの．
   （注）1 属 1 種の珍鳥．
6. ノドグロルリアメリカムシクイ　*Dendroica caerulescens*
   【学名解】属名は ギ 木の家（にすむもの）．種小名は ラ 暗青色の．

7. セジロコゲラ *Picoides pubescens*
　【学名解】属名は🔲アオゲラに似た（鳥）．アオゲラ属 *Picus*（ラキツツキ）．種小名はラ柔らかい羽毛の（背中の白い部分）．

8. ミヤマシトド *Zonotrichia leucophrys*
　【学名解】属名はギ帯斑のある頭髪．種小名はギ白い眉の．

9. エンビタイランチョウ *Muscivora forficata*
　【学名解】属名はラハエを食べる（鳥）．種小名はラ分岐した（尾の）．

10. アオカケス *Cyanocitta cristata*
　【学名解】属名はギ青いカケス．種小名はラ冠羽をもつ．

11. ワキチャアメリカムシクイ *Dendroica pensylvanica*
　【学名解】属名はギ木の家（に住むもの）．種小名は近代ラペンシルバニア州の．

12. アメリカヤマシギ *Scolopax minor*
　【学名解】属名はギヤマシギ．種小名はラより小さな．

13. アメリカホシハジロ *Aythya americana*
　【学名解】属名はギ海鳥の一種．種小名はラアメリカの．

14. コクガン *Branta bernicla*
　【学名解】属名は英語の Brant（コクガン）のラテン語化．種小名は英語の Barnacle（フジツボ）をラテン語化したもの．ガンがフジツボから生まれるという伝説から．

15. ソウゲンライチョウ *Tympanuchus cupido*
　【学名解】属名はギ太鼓をもっている（鳥）．種小名はローマ神話のキューピッド（翼の生えた裸の少年の姿をしている．この鳥の首の後ろにも小さな翼がついている）．

16. ダイサギ *Casmerodius albus*
　【学名解】属名はギ口を大きくあけるサギ．種小名はラ白い．
　（注）現在シラサギ属 *Egretta*（フランス語由来）に併合．

17. アメリカサンカノゴイ *Botaurus lentiginosus*
　【学名解】属名はラ牛（に似た鳴き声）のサンカノゴイ．種小名はラ斑点のある．

18. ケアシノスリ *Buteo lagopus*
　【学名解】属名はラノスリ．種小名はラノウサギのように足に毛の多い．

19. アメリカヤマセミ *Megaceryle alcyon*
　【学名解】属名はギ大きなヤマセミ *Ceryle*．種小名はギカワセミ．

20. ヒメハジロ *Bucephala albeola*
　【学名解】属名はギ牛の頭の．種小名はラ白っぽい．

21. シマセゲラ *Melanerpes carolinus*
　【学名解】属名はギ黒色の（木に）はいのほる（鳥），の意．種小名は近代ラカロライナ地方の．

22. ホシムクドリ *Sturnus vulgaris*
　【学名解】属名はラムクドリ．種小名はラ普通の．

第 4 章　世界の珍鳥たち

オオモア *Dinornis giganteus*

MOA-BIRDS.
Dinornis giganteus.
Height 12 feet.

"MARTHA" —
Passenger pigeons
(Ectopistes migratorius), which outnumbered all other American birds before 1850, became extinct when Martha died in 1914.
Birds of the World 1st Floor

リョコウバト *Ectopistes migratorius* の最後の 1 羽
（出典：アメリカ国立自然史博物館の案内書）

キーウイ *Apteryx australis*（出典：ニュージーランド政府発行の絵葉書）

ケープペンギン *Spheniscus demersus*
（出典：カリフォルニア科学アカデミー発行の絵葉書）

第 4 章　世界の珍鳥たち　　73

パプアニューギニアのアカカザリフウチョウ *Paradisaea raggiana* の雌（左）と雄（右）を示す（下段）．雌はとても同じ種類とは思われない違った色彩をもっている．この写真はゴロカの極楽鳥保護区で飼育中のものを筆者が撮影したもの．上段の写真は雄の頭の大写し．

【学名解】属名は ラギ 楽園の．種小名はかつてニューギニアに滞在した F. Raggi 伯爵に因む．

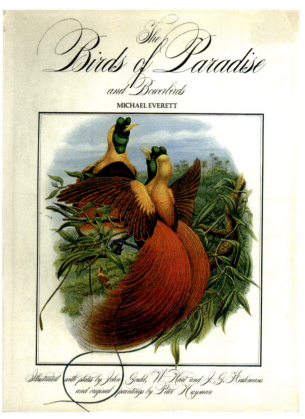

M. Everett 著『極楽鳥と庭師鳥』のカバー

シロハタフウチョウ
Semioptera wallacei

ニューギニアの珍鳥シロカマハシフウチョウ *Drepanornis bruijnii*

（出典：M. Everett, 1978）

第4章　世界の珍鳥たち　　75

コンゴウインコ *Ara macao*

ベニコンゴウインコ *Ara chloroptera*

（出典：図録　大アマゾン展，国立科学博物館）

レア *Rhea americana*（出典：図録　大アマゾン展，国立科学博物館）

第 4 章　世界の珍鳥たち　　77

カラカラ *Caracara plancus*（出典：図録　大アマゾン展，国立科学博物館）

トキイロコンドル *Sarcoramphus papa*（出典：図録　大アマゾン展，国立科学博物館）

第4章 世界の珍鳥たち　79

ハクトウワシ　*Haliaeetus leucocephalus*

チャックウイルヨタカ　*Caprimulgus carolinensis*

アメリカ国立自然史博物館所蔵の鳥の標本（1）
※写真の番号は本文中の掲載番号に一致する

80

アメリカワシミミズク　*Bubo virginianus*

メンフクロウ　*Tyto alba*

シロフクロウ　*Nyctea scandiaca*

アメリカ国立自然史博物館所蔵の鳥の標本（2）

第4章　世界の珍鳥たち　　81

ノドグロルリアメリカムシクイ *Dendroica caerulescens*

セジロコゲラ *Picoides pubescens*

ミヤマシトド *Zonotrichia leucophrys*
アメリカ国立自然史博物館所蔵の鳥の標本（3）

エンビタイランチョウ *Muscivora forficata*

アオカケス　*Cyanocitta cristata*

ワキチャアメリカムシクイ　*Dendroica pensylvanica*
アメリカ国立自然史博物館所蔵の鳥の標本（4）

第4章　世界の珍鳥たち　　83

アメリカヤマシギ　*Scolopax minor*

アメリカホシハジロ　*Aythya americana*

コクガン　*Branta bernicla*

アメリカ国立自然史博物館所蔵の鳥の標本（5）

ソウゲンライチョウ *Tympanuchus cupido*

ダイサギ *Casmerodius albus*

アメリカサンカノゴイ *Botaurus lentiginosus*
アメリカ国立自然史博物館所蔵の鳥の標本（6）

第 4 章　世界の珍鳥たち　　85

ケアシノスリ *Buteo lagopus*

アメリカヤマセミ *Megaceryle alcyon*

ヒメハジロ *Bucephala albeola*

アメリカ国立自然史博物館所蔵の鳥の標本（7）

シマセゲラ *Melanerpes carolinus*

ホシムクドリ *Sturnus vulgaris*

アメリカ国立自然史博物館所蔵の鳥の標本（8）

第 5 章
ガラパゴス諸島の鳥たち

　赤道直下でありながら，そこには南極特有のペンギンが住んでいる．また，そこには巨大なゾウガメや海藻を食べる海イグアナも幅をきかせている．特異な生物相はペンギン以外の鳥にも見られる．ダーウィンフィンチやコバネウもその主役である．そこをガラパゴス諸島という．南米のエクアドルの西方約 1000km の洋上にある火山島群である．ここは進化論で有名なかのダーウィンが滞在して調査した島としても有名である．
　では，早速にそこの鳥の姿を調べてみよう．

(1) ガラパゴスの鳥の習性

　先ず，鳥の学名解に入る前に，ガラパゴスの鳥の習性について述べておきたい．この項はすべて伊藤秀三博士著の『新版　ガラパゴス諸島』から引用した．記して謝意を表する．

　スペイン語でカメ（亀）のことをガラパゴ（Galapago）という．ガラパゴスという地名はこれに由来する．さすがに巨大で多数生息するゾウガメが最初に島を発見したスペイン人の伝道士（フレイ・トマス・デ・ベルランガ）の注目をあびたのであろう．1535 年のことである．ゾウガメはガラパゴスの王者である．
　このあと，いろいろな変遷があったが，いよいよダーウィンが登場する．彼は探検船ビーグル号にのってガラパゴスの東端のサン・クリストバル島に上陸したのである．時は 1835 年 9 月のことであった．5 週間にわたる滞在の間，ダーウィンはガラパゴスの不思議な生物とその環境をじっくりと観察したのである．そして彼の慧眼はガラパゴスの生物が大陸に由来し，しかもこの島で独自の進化を遂げていることを見抜いたのである．
　ビーグル号での 5 年の旅を終えて帰国したダーウィンは，進化の事実や要因を解明し，遂に『種の起源』を出版した．1859 年のことである．これについてはアルフレッド・ウォレスの刺激と協力があったことは周知の事実である．

ペンギンとコバネウ

　ゾウガメ，ウミイグアナ，リクイグアナの説明は省略するとして，ペンギンとコバネウの説明をしておきたい．
　ペンギンは南極大陸にいるだけではない．赤道直下のガラパゴスにもいる．ガラパゴスペンギンはガラパゴスの固有種である．フェルナンディナ島のエスピノザ岬付近の海岸にいる．フンボルトペンギン同様に，フンボルト海流の冷たい海流のために生きている．ニュージーランドのコビトペンギンと同様に世界最小のペンギンで，南極大陸のコウテイ

ペンギンの半分以下の大きさである．ガラパゴスペンギンは決して群れをつくらないのも特徴の一つである．

また，ガラパゴスペンギンと並んで，エスピノザ岬付近には「飛べないウ（鵜）」が住んでいる．コバネウという．ガラパゴスの固有種で，彼らもほとんど人間を恐れない．天敵のいない楽園で，飛んで逃げるための翼が退化したのである．

マネシツグミとダーウィンフィンチ

溶岩に腰をおろして足の疲れを休めていると，きまってやってくるのはマネシツグミであった．この小鳥は人がいると必ず集まってくる．われわれの常識では，野生の小鳥は人の気配がすると逃げ出すのであるが，まるで反対である．この項はさらに後述する．

ガラパゴスのもう一つの著名な動物にダーウィンフィンチがいる．マネシツグミほどに人なつこくはないが，人を恐れる素振りはない．この一群の小鳥(全部で13種)はダーウィンによって詳しく調査されたから，ダーウィンフィンチと呼ばれる．

このフィンチは5群に分けられる．

- A群（6種）では植物の種子を食べ，その嘴はスズメのように太い．彼らが餌をあさる時間の半分はサボテンや樹間を飛びまわるが，後の半分の時間は地表を飛び回って餌を探す．このためA群は地上フィンチと呼ばれている．
- B群（1種）は主に植物の葉や芽を食べ，A群よりも地面で餌をあさる時間が少ない．嘴もA群ほど太くはない．
- C群（3種）とD群（2種）は主に昆虫を食べ，嘴は細く，樹間で餌をあさる時間が長い．C群は樹間での生活が多いことから，樹上フィンチと呼ばれる．
- D群の2種はキツツキフィンチ，マングローブフィンチとよばれる．
- E群（1種）は植物の種子を一切とらず，樹皮の割れ目などから昆虫の幼虫を引き出して食べる．従って嘴は細く鋭い．ムシクイフィンチ（キツツキフィンチともいう）と呼ばれる．

このように，A群からE群に向かって，生活空間や食物の変化に応じて，形態と習性に一定の変化がみられるのである．

とりわけ面白いのは**キツツキフィンチ**である．それは爪楊枝を使う習性をもっている．彼らはサボテンの棘をくわえ，それを木の孔にさしいれて虫をつつきだす．ときには孔の深さに合うように，棘を折って長さを調整する．いわば道具を作って使用するのである．これをみた著者（伊藤秀三氏）は感動した．ある種の「知性」を感じたという．

キツツキフィンチの図は第4章の「(9) 道具を使う鳥」(64頁)の中に示した．

鳥の血を吸う小鳥のフィンチ

1964年の国際探検隊のボーマン博士（副隊長）はガラパゴス群島の北西端のウォルフ島で貴重な観察をした．それはマスクカツオドリの血を吸うフィンチ（A群の1種）を見つけたのである．そのフィンチはカツオドリの翼のつけ根をつつき，にじみ出る血を舐めていたのである．これは鳥が鳥の血を餌にする唯一の例とされる．

その他の愛すべき鳥たち

　伊藤博士の筆はさらに進んで「愛すべき鳥たち」に言及している．ここでの詳しい紹介は割愛して，鳥の名前と寸評だけ記しておきたい．

　先ずフラミンゴである．ガラパゴスの女王とよぶにふさわしい美しい姿とゆったりとした動作をもつ．無人島エスパニョーラのキャンプで感動的な体験をした．ここの台地は鳥の楽園だった．カツオドリ，アオメバト（ガラパゴスバト），燕尾カモメ（アカメカモメ），オイスター・キャッチャー，軍艦鳥，熱帯鳥，シギなど，いろんな鳥にあった．彼らは人間を避けようともしない．ここには特にカツオドリが多い．アヒルくらいの大きさの2種類アオアシカツオドリとマスクカツオドリ（アオツラカツオドリ）である．ほかの島にはアカアシカツオドリが棲んでいる．これは10キロも外海に出て魚をとる．海岸に近い海ではアオアシカツオドリが魚をとる．ときおり浪間をめがけて急降下する．ガラパゴスアホウドリは両翼を広げると2.5メートルにも及ぶ．ガラパゴスの固有種で，しかもエスパニョーラ島にしか繁殖しない．鷹の一種ガラパゴスノスリは鋭い爪と鉤のような嘴をもっているが，人を襲うことはない．マネシツグミは好奇心が強い．人を恐れない上に人間に興味をもつ．サンタクルス島のマネシツグミの嘴はスズメのように短いものであったが，エスパニョーラ島のマネシツグミの嘴はその2倍の長さがあり，しかも湾曲していた．ガラパゴスには4種7亜種が知られているという．ここのペリカンも好奇心がつよく，泳いでいる私たちの3～4メートル先に降りてきて，こちらを観察していた．

(2) ガラパゴスの鳥のリストと学名解

　福岡自然研究会のメンバー11名が1991年の冬にガラパゴスを訪問され，短期間（7日間）ではあったが，さまざまな動植物を観察され，その結果が『ガラパゴス自然紀行　300万年の進化を語る生きものたち』と題して出版された（以下『自然紀行』）．観察された動植物の写真がふんだんに使用されていて，素晴らしい図説となっている．私は福岡自然研究会の許可を得てそのほとんどの鳥の写真をここに引用させていただいた．また，いくつかの追加と補足はあるが，ここにあげた鳥のリストも本書から引用したものである．お世話下さった福田　勉氏と野村郁子さんに心から御礼を申し上げたい．

ガラパゴスノスリ　*Buteo galapagoensis*　英名 Galapagos hawk　タカ科
　【学名解】属名は ラ buteo ノスリ．種小名は近代 ラ ガラパゴスの．
　　（注）ガラパゴスの固有種．ここに追加した．

ガラパゴスアホウドリ　*Diomedea irrorata*　英名 Waved albatross　アホウドリ科
　【学名解】属名はギリシア神話のディオメーデース Diomedes に因む．トロイ戦争の英雄．種小名は ラ irroratus の女性形，露でぬれた（ような斑点のある）．
　　（注）本種は『自然紀行』に追加．ガラパゴスの固有種で，エスパニョーラ島でしか繁殖しない．

ヨウガンサギ　*Butorides sundevalli*　英名 Lava heron　サギ科
　【学名解】属名は ラ サンカノゴイ butio に似たもの．語尾の -ides は ギ ～の子孫，の意．類似を示す．種小名はストックホルム自然史博物館の Prof. C. J. Sundevall（1875没）に因む．ガラパゴスの固有種．

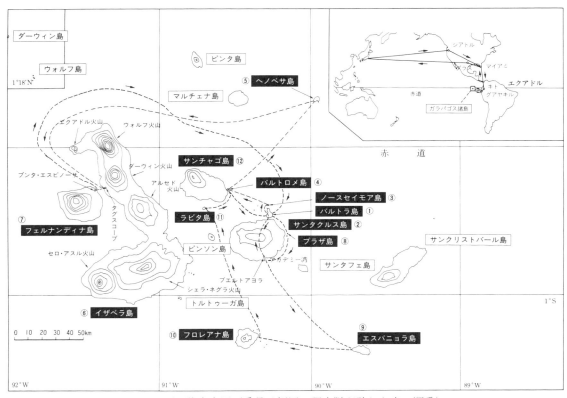

ガラパゴス諸島全図（番号は福岡の調査隊が訪れた島の順番）

ガラパゴスササゴイ　***Butorides striatus***　英名 Striated heron　サギ科
　【学名解】属名は上述．種小名はラ 条斑のある．
　　（注）島外でも世界に広く分布する．

オオアオサギ　***Ardea herodias***　英名 Great blue heron　サギ科
　【学名解】属名はラ ardea サギ．種小名はギ herōdios サギ（アオサギ）．
　　（注）ガラパゴス以外にもアラスカ〜メキシコなどに広く分布する．

アマサギ　***Bubulcus ibis***　英名 Cattle egret　サギ科
　【学名解】属名はラ 牛飼い，牛を使って耕作する農夫．種小名はラギ トキ．
　　（注）ガラパゴス以外にも北米〜南米などに広く分布する．属名を *Egretta* とも．

キイロカンムリサギ　***Nyctanassa violacea***　英名 Yellow-crowned night heron　サギ科
　【学名解】属名はギ nyx，属格 nyktos 夜 ＋ギ anassa 女王，すなわち「夜の女王」．種小名はラ
　　violaceus の女性形．すみれ色の．北米〜南米に広く分布．

カッショクペリカン　***Pelecanus occidentalis***　英名 Brown pelican　ペリカン科
　【学名解】属名はラ pelecanus ＝ギ pelekan 属格 pelekanos ペリカン．種小名はラ 西方の．北米
　　〜南米に広く分布．

ガラパゴスマネシツグミ　***Nesomimus parvulus***　英名 Galapagos mockingbird　マネシツ
　グミ科
　【学名解】属名は「島のマネシツグミ」の意で，ギ nēsos 島 ＋マネシツグミ属 *Mimus*．この属名
　　はギ mimos 模倣者，由来．他の鳥の声を真似るもの，の意．種小名はラ 非常に小さ

第 5 章　ガラパゴス諸島の鳥たち　　91

囲み記事 8
ガラパゴスには水上を歩く小鳥がいる．えっ，それ本当？

　伊藤秀三著『新版　ガラパゴス諸島「進化論」のふるさと』（中公新書，690）という本を読んでいたら，ガラパゴスには水上を歩く小鳥がいる，という記述に出くわした．えっ，それ本当？　何度読み返しても間違いではない．この著者は「それを見た」と書いている．残念ながら，鳥の名前までは書いていない．
　この本の著者伊藤秀三氏は長崎大学名誉教授，植物生態学者で，日本ガラパゴスの会会長をしている方である．そういうレッキとした肩書を持つ人が，嘘を書くことはなかろう．この件に興味を持つ人は，ガラパゴスにでかけて，確かめてみて下さい．私も，もう少し若ければ万難を排しても出かけ，小鳥が水上を歩く姿を見届けるところである．

　　　　　い．parvus の縮小形．ガラパゴス諸島の固有種．
　（注）内田・島崎の『鳥類学名辞典』には本種の種小名が *trifasciatus*（3 本の帯斑のある）となっている．
フッドマネシツグミ　*Nesomimus macdonaldi*　英名 Hood mockingbird　マネシツグミ科
　英名の hood は頭巾のこと．また，ちんぴら，という意味もある．
　【学名解】属名は上述．種小名は人名由来．マクドナルド氏の．詳細不明．
　　（注）ガラパゴスの固有種．

ガラパゴスのダーウィンフィンチ
　以下の 13 種はいわゆるダーウィンフィンチである．伊藤秀三博士の『新版 ガラパゴス諸島』より引用．和名は適宜に私が補足した．すべてホオジロ科．

A 群　（6 種）
オオガラパゴスフィンチ　*Geospiza magnirostris*　英名 Large ground-finch
　【学名解】属名は「地上性のアトリ」の意で，ギ ge 地 ＋ ギ spiza アトリ．種小名はヲ 大きな嘴の．
ガラパゴスフィンチ　*Geospiza fortis*　英名 Medium ground-finch
　【学名解】属名は上述．種小名はヲ 強い，たくましい．
コガラパゴスフィンチ　*Geospiza fuliginosa*　英名 Small ground-finch
　【学名解】属名は上述．種小名はヲ *fuliginosus* の女性形，すす色の．
　　（注）本種を小地上フィンチともいう．
ハシボソガラパゴスフィンチ　*Geospiza difficilis*　英名 Sharpe-billed ground-finch
　【学名解】属名は上述．種小名はヲ 困難な（近似種との区別が）．
サボテンフィンチ　*Geospiza scandens*　英名 Cactus ground-finch
　【学名解】属名は上述．種小名はヲ 木によじ登る．
オオサボテンフィンチ　*Geospiza conirostris*　英名 Large cactus ground-finch
　【学名解】属名は上述．種小名はヲ 円錐形の嘴の．
　　（注）英名を和訳すれば，オオサボテン地上フィンチ．

B群（1種）

ハシブトダーウィンフィンチ ***Platyspiza crassirostris*** 英名 Vegetarian tree-finch
【学名解】属名は ギ platys 広い＋ギ spiza ズアオアトリ．種小名は ラ 太い嘴の．ただし，嘴はA群より小さい．属名 *Spiza* の和名をムナグロノジコ属（ホオジロ科）という．
（注）英名を和訳すれば，菜食主義の樹上フィンチ．

C群（3種）

オオダーウィンフィンチ ***Camarhynchus psittacula*** 英名 Large insectivorous tree-finch
【学名解】属名は「アーチ状の嘴の（鳥）」の意で，ギ kamara アーチ型の覆い＋ギ rhynchos 嘴．種小名は ギ 小さなオウム，の意で，psittakē（オウム）の縮小形．
（注）英名を和訳すれば，大きな昆虫食の樹上フィンチ．

ダーウィンフィンチ ***Camarhynchus pauper*** 英名 Charles insectivorous tree-finch
【学名解】属名は上述．種小名は ラ 貧弱な．

コダーウィンフィンチ ***Camarhynchus parvulus*** 英名 Small insectivorous tree-finch
【学名解】属名は上述．種小名は ラ かなり小さい．parvus（小さい）の縮小形．
（注）本種を小樹上フィンチともいう．

D群（2種）

キツツキフィンチ ***Cactospiza pallida*** 英名 Woodpecker-finch
【学名解】属名は *Cactus* サボテン属＋*Spiza* ズアオアトリ属．後者の由来は ギ spizō 小鳥が高い声で鳴く．種小名は ラ pallidus 青白い．の女性形．
（注）この属名を *Camarhynchus*（上述）としたものもある．

マングローブフィンチ ***Catospiza heliobates*** 英名 Mangrove-finch
【学名解】属名は上述．種小名は ギ 沼地にすむもの．
（注）この属名を *Camarhynchus*（上述）としたものもある．

E群（1種）

ムシクイフィンチ ***Certhidea olivacea*** 英名 Warbler-finch
【学名解】属名は「キバシリ属 *Certhia* に似た鳥」の意で，語尾の -(o)idea は「～の形の」．ギ kerthios キバシリ．種小名は ラ olivaceus の女性形，オリーブ色の．

ガラパゴスの鳥のリスト

引き続き『ガラパゴス自然紀行』に従って種を配列し，学名を解説する．

ガラパゴスキイロムシクイ ***Dendroica petechia*** 英名 Yellow warbler ホオジロ科
【学名解】属名は ギ 木の家（に住むもの），の意で，dendron（木）と oikos（家）の複合語．種小名はイタリア語由来の近代 ラ で，紅疹の．胸部の赤い斑点をさす．
（注）内田・島崎の『鳥類学名辞典』では，本種はアメリカムシクイ科に所属するとし，和名もキイロアメリカムシクイとしている．また，R. Howard & A. Moore（1991）の『A Complete Checklist of the Birds of the World』によれば，本種は新世界に産し，実に36亜種に分類されていて，ガラパゴス産のものは亜種 *aureola* と命名されている．ラ aureolus の女性形，金色がかった．

第 5 章　ガラパゴス諸島の鳥たち

アカハシネッタイチョウ　*Phaethon aethereus*　英名 Red-billed tropicbird　ネッタイチョウ科
【学名解】属名はギリシア神話のパエトーンに因む．太陽神ヘーリオスの息子．種小名は ラギ 天上の．
（注）ガラパゴス以外にも分布は広い．

アオアシカツオドリ　*Sula nebouxii*　英名 Blue-footed booby　カツオドリ科
【学名解】属名はカツオドリを意味する古代スカンジナビア語由来．種小名はフランスの軍艦 Venus 号の船医 Dr. A. S. Neboux に因む．1836 年から 2 年間太平洋を航海した．
（注）ガラパゴス以外にも分布は広い．

マスクカツオドリ　*Sula dactylatra*　英名 Masked <white> booby　カツオドリ科
【学名解】属名は上述．種小名はギリシア語とラテン語の複合語で，「指の黒い」＜ daktylos 指 ＋ ラ ater 黒い．
（注）『鳥類学名辞典』には和名がアオツラカツオドリ，英名が Blue-faced booby とある．熱帯大西洋，インド洋，太平洋など分布は広い．

アカアシカツオドリ　*Sula sula*　英名 Red-footed booby　カツオドリ科
【学名解】属名は上述．これは珍しいトートニム（反復名）の学名．
（注）熱帯大西洋，インド洋，太平洋など分布は広い．

アメリカグンカンドリ　*Fregata magnificens*　英名 Magnificent frigatebird　グンカンドリ科
【学名解】属名はイタリア語 fregata（フリゲート艦）に由来．種小名は ラ 壮大な．
（注）和名と学名は『鳥類学名辞典』に従った．大西洋，太平洋の熱帯地域に広く分布する．

オオグンカンドリ　*Fregata minor*　英名 Great frigatebird　グンカンドリ科
【学名解】属名は上述．種小名は ラ より小さな．parvus（小さな）の比較級．
（注）『自然紀行』では学名が違うのに和名が同じである．これは良くない．オオグンカンドリはインド洋，太平洋など分布は広い．

アカメカモメ　*Creagrus furcatus*　英名 Swallow-tailed gull　カモメ科
【学名解】ギリシア語由来で，肉鉤（のような嘴の鳥），の意．種小名は ラ 二股の（尾のある）．
（注）ガラパゴスの固有種．『鳥類学名辞典』にはこの鳥の和名がエンビカモメとある．英名を和訳したもの．『自然紀行』の和名アカメカモメのアカメとは眼の周りが赤くいろどられているのを表現したものであろう．新名の提案ならば「アカメカモメ（新称）」あるいは（改称）とすべきであろう．

ヨウガンカモメ　*Larus fuliginosus*　英名 Lava gull　カモメ科
【学名解】属名は ラギ カモメ．種小名は ラ すす色の．
（注）ガラパゴスの固有種．『鳥類学名辞典』には和名がイワカモメになっている．変更の必要はない．

クロアジサシ　*Anous stolidus*　英名 Brown noddy　カモメ科
【学名解】属名は ギ 愚か者．種小名も ラ 愚かな．英名の noddy も馬鹿者の意．
（注）学名と英名は徹底的に愚か者と表現している．しかし，本種の写真（103 頁）をみると，眼と嘴が鋭く，いかにも精悍な鳥という感じをうける．波が打ち寄せる岩壁に群をなして生息しているという．この鳥は全体が灰色がかった緑色で，和名のクロはそぐわない感じをうける．熱帯，亜熱帯海域に広く分布する．

ガラパゴスバト　*Zenaida galapagoensis*　英名 Galapagos dove　ハト科
【学名解】属名はこの属名の命名者 Bonaparte の夫人 C. J. Zenaide（1854 没）に因む．種小名は近代 ラ ガラパゴスの．
（注）ガラパゴスの固有種．

ガラパゴスフクロウ　***Asio flammeus***　英名 Short-eared owl　フクロウ科
　【学名解】属名は ラ ミミズクの一種．種小名は ラ 炎色の．
　　（注）『鳥類学名辞典』にこの鳥の和名がコミミズクとある．ヨーロッパ，北米，南米など分布は広い．

ガラパゴスミヤコドリ　***Haematopus palliatus***　英名 Oystercatcher　ミヤコドリ科
　【学名解】属名は ギ 血紅色の足の（鳥），の意＜ haima, haimatos 血 + pous 足．種小名は ラ 外
　　　衣を着た．
　　（注）『鳥類学名辞典』には和名がアメリカミヤコドリ，英名が American oystercatcher とある．北米
　　　から南米にかけて広く分布するという．

チュウシャクシギ　***Numenius phaeopus***　英名 Whimbrel（ウインブレルと発音）　シギ科
　【学名解】属名は ギ ダイシャクシギ．種小名は ギ 暗灰色の足の．
　　（注）全北区，アルゼンチンなど分布は広い．

アカキョウジョシギ　***Arenaria interpres***　英名 Ruddy turnstone　シギ科
　【学名解】属名は ラ 砂地の（鳥）．種小名は ラ 仲介者，警告者．警戒音をだして危険を他の鳥
　　　にしらせる，の意．
　　（注）『鳥類学名辞典』では和名が単にキョウジョシギとある．全北区，南米など分布は広い．

ガラパゴスチドリ　***Charadrius semipalmatus***　英名 Semipalmated plover　チドリ科
　【学名解】属名は ギ チドリの一種．種小名は ラ やや（半分）てのひら（オールの水かき）状の．
　　（注）『鳥類学名辞典』には和名がミズカキチドリとなっている．カナダ北部から南米にかけて分布
　　　は広い．

ガラパゴスコバネウ　***Nannopterum harrisi***　英名 Flightless cormorant　ウ科
　【学名解】属名は ギ 矮小な翼の(鳥)．種小名はガラパゴス諸島を探検(1897〜98)した Charles M.
　　　Harris に因む．ガラパゴスの固有種．

ガラパゴスペンギン　***Spheniscus mendiculus***　英名 Galapagos penguin　ペンギン科
　【学名解】属名は ギ 小さくさび形の（翼をもつ鳥），の意．種小名は ラ あわれな乞食のような．
　　　mendicus（乞食）の縮小形．ガラパゴスの固有種．

ベニイロタイランチョウ　***Pyrocephalus rubinus***　英名 Vermilion flycatcher　タイラン
　チョウ科（『自然紀行』にはヒタキ科とある）
　【学名解】属名は ギ 炎色の頭の（鳥）．種小名は ラ 赤い．1属1種．
　　（注）ガラパゴス産は亜種 nanus（こびとの）．別の亜種は北米からアルゼンチンに分布．

コシジロウミツバメ　***Oceanodroma leucorhoa***　英名 Leach's storm-petrel　ウミツバメ科
　【学名解】属名は ギ 大洋を走るもの．種小名は ギ 白い腰の．造語上は leucorrhoa が正しい．
　　（注）本種は大西洋，太平洋に広く分布する．

ミゾハシカッコウ　***Crotophaga sulcirostris***　英名 Groove-billed ani　カッコウ科
　【学名解】属名は ギ ダニを食べる（鳥）．種小名は ラ 溝のある嘴の．
　　（注）北米から南米にかけて広く分布．英名の ani はオオハシカッコウを指す．

オオフラミンゴ　***Phoenicopterus ruber***　英名 Greater flamingo　フラミンゴ科
　【学名解】属名は ギ 紅色の翼をもつ（鳥），の意．種小名は ラ 赤い．
　　（注）ガラパゴス以外にアフリカ，南欧，インドなどに広く分布．

　以上，脱稿して思うことは，ガラパゴスの鳥たちの繁栄である．頑張れ，良き友達たちよ．

第5章　ガラパゴス諸島の鳥たち　　95

小地上フィンチ（ホオジロ科）
ガラパゴス諸島で最初に出会った鳥ダーウィンフィンチ．樹上で可愛い声でさえずっている．

小地上フィンチの1種（ホオジロ科）
昆虫を主食としており，嘴がややとがっている．

ムシクイフィンチ *Certhidea olivacea*

コダーウィンフィンチ *Camarhynchus parvulus*

マングローブフィンチ *Catospiza heliobates*

第 5 章　ガラパゴス諸島の鳥たち　　97

ベニイロタイランチョウ *Pyrocephalus rubinus*

ガラパゴスキイロムシクイ *Dendroica petechia*

ガラパゴスマネシツグミ *Nesomimus parvulus*

ガラパゴスフクロウ *Asio flammeus*

第 5 章　ガラパゴス諸島の鳥たち　　99

カッショクペリカン *Pelecanus occidentalis*

ガラパゴスササゴイ *Butorides striatus*

オオアオサギ *Ardea herodias*

ヨウガンサギ *Butorides sundevalli*

第 5 章　ガラパゴス諸島の鳥たち　　101

オオグンカンドリ *Fregata minor* の雄（左）と若鳥（右）．その飛翔（左上）

アカハシネッタイチョウ *Phaethon aethereus*

アオアシカツオドリ *Sula nebouxii*

第 5 章　ガラパゴス諸島の鳥たち　　103

アカメカモメ *Creagrus furcatus*

クロアジサシ *Anous stolidus*

キイロカンムリサギ *Nyctanassa violacea* の雄

キイロカンムリサギの雌

第 5 章　ガラパゴス諸島の鳥たち　　105

ヨウガンカモメ *Larus fuliginosus*

ガラパゴスバト *Zenaida galapagoensis*

ガラパゴスペンギン *Spheniscus mendiculus*

ガラパゴスコバネウ *Nannopterum harrisi*

第 5 章　ガラパゴス諸島の鳥たち　　107

コシジロウミツバメ *Oceanodroma leucorhoa*

アカキョウジョシギ *Arenaria interpres*

ガラパゴスチドリ *Charadrius semipalmatus*

ガラパゴスミヤコドリ *Haematopus palliatus*

マスクカツオドリ *Sula dactylatra*

第 6 章
日本の鳥たち

　本章に述べる「日本の鳥たち」は全て平凡社発行（1996・97 年）の『日本動物大百科』の第 3・4 巻の「鳥類」から引用したものである．記して謝意を表したい．なお，この「大百科」より後に新しい知見を載せた図鑑類が発行されているが，それらの新知見については本章の中に（注）として載せている．

アビ目　GAVIFORMES

1. アビ科　Gaviidae
【科名の由来】*Gavia* 属（下記）＋ 科名の語尾 -idae.

アビ　*Gavia stellata*　英名 red-throated diver（赤い喉の水に潜る鳥）
【学名解】属名は ラ gavia　カモメ．種小名は ラ 星で飾った＜ stellatus の女性形．
　冬鳥として日本全域の沿岸に渡来．保護鳥．広島県豊浜町のアビ渡来群游海面は国の天然記念物．

オオハム　*Gavia arctica*　英名 black-throated diver（黒い喉の水に潜る鳥），arctic loon（北極地方のアビ）
【学名解】属名は前出．種小名は ラ 北極の，北方の＜ arcticus の女性形．
　冬鳥として日本全域の沿岸に渡来．保護鳥．

シロエリオオハム　*Gavia pacifica*　英名 Pacific diver，Pacific loon
【学名解】属名は前出．種小名は ラ 太平洋の＜ pacificus の女性形．
　冬鳥として日本全域の沿岸に渡来．保護鳥．

ハシジロアビ　*Gavia adamsii*　英名 white-billed diver，yellow-billed loon
【学名解】属名は前出．種小名はアダムス E. Adamus 氏に因む．英艦 Enterprize 号の船医．1856 年没．
　冬鳥として日本沿岸に渡来するが希．北海道沿岸などの寒帯で繁殖，冬季には南方に渡る．保護鳥．
　　（注）極めて稀な迷鳥として**ハシグロアビ** *Gavia immer* あり（『日本の野鳥 590』）．北米北部に広く分布．種小名はスウェーデン語のアビ immer に由来（『鳥類学名辞典』）．

カイツブリ目　PODICIPEDIFORMES

2. カイツブリ科　Podicipedidae
【科名の由来】*Podiceps* 属（下記）＋ 科名の語尾 -idae.

カイツブリ　***Tachybaptus ruficollis***　英名 little grebe（小さなカイツブリ）
【学名解】属名は ギ tachys 速い＋ ギ baptō 潜水する．種小名は ラ 赤い頸の＜rufus＋-collis＜collum 頸．
　全国の池，湖沼，河川などに広く分布．北日本以外は 1 年中生息．浮巣をつくる．

ハジロカイツブリ　***Podiceps nigricollis***　英名 black-necked grebe（黒い頸のカイツブリ）
【学名解】属名は近代 ラ しり足の．podicipes の短縮形（podex，podicis 尻＋pes 足）．足が体の後方についているため．種小名は ラ 黒い頸の＜niger＋collum．
　冬鳥として全国の湖沼や沿岸に渡来．国外では全北区に広く生息．日本では沖合で 1,000 羽前後の大群をつくる．船が接近すると，一斉に潜って遠ざかる．国外では数十万羽の群れが観察されている．

ミミカイツブリ　***Podiceps auritus***　英名 horned grebe（角のあるカイツブリ）
【学名解】属名は前出．種小名は ラ auritus 耳のある．
　冬鳥として全国の湖沼や沿岸に渡来．アジア，欧州，北米に広く生息する．魚類，昆虫類，エビ類を食べることは他のカイツブリと同じ．

アカエリカイツブリ　***Podiceps grisegena***　英名 red-necked grebe
【学名解】属名は前出．種小名は ラ 灰色の頬の＜griseus＋gena．
　（注）*griseigena* の訂正名がある（文法的に正しい）．
　北海道の湖沼で繁殖し，本州以南の沿岸や河口などに冬鳥として渡来．アジア，欧州，北米に広く分布．

カンムリカイツブリ　***Podiceps cristatus***　英名 great crested（冠羽の）grebe
【学名解】属名は前出．種小名は ラ 冠羽のある．
　冬鳥として各地に飛来．青森県や琵琶湖では近年繁殖が見られる．アジア他に広域分布．カイツブリ中の最大種で，特に首が長い．危急種（環境庁）．

ミズナギドリ目　PROCELARIIFORMES

3. アホウドリ科　Diomedeidae
【科名の由来】*Diomedea* 属（下記）＋科名の語尾 -idae．

ワタリアホウドリ　***Diomedea exulans***　英名 wandering albatros（放浪するアホウドリ）
【学名解】属名はギリシア神話の Diomedes．トロイア戦争の英雄．死後アドリア海の彼の名を冠した島に葬られ，部下たちは海鳥に化した．種小名は ラ 放浪の，追放された．exulo=exsulo の現在分詞．
　南半球に広域分布する鳥で，わが国では尖閣諸島で 1970 年に 2 羽が捕獲された迷鳥．危急種（環境庁）．全世界では減少中，2 万つがい以下と推定されている．

アホウドリ　***Diomedea albatrus***　英名 short-tailed albatross（短尾のアホウドリ）
【学名解】属名は前出．種小名は英語の albatross（アホウドリ）に由来．
　北太平洋に広く分布．わが国では鳥島（伊豆諸島）と尖閣諸島で繁殖．絶滅危惧種（環境庁）．天然記念物（1958 年度）．特別天然記念物（1962 年度）．

コアホウドリ　*Diomedea immutabilis*　英名 Laysan albatross（Laysan はおそらくハワイの島名由来．albatross アホウドリ，信天翁）
【学名解】属名前出．種小名は ラ 不変の（幼鳥と成鳥の羽色が不変）．
北太平洋の亜熱帯以北の外洋に広く分布．日本近海では，夏に北海道太平洋岸の沖，冬には本州から四国の太平洋岸の沖合い海域に生息．希少種（環境庁）．以前は伊豆諸島の鳥島で約 50 羽が繁殖していたが，火山の噴火により絶滅．現在は小笠原諸島の鳥島で約 20 つがいが繁殖するのみ．

クロアシアホウドリ　*Diomedea nigripes*　英名 black-footed albatross（黒い足のアホウドリ）
【学名解】属名前出．種小名は ラ 黒い足の（niger + pes）．
北太平洋に広く分布．日本では伊豆諸島，小笠原諸島，尖閣列島で繁殖．主な繁殖地は北西ハワイ諸島．

4. ミズナギドリ科　Procellariidae
【科名の由来】*Procellaria* 属（南極・亜南極海に生息，嵐に関係のある鳥，の意）+ 科名の語尾 -idae．

フルマカモメ　*Fulmarus glacialis*　英名 fulmar（その悪臭に因む名）
【学名解】属名は英名 fulmar をラテン語化したもの．種小名は ラ glacialis 氷の．寒海に生息しているため．
冬鳥として北海道や本州北部沿岸で見られる．

ハジロミズナギドリ　*Pterodroma solandri*　英名 providence petrel（神意のウミツバメ，または神意のミズナギドリ）
【学名解】属名は ギ 翼で走るもの（pteron 翼 + dromos 走ること）．種小名はスウェーデンの植物学者 Dr. D. C. Solander に因む．
極めて稀に外洋で見られる．繁殖地はロード・ハウ島（オーストラリア東岸）．推定個体数 9 万 6 千羽．
　（注）極めて稀な迷鳥として，**マダラフルマカモメ** *Daption capense* あり（『日本の野鳥 590』）．亜南極海に広く分布．属名はこの鳥のスペイン語名 Pintado のアナグラム．種小名は ラ 喜望峰産の．

カワリシロハラミズナギドリ　*Pterodroma neglecta*　英名 Kermadec petrel（Kermadec はトンガの東部の小島の名）
【学名解】属名は前出．種小名は ラ neglectus の女性形，見落とされていた（種として）．
日本近海で見られるが少ない．南太平洋の島々で繁殖．

マダラシロハラミズナギドリ　*Pterodroma inexpectata*　英名 mottled petrel（雑色のミズナギドリ）
【学名解】属名は前出．種小名は ラ 予想外の（種の）（inexpectatus の女性形）．
1986 年 6 月に広島市で 1 例の記録がある迷鳥．ニュージーランド沖の島々で繁殖．

オオシロハラミズナギドリ　*Pterodroma externa*　英名 white-necked petrel
【学名解】属名は前出．種小名は ラ よそ者の（externus の女性形）．
1982 年 9 月に台風で運ばれた南米産亜種の 1 羽が八王子市（東京都）で発見されている．赤道を越えて長距離の移動をする．

ハワイシロハラミズナギドリ　*Pterodroma phaeopygia*　英名 Hawaiian petrel
【学名解】属名は前出．種小名は近代 ラ 灰色の腰の（ ギ phaios 灰色の ＋ ギ pygē 腰，尻）．
日本では 1976 年 9 月に岩手県滝沢村で，迷行した 1 羽（ハワイ島産亜種）が記録されている．ハワイ諸島とガラパゴス諸島で繁殖．両方の個体群とも侵入したネコなどのために絶滅に瀕している．

シロハラミズナギドリ　*Pterodroma hypoleuca*　英名 Bonin petrel（小笠原のミズナギドリ）
【学名解】属名は前出．種小名は近代 ラ 下面が白い，hypoleucus の女性形（ ギ hypo- 下に ＋ ギ leukos 白い）．
日本近海では小笠原島の聟島で繁殖，周辺の海域に生息する．

ハグロシロハラミズナギドリ　*Pterodroma nigripennis*　英名 black-winged petrel（翼の黒いミズナギドリ）
【学名解】属名は前出．種小名は ラ 黒い翼の（niger ＋ penna）．
北海道函館市で 1980 年 9 月に台風で運ばれた 1 羽の記録がある．南西太平洋の島々で繁殖．

ヒメシロハラミズナギドリ　*Pterodroma longirostris*　英名 Stejneger's petrel（人名由来）
【学名解】属名は前出．種小名は ラ 長い嘴の（longus ＋ -rostris ＜ rostrum の形容詞形）．
1981 年 8 月に台風の影響をうけて 40 羽以上の群れが宮城県から岩手県沿岸に飛来した．群れる習性が強い．

アナドリ　*Bulweria bulwerii*　英名 Bulwer's petrel（Bulwer 氏のミズナギドリ）
【学名解】属名はイギリスの牧師 James Bulwer（1879 没）に因む．種小名も同様．英名も同様．
小笠原諸島や八重山諸島で繁殖．大西洋，インド洋，太平洋の亜熱帯海域に生息．繁殖生態や生息数の情報は乏しい．

オオミズナギドリ　*Calonectris leucomelas*　英名 streaked shearwater（縞のあるミズナギドリ）
【学名解】属名は近代 ラ 美しい泳ぎ手（ ギ kalos 美しい ＋ ギ nektris 泳ぎ手（nēktēs の女性形））．種小名は近代 ラ 灰色の（ ラ lēukomelas）．
日本近海の島々で繁殖．北海道渡島大島ほかに生息する個体群は国の天然記念物．

オナガミズナギドリ　*Puffinus pacificus*　英名 wedge-tailed shearwater（くさび型の尾のミズナギドリ）
【学名解】属名は英語 puffin（ツノメドリ）のラテン語化．種小名は ラ 太平洋の．
小笠原諸島，硫黄列島で繁殖．国外ではハワイ諸島以南インド洋の島々で繁殖．岩の隙間や地面に穴を掘って集団繁殖する．

ミナミオナガミズナギドリ　*Puffinus bulleri*　英名 grey-backed shearwater（灰色の背のミズナギドリ）
【学名解】属名は前出．種小名は『Birds of New Zealand』の著者 Sir Walter Buller（1906 没）に因む．
わが国の太平洋側の沖合にまれに渡来する．ニュージーランド北島の沖合の島で繁殖，北部太平洋に渡る．集団繁殖性．わが国の一部では保護鳥．

アカアシミズナギドリ　*Puffinus carneipes*　英名 pale-footed shearwater（青白い足のミズナギドリ）
【学名解】属名は前出．種小名は ラ 肉色の足の（carneus ＋ pes）．
春〜夏に日本近海に出現．オーストラリアなどで集団繁殖する．推定個体数は 100 万羽．

第6章　日本の鳥たち

ハイイロミズナギドリ　*Puffinus griseus*　英名 sooty shearwater（煤けたミズナギドリ）
【学名解】属名は前出．種小名は ラ 灰色の．
日本の太平洋側海域に4〜6月に出現し，徐々に北上する．おもにニュージーランド南方で繁殖し，北部北太平洋と北部北大西洋海域に渡る．推定生息数数千万羽．

ハシボソミズナギドリ　*Puffinus tenuirostris*　英名 short-tailed shearwater（短尾のミズナギドリ）
【学名解】属名は前出．種小名は ラ 細い嘴の（tenuis + -rostris < rostrum の形容詞形）．
日本の太平洋沿岸で晩春に見られる．オーストラリア南東部の島々で繁殖．南極海や北極海域に渡る．

コミズナギドリ　*Puffinus nativitatis*　英名 Christmas shearwater（クリスマス島のミズナギドリ）
【学名解】属名は前出．種小名は ラ クリスマス島の，の意で，nativitas, -atis 誕生．キリスト降誕（祭）に因む（内田・島崎の解釈）．非常に凝った命名である．
日本の近海ではごく稀に見られる．ハワイ諸島などの海洋島で繁殖．数万羽程度．

セグロミズナギドリ　*Puffinus lherminieri*　英名 Audubon's shearwater（オーデュボン J. James Audubon はアメリカの有名な鳥類学者，1851没）
【学名解】属名は前出．種小名はフランスの博物学者 L'Herminierus（1833没）に因む．
わが国では小笠原諸島で繁殖．希少種（環境庁）．国外では西インド諸島海域，西インド洋ほかに生息．

5. ウミツバメ科　Hydrobatidae
【科名の由来】ヒメウミツバメ属 *Hydrobates*（水を行くもの，の意．邦産なし）+ 科名の語尾 -idae．

アシナガウミツバメ　*Oceanites oceanicus*　英名 Wilson's storm petrel（ウイルソン氏の嵐のウミツバメ）
【学名解】属名はギリシア神話のオーケアノス Okeanos（ウーラノスとガイアの子で，ティーターン神族に属する水の神）+ ギ -ites 所属を示す接尾辞，ここでは「オーケアノスの子孫」，または「オーケアノスの息子」の意．種小名は ラ 大洋の．
（注）内田・島崎は解釈を間違えている．
長い足を垂らしながら海面上をひらひら飛んで餌を探す．ときどき足が水面にふれるので，歩いているようにも見える．

ハイイロウミツバメ　*Oceanodroma furcata*　英名 grey fork-tailed storm petrel（灰色のフォーク状の尾の嵐のウミツバメ）
【学名解】属名は ギ 大洋を走るもの（Okeanos 海の神，大洋 + dromos 走ること）．種小名は ラ 二股の（尾が）．
アリューシャン列島ほかで繁殖し，日本には冬鳥として少数が北海道の海に渡来．羽ばたきと滑翔を交互に繰り返して飛ぶ．

コシジロウミツバメ　*Oceanodroma leucorhoa*　英名 Leach's storm-petrel（大英博物館のリーチ Dr. W. E. Leach（1836没）に因む）
【学名解】属名は前出．種小名は ギ 白い尻の（leukos + orrhos）．
北海道大黒島，トモシリ島で50万つがいが繁殖．北太平洋や大西洋に広く分布．

ヒメクロウミツバメ　*Oceanodroma monorhis*　英名 Swinhoe's fork-tailed petrel（語頭の人名は中国領事館にいた R. Swinhoe（1877 没）に因むと推定）
【学名解】属名は前出．種小名は ギ 単鼻の（monos + rhis）．
日本では岩手県三貫島，福岡県沖ノ島ほかで繁殖．インド洋から紅海にかけて越冬．希少種（環境庁）．三貫島の繁殖地は国の天然記念物．

クロコシジロウミツバメ　*Oceanodroma castro*　英名 Madeiran fork-tailed petrel（マデイラ諸島のフォーク状の尾のウミツバメ）
【学名解】属名は前出．種小名はマデイラ諸島でこの鳥の呼び名 Roque de Castro に因む．
東太平洋，東大西洋の熱帯・亜熱帯海域に広く分布．日本では岩手県日出島，三貫島ほかで繁殖．希少種（環境庁）．日出島の繁殖地は国の天然記念物．

オーストンウミツバメ　*Oceanodroma tristrami*　英名 Tristram's fork-tailed petrel（トリストラム Tristram 氏はパレスティナのダラムの聖堂参事会員）
【学名解】属名は前出．種小名は Tristram 氏の．英名参照．
北太平洋の西部亜熱帯海域に分布．日本では伊豆諸島，小笠原諸島，硫黄列島で繁殖．帆翔することが多く，ときに足を水につける．

クロウミツバメ　*Oceanodroma matsudairae*　英名 Matsudaira's fork-tailed petrel（人名は松平頼孝氏（1945 没）に因む）
【学名解】属名は前出．種小名は松平氏の．英名参照．
北・南硫黄島で集団繁殖し，繁殖期以外はフィリピン沖からインド洋まで移動して海上生活をおくる．危急種（環境庁）．

ペリカン目　PELECANIFORMES

6. ネッタイチョウ科　Phaethontidae
【科名の由来】*Phaeton* 属（説明は下記）+ 科名の語尾 -idae．

アカオネッタイチョウ　*Phaethon rubricauda*　英名 red-tailed tropicbird（赤い尾の熱ネッタイチョウ）
【学名解】属名はギリシア神話の太陽神ヘーリオスの息子パエトーン Paethōn に因む．種小名は ラ 赤い尾の（ruber + cauda）．
インド洋と太平洋の熱帯・亜熱帯海域に広く分布し，島や大陸の海岸で集団繁殖する．日本では硫黄列島，南鳥島で繁殖．八重山列島にはかなりの個体が飛来する．

シラオネッタイチョウ　*Phaethon lepturus*　英名 white-tailed tropicbird（白い尾のネッタイチョウ）
【学名解】属名は前出．種小名は ギ 細い尾の（leptos + oura）．
世界の熱帯・亜熱帯海域に分布．日本では小笠原群島，硫黄列島，琉球列島にときどき飛来する．地上では腹をつけて，這うように動く．

7. ペリカン科　Pelicanidae
【科名の由来】ペリカン属 *Pelecanus*（下記）+ 科名の語尾 -idae．

ハイイロペリカン *Pelecanus crispus* 英名 spotted-billed pelican（嘴に斑点のあるペリカン）
【学名解】属名は ラ pelecanus ペリカン．種小名は ラ crispus 縮れ毛の．
 ヨーロッパ東南部から中国で繁殖．一部はスマトラ，ボルネオ他で越冬する．日本では千葉，福岡，鹿児島県などで稀に迷鳥として記録されている．絶滅危惧種（BLI）．
 近縁種の**モモイロペリカン** *Pelecanus onocrotalus* は動物園で飼われている．種小名はペリカンの ギ 名 onokrotalos に由来．本種は稀な迷鳥として石垣島ほかで記録されている．

8. カツオドリ科　Sulidae
【科名の由来】カツオドリ属 *Sula*（下記）＋ 科名の語尾 -idae．

カツオドリ　*Sula leucogaster*　英名 brown booby（褐色のカツオドリ．原意ばか者）
【学名解】属名はカツオドリの古スカンジナビア語名に由来．種小名は ギ 白い腹の．
 世界の熱帯・亜熱帯海域に広く分布し，海岸で集団繁殖する．日本では伊豆諸島，八重山列島ほかで繁殖し，その近海で普通に見られる．繁殖地に船が近づくとその船の真上で停空飛行する．

アオツラカツオドリ　*Sula dactylatra*　英名 blue-faced booby（青い面のカツオドリ）
【学名解】属名は前出．種小名は ギ 趾の黒い（ギ daktylos ＋ ラ ater）．
 世界の熱帯・亜熱帯海域に広く分布し，島で集団繁殖する．小笠原諸島や南西諸島ほかに稀に飛来．希少種（環境庁）．

アカアシカツオドリ　*Sula sula*　英名 red-footed booby（赤い足のカツオドリ）
【学名解】属名は前出．珍しいトートニムの学名．
 世界の熱帯・亜熱帯の海洋に広く分布し，島で集団繁殖する．日本では八重山諸島の仲御神島で繁殖し，小笠原諸島や南西諸島などに稀に飛来する．小さな群れで行動し，空から水中に飛び込んで魚を捕える．希少種（環境庁）．

9. グンカンドリ科　Fregatidae
【科名の由来】グンカンドリ属 *Fregata*（下記）＋ 科名の語尾 -idae．

オオグンカンドリ　*Fregata minor*　英名 Pacific frigatebird（太平洋のグンカンドリ）
【学名解】属名はイタリア語の frigata（フリゲート艦）由来．種小名は ラ より小さな．parvus（小さな）の比較級．
 インド洋，太平洋の熱帯・亜熱帯海域に広く分布し，島で集団繁殖する．日本では本州の太平洋沿岸や南鳥島ほかにまれに迷行してくる．カツオドリなどを襲って餌を奪う．

コグンカンドリ　*Fregata ariel*　英名 lesser frigatebird（より小さいグンカンドリ）
【学名解】属名は前出．種小名はシェークスピアのテンペストに出てくる空気の精 Ariel．
 インド洋，太平洋の熱帯・亜熱帯海域に広く分布し，日本では北海道，本州，九州の太平洋沿岸に稀に飛来する．

10. ウ科　Phalacrocoracidae
【科名の由来】ウ属 *Phalacrocorax*（下記）＋ 科名の語尾 -idae．

カワウ　***Phalacrocorax carbo***　英名 great cormorant（大きな鵜）
　　【学名解】属名は ギ 禿げ頭の（phalakros）ワタリガラス（korax）．後にウ（鵜）に用いられる．
　　　　　　種小名は ラ 炭（のように黒い）．
　　日本では本州と九州に生息．ユーラシア，アフリカ，オセアニアなどの水辺に生息．6
　　　亜種あり．日本産は ***P. c. hanedae***．亜種名は人名（多分羽田氏）由来．

ウミウ　***Phalacrocorax capillatus***　英名 Japanese cormorant
　　【学名解】属名は前出．種小名は ラ capillatus 髪の長い，髪の豊かな．繁殖期の頭から頸にかけ
　　　　　　ての長毛を指す．
　　北海道から本州中・北部の島や沿岸で繁殖．日本海周辺から南シナ海まで分布．飼育し
　　　てアユを獲る鵜飼いに用いられる．岐阜県長良川が有名．

ヒメウ　***Phalacrocorax pelagicus***　英名 pelagic cormorant（大洋のウ）
　　【学名解】属名は前出．種小名は ラ 海の．
　　北海道，本州北部や九州の日本海沿岸で繁殖．ベーリング海，北米太平洋沿岸ほかに分布．

チシマウガラス　***Phalacrocorax urile***　英名 red-faced cormorant（赤い顔のウ）
　　【学名解】属名は前出．種小名はカムチャツカ地方でのこの鳥の呼び名．
　　ベーリング海，千島，日本に分布．北海道東部の島で繁殖．

コウノトリ目　CICONIIFORMES

11. サギ科　Ardeidae
　　【科名の由来】アオサギ属 *Ardea*（126 頁参照）＋ 科名の語尾 -idae．ラ ardea アオサギ．

サンカノゴイ　***Botaurus stellaris***　英名 Eurasian bittern（ユーラシアのサンカノゴイ）
　　【学名解】属名は ラ bos 牛 ＋ ラ taurus サンカノゴイ（鳥の鳴き声が牛 taurus のうめき声に似て
　　　　　　いる）．種小名は ラ 星の．星をちりばめた．
　　北海道では夏鳥または留鳥．本州以南では留鳥または冬鳥．日本の個体数は多くない．
　　　ユーラシアの温帯，北アフリカほかで繁殖．希少種（環境庁）．

ヨシゴイ　***Ixobrychus sinensis***　英名 Chinese little bittern
　　【学名解】属名は文字通りは「ヤドリギ（ixos）をむさぼり食う（brychō）という意味であるが，
　　　　　　命名の意図は「ヨシ笛をふきならすもの」であるという．種小名は中国の．
　　日本には夏鳥として渡来するが，北海道では少ない．東アジアからインドに分布．

オオヨシゴイ　***Ixobrychus eurhythmus***　英名 Schrenck's bittern（シュレンク氏のサンカ
　ノゴイ）
　　【学名解】属名は前出．種小名は ギ eu- 良い ＋ ギ rhythmos 形，様子．
　　　（注）この種小名は内田・島崎には見当たらない．
　　本州中部以北から北海道で夏鳥．国外の繁殖地はサハリン，沿海州ほか．希少種（環境庁）．

リュウキュウヨシゴイ　***Ixobrychus cinnamomeus***　英名 cinnamon bittern（肉桂色のサン
　カノゴイ）
　　【学名解】属名は前出．種小名は近代 ラ cinnamomeus 肉桂色の．
　　薩南諸島から八重山諸島の間に留鳥として広く分布する．日本以外では東南アジアの熱
　　　帯域に分布．

囲み記事9

寺本哲郎写真集 ふるさとの野鳥たち

　著者の寺本哲郎氏は宮崎県五ヶ瀬町三ヶ所にある由緒ある古刹淨専寺の第16代の住職である．住職というからには人格高潔でかつ博学であらねばならぬ．その通り寺本氏は尊敬すべき人物であった．私はかれこれ10数年来の知り合いである．どうして知り合いになったかというと，彼が宮崎日日新聞に発表されたメジロの写真にほれ込んで，すぐ便りして写真を頂戴し，拙著『生物学名概論』に搭載したのが始まりである．

　その後，家内同道で五ヶ瀬町の淨専寺に参詣し，寺本ご夫妻にお目にかかって，いろいろお話を伺った．それ以来の付き合いである．また，どうして鳥の写真を撮っているのかも教わった．日本では極めて稀な夏鳥のアカショウビンをみてからのことだという．全身が赤い鳥である．大きな嘴も赤い．誰が見ても印象的な鳥である．その名は野鳥に詳しい知人から教わったという．

　平成20年4月になって，突然上記の写真集が送られてきた．生き生きした野鳥の姿が実によく捉えられている．私が惚れ込んだメジロの写真が最初に出ているのも嬉しいことである．そこで，拙著の第6章の「日本の鳥たち」の付図は，ほとんどすべて寺本氏の写真集から拝借した．寺本氏の写真集の存在を天下に周知せんがためである．

　なお，この写真集の巻頭には「霧の中のしだれ桜に山門」と題する幽玄な写真がある．ここのしだれ桜の大木は有名である．また，「雪のしだれ桜」と「秋のすだれ桜」と題する写真も素晴らしい．淨専寺を代表する景色であろう．

　なお，寺本氏は数年前に他界された．逸材を失ってまことに悲しい．心からご冥福をお祈りする．「野鳥の眼ほどかわいらしくつぶらな輝いている瞳はない．けなげに精一杯生きているという姿がいじらしくて感動させられる」とは寺本氏が残された言葉である．

タカサゴクロサギ　*Ixobrychus flavicollis*　英名 black bittern
　【学名解】属名は前出．種小名は ラ 黄色い頸の．
　国内では2例しか知られていない迷鳥．台湾以南オーストラリアに分布．

ミゾゴイ　*Gorsachius goisagi*　英名 Japanese night heron（日本の夜のアオサギ）
　【学名解】属名は日本語のゴイサギをラテン語化したもの．出来損ないの学名．種小名はゴイサギのラテン語化．
　本州，四国，九州，伊豆諸島でのみ繁殖．越冬地はフィリピンであるが，南西日本，薩南諸島にも少数が残る．希少種（環境庁），危急種（BLI）．

ズグロミゾゴイ　*Gorsachius melanolophus*　英名 Malaysian night heron（マレーシアの夜のアオサギ）
　【学名解】属名は前出．種小名は ギ 黒い冠羽の＜ melas + lophos．
　留鳥として八重山諸島に生息．台湾，東南アジアに生息．希少種（環境庁）．

ハシブトゴイ　*Nycticorax caledonicus*　英名 rufous（赤褐色の）night heron
　【学名解】属名は ギ nyktikorax ミミズク（またはコノハズク）．種小名は近代 ラ ニューカレドニアの．
　日本では繁殖せず．東南アジアからオーストラリアに分布．かつて小笠原諸島に亜種 **N. c. crassirostris**（太い嘴の）が生息していたが，すでに絶滅．

ゴイサギ　*Nycticorax nycticorax*　英名 black-crowned night heron
　【学名解】珍しいトートニム．意味は前出．
　本州以南に広く分布し，本州北部以北では夏鳥．水辺で魚類，ザリガニ，カエル，昆虫，クモ，小型哺乳類（ネズミなど）を食べる．夜行性．

ササゴイ　*Butorides striatus*　英名 green-backed heron
　【学名解】属名は意味不明の造語．内田・島崎は，サンカノゴイ butio に関連のある鳥，と解釈している．種小名は ラ 条斑のある．
　本州から九州の各地で繁殖．薩南諸島には冬鳥として10月頃渡来し，3月頃まで越冬．飛びながらピューという鋭い声で鳴く．

アカガシラサギ　*Ardeola bacchus*　英名 Chinese pond heron
　【学名解】属名は ラ 小さなサギ＜ ardea + 縮小辞 -ola．種小名はギリシア神話の酒神バッコス（＝ディオニューソス）に因む．
　東南アジアに広く分布する．日本では渡りの時期にまれに見られる旅鳥．近年熊本県や秋田県で繁殖が確認された．

アマサギ　*Bubulcus ibis*　英名 cattle egret（家畜のサギ，の意）
　【学名解】属名は ラ 農夫（牛で耕す人，の意）．種小名は ギ トキ（ibis）．
　日本では大部分が夏鳥．本州以南で繁殖．全大陸の熱帯から温帯に分布．

ダイサギ　*Egretta alba*　英名 common egret
　【学名解】属名はフランス語の aigrette（シラサギ）に由来．他の解釈として，英語の egret（シラサギ）に縮小辞 -etta を付したもの．種小名は ラ 白い．
　関東以南に分布し，繁殖する．多くはフィリピンやオーストラリアに渡って越冬．ほぼ全世界に分布．

第6章 日本の鳥たち　119

ヒヨドリ *Hypsipetes amaurotis*
【学名解】属名：ギ 高く飛ぶ（鳥）．種小名：ギ 暗色の耳の．

ヒレンジャク *Bombycilla japonica*
【学名解】属名：ギ 絹のような尾．種小名：ラ カケスのような（冠羽の）．

（出典：寺本哲郎氏撮影）

ゴイサギ *Nycticorax nycticorax*
【学名解】属名：ギ ミミズク．種小名：ミミズク．トートニムの学名．

ツグミ *Turdus naumanni*
【学名解】属名：ヲ ツグミ．種小名：ドイツの鳥学者 J. F. Naumann 博士に因む．

（出典：寺本哲郎氏撮影）

第6章　日本の鳥たち　　121

シジュウカラ *Parus major*
【学名解】属名：ラ シジュウカラ．種小名：ラ より大きい．

ヤマガラ *Parus varius*
【学名解】属名：ラ シジュウカラ．種小名：ラ まだらの，多色の．

ホシガラス *Nucifraga caryocatactes*
【学名解】属名：ラ 木の実をくだく（鳥）．種小名：ギ クルミを割るもの．

（出典：寺本哲郎氏撮影）

アオバズク *Ninox scutulata*
【学名解】属名:「夜の鳥」の意の新造語．種小名:ラ 市松模様の．

アカショウビン *Halcyon coromanda*
【学名解】属名:ギ カワセミ．種小名:近代 ラ コロマンデル海岸（インド）の．

(出典:寺本哲郎氏撮影)

第 6 章　日本の鳥たち　　123

アオゲラ *Picus awokera*
【学名解】属名：ラ キツツキ．種小名：近代 ラ 和名アオゲラに由来．

ジョウビタキ *Phoenicurus auroreus*
【学名解】属名：ギ ジョウビタキ（赤い尾の鳥，の意）．種小名：ラ 暁の女神のような（バラ色の）．

（出典：寺本哲郎氏撮影）

カワラヒワ *Carduelis sinica*
【学名解】属名：ラ ゴシキヒワ．種小名：近代ラ 中国の．

アオサギ *Ardea cinerea*
【学名解】属名：ラ サギ．種小名：ラ 灰色の．

(出典：寺本哲郎氏撮影)

第 6 章　日本の鳥たち　　125

ヤマセミ *Ceryle lugubris*
【学名解】属名：ギ カワセミ．種小名：ラ 哀悼の，悲しむべき．

ヤマショウビン *Halcyon pileata*
【学名解】属名：ギ カワセミ．種小名：ラ 帽子をかぶった．

（出典：寺本哲郎氏撮影）

チュウサギ　*Egretta intermedia*　英名 intermediate egret
【学名解】属名は前出．種小名は ラ 中間の．
おもに夏鳥として本州以南に渡来．冬季はフィリピンに渡るが，一部は日本国内で越冬．希少種（環境庁）．

コサギ　*Egretta garzetta*　英名 little egret
【学名解】属名は前出．種小名はコサギのイタリア語 sgarzetta（コサギ）に由来．
本州以南で繁殖．ユーラシア，アフリカほかに広く分布．

カラシラサギ　*Egretta eulophotes*　英名 Chinese egret
【学名解】属名は前出．種小名は ギ 良く羽の生えたもの，の意で，eulophos（美しい冠羽をつけた）と行為者を示す接尾辞 -ites の複合語．
まれな旅鳥として渡来．朝鮮半島と中国で繁殖し，東南アジアと日本で越冬する．希少種（環境庁）．

クロサギ　*Egretta sacra*　英名 reef heron（浅瀬のアオサギ）
【学名解】属名は前出．種小名は ラ 神聖な（sacer の女性形）．
本州以南に分布．国外では東南アジア以南に広く分布．岩礁地帯に生息する．すすけた色の黒色型と純白の白色型がある．

アオサギ　*Ardea cinerea*　英名 grey heron
【学名解】属名は ラ サギ．種小名は ラ 灰色の．cinereus の女性形．
日本では北海道から九州に分布．北海道では夏鳥．本州と九州では留鳥または漂鳥．九州以南では冬鳥．国外ではアジアからアフリカに広く分布．

ムラサキサギ　*Ardea purpurea*　英名 purple heron
【学名解】属名は前出．種小名は ラ 紫色の．purpureus の女性形．
南西諸島に分布．八重山諸島では普通に見られる．九州以北にはまれに渡来．国外では東南アジアからアフリカに分布．

12. コウノトリ科　Ciconiidae
【科名の由来】コウノトリ属 *Ciconia*（下記）＋ 科名の語尾 -idae．

コウノトリ　*Ciconia ciconia*　英名 white stork
【学名解】属名は ラ コウノトリ．珍しいトートニム（同語反復名）の学名．
ごく少数が冬季にまれに渡来する．絶滅危惧種（環境庁），国の特別天然記念物．
　（注）学名を *Ciconia boyciana*（人名由来），英名を Oriental stork としたものもある．

ナベコウ　*Ciconia nigra*　英名 black stork
【学名解】属名は前出．種小名は ラ 黒い．niger の女性形．
ごく少数が冬季にまれに渡来する．ユーラシアの温帯域で繁殖．希少種（環境庁）．

13. トキ科　Threskiornithidae
【科名の由来】クロトキ属 *Threskiornis*（属格 Threskiornithos）＋ 科名の語尾 -idae．
　（注）属名の語尾 -ornis の属格は -ornithos．故に科名の後節は -ornithidae となる．クロトキ属の語源は ギ thrēskeia 宗教的儀礼 ＋ ギ ornis 鳥．

ヘラサギ　*Platalea leucorodia*　英名 spoonbill
【学名解】属名は ラ ヘラサギ．種小名は ギ 薄いバラ色（淡紅色）．内田・島崎（1987）は「leukos 白い + erodios サギ」と解釈している．
日本では繁殖せず，冬鳥または迷鳥として，年に1〜2例の記録があるのみ．希少種（環境庁）．

クロツラヘラサギ　*Platalea minor*　英名 black-faced spoonbill
【学名解】属名は前出．種小名は ラ より小さな．parvus（小さい）の比較級．
ごくまれな冬鳥で，少数が日本で越冬する．朝鮮半島ほかで繁殖．希少種（環境庁）．

トキ　*Nipponia nippon*　英名 Japanese crested ibis
【学名解】全体が「日本のトキ」の意で，非常に珍しい形の学名．
トキ自体も珍しい．明治時代以降激減し，野生個体は近年遂に絶滅した．最後の1羽が佐渡トキ保護センターで飼育されている．世界中では中国の一部に130羽程度が生存するのみ．絶滅危惧種（環境庁，IUCN），特別天然記念物，国際保護鳥．

クロトキ　*Threskiornis melanocephalus*　英名 Oriental ibis
【学名解】属名の意味は「トキ科の説明」を見られたい．種小名は ギ 黒い頭の．
インド，東南アジアなどで繁殖し，日本にはまれに単独あるいは少数が迷行してくる．希少種（環境庁）．

カモ目　ANSERIFORMES

14. カモ科　Anatidae
【科名の由来】マガモ属 *Anas*（連結形 anati-）＋ 科名の語尾 -idae．

シジュウカラガン　*Branta canadensis*　英名 Canada goose
【学名解】属名は近代 ラ 燃えるような（羽毛の鳥）．アングロサクソン語 brenan（燃える）に由来．種小名は近代 ラ カナダの．
北米に広く分布する．冬鳥としてごく少数が渡来する．日本に渡来するものは亜種 ***B. c. leucopareia*** で，危急種（環境庁）．亜種小名は ギ 白い頬の．

コクガン　*Branta bernicla*　英名 brent goose（brent コクガン，goose ガン）
【学名解】属名は前出．種小名は英語の barnacle（ガンの一種）に由来．
冬鳥として北海道，東北に局地的に渡来．日本と近隣国の沿岸で越冬．希少種（環境庁），天然記念物．

ハイイロガン　*Anser anser*　英名 greylag goose（greylag ハイイロガン，goose ガン）
【学名解】属名・種小名とも ラ ガン．トートニムの学名の一つ．
冬鳥としてごく少数が渡来．ユーラシア大陸の中高緯度地帯で繁殖．

マガン　*Anser albifrons*　英名 white-fronted goose
【学名解】属名は前出．種小名は ラ 白い額の．
冬鳥として，主に北日本に局地的に渡来する．繁殖地はユーラシアと北米の北極海沿岸．希少種（環境庁），国の天然記念物．

カリガネ　***Anser erythropus***　英名 lesser white-fronted goose
【学名解】属名は前出．種小名は ギ 赤い足の．
冬鳥として少数が渡来する．繁殖地はユーラシア大陸の北極圏．危急種（BLI）．

ヒシクイ　***Anser fabalis***　英名 bean goose
【学名解】属名は前出．種小名は ラ 豆の．
冬鳥として渡来するが局地的．繁殖地はユーラシア大陸のツンドラ地帯．希少種（環境庁），国の天然記念物．
　（注）まれな迷鳥としてインドガン *Anser indicus* がある．北海道，千葉県ほかで記録されている．バイカル湖以南のモンゴルの高地で繁殖する（『日本の野鳥 590』より）．

ハクガン　***Anser caerulescens***　英名 snow goose
【学名解】属名は前出．種小名は ラ 青い．参照：caeruleus 青色の．
冬鳥として少数が渡来．明治時代の初期までは，東京湾が「残雪のごとく」みえるほどのハクガンの群れが渡来したよし．

ミカドガン　***Anser canagicus***　英名 emperor goose
【学名解】属名は前出．種小名は近代 ラ カナガ島（アリューシャン列島）の．
極めてまれな迷鳥で，1961〜62 年の冬に宮城県で 1 羽が記録されたのみ．ベーリング海峡をはさみ，アラスカ半島とロシアのチュコト半島で繁殖．

サカツラガン　***Anser cygnoides***　英名 swan goose
【学名解】属名は前出．種小名は ラ ハクチョウ *Cygnus* に似たもの．
最近は年に数羽が渡来するのみ．北東アジアで繁殖．危急種（環境庁，BLI）．

コブハクチョウ　***Cygnus olor***　英名 mute swan（無言のハクチョウ）
【学名解】属名は ギ ハクチョウ．種小名は ラ ハクチョウ．
外国から観賞用に移入されたものの子孫が各地の公園の池などに見られる．ヨーロッパからアジア東部（朝鮮半島）に分布．
　（注）極めてまれな迷鳥としてナキハクチョウ *Cygnus buccinator* がいる．アラスカから北米北西部に分布する．種小名は ラ ラッパ吹き．「ブーッ」と鳴く．

オオハクチョウ　***Cygnus cygnus***　英名 whooper swan
【学名解】属名は ラ ハクチョウ．学名はトートニムの一つ．
冬鳥として本州以北に渡来する．繁殖地はユーラシアの寒帯部．

コハクチョウ　***Cygnus columbianus***　英名 tundra swan
【学名解】属名は前出．種小名は近代 ラ 北米のコロンビア川の（『鳥類学名辞典』）．別の解釈として，ラ ハトの＜ columba ハト＋形容詞をつくる接尾辞 -ianus．
冬鳥として北海道経由で本州に渡来．福島県猪苗代湖ほかで越冬．ユーラシアの極北地で繁殖．

リュウキュウガモ　***Dendrocygna javanica***　英名 lesser whistling duck
【学名解】属名は ギ dendron 木＋ハクチョウ属 *Cygnus*．種小名は近代 ラ ジャワの．
東南アジアの熱帯地域に生息．かつては琉球列島に分布した．首と足が長く，独特な色彩と体形をもつ．雌雄同色．

アカツクシガモ *Tadorna ferruginea* 英名 ruddy shelduck（赤らんだツクシガモ）
【学名解】属名は近代 ラ ツクシガモ（フランス語 tadorne のラテン語化）．種小名は ラ 鉄錆色の．ferrugineus の女性形．
数少ない冬鳥として全国各地に渡来．ユーラシア東部から黒海周辺で繁殖．

ツクシガモ *Tadorna tadorna* 英名 common shelduck
【学名解】属名は前出．トートニムの一つ．
白地に栗色のタスキをかけたようなツートン・カラーで美しい．長崎県諫早湾で 800 羽近くが集団で越冬する．ヨーロッパからアジア中央部で広く繁殖．

カンムリツクシガモ *Tadorna cristata* 英名 crested shelduck
【学名解】属名は前出．種小名は ラ とさか（冠毛）のある．
ウスリー地区ほかから記録がある．わが国からは 1964 年に観察の報告があったが，確証はない．絶滅種（環境庁，IUCN）．

オシドリ *Aix galericulata* 英名 mandarin duck
【学名解】属名は ギ aix 水鳥の一種．種小名は ラ 小さな帽子をかぶった．
留鳥または冬鳥．雄は特に美麗．主に本州中部地方以北で繁殖し，冬は西日本で越冬するものが多い．希少種（環境庁）．

マガモ *Anas platyrhynchos* 英名 mallard
【学名解】属名は ラ カモ．種小名は ギ platys 幅広い + ギ rhynchos 嘴．
冬鳥として全国に渡来．北海道と本州各地で少数が繁殖．

カルガモ *Anas poecilorhyncha* 英名 spot-billed duck
【学名解】属名は前出．種小名は ギ 斑点のある嘴の．
日本では全国各地の水辺で繁殖．アジア東部からアフリカ東部にかけて分布．

コガモ *Anas crecca* 英名 green-winged teal（teal マガモ）
【学名解】属名は前出．種小名はこの鳥の雌の鳴き声 quack の擬声語．
冬鳥として渡来し，北海道や本州の一部の山地で少数が繁殖．国外ではユーラシア，北米ほか．

トモエガモ *Anas formosa* 英名 Baikal teal（バイカル湖のマガモ）
【学名解】属名は前出．種小名は ラ 美しい．formosus の女性形．
冬鳥として渡来するが数は少ない．シベリア東部で繁殖．日本と近隣地で越冬．希少種（環境庁），危急種（BLI）．

ヨシガモ *Anas falcata* 英名 falcated teal
【学名解】属名は前出．種小名は ラ 鎌形の．falcatus の女性形．
冬鳥として少数が渡来．シベリア東南部で繁殖．日本での越冬は波静かな湾を好む．

オカヨシガモ *Anas strepera* 英名 gadwall
【学名解】属名は前出．種小名は ラ strepo わめく，騒々しい．
少数が冬鳥として渡来する．北海道や本州の一部で少数が繁殖．ユーラシアや北米の亜寒帯から温帯が主な繁殖地．

ヒドリガモ　*Anas penelope*　英名 Eurasian wigeon（wigeon はヒドリガモ）
【学名解】属名は前出．種小名は ギ カモの一種．また，ギリシア伝説中の貞節な女性．
冬鳥として渡来する．ユーラシアの亜寒帯で繁殖．

アメリカヒドリ　*Anas americana*　英名 American wigeon
【学名解】属名は前出．種小名は ラ アメリカの．
冬鳥として少数が渡来する．アラスカからカナダ北部で繁殖．

オナガガモ　*Anas acuta*　英名 pintail
【学名解】属名は前出．種小名は ラ 鋭い（尾の）．acutus の女性形．
冬鳥として全国に渡来する．北半球北部（極地を除く）で繁殖．

シマアジ　*Anas querquedula*　英名 garganey
【学名解】属名は前出．種小名は ラ カモの一種．多分マガモを指す．
日本では旅鳥．主に春と秋に渡来．北海道や本州の一部では少数が繁殖．
　（注）きわめてまれな迷鳥として北米原産の**ミカヅキシマアジ** *Anas discors* がいる．属名は前出．種小名は ラ 不調和の．雄成鳥の嘴の付け根から眼先にかけて，三日月形の白斑があるのが特徴．

ハシビロガモ　*Anas clypeata*　英名 northern shoveler（北のハシビロガモ）
【学名解】属名は前出．種小名は ラ 盾のある．
冬鳥として渡来．北海道では少数が繁殖．北半球に広く分布する．

アカハシハジロ　*Netta rufina*　英名 red-crested pochard（pochard ホシハジロ）
【学名解】属名は ギ カモ．種小名は近代 ラ 赤味をおびた．
まれな冬鳥として渡来．中央アジアからヨーロッパにかけて繁殖．希少種（環境庁）．

ホシハジロ　*Aythya ferina*　英名 common porchard
【学名解】属名は ギ aithyia 海鳥の一種．種小名は ラ 野獣の肉．また，猟鳥の．
冬鳥として全国に渡来．バイカル湖からヨーロッパにかけて繁殖．冬季は南方へ渡る．

アメリカホシハジロ　*Aythya americana*　英名 redhead（ホシハジロ）
【学名解】属名は前出．種小名は近代 ラ アメリカの．
きわめてまれな迷鳥で，1985年に東京で1回の記録があるのみ．合衆国産で，淡水沼地性．

オオホシハジロ　*Aythya valisineria*　英名 canvasback（オオホシハジロ）
【学名解】属名は前出．種小名は近代 ラ 植物のセキショウモ *Vallisneria* を好む，の意．訂正名 *vallisneria* あり．
冬鳥として渡来するが，数はきわめて少ない．北米原産．

メジロガモ　*Aythya nyroca*　英名 ferruginous duck
【学名解】属名は前出．種小名は近代 ラ アイサ（ロシア語のアイサ nirok に由来）．
きわめてまれな迷鳥．ヨーロッパ東部からチベットにかけての温帯域で繁殖．

アカハジロ　*Aythya baeri*　英名 Baer's pochard（pochard ホシハジロ）
【学名解】属名は前出．種小名（と英名）はドイツの動物発生学者 Prof. Karl von Baer（1876没）に因む．
冬鳥として少数が渡来．アムールとウッスリーほかで繁殖．

クビワキンクロ　*Aythya collaris*　英名 ring-necked duck
【学名解】属名は前出．種小名ハ ラ 頸の，頸に特徴のある．
冬鳥としてごく少数が渡来．北米の寒帯で繁殖．

キンクロハジロ　*Aythya fuligula*　英名 tufted duck（冠毛のあるカモ）
【学名解】属名は前出．種小名は ラ すす色の（その縮小形）．
冬鳥として全国に飛来．ユーラシアの北部で繁殖．

スズガモ　*Aythya marila*　英名 greater scaup（scaup スズガモ）
【学名解】属名は前出．種小名は ギ 炭のように黒い．
冬鳥として全国に渡来．北半球の寒帯で繁殖．2亜種あり．日本に渡来するものは ***A. m. mariloides*** である．亜種小名は近代 ラ 種 *marila* に似たもの．

コスズガモ　*Aythya affinis*　英名 lesser scaup
【学名解】属名は前出．種小名は ラ 近縁の（前の種に）．
冬鳥として極めてまれに渡来．冬は淡水から汽水周辺で過ごす．アラスカで繁殖．

コケワタガモ　*Polysticta stelleri*　英名 Steller's eider（eider ケワタガモ）
【学名解】属名は ギ 多くの斑点のある．種小名は近代 ラ Steller 氏の．G. W. Steller（1769 没）はカムチャツカ・アラスカを探検．

ケワタガモ　*Somateria spectabilis*　英名 king eider
【学名解】属名は ギ 体に綿毛（を密生した鳥）．種小名は ラ 顕著な．
冬鳥として極めてまれに渡来．北極海沿岸地帯の淡水の湖沼・河川に住む．小動物も海藻類も食べる．
　（注）極めてまれな迷鳥として**ホンケワタガモ** *Somateria mollissima* がいる．雄は白を基調として黒などの色彩斑紋が目立つ．種小名は ラ 極めて柔らかい（羽毛の）（『日本の野鳥590』）．

クロガモ　*Melanitta nigra*　英名 black scoter（scoter クロガモ）
【学名解】属名は ギ 黒いカモ．種小名は ラ 黒い．
雄成鳥は全身が黒い．北海道，北陸地方に冬鳥として渡来．北半球の高緯度地方で繁殖．

ビロードキンクロ　*Melanitta fusca*　英名 velvet scoter
【学名解】属名は前出．種小名は ラ 暗色の．
主に北海道から東海・北陸地方に冬鳥として渡来．北半球の高緯度地方で繁殖．

アラナミキンクロ　*Melanitta perspicillata*　英名 surf scoter（磯波のクロガモ）
【学名解】属名は前出．種小名は近代 ラ めがねをかけた（内田・島崎氏の解釈）．
冬鳥としてごく少数が渡来する．アラスカ西部やカナダの一部で繁殖．

シノリガモ　*Histrionicus histrioicus*　英名 harlequin duck（道化者のカモ）
【学名解】属名と種小名は ラ 役者のような．珍しいトートニムの学名．
冬鳥として渡来し，主に北日本で越冬する．希少種（環境庁）．

コオリガモ　*Clangula hyemalis*　英名 long-tailed duck
【学名解】属名は ギ 小さな騒音．別の解釈として，ラ clango ワシが鋭い声で鳴く ＋ 縮小辞 -ula．種小名は ラ 冬の．
日本には冬鳥として渡来し，主に北海道で越冬．北極海沿岸地域で繁殖．

冬鳥として普通なキンクロハジロ2態（出典：筆者撮影．福岡市大濠公園にて）

冬鳥として普通な海ガモ2種
上：ヒドリガモの雌雄，下：ユリカモメ（学名と学名解は本文参照）
（出典：筆者撮影，福岡市大濠公園にて）

日本の三大鳴鳥（出典：筆者所有の資料より）．1：ウグイス，2：オオルリ，3：コマドリ

ホオジロガモ *Bucephala clangula* 英名 common goldeneye
【学名解】属名は ギ 牛頭の（鳥）．種小名は ラ 小さな騒音．なお，上記のコオリガモ *Clangula* を参照されたい．

冬鳥として渡来．ユーラシア北部と北米北部で繁殖．

（注）極めてまれな迷鳥として，**キタホオジロガモ** *Bucephala islandica* がいる．東北と北海道の一部で数回の観察例がある．種小名は近代 ラ アイスランドの．

ヒメハジロ *Bucephala albeola* 英名 bufflehead
【学名解】属名は前出．種小名は ラ 白っぽい．白い albus の縮小形．

冬鳥としてごく少数が渡来．アラスカで繁殖し，越冬する．

ミコアイサ *Mergus albellus* 英名 smew
【学名解】属名は ラ 海鳥の一種（カモメ，アビなど）．また，ラ 潜水する鳥，ともとれる．種小名は ラ 白っぽい．

冬鳥として渡来．ユーラシアの亜寒帯で繁殖．ヨーロッパや日本ほかで越冬する．

（注）極めてまれな迷鳥として，**オウギアイサ** *Mergus cucullatus* がいる．北海道ウトナイ湖で記録されている．国外では北米北西部で繁殖（『日本の野鳥590』）．

ウミアイサ *Mergus serrator* 英名 red-breasted merganser（赤い胸のアイサ）
【学名解】属名は前出．種小名は ラ 鋸でひく人，こびき．

冬鳥として渡来する．北半球の亜寒帯，温帯の一部で繁殖．

コウライアイサ *Mergus squamatus* 英名 Chinese merganser
【学名解】属名は前出．種小名は ラ 鱗でおおわれた，鱗模様の．

冬鳥として極めて少数が渡来．北東アジア〜中国に分布．希少種（環境庁），危急種（BLI）．

カワアイサ *Mergus merganser* 英名 goosander
【学名解】属名は前出．種小名は近代 ラ 潜水するガン＜ mergus 潜水者 ＋ anser ガチョウ．

冬鳥として渡来し，少数が北海道で繁殖．分布は北半球の亜寒帯と温帯の一部．

チドリ目　CHARADRIIFORMES

15. レンカク科　Jacanidae
【科名の由来】アメリカレンカク属 *Jacana* ＋ 科名の語尾 -idae．属名はレンカクのブラジル地方名に由来．

レンカク *Hydrophasianus chirurgus* 英名 pheasant-tailed jacana（キジの尾のレンカク）
【学名解】属名は ギ 水のキジ＜ hydro- ＋ phasianos．種小名は ギ ラ 外科医．翼角の棘を外科医のメスにたとえたもの．

日本には迷鳥として渡来．本州，九州，沖縄で記録がある．東南アジアで繁殖．一妻多夫で，雄が抱卵，育雛を行う．

16. タマシギ科　Rostratulidae
【科名の由来】タマシギ属 *Rostratula* ＋ 科名の語尾 -idae．

タマシギ **Rostratula benghalensis** 英名 painted snipe
【学名解】属名は ラ 細い嘴のある．種小名は近代 ラ ベンガルの．h が余分．
関東地方ほかで局地的に繁殖．日本，東南アジアほかに分布．沼，湿田などに生息．

17. ミヤコドリ科　Haematopodidae
【科名の由来】ミヤコドリ属 *Haematopus* ＋ 科名の語尾 -idae．

ミヤコドリ **Haematopus ostralegus** 英名 Eurasian oystercatcher
【学名解】属名は ギ 血紅色の足の(鳥)．種小名は ラ カキをついばむ＜ostrea カキ ＋ lego 拾い集める．
旅鳥として春秋の渡りの時期に渡来するが，まれ．ヨーロッパやユーラシア東部沿岸などで繁殖．

18. チドリ科　Charadriidae
【科名の由来】チドリ属 *Charadrius* ＋ 科名の語尾 -idae．

ハジロコチドリ **Charadrius hiaticula** 英名 ringed plover（輪のあるチドリ）
【学名解】属名は ギ charadorios チドリの一種．種小名は ラ hiaticula チドリ．
数少ない旅鳥または冬鳥として干潟に渡来．ユーラシア北部で繁殖し，アフリカからインド西部の海岸で越冬．3亜種にわかれ，日本には亜種 **C. h. tundrae** が渡来する．亜種小名は近代 ラ ツンドラの．

コチドリ **Charadrius dubius** 英名 little ringed plover
【学名解】属名は前出．種小名は ラ 疑わしい（種として認められるかどうか）．
主に夏鳥として飛来し，国内に広く分布し繁殖する．要注意種（BLI）．

イカルチドリ **Charadrius placidus** 英名 long-billed ringed plover
【学名解】属名は前出．種小名は ラ placidus おとなしい．
留鳥として広く分布し，繁殖する．南西諸島では希な冬鳥．要注意種（BLI）．

シロチドリ **Charadrius alexandrinus** 英名 Kentish plover（ケント州のチドリ）
【学名解】属名は前出．種小名は近代 ラ アレキサンドリア（地名）の．
国内に広く分布し，繁殖する．北日本では主に夏鳥として飛来し，繁殖後は暖地に移動．

メダイチドリ **Charadrius mongolus** 英名 lesser sand plover
【学名解】属名は前出．種小名は近代 ラ モンゴル（蒙古）の．
春と秋に，旅鳥として見られる．シベリアからアラスカにかけての草原地帯で繁殖，その後東南アジアなどで越冬する．

オオメダイチドリ **Charadrius leschenaultii** 英名 great sand plover
【学名解】属名は前出．種小名は人名由来．詳細不明．
旅鳥として7月から9月の秋の渡りの期間に砂浜海岸や河口の湿地でみられる．中央アジアからトルコの草原地帯で繁殖．

オオチドリ **Charadrius asiaticus** 英名 Caspian plover（カスピ海のチドリ）
【学名解】属名は前出．種小名は ラ アジアの．
まれな旅鳥．モンゴルから中国東北部で繁殖し，インドネシアに渡って越冬．

コバシチドリ *Eudromias morinellus* 英名 dotterel（チドリの一種．あほう，という意味もある）

【学名解】属名は ギ よく走る（鳥）< eu- 良く + dromos 走ること．種小名は ラ 小馬鹿者< morio + 縮小辞 -ellus.

希な旅鳥．ユーラシアの北極圏のツンドラや内陸の山岳地帯で繁殖し，中近東で越冬．

ムナグロ *Pluvialis fulva* 英名 Pacific golden plover（太平洋のキンイロチドリ）

【学名解】属名は ラ 雨の（鳥）．種小名は ラ 黄褐色の．fulvus の女性形．

旅鳥として各地の湿地，水田，干潟などで見られる．長距離を渡る鳥として有名．ユーラシアや北米北部のツンドラで繁殖，オセアニア他の海岸で越冬．那覇市周辺では1970年代に数万羽が確認されていたという．

ダイゼン *Pluvialis squatarola* 英名 grey plover

【学名解】属名は前出．種小名はベネチア地方でのこの鳥の呼び名．

旅鳥として春と秋の期間に，各地の干潟，湿地，水田などで見られる．ユーラシア北部，北米北部のツンドラで繁殖．ヨーロッパからオセアニアの広範な地域で越冬する．

（注）極めて稀な迷鳥として近似種**アメリカムナグロ** *Pluvialis dominica* が渡来する（『日本の野鳥590』）．種小名は近代 ラ ドミニカの．

ケリ *Vanellus cinereus* 英名 grey-headed lapwing（灰色頭のタゲリ）

【学名解】属名は近代 ラ タゲリ（イタリア語由来）．種小名は ラ 灰色の．

近畿以東の本州で繁殖するが，分布は局地的．日本から中国東北部に分布．

ダイゼン　*Pluvialis squatarola*
（出典：平嶋義宏著　生物学名辞典．東京大学出版会）

タゲリ　*Vanellus vanellus*　英名 lapwing（タゲリ）
【学名解】属名は前出．珍しいトートニムの学名．
日本では冬鳥．ユーラシアの北・中部で繁殖．

19. シギ科　Scolopacidae
【科名の由来】ヤマシギ属 *Scolopax*（後述，142 頁）＋ 科名の語尾 -idae.

キョウジョシギ　*Arenaria interpres*　英名 ruddy turnstone（赤らんだキョウジョシギ．turnstone とは石をひっくりかえすもの）．和名を漢字で示せば京女鴫
【学名解】属名は ラ 砂地の（鳥）．種小名は ラ 仲介者，使者，警告者．警戒音を出して，他の鳥に危険をしらせる行動をとるという意味（内田・島崎）．
旅鳥として春秋に渡来．北半球の北方で 5 月下旬から 8 月上旬に繁殖．

ヒメハマシギ　*Calidris mauri*　英名 western sandpiper（西方のイソシギ．sandpiper の字義は砂の笛吹き）
【学名解】属名は ギ kalidris シギの一種．種小名はローマ植物園にいた Prof. E. Mauri（1836 没）に因む．
まれな迷鳥．アラスカの北部ほかで繁殖．北米南部で越冬．

ヨーロッパトウネン　*Calidris minuta*　英名 little stint（stint は小形のシギ）
【学名解】属名は前出．種小名は ラ minutus の女性形，小さい．
迷鳥として 1980 年に神奈川県相模川の河口で 1 羽が確認されたのが初記録．ノルウェー北部ほかで繁殖．アフリカの沿岸地域ほかで越冬．

トウネン　*Calidris ruficollis*　英名 red-necked stint．漢字では当年
【学名解】属名は前出．種小名は ラ 赤い頸の．
旅鳥として春秋に多くの鳥が渡来．繁殖地はシベリア北部のレナ川河口ほか．

ヒバリシギ　*Calidris subminuta*　英名 long-toed stint
【学名解】属名は前出．種小名は近代 ラ ヨーロッパトウネン（ニシトウネンともいう）に近い鳥，の意で，その種小名 *minuta* に sub（近い）を頭においた造語．
旅鳥として春秋に渡来するが，数は少ない．繁殖地は東シベリアで，越冬地は東南アジア．

アメリカヒバリシギ　*Calidris minutilla*　英名 least sandpiper（最小のイソシギ）または American stint
【学名解】属名は前出．種小名は近代 ラ 非常に小さい＜ minutus ＋ 縮小辞 -illa.
希な旅鳥で，沖縄でのみ記録．アラスカからカナダ北部で繁殖，ブラジルなどで越冬．

オジロトウネン　*Calidris temminckii*　英名 Temminck's stint
【学名解】属名は前出．種小名はライデン自然史博物館長テミンク C. T. Temminck（1858 没）に因む．
旅鳥または冬鳥として少数が渡来．シベリア北部などで繁殖，東南アジアで越冬．

ヒメウズラシギ　*Calidris bairdii*　英名 Baird's sandpiper
【学名解】属名は前出．種小名はアメリカの鳥学者 S. F. Baird 教授（1887 没）に因む．
旅鳥として渡来する．シベリア北東部ほかで繁殖，南米で越冬．

アメリカウズラシギ *Calidris melanotos* 英名 pectoral sandpiper（胸のイソシギ）
【学名解】属名は前出．種小名は ギ 黒い背中の（melanotus が正しいラテン語化）．
旅鳥としてごく少数が飛来．各地の干潟などで観察されている．アラスカ他で繁殖，南米で越冬．

ウズラシギ *Calidris acuminata* 英名 sharp-tailed sandpiper
【学名解】属名は前出．種小名は ラ 先の尖った（尾の），acuminatus の女性形．
旅鳥として春秋に渡来．シベリアの北極海沿岸で繁殖，オーストラリアなどで越冬．

チシマシギ *Calidris ptilocnemis* 英名 rock sandpiper（岩のイソシギ）
【学名解】属名は前出．種小名は ギ 羽の生えた脛の＜ ptilon ＋ knēmē．
希な冬鳥として渡来．岩礁海岸などにいる．アラスカ西部などで繁殖．希少種（環境庁）．

ハマシギ *Calidris alpina* 英名 dunlin（ハマシギ）
【学名解】属名は前出．種小名は ラ 高山の．alpinus の女性形．
渡来数が多い．主に本州以南で多数の群れが越冬．

サルハマシギ *Calidris ferruginea* 英名 curlew sandpiper（前者はダイシャクシギ，後者はイソシギ）
【学名解】属名は前出．種小名は ラ 錆び鉄色の．ferrugineus の女性形．
毎年見られるが，渡来数は少ない．春秋にハマシギなどの群れにまじって観察される．

コオバシギ *Calidris canutus* 英名 red knot（赤いオバシギ）
【学名解】属名は前出．種小名は英国王 Canute（1035 没）に因む．この鳥も国王もデンマークから来た，という理由がある．
ほぼ毎年，旅鳥として春秋に渡来．数は少ない．オバシギの群れにまじることが多い．

オバシギ *Calidris tenuirostris* 英名 great knot
【学名解】属名は前出．種小名は ラ 細い嘴の．
旅鳥として春秋に渡来．北東シベリアが繁殖地らしい．繁殖後はオホーツク海岸などで見られ，東南アジアに渡って越冬．

ミユビシギ *Crocethia alba* 英名 sanderling（ミユビシギ．字義は sand（砂）＋ underling 小役）
【学名解】属名は ギ 小石の上を走るもの＜ krokē（海岸の）小石＋ theiō 走る．種小名は ラ 白い．albus の女性形．
旅鳥として春秋に渡来．北極海に面する半島や島嶼が繁殖地．オーストラリア他で越冬．

アシナガシギ *Micropalama himantopus* 英名 stilt sandpiper（前者はセイタカシギ，後者はイソシギ）
【学名解】属名は ギ 小さなみずかき（蹼）の（鳥）＜ mikros ＋ palamē てのひら．種小名は ギ himantopous 水鳥の一種．原意は革ひものような足．なお，セイタカシギ属を *Himantopus* という．
3 例の記録があるだけの迷鳥．アラスカの北部地方で繁殖，南米中央部で越冬．

ヘラシギ *Eurynorhynchus pygmeus* 英名 spoon-billed sandpiper
【学名解】広がった嘴の（鳥）＜ eurynos＝eurys 幅広い＋ rhynchos 嘴．種小名は ギ pygmaios 小人の，矮小な．*pygmeus* は不適切なラテン語化．
日本では数の少ないシギで，4～5 月に稀に記録される．危急種（環境庁，BLI）．

エリマキシギ　*Philomachus pugnax*　英名 ruff（エリマキシギの一種）
【学名解】属名は ギ 闘争を好む（鳥）＜ philos を好む＋ machē 闘争．種小名は ラ 好戦的な．
旅鳥として春秋に渡来するが，数は少ない．ユーラシア北部の広い範囲で繁殖．繁殖場所ではオスがレック（踊り場所）に集まり，求愛のディスプレイをしてメスを獲得する．

コモンシギ　*Tryngites subruficollis*　英名 buff-breasted sandpiper（淡黄色の胸のイソシギ）
【学名解】属名は ギ クサシギ tryngas に似たもの．接尾辞 -ites は所属を示す．種小名は ラ やや赤い頸の＜ sub- ＋ rufus ＋ collum．
迷鳥としてごく稀に渡来．カナダ北部のツンドラで繁殖し，アルゼンチンの草原で越冬．

キリアイ　*Limicola falcinellus*　英名 broad-billed sandpiper
【学名解】属名は ラ 泥地にすむ（鳥）＜ limus ＋ colo 住む．種小名は ラ 鎌のような falcinus の縮小形．
旅鳥として春秋に渡来するが，数は少ない．スカンジナビア半島で繁殖，インド他の海岸で越冬．

オオハシシギ　*Limnodromus scolopaceus*　英名 long-billed dowitcher（長い嘴のオオハシシギ）
【学名解】属名は ギ 沼地を走る（鳥）＜ limnē ＋ dromos 走ること．種小名は ギ ヤマシギ skolopax に似たもの．ラ 接尾辞 aceus または -eus．
比較的まれなシギで，記録は少ないが，北海道から沖縄まで観察されている．アラスカで繁殖，メキシコほかで越冬．

シベリアオオハシシギ　*Limnodromus semipalmatus*　英名 Asiatic dowitcher
【学名解】属名は ギ 沼地を走るもの＜ limnē ＋ dromos．種小名は ラ semi 半ば＋ palma みずかき（蹼）＋接尾辞 -atus 所有や類似を示す．
非常に稀な鳥であるが，北海道から沖縄まで，各地で記録されている．5月下旬から低地の湖沼まわりの草原で営巣する．危急種（環境庁），稀少種（IUCN）．

アメリカオオハシシギ　*Limnodromus griseus*　英名 short-billed dowitcher
【学名解】属名は前出．種小名は ラ 灰色の．
神奈川県と静岡県でそれぞれ1羽が記録されただけの迷鳥．カナダで繁殖，中南米で越冬．

ツルシギ　*Tringa erythropus*　英名 spotted redshank（斑点のあるアカアシシギ）
【学名解】属名は ギ tryngas（クサシギ）に由来．種小名は ギ 赤い足の．
旅鳥として春秋に通過．地方によっては春を告げるシギとして知られている．ユーラシアの高緯度地方で繁殖，東南アジアなどで越冬．

アカアシシギ　*Tringa totanus*　英名 common redshank
【学名解】属名は前出．種小名はイタリア語の totano（アカアシシギ）に由来．
春秋に通過する旅鳥．北海道東部の湿原で少数が繁殖．ヨーロッパ東部他で繁殖．冬はアフリカ，東南アジアなどに渡る．希少種（環境庁）．

コアオアシシギ　*Tringa stagnatilis*　英名 marsh sandpiper（沼地のイソシギ）
【学名解】属名は前出．種小名は ラ 沼地の．stagnum 沼．
春秋に通過する旅鳥．ヨーロッパ南部で繁殖，冬はアフリカ南部，オーストラリアへ渡る．

アオアシシギ　***Tringa nebularia***　英名 common greenshank（並のアオアシシギ）
　【学名解】属名は前出．種小名は ラ 霧に関係のある．nebula 霧．
　　春秋に通過する旅鳥で，一部は越冬．秋に多い．ユーラシア北部で繁殖，冬はアフリカ，東南アジアへ渡る．

オオキアシシギ　***Tringa melanoleuca***　英名 greater yellowleg（大きなキアシシギ）
　【学名解】属名は前出．種小名は ギ 黒と白の．
　　日本では極めて珍しい迷鳥で数例の記録のみ．北米北部で繁殖し，冬は南米に渡る．

コキアシシギ　***Tringa flavipes***　英名 lesser yellowleg
　【学名解】属名は前出．種小名は ラ 黄色い足の．
　　日本では極めて稀な迷鳥として北海道と本州で数回の記録がある．北米北部で繁殖，冬は南米に渡る．

カラフトアオアシシギ　***Tringa guttifer***　英名 spotted greenshank（斑点のあるアオアシシギ）
　【学名解】属名は前出．種小名は ラ 斑点（gutta）のある．
　　春秋に通過する希な旅鳥で世界的な稀少種．サハリン北部での繁殖が知られるのみ．危急種（環境庁），絶滅危惧種（BLI）．

クサシギ　***Tringa ochropus***　英名 green sandpiper
　【学名解】属名は前出．種小名は ギ 淡黄色の足の．
　　旅鳥または冬鳥として渡来．ユーラシアの北・中部で繁殖．冬はインドなどに渡る．

タカブシギ　***Tringa glareola***　英名 wood sandpiper．漢字で示せば鷹斑鴫
　【学名解】属名は前出．種小名は ラ 砂利（にすむ小鳥）＜ glarea 砂利＋縮小辞 -ola．
　　春秋に通過する旅鳥で，一部は越冬．ユーラシア大陸北部で繁殖し，インドなどへ渡る．

メリケンキアシシギ　***Heteroscelus incanus***　英名 wandering tattler（このシギの名）
　【学名解】属名は ギ 異質の足をもつ（鳥）＜ heteros + skelos．種小名は ラ 灰白色の．
　　旅鳥として春の渡りのときに観察されるが，少ない．主にシベリアで繁殖し，西太平洋沿岸地域で越冬．

キアシシギ　***Heteroscelus brevipes***　英名 grey-tailed tattler（最後の語はこのシギの名）
　【学名解】属名は前出．種小名は ラ 短い足の．
　　春秋の渡りの期間に，海岸や河口の干潟に普通．南西諸島で越冬．世界的にはシベリア東部，アラスカほかで繁殖，東南アジアで越冬．

イソシギ　***Actitis hypoleucus***　英名 common sandpiper
　【学名解】属名は ギ 海辺にすむもの＜ aktitēs．種小名は ギ hypoleukos 白みがかった．
　　（注）内田・島崎はこの種小名を ギ 下面が白い（hypo + leukos）としている．
　　日本全国，九州以北に繁殖．繁殖地では夏鳥．極北部を除くユーラシアに広く分布し，アフリカ，南アジア，オーストラリアに渡って越冬．

ソリハシシギ　***Xenus cinereus***　英名 Terek sandpiper（Terek はソヴィエト西東にある川の名）
　【学名解】属名は ギ xenos よそ者（大きな渡りをすることに由来）．種小名は ラ 灰色の．
　　（注）昆虫にスズメバチネジレバネ属 *Xenos* あり．スペルにご注意．
　　春秋の渡りのときに立ち寄ってゆく旅鳥．繁殖地はユーラシア大陸の高緯度地方．冬は南方に渡って越冬．

オグロシギ　*Limosa limosa*　英名 black-tailed godwit（godwit はソリハシシギ）
　【学名解】属名はラ limosus の女性形．泥だらけの．珍しいトートニムの学名．
　渡りの途上で立ち寄り，全土でみられる．同一種はユーラシア大陸の中緯度地方に繁殖分布する．

オオソリハシシギ　*Limosa lapponica*　英名 bar-tailed godwit（尾に縞のあるソリハシギ）
　【学名解】属名は前出．種小名はラ ラップランド地方の．
　春秋の渡りの途中にたちよる旅鳥で，全土でみられる．旧北区で繁殖，オーストラリアなどで越冬．

ダイシャクシギ　*Numenius arquata*　英名 common curlew（普通のダイシャクシギ）
　【学名解】属名はギ noumēnios をラテン語化したもので，ダイシャクシギの．種小名はラ arquatus=arcuatus 弓形の．
　（注）内田・島崎は arquata をダイシャクシギとしている．
　春秋の渡りの途上に立ち寄る旅鳥で，日本全土を通過する．ロシア南西部ほかで繁殖，東南アジアなどに渡って越冬する．

ホウロクシギ　*Numenius madagascariensis*　英名 Far-Eastern curlew
　【学名解】属名は前出．種小名は近代ラ マダガスカル島の．
　春秋の渡りの途上立ち寄る旅鳥で，全土に現われる．ウスリー地方などで繁殖するが，調査は不十分．希少種（環境庁），要注意種（BLI）．

シロハラチュウシャクシギ　*Numenius tenuirostris*　英名 slender-billed curlew
　【学名解】属名は前出．種小名はラ 細い嘴の．
　日本ではこれまでに 2 標本が得られているだけの迷鳥．ロシアのウラル山脈とオビ川の間に限られた繁殖分布をもち，地中海地方で越冬．希少種（環境庁）．全部で 400 羽くらいしかいないといわれている．

チュウシャクシギ　*Numenius phaeopus*　英名 whimbrel（チュウシャクシギ）
　【学名解】属名は前出．種小名はギ 暗灰色の足の＜ phaios + pous．
　旅鳥として渡りの途中に現れる．秋よりも春に多い．ユーラシアの高緯度地方に点々と繁殖地があり，越冬地はアフリカ，インドほか広範．

ハリモモチュウシャクシギ　*Numenius tahitiensis*　英名 bristle-thighed curlew（剛毛のある腿のダイシャクシギ）
　【学名解】属名は前出．種小名は近代ラ タヒチの．
　日本では滅多に見られない迷鳥で，アラスカで繁殖し，タヒチ，ミクロネシアなどで越冬．

コシャクシギ　*Numenius minutus*　英名 little whimbrel（小さなチュウシャクシギ）
　【学名解】属名は前出．種小名はラ 小さい．
　春秋の渡りの途上に立ち寄るが，数は少ない．シベリア東部のごく一部で繁殖，オーストラリアなどで越冬．危急種（環境庁）．約 5,000 羽しかいないといわれる．

ヤマシギ　*Scolopax rusticola*　英名 woodcock（ヤマシギ）
　【学名解】属名はギ skolopax ヤマシギ．種小名はラ 田舎の住人．
　北海道から本州中部にかけて繁殖，東北地方以南沖縄までの各地で越冬．ユーラシア大陸に広く分布する．

アマミヤマシギ *Scolopax mira* 英名 Amami woodcock
【学名解】属名は前出．種小名はラ mirus の女性形，驚くべき，すばらしい．
奄美諸島と沖縄本島北部だけに生息する固有種．個体数不明．絶滅危惧種（環境庁）．

タシギ *Gallinago gallinago* 英名 common snipe（普通のシギ）
【学名解】属名はラ ニワトリに似た鳥＜ gallina ＋ラ 接尾辞 -ago 類似を示す．珍しいトートニムの学名．
旅鳥または冬鳥として渡来し，離島を含め広く分布する．水田，湿地などに生息．国外ではユーラシア大陸や北米に広く分布する．

ハリオシギ *Gallinago stenura* 英名 pintail snipe（尾の中羽が長く突き出たシギ）
【学名解】属名は前出．種小名は近代ラ 細い尾の＜ギ stenos ＋ギ oura．
旅鳥または冬鳥として渡来，小笠原諸島などの離島を含め広く分布する．国外ではユーラシア大陸の東部ほかに広く分布．

チュウジシギ *Gallinago megala* 英名 Swinhoe's snipe（人名由来）
【学名解】属名は前出．種小名はギ megas（大きい）の女性形．
旅鳥または冬鳥として渡来し，琉球列島や小笠原諸島を含め日本国内に広く分布する．国外ではシベリア東部ほかに分布．越冬は東南アジアほか広域．

オオジシギ *Gallinago hardwickii* 英名 Japanese snipe
【学名解】属名は前出．種小名はイギリスの陸軍少将 T. Hardwicke（1835 没）に因む．博物学者 Gray に協力した．
夏鳥として本州中部から北海道にかけて渡来．日本が主な繁殖地．冬はオーストラリア東部に渡る．希少種（環境庁），要注意種（BLI）．

アオシギ *Gallinago solitaria* 英名 solitary snipe
【学名解】属名は前出．種小名はラ solitarius の女性形，孤独の．
冬鳥としてほぼ全国に渡来するが，数は多くない．モンゴル方面で繁殖し，冬は日本や中国南部に渡る．

コシギ *Lymnocryptes minimus* 英名 jack snipe（コシギ）
【学名解】属名はギ 沼にかくれる（鳥）＜ limnē ＋ kryptō 隠す．種小名はラ 最も小さい．parvus の最上級．
秋と冬に稀に渡来．シベリア他の亜寒帯域で繁殖し，冬季はアフリカ，インドなどへ渡る．

20. セイタカシギ科　Recurvirostridae
【科名の由来】ソリハシセイタカシギ属 *Recurvirostra*（下記）＋科名の語尾 -idae．

セイタカシギ *Himantopus himantopus* 英名 black-winged stilt（stilt はセイタカシギ）
【学名解】属名はギ himantopous 水鳥の一種．多分セイタカシギを指す．珍しいトートニムの学名．5 亜種が区別されていて，日本産の亜種名は **H. h. himantopus**．同じ語の 3 連続の学名は極めて稀．
東京湾岸ぞいの地域を中心に日本には 100 羽前後が生息．世界の温帯，熱帯に広く分布．希少種（環境庁）．

ソリハシセイタカシギ　*Recurvirostra avosetta*　英名 avocet（ソリハシセイタカシギ）
【学名解】属名は ラ そり返った嘴の（鳥）＜ recurvus そり返った＋ rostrum 嘴．種小名はソリハシセイタカシギのイタリア語由来．
希な旅鳥または冬鳥として渡来する．ヨーロッパから黒海沿岸にかけて繁殖．

21. ヒレアシシギ科　Phalaropodidae
【科名の由来】ヒレアシシギ属 *Phalaropus* ＋ 科名の語尾 -idae．

ハイイロヒレアシシギ　*Phalaropus fulicarius*　英名 grey phalarope
【学名解】属名は ギ オオバンのような足の（鳥）＜ phalaris オオバン＋ pous 足．種小名は ラ オオバンに似た＜ fulica ＋ 接尾辞 -arius．
春秋に沿岸を通過する旅鳥．北極圏で繁殖し，温・熱帯海域で越冬．

アカエリヒレアシシギ　*Phalaropus lobatus*　英名 red-necked phalarope
【学名解】属名は前出．種小名は ラ 葉状物（lobus）のある（足に）．
旅鳥として春秋に全国の沿岸にみられる．北極圏周辺で繁殖し，温・熱帯の太平洋沿岸で越冬．

アメリカヒレアシシギ　*Phalaropus tricolor*　英名 Wilson's phalarope
【学名解】属名は前出．種小名は ラ 三色の．
愛知県一色町における記録のみの迷鳥．北米中部で繁殖し，南米で越冬．

22. ツバメチドリ科　Glareolidae
【科名の由来】ツバメチドリ属 *Glareola* ＋ 科名の語尾 -idae．

ツバメチドリ　*Glareola maldivarum*　英名 Oriental pratincole（東洋のツバメチドリ）
【学名解】属名は ラ 砂利（に住む小鳥）＜ glarea 砂利＋ 縮小辞 -ola．種小名は近代 ラ マルジブ諸島の．マルジブ（モルディブ）Maldives はインドの西南方のインド洋上にあるサンゴ礁からなる共和国．
春秋に旅鳥として渡来するが，数は少ない．東海，九州北部などで局地的に繁殖する．ユーラシア南東部に分布，東南アジアで越冬．希少種（環境庁）．

23. トウゾクカモメ科　Stercorariidae
【科名の由来】トウゾクカモメ属 *Stercorarius* ＋ 科名の語尾 -idae．

トウゾクカモメ　*Stercorarius pomarinus*　英名 pomarine skua（覆われた鼻のトウゾクカモメ）
【学名解】属名は ラ 腐肉（糞便）をあさるもの＜ stercorarius 糞便の．種小名は ギ 覆われた鼻の＜ pōma 覆い＋ rhis，rhinos 鼻．
春秋の渡りのときに見られる旅鳥．夏は北太平洋亜寒帯全域に分布し，冬は南下する．主に魚類を捕食するほか，他の海鳥から奪った魚などを食べる．

クロトウゾクカモメ　*Stercorarius parasiticus*　英名 arctic skua
【学名解】属名は前出．種小名は ラ 食客の，寄生性の（他の鳥の餌を奪う）．
春秋の渡りのときに見られる旅鳥．夏の分布はトウゾクカモメとほぼ同等．

シロハラトウゾクカモメ　*Stercorarius longicauda*　英名 long-tailed skua
【学名解】属名は前出．種小名は ラ 長い尾の．longicaudus の女性形．
春秋の渡りのときに見られる旅鳥．夏の分布はトウゾクカモメとほぼ同等．盗賊行為は他の種類に比べ少ない．

第 6 章　日本の鳥たち　145

オオトウゾクカモメ　*Catharacta maccormicki*　英名 south polar skua（南極のトウゾクカモメ）
【学名解】属名は ギ 餌をとるために急降下する鳥，の意 < katarrhaktēs 急降下する．種小名は英国の南極探検家 McCormick（1890 没）に因む．
春秋の渡りのときに見られる旅鳥．南極大陸や南極半島で繁殖し，繁殖を終えると北半球へ長距離の渡りを開始し，4 月には北太平洋北西域に達する．

24. カモメ科　Laridae
【科名の由来】カモメ属 *Larus* ＋ 科名の語尾 -idae．

オオズグロカモメ　*Larus ichthyaetus*　英名 great black-headed gull（gull カモメ）
【学名解】属名は ラ カモメ．種小名は ギ 魚を食うワシ < ichthys 魚 + aetos ワシ．
冬鳥として主に九州沿岸にごく少数が定期的に渡来する．主な越冬地はインド西岸．

ヒメカモメ　*Larus minutus*　英名 little gull（小さなカモメ）
【学名解】属名は前出．種小名は ラ 小さい．
北海道，東京，広島，沖縄から極めて稀な記録がある迷鳥．ヨーロッパ南東部他で繁殖，地中海他の広範囲で越冬．

ゴビズキンカモメ　*Larus relictus*　英名 relict gull（遺存種のカモメ）
【学名解】属名は前出．種小名は ラ 放棄された，遺存種の．
大阪，神奈川から記録が 2 例あるだけの迷鳥．モンゴルほかで繁殖．越冬地は不明．

ユリカモメ　*Larus ridibundus*　英名 black-headed gull
【学名解】属名は前出．種小名は ラ 笑っている．
内陸の湖沼にも入ってくる．全国でみられる．アジアからヨーロッパに分布．夏羽は頭が黒い．

ハシボソカモメ　*Larus genei*　英名 slender-billed gull
【学名解】属名は前出．種小名はトリノ博物館長 Prof. C. G. Gene（1847 没）に因む．
近年になって，ほぼ毎年，福岡からごく少数の記録があるだけの迷鳥．地中海西部ほかで繁殖．ペルシア湾沿岸ほかで越冬する．

ボナパルトカモメ　*Larus philadelphia*　英名 Bonaparte's gull
【学名解】属名は前出．種小名は近代 ラ フィラデルフィアの（北米の地名）．
英名と和名は，フランス皇帝ナポレオンの甥で 19 世紀の著名な鳥学者シャルル・L・ボナパルトに由来する．北海道ほかから冬季に極めて稀な記録があるだけの迷鳥．アラスカで繁殖，合衆国からメキシコほかで越冬．

セグロカモメ　*Larus argentatus*　英名 herring gull（セグロカモメ）
【学名解】属名は前出．種小名は ラ 銀色の．
北海道から九州の沿岸部に亜種 **L. a. vegae**（独立種とする説もある）が冬鳥として普通に渡来．ユーラシアと北米に広く分布．亜種名は星座の琴座の一等星ベガ Vega に因む．

カナダカモメ　*Larus thayeri*　英名 Thayer's gull
【学名解】属名は前出．種小名は鳥の標本をハーバード大学に寄贈した陸軍大佐 J. E. Thayer（1933 没）に因む．
神奈川で 1986 年に記録されて以来，毎年ごく少数が千葉で記録されている冬鳥．カナダ北部で繁殖し，合衆国の太平洋岸で越冬．

オオセグロカモメ　Larus schistisagus　英名 slaty-backed gull（スレート色の背のカモメ．スレートは灰色）
　【学名解】属名は前出．種小名は ギ schistos 裂けた，分かれた ＋ ギ sagē 衣装．
　　（注）この解釈は内田・島崎のそれ（ねずみ色のマントの）とは異なる．
　　カムチャツカ半島や北海道沿岸で繁殖．本州以南では冬鳥として見られる．

ワシカモメ　Larus glaucescens　英名 glaucous-winged gull
　【学名解】属名は前出．種小名は ラ 青灰色の．
　　北海道から本州に数の少ない冬鳥として渡来するが，北海道東部では普通．アリューシャン列島ほかで繁殖．

シロカモメ　Larus hyperboreus　英名 glaucous gull（緑灰色のカモメ）
　【学名解】属名は前出．種小名は ラ 極北の．
　　全国に亜種**シロカモメ** L. h. pallidissimus が冬鳥として渡来し，本州北部以北に普通．北極圏で広く繁殖し，北米沿岸ほかで越冬．亜種小名は ラ 最も青白い．

カモメ　Larus kamtschatschensis　英名 common gull
　【学名解】属名は前出．種小名は近代 ラ カムチャツカの．
　　（注）綴りが込み入っていて，最悪の学名．
　　亜種**カモメ** L. k. kamtschatschensis が本州から九州に冬鳥として普通に渡来するが，数は多くない．旧北区北部と北米西北部を主産地とする．

ウミネコ　Larus crassirostris　英名 black-tailed gull
　【学名解】属名は前出．種小名は ラ 太い嘴の．
　　（注）同じ種小名をもつ鳥は世界中に 19 種ある．
　　北海道，本州，九州の沿岸と周辺の島々で繁殖．日本海から極東に分布する．北海道天売島，山形県飛島ほか 4 ヵ所の繁殖地が国の天然記念物に指定されている．

アメリカズグロカモメ　Larus pipixcan　英名 Franklin's gull
　【学名解】属名は前出．種小名はアズテック語（メキシコ）でこの鳥の名．
　　京都，愛知，秋田から秋の記録がある（3 例）だけの迷鳥．北米中西部の内陸で繁殖，中南米の太平洋岸で越冬する．

ズグロカモメ　Larus saundersi　英名 Saunder's gull
　【学名解】属名は前出．種小名は Saunders 氏の．同氏の経歴などは不明．
　　冬鳥として九州地方に渡来する．中国東部で繁殖，台湾ほかで越冬．希少種（IUCN）．
　　（注）極めてまれな迷鳥として**アイスランドカモメ** Larus glaucoides がいる．千葉県と北海道で記録されている．種小名は「種 glaucus に似たもの」の意．（『日本の野鳥 590』）．
　　（注）極めてまれな迷鳥として**ワライカモメ** Larus atricilla がいる．2000 年に硫黄島で 1 羽が記録された．種小名は ラ 黒い尾の．（『日本の野鳥 590』）．

クビワカモメ　Xema sabini　英名 Sabine's gull
　【学名解】属名は意味不明．類推すれば，ギ xenē に由来．n と m の取り違え．他国の女，の意．種小名は Sabine 氏の．イギリスの著名な天文学者，1883 没．
　　宮城，石川から 2 例の記録があるだけの迷鳥．北極海の島ほかで繁殖，南米の太平洋岸ほか越冬．長距離の渡りをする．

ミツユビカモメ ***Rissa tridactyla*** 英名 black-legged kittiwake（黒足のミツユビカモメ．英名は鳴き声が「キティウェイク」と聞こえるため）
【学名解】属名はミツユビカモメのアイスランド語 rita に由来．種小名は ギ 三本指の．九州以北に亜種**ミツユビカモメ R. t. pollicaris** が冬鳥として渡来，北日本の外洋に普通．亜種小名は ラ 親指の．

アカアシミツユビカモメ ***Rissa brevirostris*** 英名 red-legged kittiwake
【学名解】属名はミツユビカモメのアイスランド語 rita に由来．種小名は ラ 短い嘴の．北海道，千葉などから稀に記録がある迷鳥．ベーリング海の島で繁殖．冬もあまり南下しない．危急種（BLI）．

ヒメクビワカモメ ***Rhodostethia rosea*** 英名 Ross's gull（Ross 氏は貿易業者）
【学名解】属名は ギ バラ色の胸の＜ rhodon バラ + stēthos 胸．種小名は ラ バラ色の・北海道ほかに渡来する希な冬鳥．ユーラシア東部の北極海に面した地域などで繁殖．冬もあまり南下しない．生息数は推定 1 万羽．

ゾウゲカモメ ***Pagophila eburnea*** 英名 ivory gull
【学名解】属名は ギ 氷を好む（鳥）＜ pagos 霜，氷 + phileō 愛する．種小名は ラ 象牙色の．eburneus の女性形，象牙（製）の．北海道と千葉から 3 例の記録があるだけの迷鳥．北極圏の島で繁殖．その海域で越冬．大きな渡りをしない．生息数は推定 5 千羽．

ハジロクロハラアジサシ ***Chlidonias leucopterus*** 英名 white-winged black tern（最後の tern はアジサシ）
【学名解】ギ ツバメのような（鳥）＜ chelidōn + 接尾辞 -ias 密接な関係を示す．この属名は *Chelidonias* と綴るのが正しい(しかし規約上は訂正できない)．種小名は ギ 白い翼の．稀な旅鳥として日本各地に秋と春に渡来．中国東北部で繁殖，東南アジアで越冬．また，ヨーロッパやアフリカ東部にもいる．

クロハラアジサシ ***Chlidonias hybrida*** 英名 whiskered tern（頬ひげのあるアジサシ）
【学名解】属名は前出．種小名は ラ 雑種，混血児．旅鳥として日本各地に秋と春に渡来し，少数は越冬する．分布は前種に同じ．

ハシグロクロハラアジサシ ***Chlidonias niger*** 英名 blach tern
【学名解】属名は前出．種小名は ラ 黒い．かなり稀な迷鳥として，本州，四国，沖縄などに秋に渡来．繁殖地はヨーロッパ他．越冬地は西アフリカ他．

オニアジサシ ***Hydroprogne caspia*** 英名 Caspian tern（カスピ海のアジサシ）
【学名解】属名は ギ hydro- 水の + ギ -progne は神話のプロクネー Proknē に因む．アテナイ王パンディオーンの娘で，ツバメにかえられた．種小名は ラ カスピ海の．かなり稀な旅鳥として本州，九州，沖縄などに秋と春に渡来する．ごく稀に越冬もする．繁殖地はローヨッパ他，越冬地は東南アジア他．

オオアジサシ ***Thalasseus bergii*** 英名 crested tern（冠毛のあるアジサシ）
【学名解】ギ thalassios の変形，海の，海に経験のある．内田・島崎は「漁師」としている．種小名は Berg 氏の．スウェーデンの科学者．

やや稀な夏鳥として小笠原諸島や南西諸島で繁殖する．本州にも少数が秋に渡来する．5亜種に分類されており，日本産は **T. b. cristata** である．亜種小名は ラ 冠羽をもつ．

(注) 極めてまれな迷鳥として**ベンガルアジサシ** Thalasseus bengalensis がいる．1998年に静岡県富士川河口で1羽が記録された．種小名は近代 ラ ベンガルの．（『日本の野鳥590』）．

ハシブトアジサシ　*Gelochelidon nilotica*　英名 gull-billed tern（カモメの嘴をもつアジサシ）

【学名解】属名は ギ 笑うツバメ < gelōs 笑い + chelidōn ツバメ．種小名は ラ niloticus の女性形，ナイルの．

希な旅鳥として，本州，九州，沖縄などに渡来．近い繁殖地は中国の渤海湾の沿岸．6亜種に分類され，日本に来るのは **G. n. nilotica** である．

アジサシ　*Sterna hirundo*　英名 common tern

【学名解】属名はアジサシの意で，古代英語 stern（アジサシ）のラテン語化．種小名は ラ ツバメ．

ふつうの旅鳥として，日本全国で秋や春にみられる．4亜種に分類されており，日本では **S. h. longipennis**（亜種**アジサシ**，長い翼の）と **S. h. minussensis**（亜種**アカアシアジサシ**，より小さい）が記録されている．餌の魚を捕えるときは飛びながら探し，ダイビングする．

(注) まれな旅鳥として，**キョクアジサシ** Sterna paradisaea がいる．夏に，茨城県，千葉県，神奈川県で記録されている．種小名は ラ 楽園の．（『日本の野鳥590』）．

ベニアジサシ　*Sterna dougallii*　英名 roseate tern（バラ色のアジサシ）

【学名解】属名は前出．種小名はグラスゴーの Dr. P. MacDougall（盛年 1776～1817）に因む．

夏鳥として奄美・南西諸島でふつうに繁殖．5亜種に分類されていて，日本産は **S. d. bangsi** とされる．亜種小名はハーバード大学の O. Bangs（1932没）に因む．希少種（環境庁）．

エリグロアジサシ　*Sterna sumatrana*　英名 black-naped tern（黒いえり首のアジサシ）

【学名解】属名は前出．種小名は近代 ラ スマトラの．

夏鳥として，奄美・南西諸島で普通に繁殖．2亜種に分類されていて，日本産は **S. s. sumatrana** とされる．希少種（環境庁）．

コシジロアジサシ　*Sterna aleutica*　英名 Aleutian tern

【学名解】属名は前出．種小名は近代 ラ アリューシャン列島の．

ごく稀な迷鳥として，本州や北海道に秋または春に渡来．カムチャツカ他で繁殖．

ナンヨウマミジロアジサシ　*Sterna lunata*　英名 spectacled tern（メガネをかけたアジサシ）

【学名解】属名は前出．種小名は ラ 半月形の．

ごく稀な迷鳥として，北硫黄島と南鳥島に渡来．繁殖地は南太平洋ほか．食物は主にイカや魚類．ダイビング採食をする．

マミジロアジサシ　*Sterna anaethetus*　英名 bridled tern（手綱をつけたアジサシ）

【学名解】属名は前出．種小名は ギ anaisthetos 愚かな．**anaesthetus** の訂正名がある．

やや稀な夏鳥として，宮古島，石垣島周辺で繁殖．その他の地域ではごく稀にしかみられない迷鳥．繁殖地は南太平洋他．食物はおもに魚類．ダイビング採餌をする．

セグロアジサシ　*Sterna fuscata*　英名 sooty tern（すすけたアジサシ）

【学名解】属名は前出．種小名は ラ 暗色の．

ふつうの夏鳥として，小笠原諸島ほかで繁殖．その他の地域では台風などで運ばれる稀な迷鳥．7亜種に分けられている．日本産は **S. f. nubilosa** とされる．亜種小名は ラ 曇った．nubilosus の女性形．食物は主に魚類．ダイビング採餌をする．

コアジサシ　*Sterna albifrons*　英名 little tern
　【学名解】属名は前出．種小名は ラ 白い額の．
　本州以南に夏鳥として渡来する．世界中の温帯，熱帯域に分布．9亜種あり．日本産は **S. a. sinensis**（中国の）．希少種（環境庁）．

ハイイロアジサシ　*Procelsterna cerulea*　英名 blue-grey noddy（青灰色のアジサシ．noddy には馬鹿者という意味もある）
　【学名解】属名は ギ 嵐のアジサシ＜procella 嵐．種小名は ラ 青色の．caeruleus の女性形．学名ではスペルが短縮されている．
　ごく稀な迷鳥として北硫黄島と南鳥島に渡来．繁殖地は南太平洋の諸島．7亜種に分けられる．日本産は **P. c. saxatilis** である．亜種小名は ラ 岩間に住む．

クロアジサシ　*Anous stolidus*　英名 common noddy
　【学名解】属名は ギ 愚か者．種小名は ラ 愚鈍な．
　ふつうの夏鳥として，小笠原諸島，硫黄島ほかで繁殖．北海道，本州，九州などでは台風で運ばれる稀な迷鳥．5亜種に分けられる．日本産は **A. s. pileatus** とされる．亜種小名は ラ 帽子をかぶった．餌のイカや魚類などはダイビングせずに水面からすくいとる．

シロアジサシ　*Gygis alba*　英名 white tern
　【学名解】属名は ギ 水鳥の一種．種小名は ラ 白い．albus の女性形．
　ごく稀な迷鳥として小笠原諸島，南西諸島，本州などに渡来．6亜種に分けられる．日本産は **G. a. candida** とされる．亜種小名は ラ 白い．candidus の女性形．飛翔は軽快で，ダイビングして餌をとる．

25. **ウミスズメ科**　**Alcidae**　科名の由来：オオハシウミガラス属 *Alca* ＋ 科名の語尾 -idae．この属名はスウェーデン語のウミスズメ alka に由来．

ウミガラス　*Uria aalge*　英名 common murre（普通のウミガラス）
　【学名解】属名は ギ ouria 水鳥の一種．種小名はウミガラスのデンマーク語 aalge に由来．
　北海道天売島で繁殖し，冬季間は本州中部以北の海上でみられる．鳴き声は「オロロローン」．絶滅危惧種（環境庁）．

ハシブトウミガラス　*Uria lomvia*　英名 thick-billed murre
　【学名解】属名は前出．種小名はウミガラスのスウェーデン語 lomvia に由来．
　冬季，北日本で観察される．北極海の南側に広く分布する．

ウミバト　*Cepphus columba*　英名 pigeon guillemot（guillemot はウミガラス各種の名）
　【学名解】属名は ギ kepphos ヒメウミツバメ．種小名は ラ ハト．
　冬鳥としてごく少数が北日本の海上でみられる．千島やアリューシャン列島ほかで繁殖．

ケイマフリ　*Cepphus carbo*　英名 spectacled guillemot（めがねをかけたウミガラス）
　【学名解】属名は前出．種小名は ラ 炭（のように黒い）．
　北海道天売島，知床半島ほかで繁殖．冬は東北地方やそれよりやや南の海上でみられる．和名はアイヌ語の「赤いあし」に由来．ケイマフリの足は赤い．黒い体に目のまわりの白い部分が目立つ．

マダラウミスズメ　***Brachyramphus marmoratus***　英名 marbled murrelet（大理石模様のウミスズメ）
　【学名解】属名は ギ brachys 短い＋ ギ rhamphos 嘴．1字違い（h が抜けている）の属名に注意．種小名は ラ 大理石模様の．
　　夏は北海道東部に稀に出現．冬には北海道沿岸で観察される．北太平洋に広く分布．希少種（環境庁）．

ウミスズメ　***Synthliboramphus antiquus***　英名 ancient murrelet（昔のウミスズメ）
　【学名解】属名は ギ synthlibō 圧迫する＋ ギ rhamphos 嘴．種小名は ラ 昔の，古風な．
　　冬季は北海道から本州沿岸でふつうに見られる．ベーリング海や日本海など広範囲に分布．希少種（環境庁）．

カンムリウミスズメ　***Synthliboramphus wumizusume***　英名 Japanese murrelet
　【学名解】属名は前出．種小名は日本語のウミスズメを誤ってラテン語化したもの．
　　日本沿岸で繁殖．冬も同じ水域に止まる．ウミスズメに似るが，冠羽があるのが異なる．天然記念物．危急種（環境庁）．

エトロフウミスズメ　***Aethia cristatella***　英名 crested auklet（冠毛のある小さなウミスズメ）
　【学名解】属名は ギ aithyia 海鳥の一種．種小名は ラ 小さな冠毛のある．
　　冬季北海道沿岸ほかで観察され，しばしば数百〜数千羽の群れをつくる．

シラヒゲウミスズメ　***Aethia pygmaea***　英名 whiskered auklet（ほおひげのあるウミスズメ）
　【学名解】属名は前出．種小名は ラ 小人のような．pygmaeus の女性形．
　　冬季，北海道東部や本州北部で稀に観察される．東アリューシャンを中心に比較的狭い地域に分布．

コウミスズメ　***Aethia pusilla***　英名 least auklet（最小のウミスズメ）
　【学名解】属名は前出．種小名は ラ 非常に小さい．pusillus の女性形．
　　冬季，北日本の沿岸でみられる．アリューシャン列島ほかで繁殖．総数は推定約550万羽．

ウミオウム　***Aethia psittacula***　英名 parakeet auklet（インコのようなウミスズメ）
　【学名解】属名は前出．種小名は近代 ラ 小さなオウム．
　　主に冬季，北海道沿岸や本州北部で少数が観察される．ベーリング海ほかに分布．

ウトウ　***Cerorhinca monocerata***　英名 rhinoceros auklet（サイのようなウミスズメ）
　【学名解】属名は ギ 嘴に角のある鳥＜ keras 角＋ rhynchos 嘴．種小名は近代 ラ 一角の．monoceratus の女性形．
　　（注）造語上は ***Ceratorhynchus*** が正しい．なお，***Cerorhyncha*** の訂正名がある．
　　北海道や本州北部の属島で繁殖し，冬季は本州周辺の太平洋や日本海で見られる．世界的には北太平洋の亜寒帯から温帯にかけて分布．

ツノメドリ　***Fratercula corniculata***　英名 horned puffin（角のあるツノメドリ）
　【学名解】属名は ラ 小さな修道士＜ frater ＋縮小辞 -culus．種小名は ラ 小さな角状突起のある．corniculum 小さな角．
　　冬季に北海道周辺の海上で稀に観察される．世界的には北太平洋の亜寒帯以北で繁殖．

エトピリカ *Lunda cirrhata* 英名 tufted puffin（冠毛のあるツノメドリ）
【学名解】属名はツノメドリの北欧語 lunde に由来. 種小名は ラ 巻き毛の.
　　北海道の太平洋岸の海上で冬季間を中心に観察される. 世界的には北太平洋に広く分布し, 日本の繁殖地はその南限. 絶滅危惧種（環境庁）. 和名はアイヌ語で「美しい嘴」の意.

ツル目　GRUIFORMES

26. ツル科　Gruidae
【科名の由来】ツル属 *Grus* ＋ 科名の語尾 -idae.

クロヅル *Grus grus* 英名 common crane
【学名解】属名は ラ ツル. 珍しいトートニムの学名.
　　日本には, 鹿児島県出水市を除いて, 冬に稀にしか現れない. ユーラシアに広く分布し, 数も多く, 今のところ絶滅の心配はない. 2亜種に分かれ, 日本にくるのは ***G. g. lifordi*** である. 亜種小名は人名由来. 希少種（環境庁）.

タンチョウ *Grus japonensis* 英名 red-crowned crane（赤い王冠をかぶったツル）
【学名解】属名は前出. 種小名は近代 ラ 日本の.
　　釧路湿原など北海道東部や国後島で繁殖. 日本以外では中国東北部から極東ロシアで繁殖. 大陸では場合によっては数千 km の渡りを行うが, 日本のものは1年中北海道で生活する留鳥性の群れである. 特別天然記念物. 絶滅危惧種（環境庁）. 危急種（BLI）.

ナベヅル *Grus monacha* 英名 hooded crane（ずきんをかぶったツル）
【学名解】属名は前出. 種小名は ラ 修道尼（の）.
　　冬鳥として, 鹿児島, 山口, 高知県に局地的に渡来, 越冬する. 危急種（環境庁）.

カナダヅル *Grus canadensis* 英名 sandhil crane（砂丘のツル）
【学名解】属名は前出. 種小名は近代 ラ カナダの.
　　希な冬鳥として, 数羽が鹿児島県にほぼ毎年渡来するほかは, ごく稀な迷鳥として北海道, 本州, 四国で記録があるのみ. 繁殖地は北米とシベリア北東部のツンドラ地帯. 希少種（環境庁）.

マナヅル *Grus vipio* 英名 white-naped crane（白いうなじのツル）
【学名解】属名は前出. 種小名は ラ 小形のツルの一種.
　　普通の冬鳥として渡来するが, 毎年越冬するのは鹿児島県のみで, 本州, 四国ではごく稀な迷鳥. 繁殖地はロシアの極東地域. 生息数は約4千〜5千羽で, そのうちの約半数が鹿児島県出水地域に集中して越冬. 危急種（環境庁, BLI）.

ソデグロヅル *Grus leucogeranus* 英名 Siberian crane
【学名解】属名は前出. 種小名は ギ 白いツル＜ leukos 白い＋ geranos ツル.
　　ごく稀な迷鳥として, 単独で九州, 本州, 北海道に数回渡来した記録があるのみ. 繁殖地はシベリア北東部ほか. 生息数は3千羽をこえない. 希少種（環境庁）.

アネハヅル *Anthropoides virgo* 英名 demoiselle crane（demoiselle はアネハヅル）
【学名解】属名は ギ 人の形をした（鳥）＜ anthrōpos ヒト ＋ -oides 〜の形の. 種小名は ラ 処女.
　　まれな冬鳥として, 単独で九州, 本州, 北海道などで記録があるのみ. 繁殖地はトルコ他. 希少種（環境庁）.

27. クイナ科　Rallidae
【科名の由来】クイナ属 *Rallus* ＋ 科名の語尾 -idae.

クイナ　*Rallus aquaticus*　英名 water rail（クイナ．rail だけでもクイナ）
【学名解】属名はクイナのドイツ語名 Ralle をラテン語化したもの．種小名は ラ 水生の．
主に北海道や東北地方で繁殖する．冬季は本州中部以南に移動する．北半球に 4 亜種がいる．日本にすむものは ***R. a. indicus***．亜種小名は ラ インドの．

ヤンバルクイナ　*Gallirallus okinawae*　英名 Okinawa rail
【学名解】属名は ラ にわとりのようなクイナ＜ gallus ニワトリ ＋ *Rallus* クイナ属．種小名は近代 ラ 沖縄の．次頁に写真あり．
沖縄本島北部のみに留鳥として局地的に生息する日本特産種．天然記念物．絶滅危惧種（環境庁）．

オオクイナ　*Rallina eurizonoides*　英名 banded crake
【学名解】属名は ラ クイナ属 *Rallus* に似た（鳥）．種小名は近代 ラ ナンヨウオオクイナに似た（もの）．ナンヨウオオクイナ *Gallinula euryzona* は日本にはいない．属名は ラ 小さなめんどり．種小名は ギ 広い帯の．

ヒメクイナ　*Porzana pusilla*　英名 porzana crake（porzana はクイナのイタリア語由来，crake はクイナ）
【学名解】属名はクイナのイタリア語 porzana に由来．種小名は ラ ごく小さい．pusillus の女性形．
北海道や本州北部でまれに繁殖．本州南部，九州，沖縄で少数が越冬．国外はアジア，ヨーロッパなどに広く分布．アフリカ北部，インドなどで越冬．

ヒクイナ　*Porzana fusca*　英名 ruddy crake（赤らんだクイナ）
【学名解】属名は前出．種小名は ラ 黒ずんだ．fuscus の女性形．
北海道，本州，四国，九州で繁殖．越冬するものもいる．国外では東南アジアなどに広く分布．4 亜種あり．北海道から本州には亜種**ヒクイナ *P. f. erythrothorax***（赤い胸），亜種**リュウキュウヒクイナ *P. f. phaeopyga***（暗灰色の腰（尻）の）が留鳥として南西諸島に分布．

シマクイナ　*Coturnicops noveboracensis*　英名 Swinhoe's yellow rail（rail はクイナ）
【学名解】属名は近代 ラ ウズラの顔をした（鳥）＜ウズラ属 *Coturnix* ＋ ギ ōps 顔．coturnix はウズラのラテン名．種小名は近代 ラ ニューヨーク産の＜ ラ novus 新しい ＋ Eboracum（イギリスのヨーク York のローマ名）＋ 接尾辞 -ensis 地名の形容詞をつくる．
まれな冬鳥として，北海道から南西諸島まで記録がある．中国南部，朝鮮半島で越冬．希少種（環境庁）．

マミジロクイナ　*Poliolimnas cinereus*　英名 white-browed crake（白い顔つきのクイナ）
【学名解】属名は ギ polios 灰色の ＋ ギ limnas 沼に住む（すなわちクイナ）．種小名は ラ cinereus 灰色の．
硫黄島に生息していた亜種 ***P. c. brevipes***（短い足の）は絶滅（1924 年頃）．東南アジア，オーストラリアに他の 6 亜種が生息．

ヤンバルクイナ *Gallirallus okinawae*（出典：平嶋義宏著　生物学名辞典，東京大学出版会）

シロハラクイナ　*Amaurornis phoenicurus*　英名 white-breasted waterhen（白い胸のクイナ）
【学名解】属名は ギ 暗色の鳥＜ amauros ＋ ornis．種小名は ギ 紫紅色の尾の＜ phoinix ＋ oura 尾．
琉球列島に1年中生息．国外では熱帯アジアに広く分布．本州，四国，九州では迷鳥．

バン　*Gallinula chloropus*　英名 common gallinura，または moorhen
【学名解】属名は ラ 小さな雌ドリ＜ gallina ＋ 縮小辞 -ula．または，ひよこ．種小名は ギ 緑色の足の．
北海道から南西諸島，小笠原諸島に分布，繁殖し，クイナ科では最も普通．国外では熱帯から温帯にかけて広く分布する．12亜種に分けられる．日本産は *G. c. indica*．

ツルクイナ　*Gallicrex cinerea*　英名 watercock
【学名解】属名は ギ 雄ドリのような（とさかのある）クイナ（krex）．種小名は ラ 灰色の．cinereus の女性形．
石垣島，西表島に1年中生息する．その他の地域では秋冬に迷鳥として渡来する．同一種は東南アジアほかに分布．

オオバン　*Fulica atra*　英名 coot
【学名解】属名は ラ fulica オオバン．種小名は ラ 黒い．ater の女性形．
主に本州中部以北で局所的に繁殖する．冬季は本州中部以南に移動するものもある．国外ではユーラシアの温帯・熱帯域に生息．

28．ミフウズラ科　Turnicidae
【科名の由来】ミフウズラ属 *Turnix* ＋ 科名の語尾 -idae．

ミフウズラ　*Turnix suscitator*　英名 barred button quail（縞のあるボタンのウズラ）
　【学名解】属名は ラ ウズラ coturnix の短縮形．ミフウズラはウズラに似て小さく，後趾を欠くため．
　　　　種小名は ラ よみがえらせる（復活させる）者．
　南西諸島に生息．留鳥．インド，東南アジアにかけて広く分布．

29. ノガン科　Otididae
　【科名の由来】ノガン属 *Otis*（連結形 otido-）＋ 科名の語尾 -idae．

ノガン　*Otis tarda*　英名 Siberian great bustard（bustard はノガン）
　【学名解】属名は ギ ノガン．種小名は ラ tarde のろい，ゆっくりと．
　冬季にあらわれることのある迷鳥．希少種（環境庁，IUCN）．ユーラシア大陸に広く分布．2亜種あり．日本には *O. t. dybowskii* が渡来する．亜種小名は人名由来．詳細不明．

ヒメノガン　*Tetrax tetrax*　英名 little bustard
　【学名解】属名は ギ 鳥の一種（多分エゾライチョウ）．珍しいトートニムの学名．
　福岡県で1例があるだけの迷鳥．ヨーロッパから中央アジアにかけて生息．希少種（環境庁）．

タカ目　FALCONIFORMES

30. タカ科　Accipitridae
　【科名の由来】ハイタカ属 *Accipiter*（連結形 accipitri-）＋ 科名の語尾 -idae．

ミサゴ　*Pandion haliaetus*　英名 osprey（この名は評判の悪い米軍機の名前に採用されている）
　【学名解】属名は ギ 神話のアテネの王 Pandion に因む．種小名はミサゴの名 ギ haliaetos に由来．
　全国に分布し，北日本では冬鳥．北半球全域で繁殖．越冬はアフリカや南米．6亜種あり．日本へは *P. h. haliaetus* がくる．危急種（環境庁）．

ハチクマ　*Pernis ptilorhynchus*　英名 Oriental honey buzzard（buzzard はノスリ）
　【学名解】属名はタカの一種の ギ 古名．種小名は ギ 嘴の根元が羽で覆われた＜ ptilon 羽＋ rhynchos 嘴．
　夏鳥として日本に渡来．北海道，本州で繁殖．越冬地は東南アジア．6亜種あり．日本産は *P. p. japonicus*．希少種（環境庁）．

トビ　*Milvus migrans*　英名 black kite
　【学名解】属名は ラ トビ．種小名は ラ さまよう．migro（移住する）の現在分詞．
　全国で見られるが，沖縄では少ない．ユーラシアからアフリカ，オーストラリアにかけて広く分布．7亜種あり．日本産は *M. m. lineatus*（条斑のある）．海岸，平地から低山の林に生息．

オジロワシ　*Haliaeetus albicilla*　英名 white-tailed eagle
　【学名解】属名は ギ haliaietos ＝ haliaetos ミサゴまたはオジロワシ．種小名は ラ 白い尾の．
　北海道で少数が繁殖．冬季には九州まで南下するものがいる．ユーラシア北部に広く分布．最近（2017年）本州での繁殖が確認された．日本産は *H. a. albicilla*．絶滅危惧種（環境庁），希少種（IUCN），要注意種（BLI）．

オオワシ *Haliaeetus pelagicus* 英名 Steller's sea eagle（G.W. Steller（1769没）はカムチャツカ，アラスカを探検）
【学名解】属名は前出．種小名は ラ 海の．
冬鳥として渡来するが，北海道や東北地方に多い．オホーツク海沿岸ほかで繁殖．冬季は日本などで越冬．危急種（環境庁，BLI），国の天然記念物，希少種（IUCN）．

オオタカ *Accipiter gentilis* 英名 northern goshawk（北のオオタカ）
【学名解】属名は ラ タカ．種小名は ラ 同氏族の，外国人の．この種小名に対し，内田・島崎には「高貴な」とあるが，理解し難い．
四国の一部，本州，北海道の広い範囲で繁殖．国外ではユーラシアと北米大陸北部に広く分布．本州や四国の一部で繁殖するものは亜種 **A. g. fujiyamae**（富士山の）である．この亜種は希少種（環境庁）．

アカハラダカ *Accipiter soloensis* 英名 Chinese goshawk
【学名解】属名は前出．種小名はジャワのソロ川の．
主に旅鳥として春秋に九州や南西諸島でみられる．ウスリー南部ほかで繁殖．冬季はマレー半島ほかで越冬．主にカエルを捕食．

ツミ *Accipiter gularis* 英名 Japanese sparrowhawk（日本のハイタカ）
【学名解】属名は前出．種小名は ラ 喉に特徴のある．
北海道から沖縄まで繁殖．同一種はシベリア南部から千島南部ほかで繁殖し，日本，東南アジアほかで越冬．八重山諸島では亜種**リュウキュウツミ A. g. iwasakii** が繁殖する．亜種小名はおそらく石垣島で活躍された岩崎卓爾氏（1937没）に因む．

ハイタカ *Accipiter nisus* 英名 sparrowhawk（ハイタカ）
【学名解】属名は前出．種小名は ギ 神話のメガラ王 Nisos に因む．死後ハイタカに変えられた．
ユーラシアの中高緯度地方と北アフリカに分布．日本に分布する亜種は **A. n. nisosimilis** で，本州と北海道で繁殖する．亜種小名は「種 **nisus** に類似したもの」．

サシバ *Butastur indicus* 英名 grey-faced buzzard-eagle（buzzard はノスリ）
【学名解】属名は ラ ノスリのようなタカ＜ buteo ノスリ＋ astur タカ．種小名は近代 ラ インドの．
本州北部以南に夏鳥として渡来．中国東北部ほかで繁殖．冬季は東南アジアへ渡る．ヘビ，トカゲ，カエルほかを捕食．

クマタカ *Spizaetus nipalensis* 英名 Hodgson's hawk-eagle（Hodgson 氏はネパールのイギリス総督代表者，1874年没）
【学名解】属名は ギ spiza アトリ＋ ギ aetos ワシ．内田・島崎の説明とは異なる．種小名は近代 ラ ネパール産の．
九州以北で繁殖．スリランカから中国南東部ほかに分布する．日本に分布するのは大型の亜種 **S. n. orientalis** である．絶滅危惧種（環境庁）．

ハイイロチュウヒ *Circus cyaneus* 英名 hen harrier（2語で，ハイイロチュウヒ）
【学名解】属名は ギ kirkos タカの一種．空中に円（circus）を描いて飛ぶため．種小名は ラ 紺青の．
数の少ない冬鳥として，北海道から沖縄まで，ほぼ日本全土に10〜3月に現れる．ユーラシア，北米北部で繁殖．冬は南方へ渡る．日本に来るのは亜種 **C. c. cyaneus** である．

マダラチュウヒ　*Circus melanoleucos*　英名 pied harrier（2語で，まだらのチュウヒ）
【学名解】属名は前出．種小名は ギ 黒と白の．
数少ない旅鳥で，日本では繁殖しない．湿地に生息．中国東北部ほかで繁殖．

チュウヒ　*Circus spilonotus*　英名 eastern marsh harrier（東方の沼地のチュウヒ）
【学名解】属名は前出．種小名は ギ 斑点のある背中の．
日本では冬鳥で，本州，四国，九州，沖縄で越冬記録がある．危急種（環境庁）．

クロハゲワシ　*Aegypius monachus*　英名 cinereous vulture（灰色のハゲワシ）
【学名解】属名は ギ aigypios ハゲワシ．種小名は ラ 修道僧（の）．ギリシア語由来．
日本では希な迷鳥．ヨーロッパ南部，イラン，モンゴル他で繁殖する．営巣地は主に山地．

カンムリワシ　*Spilornis cheela*　英名 crested serpent eagle（冠毛のあるヘビ喰いワシ）
【学名解】属名は ギ 斑点のある鳥．種小名はこの鳥の Hindi 語名由来．
沖縄の石垣島，西表島，与那国島で繁殖．多くの亜種あり．沖縄の亜種は **S. c. perplexus**（分かりにくい，曖昧な）．絶滅危惧種（環境庁）．国の天然記念物．

カラフトワシ　*Aquila clanga*　英名 greater spotted eagle
【学名解】属名は ラ ワシ．種小名は ラ ワシの一種．
希な冬鳥として渡来．ヨーロッパ東部からウスリー地方にかけて繁殖し，冬は温暖な地方で越冬．森林の高い樹上で営巣．

カタシロワシ　*Aquila heliaca*　英名 imperial eagle（帝王のワシ）
【学名解】属名は前出．種小名は近代 ラ ギリシア神話のヘーリアス（太陽神）の．Heliacus の女性形．
希な冬鳥として渡来．ヨーロッパ南部，モンゴルほかで繁殖．古木の樹上で営巣．

イヌワシ　*Aquila chrysaetos*　英名 golden eagle
【学名解】属名は前出．種小名は ギ 金色のワシ＜ chrysos ＋ aetos．
北海道から九州にかけて生息，繁殖する．ユーラシアからアフリカ北部，北米にかけて広く分布する．国の天然記念物．絶滅危惧種（環境庁）．

ケアシノスリ　*Buteo lagopus*　英名 rough-legged buzzard（buzzard はノスリ）
【学名解】属名は ラ ノスリ．種小名は ギ lagōs ノウサギ ＋ ギ pous 足．ノウサギのように足に毛の多い，の意．
希な冬鳥として渡来．北海道，本州北部，日本海側地方には比較的多い．ユーラシア北部から北米北部で繁殖．

オオノスリ　*Buteo hemilasius*　英名 upland buzzard（高地の（山地の）ノスリ）
【学名解】属名は前出．種小名は ギ （足の）半分が毛深い＜ hēmi ＋ lasios 毛深い．
希な冬鳥として渡来．アルタイ山脈から中国東北部などの高地の草原などで繁殖．冬は日本やその南方で越冬．

ノスリ　*Buteo buteo*　英名 common buzzard
【学名解】属名は前出．珍しいトートニムの学名．
北海道から四国で繁殖．冬季には全国で見られる．ユーラシアの温帯・亜寒帯で繁殖．冬季にはアフリカ，南アジアに渡る．日本には3亜種がいる．すなわち，亜種**ノスリ B. b. japonicus**, **オガサワノスリ B. b. toyoshimai**（人名由来），**ダイトウノスリ B. b. oshiroi**（人

名由来）である．オガサワラノスリは絶滅危惧種（環境庁），国の天然記念物．ダイトウノスリは絶滅危惧種（環境庁）．なお，オガサワラノスリとダイトウノスリは国内希少野生動物種．

31. ハヤブサ科　Falconidae
【科名の由来】ハヤブサ属 *Falco* + 科名の語尾 -idae．

シロハヤブサ　*Falco rusticolus*　英名 gyrfalcon = gerfalcon（シロハヤブサ）
【学名解】属名はラ ハヤブサ．種小名はラ 田舎にすむ＜ rustica 田舎の人 + colo 住む．
冬鳥として北海道や日本海側に少数が渡来．ユーラシア他で繁殖．国際希少野生動物種(LCES)．

ハヤブサ　*Falco peregrinus*　英名 peregrine falcon（2語でハヤブサ）
【学名解】属名は前出．種小名はラ 外国の，外国人の：外国人．
北海道から九州まで，留鳥として繁殖．北方から越冬のため渡ってくる個体群もある．南極大陸を除く世界に広く分布する．危急種（環境庁）．硫黄列島に固有亜種の**シマハヤブサ *F. p. furuitii***（人名由来）がいたが，1940年以降の状況は不明．

チゴハヤブサ　*Falco subbuteo*　英名 northern hobby（hobby はチゴハヤブサ．道楽，趣味，という意味もある）
【学名解】属名は前出．種小名はラ ノスリ *Buteo* に近い．
北海道や東北地方で繁殖する．国外ではユーラシアの寒帯から温帯で繁殖．9〜10月に南アフリカ，東南アジア方面に渡り，越冬．草原や農耕地のような環境に小さな森が隣接するところに生息．

コチョウゲンボウ　*Falco columbarius*　英名 merlin
【学名解】属名は前出．種小名はラ ハトに関する．ハトを狩るため．
冬鳥として渡来するが，数は少ない．ユーラシア，北米北部で繁殖．南方で越冬．日本では農耕地や干拓地などに生息，なわばりをもつ．

アカアシチョウゲンボウ　*Falco amurensis*　英名 eastern red-footed falcon（falcon はハヤブサ）
【学名解】属名は前出．種小名は近代ラ アムール（地方）の．
春秋の渡りのときに迷鳥として渡来．中国東北部などで繁殖．南アフリカで越冬．名前の通り足が赤い．

ヒメチョウゲンボウ　*Falco naumanni*　英名 lesser kestrel
【学名解】属名は前出．種小名はドイツの鳥学者 Dr. J. F. Naumann（1857 没）に因む．
迷鳥として渡来．中央アジアからヨーロッパにかけて繁殖．アフリカで越冬．

チョウゲンボウ　*Falco tinnunculus*　英名 common kestrel
【学名解】属名は前出．種小名はラ チョウゲンボウ＜ tinnio チンチンと鳴く + 縮小辞 -culus．
本州中部，東北地方で繁殖．全国各地の根雪のない平地で越冬．ユーラシアからアフリカにかけて広く分布．和名を漢字でかけば長元坊．

キジ目　GALLIFORMES

32. ライチョウ科　Tetraonidae
【科名の由来】オオライチョウ属 *Tetrao* + 科名の語尾 -idae. 属名の語源は ラ tetrao ライチョウ.

ライチョウ　*Lagopus mutus*　英名 rock ptarmigan（岩のライチョウ）
【学名解】属名は ギ lagōpous ノウサギのように脚に毛の多い. 種小名は ラ mutus 無言の. 鳴き声が静かであるため.

年間を通じて高山で生活する. 南北両アルプスと新潟県の火打山, 焼山に生息する. 国外ではヨーロッパ, 北米などに広く分布. 28亜種あり. 日本産は **L. m. japonicus**. 絶滅危惧種（環境庁）. 国の特別天然記念物.

エゾライチョウ　*Tetrastes bonasia*　英名 hazel grouse（ハシバミ色のライチョウ）
【学名解】属名は ラ tetrao ライチョウ + ギ astēs 歌い手. 種小名は近代 ラ bonasius ヤギュウの（ような声を出す）.

北海道に生息. 国外ではスカンジナビヤ半島からオホーツク海沿岸までとサハリンに分布. 11亜種あり. 北海道産のものは **T. b. vicinitas**. 亜種小名は ラ 隣人であること.

33. キジ科　Phasianidae
【科名の由来】キジ属 *Phasianus* + 科名の語尾 -idae. 属名の語原は ラ phasianus = ギ phasianos キジ（雉）.

ウズラ　*Coturnix japonica*　英名 common quail
【学名解】属名は ラ coturnix ウズラ. 種小名は近代 ラ 日本の.

おもに本州中部以北で繁殖し, 中部以南で越冬する. モンゴルから日本に分布.
　（注）学名を **C. coturnix** とする人もいる.

コジュケイ　*Bambusicola thoracica*　英名 Chinese bamboo partridge（partridge はヨーロッパヤマウズラ）
【学名解】属名は近代 ラ 竹林に住むもの. 種小名は ラ 胸に特徴のある.

本州から九州の積雪の少ない地方に生息する. 移入種で, 留鳥. 自然分布は中国南部の四川省, 福建省など.

ヤマドリ　*Phasianus soemmerringii*　英名 copper pheasant（銅色のキジ）
【学名解】属名は「キジ」（上述）. 種小名はドイツの解剖学者 Prof. S. T. von Soemmerring（1836没）に因む.
　（注）属名を *Syrmaticus* とする場合もある. 尾（長い裾）をひきずるもの, の意.

本州から九州に分布する日本の固有種. 要注意種（BLT）. 亜種**コシジロヤマドリ P. s. ijimae** は希少亜種（環境庁）. 亜種小名は飯島　魁教授（東京大学）に因む.

キジ　*Phasianus colchicus*　英名 common pheasant
【学名解】属名は「キジ」（上述）. 種小名は ラ コルキス地方の. Colchis は黒海東岸の一地方名.

国鳥. 本州から種子島に分布. 国外では黒海東部沿岸からユーラシア中央部を経て東アジアまで分布. 30ほどの亜種に分けられている. 留鳥. 北海道と対馬には移入された亜種**コウライキジ P. c. karpowi** が生息. 亜種小名は人名由来.

日本鶏　*Gallus gallus* var. *domesticus*　英名 Japanese native fowl（fowl はニワトリ，家禽）
【学名解】属名は ラ オンドリ（雄鶏）．亜種小名は ラ 家の，家庭の，自国の．
　各地にさまざまな品種がある．国の特別天然記念物の**尾長鶏**（高知県原産）をはじめ，10 の天然記念物がある．曰く**東天紅**（高知県原産，長鳴鶏として有名），**声良**（こえよし，秋田県―青森県原産），**唐丸**（とうまる，新潟県原産，長鳴鶏），**地鶏**（じどり，各地にいる），**小国**（しょうこく，長鳴性，原産地不明），**シャモ**（軍鶏）（闘鶏用，タイから渡来），**チャボ**（矮鶏）（ベトナムより渡来），**比内鶏**（ひないどり，秋田県北部の原産），**烏骨鶏**（うこつけい，中国より渡来），**薩摩鶏**（鹿児島県原産，もとは闘鶏用，現在は観賞用，肉用）．

ハト目　COLUMBIFORMES

34. サケイ科　Pteroclididae
【科名の由来】シロハラサケイ属 *Pterocles* ＋ 科名の語尾 -idae．この属名は ギ pteron 翼 ＋ ギ kleis（属格 kleidos）鍵．

サケイ　*Syrrhaptes paradoxus*　英名 Pallas' sandgrouse（パラスのサケイ）
【学名解】属名は ギ syrrhaptō 縫い合わせる．三本の前趾が縫い合わされている．種小名は ラ 予想外の（種の）．
　カスピ海東岸からゴビ砂漠にかけて分布．わが国にはごくまれな迷鳥として渡来する．

35. ハト科　Columbidae
【科名の由来】カワラバト属 *Columba* ＋ 科名の語尾 -idae．

カラスバト　*Columba janthina*　英名 Japanese wood pigeon
【学名解】属名は ラ ハト．種小名は ラ すみれ色の．
　おもに日本の本州中部以南の島に生息する．3 亜種あり．小笠原諸島の**アカガシラカラスバト** *C. j. nitens* は国の天然記念物．ラ nitens 輝いている．先島諸島の**ヨナクニカラスバト** *C. j. stejnegeri* とアカガシラカラスバトは絶滅危惧亜種（環境庁）．

リュウキュウカラスバト　*Columba jouyi*　英名 Ryukyu wood pigeon
【学名解】属名は上述．種小名は P. L. Jouy（1894 没）に因む．1881 年に来日．
　絶滅種（環境庁）．琉球諸島では 1904 年，大東島では 1936 年以降に絶滅．

オガサワラカラスバト　*Columba versicolor*　英名 Bonin wood pigeon
【学名解】属名は上述．種小名は ラ 色変りの，雑色の．
　小笠原諸島の固有種．絶滅種（環境庁）．

ヒメモリバト　*Columba oenas*　英名 stock dove（2 語で，ノバト，カワラバト）
【学名解】属名は上述．種小名は ギ oinas カワラバト．
　きわめて稀な迷鳥．ユーラシア西部とアフリカ北部に分布．3 亜種あり．日本にくるのは *C. o. jarkondensis*．亜種小名は地名由来．

シラコバト　*Streptopelia decaocto*　英名 collard turtle dove（首周りに特徴のあるキジバト，の意）
　【学名解】属名は ギ 首輪をつけたハト＜ streptos ＋ peleia．種小名は近代 ラ 擬声語デカオクトー，ギ 10 と 8.
　関東地方の埼玉県など数県の半径 30 km の圏内に局所的に生息する．国外では中国からヨーロッパにかけて分布する．3 亜種あり．日本のものはインドに分布する基亜種 *S. d. decaocto*．希少種（環境庁）．また，「越谷のシラコバト」として国の天然記念物．

ベニバト　*Streptopelia tranquebarica*　英名 red-collared dove
　【学名解】属名は上述．種小名はインド南部の地名 Tranquebar に属する，の意．3 亜種あり．日本産は *S. t. humilis*．亜種小名は ラ 地上性の．
　1880 年以降は記録がふえ，毎年のように南西諸島や九州に出現している．国外では台湾から東南アジアに分布する．

キジバト　*Streptopelia orientalis*　英名 rufous turtle dove（赤褐色のキジバト）
　【学名解】属名は上述．種小名は ラ 東洋の．
　全国に生息する．北海道のものは冬には本州に渡る．奄美大島から与那国で繁殖するものは別亜種の**リュウキュウキジバト** *S. o. stimpsoni* である．亜種小名は人名由来．

キンバト　*Chalcophaps indica*　英名 emerald dove
　【学名解】属名は ギ 銅色のハト＜ chalkos 銅 ＋ phaps モリバト．種小名は ラ インドの．
　宮古島以南の南西諸島に留鳥として分布．国外では東南アジアからオーストラリアにかけて広く分布する．亜種あり．日本産は *C. i. yamashinai*．亜種小名は鳥類学者山階芳麿氏（1989 没）に因む．山階鳥類研究所を設立．絶滅危惧種（環境庁）．国の天然記念物．

アオバト　*Sphenurus sieboldii*　英名 Japanese green pigeon
　【学名解】属名は ギ 楔形の尾（の鳥）＜ sphēn ＋ oura．種小名はシーボルト氏の．P. Siebold（1866 没）はドイツの医師，博物学者で，オランダ政府の派遣で長崎出島に来航し，6 年間滞在して日本に医学と博物学を伝えた．帰国後『日本植物誌』と『日本動物誌』を著わした．
　北海道から九州で繁殖し，北部のものは冬季に南に移動する．国外では台湾からインドシナ北部に分布．4 亜種あり．日本産は *S. s. sieboldii*．春から秋に，群れで海岸の岩礁に飛来し，海水を飲む習性がある．要注意種（BLI）．

ズアカアオバト　*Sphenurus formosae*　英名 Formosan green pigeon
　【学名解】属名は上述．種小名は ラ 台湾の．
　屋久島以南の南西諸島に留鳥として住む．国外では台湾とフィリピンに生息．4 亜種あり．日本産は**ズアカアオバト** *S. f. permagnus* と**チュウダイズアカアオバト** *S. f. medioximus*．亜種小名 *permagnus* は ラ 非常に大きい．亜種小名 *medioximus* は ラ 中間の．要注意種（BLI）．

カッコウ目　CUCULIFORMES

36. カッコウ科　Cuculidae
　【科名の由来】ホトトギス属 *Cuculus* ＋ 科名の語尾 -idae．

ジュウイチ　*Cuculus fugax*　英名 Horsfield's hawk cuckoo
　【学名解】属名は ラ cuculus カッコウ．種小名は ラ 逃げ足の速い．
　　北海道から九州にかけて繁殖．インド北部から東南アジア，ボルネオなどに分布する．
　　数亜種あり．日本産は *C. f. hyperythrus*．亜種小名は ギ 下面の赤い＜ hypo- ＋ erythros．
　　山地の落葉広葉樹林に住む．「ジュウイチー，ジュウイチー」と大きな声で鳴く．自
　　分では巣をつくらずに，コルリやオオルリの巣に托卵する．

セグロカッコウ　*Cuculus micropterus*　英名 Indian cuckoo
　【学名解】属名は上述．種小名は ギ 小さな翼の．
　　稀に渡来する迷鳥で，本州や対馬で記録がある．インドから東はアムール，南はボルネ
　　オまで分布．2亜種あり．日本産は *C. m. micropterus*．森林にすみ，「カッカッ，カッコウ」
　　と鳴く．オウチュウ類の巣に托卵する．

カッコウ　*Cuculus canorus*　英名 common cuckoo
　【学名解】属名は上述．種小名は ラ 良い声の，旋律の美しい．
　　夏鳥として北海道から九州まで渡来．西日本では標高の高い地域に限って生息．ユー
　　ラシアの温帯から亜寒帯を中心に広く分布．10亜種ほどある．日本産は *C. c.*
　　telephonus．亜種小名は ギ 遠くまで声がとどく．雄は「カッコウ」と鳴くが，雌は「ピ
　　ピピピ」と鋭い声で鳴く．オナガなどの鳥の巣に托卵する．

ツツドリ　*Cuculus saturatus*　英名 Oriental cuckoo
　【学名解】属名は上述．種小名は ラ 濃い色の．
　　夏鳥として渡来し，北海道以南九州，対馬で繁殖する．国外では旧北区に分布．4亜種
　　あり．日本産は *C. s. horsfieldi*．亜種小名はスマトラで活躍した Dr. T. Horsfield（1859没）
　　に因む．本州ではムシクイ類に托卵するが，北海道では主にウグイスに托卵．

ホトトギス　*Cuculus poliocephalus*　英名 little cuckoo
　【学名解】属名は上述．種小名は ギ 灰色の頭の．
　　北海道南部から沖縄で繁殖．冬は東南アジアで越冬．国外ではアジアに分布．いくつか
　　の亜種がある．日本産は *C. p. poliocephalus*．日本には5月中旬に渡来．主にウグイス
　　に托卵する．青葉のころ，「テッペンカケタカ」という鳴き声が響く．また，「キョツキョ
　　ツ，キョキョキョ」と大きな声で鳴く．

カンムリカッコウ　*Clamator coromandus*　英名 red-winged crested cuckoo
　【学名解】属名は ラ 大声で叫ぶもの．種小名は近代 ラ コロマンデル海岸の．インドの海岸名
　　Coromandelus の短縮形．
　　日本には迷鳥としてトカラ列島ほかに渡来した記録がある．国外ではインドやボルネオ
　　などに分布．ガビチョウ属の鳥に托卵．

オウチュウカッコウ　*Surniculus lugubris*　英名 drongo cuckoo（drongo は鳥のオウチュウ）
　【学名解】オナガフクロウ属 *Surnia* の縮小形（縮小辞 -culus）．種小名は ラ 哀悼の，喪服の．
　　（注）『鳥類学名辞典』には属名 *Surnia* は意味不明の語とされている．私の解釈は，*Surdia* の誤植
　　　で，ラ surdus（耳が聞こえない）に由来する造語，と推定．
　　迷鳥として長崎県で記録がある．国外ではヒマラヤ南東部から東南アジアにかけて分
　　布．主にオウチュウに托卵する．

37. フクロウ科　Strigidae
【科名の由来】フクロウ属 *Strix*（属格 Strigos）＋科名の語尾 -idae．

シロフクロウ　*Nyctea scandiaca*　英名 snowy owl
【学名解】属名は近代ラ 夜の＜ nycteus の女性形＜ギ nyx, nyktos 夜．種小名は近代ラ scandiacus の女性形，スカンジナビアの．

主に北海道で，年により少数が冬季に観察される．まれに夏季にもみられることがある．ユーラシアと北米の北極圏ツンドラに生息．雄はほぼ全身純白．下段に写真あり．

ワシミミズク　*Bubo bubo*　英名 eagle owl
【学名解】属名はラ ワシミミズク．珍しいトートニムの学名．

まれな迷鳥であったが，近年北海道での繁殖が確認された．西はノルウェーから東はサハリンまで分布．外部形態に大きな地理的変異があり，17〜21 の亜種に分けられる．日本には亜種ワシミミズク *B. b. borissowi* と亜種タイリクワシミミズク *B. b. kiautschensis* が生息．亜種小名は前者が人名由来，後者は地名由来．北海道での繁殖が確認されたことにより，「種の保存法」の緊急指定種に指定された．

シマフクロウ　*Ketupa blakistoni*　英名 Blakiston's fish owl
【学名解】属名はジャワ語でウオミミズクをさす．種小名はかつて北海道に 23 年住んだ実業家・鳥学者のブラッキストン T. W. Blakiston（1892 没）に因む．

北海道の日高山脈から知床半島にいたる東部地域に留鳥として生息．国外ではオホーツク沿岸とその近隣地域に生息．2 亜種あり．北海道産は亜種 *K. b. blakistoni*．絶滅危惧種（環境庁）．国の天然記念物．国内希少動植物種．

シロフクロウ *Nyctea scandiaca*
（出典：平嶋義宏著　生物学名辞典．東京大学出版会）

トラフズク　*Asio otus*　英名 long-eared owl
【学名解】属名は ラ asio ミミズク．種小名は ギ ōtos ミミズク．同じ意味で属名がラテン語，種小名がギリシア語という面白い組み合わせ．

本州中部以北で局所的に繁殖する．本州中部以南では稀な冬鳥．国外ではユーラシアと北米の温帯，亜寒帯で繁殖．冬季は南方へ渡る．3亜種あり．日本産は **A. o. otus**．

コミミズク　*Asio flammeus*　英名 short-eared owl
【学名解】属名は前出．種小名は ラ 炎色の．

冬鳥として全国に渡来するが，分布は局所的．ユーラシアと北米の亜寒帯以北で繁殖する．8亜種が知られている．日本にくるのは **A. f. flammeus**．総個体数は100～数百羽と推測されている．

コノハズク　*Otus scops*　英名 Oriental scops owl
【学名解】属名は ギ ōtos ＝ ラ otus ミミズク．種小名は ギ skōps コノハズク．

夏鳥として九州から北海道まで広く分布する．日本に飛来し繁殖する亜種 **O. s. japonicus** はインド，ヒマラヤ，東南アジア，台湾，中国，朝鮮半島に広く分布する．
（注）学名を *Otus sunia* とするものもある．種小名はこの鳥のネパール語 sunya より．

リュウキュウコノハズク　*Otus elegans*　英名 Ryukyu scops owl
【学名解】属名は上述．種小名は ラ 優雅な．

奄美大島以南の南西諸島と大東島に留鳥として多数生息．海外では台湾の離島と北フィリピンの離島で記録がある．

オオコノハズク　*Otus lempiji*　英名 collared（首飾りの）scops owl
【学名解】属名は上述．種小名は人名由来．委細不詳．

全国的に分布する．暖かい地方では留鳥であるが，北方の個体群は冬に南に移動する．国外では極東ロシアから東南アジアに分布する．多数の亜種があり，日本では**オオコノハズク O. l. semitorques**，**リュウキュウオオコノハズク O. l. pryeri** などが記録されている．亜種小名は前者が ラ 半分の首飾りの，後者は人名由来．Henry Pryer（1888没）は横浜在住の貿易商で，日本各地で蝶と鳥を採集した．**リュウキュウオオコノハズク**は希少亜種（環境庁）．

キンメフクロウ　*Aegolius funereus*　英名 boreal（北の）owl
【学名解】属名は ギ aigōlios フクロウの一種．種小名は ラ funereus 葬式の，不吉な．

稀な冬鳥として北海道と新潟での記録があったが，1986年に北海道大雪山系で繁殖が確認された．ユーラシアと北米の寒帯，亜寒帯に広く分布する．ホーホーと繰り返し鳴く．希少種（環境庁）．

アオバズク　*Ninox scutulata*　英名 brown hawk owl
【学名解】属名は意味不明の新造語（『鳥類学名辞典』）．ただし，私の解釈では，ギ nyx（夜）と ラ nox（夜）の複合語で，夜の鳥，の意．種小名は ラ scutulatus の女性形で，市松模様の．

夏鳥として全国に渡来する．国外では沿海地方から東南アジアなどで繁殖．11亜種あり．日本では九州以北で**アオバズク N. s. japonica** が，奄美・沖縄で**リュウキュウアオバズク N. s. totogo** が繁殖．亜種小名は南方での地方名と推定．

フクロウ　*Strix uralensis*　英名 Ural owl
【学名解】属名は ギ ラ strix フクロウ．種小名は近代 ラ ウラル（Ural）地方の．
九州以北に留鳥として分布する．国外ではユーラシアの寒帯から亜寒帯にかけて広く分布．国内のフクロウには4亜種がある．北海道の**エゾフクロウ** *S. u. japonica*，九州の**キュウシュウフクロウ** *S. u. fuscescens*（暗色の）のほかに**フクロウ** *S. u. hondoensis*（本土の）と**モミヤマフクロウ** *S. u. momiyamae*（人名由来）がある．平地から亜高山帯の森林にすむ．「ゴロスケホッホッ」と鳴く．

38. メンフクロウ科　Tytonidae
【科名の由来】メンフクロウ属 *Tyto* ＋ 科名の語尾 -idae．

ミナミメンフクロウ　*Tyto capensis*　英名 Eastern grass owl
【学名解】属名は ギ tytō フクロウの一種．種小名は近代 ラ 喜望峰産の．
1975年に西表島での記録があるだけの迷鳥．国外ではインドほかに不連続分布する．

アマツバメ目 APODIFORMES

39. アマツバメ科 Apodidae
【科名の由来】アマツバメ属 *Apus*（属格 apodos）＋ 科名の語尾 -idae．

ハリオアマツバメ　*Hirundapus caudacutus*　英名 needle-tailed swift
【学名解】属名は ギ ツバメのようなアマツバメ＜ツバメ属 *Hirundo* ＋ アマツバメ属 *Apus*．種小名は ラ 尾の鋭い＜ cauda ＋ acutus．
本州の山地や北海道の森林帯に夏鳥として渡来する．シベリア，中国北部，日本，台湾などで繁殖する．日本にくるのは亜種 **H. c. caudacutus**（尾の鋭い）．樹洞などに営巣．

ヒメアマツバメ　*Apus affinis*　英名 little swift または house swift
【学名解】属名は ギ apous アマツバメ（アシ無し，の意）．種小名は ラ 近縁の．
（注）学名を *Apus nipalensis*（ネパール産の）とするものもある．
1960年代に関東以南の太平洋岸で局所的に観察され，それ以降分布を拡大している．アフリカ，インド，東南アジア，台湾などの熱帯や亜熱帯に周年生息する．日本にくるのは亜種 **A. a. subfurcatus**（尾が二叉に近い）．次頁に図あり．

アマツバメ　*Apus pacificus*　英名 white-rumped swift
【学名解】属名は前出．種小名は近代 ラ 太平洋の．
夏鳥として沖縄列島の北部以北に渡来する．シベリア東部，中国，台湾，ヒマラヤなどで繁殖．冬季は東南アジアからオーストラリアに渡る．日本にくるのは亜種**アマツバメ** *A. p. kurodae* と**キタアマツバメ** *A. p. pacificus*．亜種名は前者が人名由来，後者が ラ 太平洋の．高山や島の断崖などに集団営巣する．

ヨタカ目 CAPRIMULGIFORMES

40. ヨタカ科　Caprimulgidae
【科名の由来】ヨタカ属 *Caprimulgus*（下記）＋ 科名の語尾 -idae．

ヒメアマツバメ *Apus affinis*（出典：平嶋義宏著　生物学名辞典，東京大学出版会）

ヨタカ　*Caprimulgus indicus*　英名 jungle nightjar（ジャングルのヨタカ）
【学名解】属名は ラ ヨタカ（ヤギの乳を搾るもの，の意）．種小名は ラ インドの．
夏鳥として九州から北海道に渡来して繁殖．伊豆諸島や南西諸島では旅鳥．国外ではロシア極東南部，朝鮮半島ほかに分布．越冬地は東南アジア．夜行性で日没後 2 ～ 3 時間に活発に活動し，飛びながら昆虫を捕食する．

ブッポウソウ目　CORACIIFORMES

41. カワセミ科　Alcedinidae

【科名の由来】カワセミ属 *Alcedo*（連結形 Alcedini-）＋ 科名の語尾 -idae．属名の語源解は下記．

ヤマセミ　*Ceryle lugubris*　英名 greater pied kingfisher（pied まだらの）
【学名解】属名は ギ kērylos 伝説上の水鳥，カワセミ．種小名は ラ 哀悼の，喪服をきた．
九州，四国，本州に亜種ヤマセミ *C. l. lugubris* が留鳥として生息．北海道産は亜種 *C. l. pallida*．亜種小名は ラ 青白い．アジア東部山地帯に分布．日本のカワセミ類中最大．雌雄ほぼ同色．山地渓流や湖沼に生息．ホバリング（停空飛行）も行う．

ヤマショウビン　*Halcyon pileata*　英名 black-capped kingfisher
【学名解】属名は ギ halkyōn カワセミ．種小名は ラ 帽子をかぶった．
主に南西諸島や日本海側の島で 4 ～ 6 月に記録がある稀な旅鳥．インドから朝鮮半島にかけて繁殖．繁殖期には「キョロツ，キョロー」と鳴く．

アカショウビン　***Halcyon coromanda***　英名 ruddy kingfisher
【学名解】属名は前出．種小名は近代ラ コロマンデル海岸（インド）の．
全国に夏鳥として渡来する．国外では東南アジアに分布する．日本にくるのは亜種 **H. c. major**（より大きい）とリュウキュウアカショウビン **H. c. bangsi**（ハーバード大学の Bangs 博士）である．

ミヤコショウビン　***Halcyon miyakoensis***　英名 Miyako kingfisher
【学名解】属名は前出．種小名は近代ラ 宮古島の．
1887 年に宮古島で採集したとされる標本がただ 1 頭あるだけ．諸般の事情から独立種とするには疑問の余地がある．絶滅種（環境庁）．

ナンヨウショウビン　***Halcyon chloris***　英名 collard kingfisher
【学名解】属名は前出．種小名はラ ギ 緑黄色の．
石垣島と西表島から 2 例の記録があるだけの迷鳥．ミクロネシアからオーストラリア北部に留鳥として広く分布する．

カワセミ　***Alcedo atthis***　英名 common kingfisher
【学名解】属名はラ カワセミ．種小名はギ ラ 鳥に変えられたアテネの女．
留鳥として本州以南に広く繁殖分布し，北海道では夏鳥として 3 月〜10 月に渡来する．国外ではヨーロッパ，アジア他に分布する．日本産は亜種 **A. a. bengalensis**（ベンガル産の）．

42. ハチクイ科　Meropidae
【科名の由来】ハチクイ属 *Merops* + 科名の語尾 -idae．

ハチクイ　***Merops ornatus***　英名 rainbow bee eater
【学名解】属名はギ merops ヨーロッパハチクイ．種小名はラ 飾りのある．
宮古島で 1904 年に一度採集されたことがある迷鳥．オーストラリアで繁殖し，ニューギニア他で越冬する．開けた環境に群れで生活し，集団でミツバチ類，スズメバチ類やバッタほかの昆虫を捕えて食べる．

43. ブッポウソウ科　Coraciidae
【科名の由来】ラ corax（連結形 coraci-）カラス + 科名の語尾 -idae．

ブッポウソウ　***Eurystomus orientalis***　英名 eastern broad-billed roller（roller はブッポウソウ）
【学名解】属名はギ 広い口の（鳥）< eurys + stoma．種小名はラ 東方の．日本産は亜種 **E. o. calonyx**（美しい鉤爪）．
本州，四国，九州に夏鳥として飛来する．国外ではアジア〜オーストラリアに分布．夕方には農耕地などの開けた場所の上空を群れで飛びまわり，大型飛翔昆虫を捕食する．奇少種（環境庁）．御嶽神社，身延町，洲原神社，狭野神社などは繁殖地として天然記念物．

44. ヤツガシラ科　Upupidae
【科名の由来】ヤツガシラ属 *Upupa* + 科名の語尾 -idae.

ヤツガシラ　*Upupa epops*　英名 hoopoe（ヤツガシラ）
【学名解】属名の語源は ラ upupa ヤツガシラ．種小名は ギ epops ヤツガシラ．日本産は亜種 ***U. e. saturata*** （濃色の）．

稀な旅鳥であったが，近年，国内でも繁殖が確認されている．ユーラシア，アフリカ，マダガスカルに広く分布．

キツツキ目　PICIFORMES

45. キツツキ科　Picidae
【科名の由来】アオゲラ属 *Picus* + 科名の語尾 -idae．この属名の語源解は下記．

アリスイ　*Jynx torquilla*　英名 wryneck（アリスイ）
【学名解】属名は ギ iynx（アリスイ）のラテン語化．

北海道，本州北部では夏鳥，本州中部以南では冬鳥．ユーラシアに広く分布し，東南アジアなどで越冬．4亜種に区分する場合があり，日本に来るのは**アリスイ *J. t. japonica***（日本の）と**シベリアアリスイ *J. t. chinensis***（中国の）とされる．

アオゲラ　*Picus awokera*　英名 Japanese green woodpecker（woodpecker はキツツキ）
【学名解】属名は ラ picus キツツキ．種小名は日本語のアオゲラに由来．

日本の固有種．本州以南に分布．**アオゲラ *P. a. awokera*，タネアオゲラ *P. a. takatsukasae*，カゴシマアオゲラ *P. a. horii***（人名由来）の3亜種が記載されている．タネアオゲラの亜種小名 *takatsukasae* は鳥学者鷹司信輔氏（1959没）に因む．

ヤマゲラ　*Picus canus*　英名 grey-headed green woodpecker
【学名解】属名は上述．種小名は ラ canus 白い，灰白色の．

北海道に留鳥として生息．ヨーロッパから東アジアまで繁殖分布する．11亜種に分類される場合があり，日本産の亜種は ***P. c. jessoensis***（蝦夷の）とされる．

ノグチゲラ　*Sapheopipo noguchii*　英名 Okinawa woodpecker
【学名解】属名は ギ saphēs 明確な，独特な + ギ pipō キツツキ．種小名は野口氏の．詳細不明．多分鳥の採集人．

沖縄島の北部の山林地帯（やんばる）だけに住む固有種．絶滅危惧種（環境庁），国の特別天然記念物，瀕絶滅種（BLI）．推定個体数は200～600羽．

クマゲラ　*Dryocopus martius*　英名 black woodpecker
【学名解】属名は ギ dryokopos キツツキ．種小名は ラ ローマ神話の軍神マルス Mars の．

北海道および東北北部の一部に繁殖分布．国外ではユーラシアの寒帯，亜寒帯，温帯北部に広く分布する．危急種（環境庁），国の天然記念物．

キタタキ　***Dryocopus javensis***　英名 white-bellied black woodpecker
【学名解】属名は上述．種小名は ラ ジャワ産の．
対馬に生息していたが，1920年以後記録がなく，絶滅したものと思われる．朝鮮半島や東南アジアに分布．絶滅種（環境庁）．

アカゲラ　***Dendrocopos major***　英名 great spotted woodpecker
【学名解】属名は ギ dendrokopos きこり（woodcutter）．『鳥類学名辞典』には「木をたたくもの」とある．種小名は ラ より大きい．
北海道，本州に分布し，九州，四国では繁殖せず，観察例は少ない．極東からユーラシアに広く分布．

オオアカゲラ　***Dendrocopos leucotos***　英名 white-backed woodpecker
【学名解】属名は上述．種小名は ギ 白い耳の< leukos + ous（属格 ōtos）．
（注）『鳥類学名辞典』にはこの鳥の属名を *Picoides* としている．「アオゲラ属 *Picus* に似たもの」の意．
北海道以南奄美大島に分布する．国外では極東からヨーロッパ東北部に広く分布する．日本では4亜種が記録されている．亜種名は省略．奄美大島の**オーストンオオアカゲラ *D. l. owstoni*** は絶滅危惧亜種（環境庁），国の天然記念物．亜種小名は Alan Owston（1915没）に因む．

コアカゲラ　***Dendrocopos minor***　英名 lesser spotted woodpecker
【学名解】属名は上述．種小名は ラ より小さな（parvus の比較級）．
北海道に生息．国外では極東からイギリスまで広く分布する．日本産は亜種 ***D. m. amurensis***（アムール地方の）に属する．

コゲラ　***Dendrocopos kizuki***　英名 Japanese pygmy woodpecker
【学名解】属名は ギ 上述．種小名は日本名キツツキの正しくないラテン語化．ライデン自然史博物館長 Prof. C. J. Temminck（1858没）の命名．
日本列島とその離島に産する．国外では東アジアに分布．日本からは9亜種が記載されている．亜種名の紹介は省略．

ミユビゲラ　***Picoides tridactylus***　英名 three-toed woodpecker
【学名解】アオゲラ属 *Picus*（前出）に似たもの．種小名は ギ 三本指の．日本産は亜種 ***P. t. inouyei*** に属する．亜種名は北海道林業試験場長井上元則博士に因む（推定）．
北海道の山地の針葉樹林に生息するが，数は極めて少ない．国外ではシベリアから北部ヨーロッパまでの針葉樹林帯に分布．絶滅危惧種（環境庁）．

スズメ目　PASSERIFORMES

非常に大きなグループで，日本産だけでも30科，77属，189種を数える．このうち，1属1種という鳥が10種もいるのは非常に珍しい．

46. ヤイロチョウ科　Pittidae
【科名の由来】ヤイロチョウ属 *Pitta* ＋ 科名の語尾 -idae．

ヤイロチョウ *Pitta brachyura* 英名 fairy pitta（妖精のようなヤイロチョウ）
【学名解】属名は南インドの Telugu 語で小鳥を指す．種小名は ギ 短い尾の．
数の少ない夏鳥として本州中部以南に渡来する．秋から冬は東南アジアなどで過ごす．
絶滅危惧種（環境庁），危急種（BLI）．

ズグロヤイロチョウ *Pitta sordida* 英名 hooded pitta（頭巾を被ったヤイロチョウ）
【学名解】属名は上述．種小名は ラ sordidus の女性形，くすんだ色の．
1984年に石垣島で保護された記録しかない迷鳥．国外では東南アジアに分布．

47. ヒバリ科　Alaudidae
【科名の由来】ヒバリ属 *Alauda*（下記）＋ 科名の語尾 -idae.

クビワコウテンシ *Melanocorypha bimaculata* 英名 bimaculated lark
【学名解】属名は ギ melanokoryphos 小鳥の一種．種小名は ラ 二つの斑点のある．
八丈島での記録があるだけの迷鳥．これは籠脱けの可能性もある．国外ではユーラシアに広く分布．渡りには500羽程度の群れをつくる．

ヒメコウテンシ *Calandrella cinerea* 英名 great short-toed lark
【学名解】属名は ギ 小さなヒバリ＜ kalandra ヒバリの一種＋縮小辞 -ella．日本に来るのは中国東北部産の亜種 *C. c. longipennis*（長い羽の）である．
旅鳥としてごく少数が渡来．ユーラシアほかに分布．渡りには数千羽になることもある．

コヒバリ *Calandrella cheleensis* 英名 lesser short-toed lark
【学名解】属名は上述．種小名は近代 ラ Chele（大連）の．
まれな旅鳥または冬鳥として少数が渡来する．ユーラシアの低緯度地方ほかで繁殖．

ヒバリ *Alauda arvensis* 英名 skylark（字義は空のヒバリ）
【学名解】属名は ラ ヒバリ．種小名は ラ 畑の．日本には**オオヒバリ** *A. a. pekinensis*（北京の），**カラフトチュウヒバリ** *A. a. lonnbergi*（人名由来），**ヒバリ** *A. a. japonica*（日本の）の3亜種がある．
九州から北海道にかけて繁殖する．国外ではユーラシアに広く分布する．繁殖期には雄は空に舞い上がり，空中でさえずることがある．

ハマヒバリ *Eremophila alpestris* 英名 shore lark
【学名解】属名は ギ ēremos（砂漠）を好むもの．種小名は ラ 高山の．世界に39亜種が知られ，日本にくるものはユーラシアに広く分布する *E. a. flava*（黄色の）である．
稀な冬鳥として少数が渡来．ユーラシアほかに広く分布．日本へは群れでなく単独でくる．

48. ツバメ科　Hirundinidae
【科名の由来】ツバメ属 *Hirundo*（連結形 Hirundinis）＋ 科名の語尾 -idae.

ショウドウツバメ *Riparia riparia* 英名 sand martin（後者はイワツバメ）
【学名解】属名は ラ ショウドウツバメ．珍しいトートニムの学名．
夏鳥として北海道に渡来する．国外ではユーラシアと北米に分布．

ツバメ　*Hirundo rustica*　英名 swallow，または barn（納屋）swallow
【学名解】属名は ラ ツバメ．種小名は ラ 田舎の，または田舎の人，農民．日本にくるのは亜種ツバメ *H. r. gutturalis*（喉に特徴のある）とアカハラツバメ *H. r. saturata*（濃い色の）である．
ほぼ全国に夏鳥として渡来する．越冬する個体群も僅かであるが存在する．ユーラシアからアフリカ北部，北米に広く分布する．冬季はインド，東南アジアに渡る．空中で餌の昆虫を捕える．夜は巣かその周辺で眠る．巣は椀を縦半分に切ったような形状，材質は主に土である．電線に並んで止まることもある．

リュウキュウツバメ　*Hirundo tahitica*　英名 Pacific swallow
【学名解】属名は上述．種小名は近代 ラ タヒチの．日本で繁殖するのは亜種 *H. t. namiyei*（波江元吉氏に因む．1918 没）．
日本では奄美大島以南に分布する．国外では東南アジア，ニューギニアなどに分布する．

コシアカツバメ　*Hirundo daurica*　英名 red-rumped swallow
【学名解】属名は上述．種小名は近代 ラ ドーリア地方の（バイカル湖東部）．
本州以南全域に夏鳥として渡来する．東アジアからヨーロッパ南部までの地域で繁殖．日本にくるのは亜種コシアカツバメ *H. d. japonica*．繁殖終了後の行動については不明．

イワツバメ　*Delichon urbica*　英名 house martin（家のイワツバメ）
【学名解】属名は旧名イワツバメ属 **Chelidon** のアナグラム．この属名は ギ chelidōn 由来，ツバメ．種小名は ラ 都市の．
夏鳥として全国に渡来するが，分布は局地的．九州や本州の太平洋側では越冬する．国外では極東ロシアほかで繁殖する．平地から高山まで広く見られ，おもに人工建造物に営巣する．

49. セキレイ科　Motachillidae
【科名の由来】セキレイ属 *Motacilla*（下記）+ 科名の語尾 -idae．

イワミセキレイ　*Dendronanthus indicus*　英名 forest wagtail（森にいて尾を振り動かすもの）
【学名解】属名は ギ dendron 木 + ギ anthos セキレイ．種小名は ラ インドの．
旅鳥あるいは冬鳥として渡来するが，数は少ない．ロシアの沿海地方などで繁殖．他のセキレイとは異なり，尾を上下でなく左右に振るのが特徴．

ツメナガセキレイ　*Motacilla flava*　英名 yellow wagtail
【学名解】属名は ラ motacilla セキレイ＜ moto 動かす＋縮小辞 -illa（有名な Plinius の造語）．種小名は ラ 黄色の．長距離の渡りをし，移動力が大きい．多くの亜種があり，日本では 4 亜種が確認されている．亜種名の使用法は不安定なので，割愛．

キガシラセキレイ　*Motacilla citreola*　英名 yellow-headed wagtail
【学名解】属名は上述．種小名は ラ レモン色の．
ごく稀な旅鳥として渡来する．ユーラシアの中央部で繁殖し，南アジアに渡って越冬する．地上を歩きながら昆虫を採食する．

キセキレイ　***Motacilla cinerea***　英名 grey wagtail
【学名解】属名は上述．種小名は ラ 灰色の．
九州以北で繁殖し，北海道など寒冷地のものは冬季に温暖な地方へ移動する．ユーラシアやアフリカで広く繁殖し，冬季は温暖な地方へ渡るものが多い．屋根や電線の上などで「チチン，チチン」と鳴く．

ハクセキレイ　***Motacilla alba***　英名 white wagtail
【学名解】属名は上述．種小名は ラ 白い．
ユーラシア大陸からアフリカ大陸にかけて分布し，多数の亜種に分けられる．日本では亜種**ハクセキレイ *M. a. lugens***（悲しんだ，喪服を着た）が本州中部以北で繁殖するほか，**ホオジロハクセキレイ *M. a. leucopsis***（白い顔の）が九州および本州西部で少数繁殖する．低地の水辺や市街地に生息し，飛びながら「チチン，チチン」と鳴く．

セグロセキレイ　***Motacilla grandis***　英名 Japanese wagtail
【学名解】属名は上述．種小名は ラ 大きな．
日本列島の固有種．河原などの水辺に生息する．地鳴きは「ジッ，ジツ」であるが，繁殖期には「チチージョイジョイジョイ」などとさえずる．

マミジロタヒバリ　***Anthus novaezeelandiae***　英名 Richard's pipit
【学名解】属名は ギ セキレイ．種小名は ラ ニュージーランドの．
旅鳥として少数が対馬や西日本を通過し，琉球列島南部ではごく少数が越冬する．中国から東南アジア，インド，オーストラリアなどにかけて広く分布．日本を通過するのは中国の集団である．

コマミジロタヒバリ　***Anthus godlewskii***　英名 Blyth's pipit（Blyth はインドにいた英国の鳥学者）
【学名解】属名は上述．種小名はポーランド人の V. Godlewski（1900 没）に因む．北極の探検家．
ごく稀な旅鳥．ユーラシア中・東部で繁殖する．地上を歩きながら昆虫や種子を食べる．

ヨーロッパビンズイ　***Anthus trivialis***　英名 tree pipit
【学名解】属名は上述．種小名は ラ 普通の，ありふれた．
ごく稀な迷鳥．ユーラシア中・西部の温帯域から寒帯域で繁殖し，インドやアフリカ中部に渡る．

ビンズイ　***Anthus hodgsoni***　英名 Indian tree pipit
【学名解】属名は上述．種小名はネパールに在住したイギリスの総督代表者 B. H. Hodgson（1874 没）に因む．
四国以北で繁殖し，冬季は本州中部以南の温暖地に移動する．国外ではユーラシア東部に分布．地上や枝上で主に昆虫を捕食する．

セジロタヒバリ　***Anthus gustavi***　英名 Pechora pipit（前語はロシア共和国のペチョラ川に因む）
【学名解】属名は上述．種小名はオランダの中国語教授 Gustav Schlegel に因む．有名な鳥学者シュレーゲルの息子．アモイでこの鳥を採集した．
ごく稀な旅鳥．ユーラシアの極北の森林ツンドラ地帯で繁殖．フィリピン，ボルネオなどで越冬する．地上でおもに昆虫を食べる．

ムネアカタヒバリ　Anthus cervinus　英名 red-throated pipit
　【学名解】属名は上述．種小名は ラ 鹿色の，褐色の．
　旅鳥として渡来し，九州，南西諸島では少数が越冬する．ユーラシア北極圏のツンドラやアラスカ北西部で繁殖し，東南アジアに渡る．

タヒバリ　Anthus spinoletta　英名 rock pipit（ゆり動かすタヒバリ）
　【学名解】属名は上述．種小名はイタリア語のタヒバリ spipola の縮小形 spipoletta の誤り．
　全国に冬鳥として渡来するが，北日本では旅鳥．ユーラシアから北米の中・高緯度地方でひろく繁殖し，冬季は温暖な地方に渡る．この種は形態的，生態的に多様で，大きく3つの型にわけられる．日本にくるのは亜種 *A. s. japonicus* である．1羽が驚いて飛び立つとき，「ピッピッ」と鳴き，他の鳥も次々に飛びたつ．英名はこの様子に由来．

50. ヒヨドリ科　Pycnonotidae
　【科名の由来】シロガシラ属 *Pycnonotus* ＋ 科名の語尾 -idae．

シロガシラ　Pycnonotus sinensis　英名 Chinese bulbul（bulbul はヒヨドリ科の鳴鳥）
　【学名解】属名は ギ pyknos 密な ＋ ギ notos 背（背が密な羽毛に覆われている）．
　沖縄県の八重山諸島と沖縄島に留鳥として生息．4～5亜種あり．八重山諸島には**ヤエヤマシロガシラ *P. s. orii***（意味不明）が生息する．国外では中国南部ほかに分布．

ヒヨドリ　Hypsipetes amaurotis　英名 brown-eared bulbul
　【学名解】属名は ギ 高く飛ぶ（鳥）＜ hypsi 高く ＋ petomai 飛ぶ．種小名は ギ 暗色の耳の＜ amauros ＋ ous．
　全国に生息．多くは留鳥だが，北海道や山地のものは暖地に移動して越冬する．国外では東アジアに分布．14亜種にわけられ，日本には亜種**ヒヨドリ *H. a. amaurotis***（暗色の耳の），**オガサワラヒヨドリ *H. a. squamiceps***（鱗模様の頭の），**イシガキヒヨドリ *H. a. stejnegeri***（人名由来）など8亜種が生息する．市街地でも子育てをする．秋の移動の季節には数十～数百羽の移動群がみられる．甲高い声で「ピーヨピーヨ」と鳴き，波状に飛翔する．

51. サンショウクイ科　Campephagidae
　【科名の由来】クロサンショウクイ属 *Campephaga*（アフリカ産，毛虫を食べるもの）＋ 科名の語尾 -idae．

アサクラサンショウクイ　Coracina melaschistos　英名 lesser cuckoo-shrike（小さいヨーロッパサンショウクイ）
　【学名解】属名は ギ カラスに似た．種小名は ギ 黒灰色の（『鳥類学名辞典』の解釈）．
　宮崎県延岡市と沖縄県西表島で記録された迷鳥．国外ではヒマラヤなどに分布．4亜種が知られ，日本で記録された亜種は中国産の *C. m. intermedia*（中間型の）である．

サンショウクイ　Pericrocotus divaricatus　英名 ashy minivet（灰色のサンショウクイ）
　【学名解】属名は ギ 濃いサフラン色の（鳥），の意．種小名は ラ 二股に分かれた（尾の）．
　本州，四国に夏鳥として渡来．国外では中国東北部やウスリー地方で繁殖．2亜種あり．本州と四国にくるのは亜種**サンショウクイ *P. d. divaricatus***，南西諸島のものは亜種**リュウキュウサンショウクイ *P. d. tegimae*** である．この亜種小名は ラ tegimen（覆う物，上着）由来と推定．

52. モズ科　Laniidae
【科名の由来】モズ属 *Lanius* + 科名の語尾 -idae.

チゴモズ　*Lanius tigrinus*　英名 thick-billed shrike，または tiger shrike
【学名解】属名は ラ lanius 屠殺者，肉屋．種小名は ラ トラのような模様のある．

夏鳥として本州北・中部に渡来．ウスリー地方から朝鮮半島，日本で繁殖し，東南アジアで越冬．樹上では尾を円形に振り，「はやにえ」を作る．

モズ　*Lanius bucephalus*　英名 bull-headed shrike
【学名解】属名は上述．種小名は ギ 牛頭の．

全国的に分布し，積雪地では冬に暖地に移動する．国外ではウスリー地方や近隣諸国で繁殖．農耕地，公園などに生息．カッコウに托卵されることがある．

アカモズ　*Lanius cristatus*　英名 brown shrike
【学名解】属名は上述．種小名は ラ 冠羽のある．

亜種アカモズ *L. c. superciliosus*（尊大な）が夏鳥として北海道，本州，四国などに，亜種シマアカモズ *L. c. lucionensis*（ルソン島の）が九州に渡来．国外ではモンゴル他で繁殖．

タカサゴモズ　*Lanius schach*　英名 black-headed shrike
【学名解】属名は上述．種小名は意味不明の造語．

1985年以降，沖縄県西表島に数回の飛来記録がある．東南アジアに生息．香港では普通種．

オオモズ　*Lanius excubitor*　英名 great grey shrike
【学名解】属名は上述．種小名は ラ 見張り．

亜種オオモズ *L. e. bianchii*（人名由来）とシベリアオオモズ *L. e. mollis*（柔らかい）が稀に冬鳥として渡来．国外ではユーラシア他に広く分布する．草原，農耕地などでしばしばホバリング（停空飛行）をして餌を探す．

オオカラモズ　*Lanius sphenocercus*　英名 Chinese great grey shrike
【学名解】属名は上述．種小名は ギ 楔形の尾の．

ごく少ない冬鳥として主に西日本で記録がある．国外ではウスリー地方ほかに生息．モズ属中で最大の種．電線や杭の上などに止まって，尾を振りながらあたりをうかがい，餌物を見つけるとさっと飛び立って襲いかかるのはモズと同じ．

53. レンジャク科　Bombycillidae
【科名の由来】レンジャク属 *Bombycilla* + 科名の語尾 -idae.

キレンジャク　*Bombycilla garrulus*　英名 Bohemian waxwing
【学名解】属名は ラ ギ 絹のような尾（の鳥）．種小名は ラ カケスのような（冠羽の）．

冬鳥として全国に渡来するが，本州中部以北に多い．国外ではユーラシアと北米に広く分布する．3亜種が知られ，日本には亜種 *B. g. centralasiae*（中央アジアの）が渡ってくる．

ヒレンジャク　*Bombycilla japonica*　英名 Japanese waxwing
【学名解】属名は上述．種小名は ラ 日本の．

冬鳥として渡来，西南日本に多い．日本全土で越冬．国外ではユーラシアと北米に分布．亜種はない．要注意種（BLI）．

54. カワガラス科　Cinclidae
【科名の由来】カワガラス属 *Cinclus* ＋ 科名の語尾 -idae.

カワガラス　*Cinclus pallasii*　英名 brown dipper
【学名解】属名は ギ kinklos カワガラス．種小名はシベリア探検家の Prof. P. S. Pallas（1811 没）に因む．

北海道から屋久島まで分布する留鳥．近隣諸国に分布．

55. ミソサザイ科　Troglodytidae
【科名の由来】ミソサザイ属 *Troglodytes* ＋ 科名の語尾 -idae.

ミソサザイ　*Troglodytes troglodytes*　英名 wren
【学名解】属名は ギ ミソサザイ．原意は「穴にもぐるもの」．種小名も同じ．珍しいトートニムの学名．

全国に繁殖分布する．国外ではユーラシアと北米中緯度地帯に広く分布．多くの島にも入っているので亜種分化が進み，26 亜種が知られている．日本では，本土のものは**ミソサザイ *T. t. fumigatus***（煙色の），伊豆諸島のものは**モスケミソサザイ *T. t. mosukei***（人名由来），種子島と屋久島のものは**オガワミソサザイ *T. t. ogawae***（人名由来），大東諸島のものは**ダイトウミソサザイ *T. t. orii***（人名由来）とされる．国内でも最小の鳥の一つで，尾羽を絶えず背の上に立てた独特のシルエットをもつ．ダイトウミソサザイは絶滅亜種，モスケミソサザイは希少亜種（環境庁）．

56. イワヒバリ科　Prunellidae
【科名の由来】イワヒバリ属 *Prunella* ＋ 科名の語尾 -idae.

イワヒバリ　*Prunella collaris*　英名 alpine accentor（高山のイワヒバリ）
【学名解】属名は ラ 褐色の小鳥，の意＜ prunus ＋ 縮小辞 -ella（『鳥類学名辞典』による）．種小名は ラ 頸に特徴のある．

本州の高山の森林限界より上の岩場で繁殖する漂鳥．東アジアからヨーロッパまで分布が広く，山脈ごとに隔離されているため，亜種が多い．日本産は亜種 ***P. c. erythropygia***（赤い腰の）に属する．音量のある美声で，「ピチュリ，ピチュリ，チョッチョチリリ，チョッチョチリリ」と複雑に囀る．

ヤマヒバリ　*Prunella montanella*　英名 Siberian accentor
【学名解】属名は上述．種小名は ラ 山の小鳥．

まれな冬鳥として日本に渡来する．シベリアの亜北極地帯で繁殖．

カヤクグリ　*Prunella rubida*　英名 Japanese accentor
【学名解】属名は上述．種小名は ラ rubidus の女性形，赤い．

北海道，本州，四国の高山・亜高山帯で繁殖し，冬は低山や丘陵地に移動．国外では南千島だけに分布する．日本には 2 亜種あり．本州，四国の**カヤクグリ *P. r. rubida*** と北海道の高山と南千島で繁殖する亜種**エゾカヤクグリ *P. r. fervida***（燃え上っている，情熱的な）が存在する．美声で，「チリチリチリ，チリチリチリ」と鈴を振るように囀る．

57. ツグミ科　Turdidae
【科名の由来】ツグミ属 *Turdus*（下記）＋ 科名の語尾 -idae.

コマドリ　*Erithacus akahige*　英名 Japanese robin
【学名解】属名は ギ コマドリ．種小名は鳥の名アカヒゲ．命名者の Temminck（ライデン自然史博物館長）がコマドリとアカヒゲを間違えて命名した有名な話．

九州以北から北海道の山地に亜種**コマドリ *E. a. akahige*** が夏鳥として渡来し，繁殖する．越冬地は中国南部の福建省など．伊豆諸島，種子島，屋久島には亜種**タネコマドリ *E. a. tanensis***（種子島の，と推定）が留鳥として繁殖している．かつては良く飼育され，ウグイス，オオルリとともに日本の三鳴鳥と称された．タネコマドリは希少亜種（環境庁）．

アカヒゲ　*Erithacus komadori*　英名 Ryukyu robin
【学名解】属名は上述．種小名は和名のコマドリであるが，Temminck 氏がアカヒゲとコマドリを間違えて命名した（上述）．

長崎県男女群島，種子島，屋久島以南の琉球列島で採集または観察されている．3亜種あり．沖縄本島産の**ホントウアカヒゲ *E. k. namiyei***（人名由来），八重山諸島産の**ウスアカヒゲ *E. k. subrufus***（下面が赤い），その他の地域の**アカヒゲ *E. k. komadori*** である．なお，亜種ウスアカヒゲは亜種アカヒゲと同一だとする説もある．危急種（環境庁），要注意種（BLI），国の天然記念物．

シマゴマ　*Luscinia sibilans*　英名 Swinhoe's red-tailed robin
【学名解】属名は ラ luscinia サヨナキドリ（ナイチンゲール）．以前はサヨナキドリ属 *Luscinia* として独立していたが，現在はコマドリ属 *Erithacus* に併合されている（『鳥類学名辞典』による）．種小名は ラ シューシューいう，笛を吹く．

春に旅鳥として少数が渡来する．国外ではユーラシアの中緯度から高緯度地方で繁殖．2亜種が知られ，日本を通過するものはウスリー地方の亜種 ***L. s. sibilans*** と思われる．

ノゴマ　*Luscinia calliope*　英名 Siberian rubythroat
【学名解】属名は上述．種小名はギリシア神話のムーサ女神カリオペー Kalliopē に因む．

北海道に夏鳥として渡来する．国外ではシベリアの極東などで繁殖．冬季は東南アジアなどに渡る．

オガワコマドリ　*Luscinia svecica*　英名 bluethroat
【学名解】属名は上述．種小名は近代 ラ スウェーデンの．

稀な冬鳥として少数が渡来．国外ではユーラシアに広く分布．9亜種が知られ，日本には亜種 ***L. s. svecica*** がくる．渡りは単独か小群．冬のなわばりが知られている．

コルリ　*Luscinia cyane*　英名 Siberian blue robin
【学名解】属名は上述．種小名はギリシア神話のニンフの一人 Kyanē に因む．神の怒りにふれ，海のように青い泉にかえられた．

本州中部以北に夏鳥として渡来する．国外では，シベリア南部ほかで繁殖．2亜種が知られ，日本にくるのはウスリー地方産と同じ ***L. c. bochaiensis***（地名由来）である．

ルリビタキ　*Tarsiger cyanurus*　英名 red-flanked bluetail
【学名解】属名は ラ 足首（付節）をもつ（足首に特徴のある，の意）．種小名は ギ 青い尾の．
北海道，本州，四国で繁殖．冬季は関東以南に移動する．国外では，ユーラシア東部の亜寒帯で繁殖．森林性で昆虫食．

クロジョウビタキ　*Phoenicurus ochruros*　英名 black redstart（黒いジョウビタキ）
【学名解】属名は ギ ジョウビタキ（赤い尾の鳥，の意）．種小名は ギ 黄土色の尾の．
極めてまれな迷鳥．ユーラシアの低・中緯度地方，ヨーロッパ中・南部ほかで繁殖．渡りは単独または小群．

ジョウビタキ　*Phoenicurus auroreus*　英名 Daurian redstart（ドーリア地方（バイカル湖東部）のジョウビタキ）
【学名解】属名は上述．種小名は ラ 暁の女神アウローラ Aurora のような．
冬鳥として全国に渡来する．国外ではユーラシアの東部中緯度地方ほかで繁殖．2亜種が知られ，日本に来るのは *P. a. auroreus*．

ノビタキ　*Saxicola torquata*　英名 stonechat（ノビタキ．小石をたたくような鳴き声から）
【学名解】属名は ラ 岩間にすむ鳥，の意．種小名は ラ 頸飾りのある．
夏鳥として本州中部以北に渡来する．渡りの時期には本州中部以南に見られる．分布は広く，アフリカ，ヨーロッパ，アジアなど．日本に来るのは亜種 *S. t. stejnegeri*（人名由来）．草原に住む．

ヤマザキヒタキ　*Saxicola ferrea*　英名 grey bushchat（灰色の藪のノビタキ）
【学名解】属名は上述．種小名は ラ 鉄色の．
迷鳥として屋久島，西表島，与那国島での記録がある．繁殖地はヒマラヤのアフガニスタン国境地域．2亜種あり．日本にくるのはおそらく *S. f. haringtoni*（人名由来）．

イナバヒタキ　*Oenanthe isabellina*　英名 Isabelline wheatear（イサベラのハシグロヒタキ）
【学名解】属名は ギ ハシグロヒタキ．種小名は Sir R. F. Burton の夫人 Isabell に因む．もしくは近代 ラ 灰黄色の（『鳥類学名辞典』による）．
迷鳥として鳥取県，対馬での記録がある．繁殖地はユーラシア中央部，ロシア南部ほか．単独でいることが多く，冬でもなわばりをもつ．

ハシグロヒタキ　*Oenanthe oenanthe*　英名 wheatear
【学名解】属名は上述．珍しいトートニムの学名．
迷鳥として北海道，東京都，父島ほかの記録がある．繁殖地はユーラシアと北米．単独でいることが多いが，渡りの時期に群れることがある．

サバクヒタキ　*Oenanthe deserti*　英名 desert wheatear
【学名解】属名は上述．種小名は ラ 砂漠の．
まれに迷鳥として渡来する．東京都，奈良県ほかで記録がある．繁殖地はアフリカ北部，ユーラシア中央部ほか．単独でいることが多く，冬でもなわばりをもつ．

セグロサバクヒタキ　*Oenanthe pleschanka*　英名 pied wheatear（雑色のハシグロヒタキ）
【学名解】属名は上述．種小名は Pleschanko 氏の．委細不明．
希な迷鳥として亜種 *O. p. pleschanka* が渡来．宮城県，神奈川県などで記録がある．

コシジロイソヒヨドリ *Monticola saxatilis* 英名 rockthrush（thrush はツグミ類）
【学名解】属名は ラ 山に住む鳥，の意．種小名は ラ 岩間に住む．
ごく稀な迷鳥として静岡県での記録がある．繁殖地はユーラシア西部・中央部．渡りの時期に少群となる．

イソヒヨドリ *Monticola solitarius* 英名 blue rockthrush
【学名解】属名は上述．種小名は ラ 孤独の，単独の．
本州，四国，九州の沿岸地域に生息する．日本産は亜種 ***M. s. philippensis***（フィリピン産の）．国外では東アジアの沿岸部が主な生息地．

ヒメイソヒヨ *Monticola gularis* 英名 white-throated rockthrush
【学名解】属名は上述．種小名は ラ 喉に特徴のある．(注)この種小名をもつ世界の鳥は22種もある．
希な迷鳥として秋田県などで記録がある．繁殖地は中国東北部とその近隣地．

トラツグミ *Zoothera dauma* 英名 White's (ground) thrush
【学名解】属名は ギ 虫を狩るもの＜ zōon 動物，虫 + thēra 狩ること．種小名はベンガル語でこの鳥の名 dama に由来．
奄美大島以北の全国に生息．国外では近隣諸国で繁殖．日本に生息するのは3亜種あり．**トラツグミ** *Z. d. aurea*（金色の），**オオトラツグミ** *Z. d. major*（より大きい），**コトラツグミ** *Z. d. horsfieldi*（スマトラで活躍した Horsfield 氏）である．奄美大島に生息するオオトラツグミは絶滅危惧亜種（環境庁）瀕絶滅種（BLI）．国の天然記念物．

オガサワラガビチョウ *Cichlopasser terrestris* 英名 Bonin Island thrush
【学名解】属名は ギ cichlē ツグミ ＋ ラ passer スズメ．種小名は ラ 地上性の．
1828年に小笠原諸島から4体が採集されただけの種．小笠原諸島の固有種であるが，すでに絶滅したと思われている．絶滅種（環境庁）．

マミジロ *Turdus sibiricus* 英名 Siberian ground thrush
【学名解】属名は ラ ツグミ．種小名は近代 ラ シベリアの．
(注)『鳥類学名辞典』ではこの属名はトラツグミ属 *Zoothera*（虫を狩るもの，の意）となっている．
本州中部以北の山地の森に夏鳥として渡来する．国外では中国東北部からロシア沿海地方ほかで繁殖．日本で繁殖するのは亜種**マミジロ** *T. s. davisoni*（シンガポールの博物館にいた W. R. Davison 氏に因む）．

カラアカハラ *Turdus hortulorum* 英名 grey-backed thrush
【学名解】属名は上述．種小名は ラ 小さな庭の．hortulus の複数属格．
春秋の渡りに日本海側の島から記録のある数少ない旅鳥．国外ではロシア東部，ウスリーなどで繁殖．しばしば**ムナグロアカハラ** *T. dissimilis*（～に似ていない）の亜種とされる（『鳥類学名辞典』）．なお，この和名と学名は『日本動物大百科』にはのっていない．

クロツグミ *Turdus cardis* 英名 Japanese grey thrush
【学名解】属名は上述．種小名はこの鳥のフランス名 merle carde をラテン語化したもの．
九州以北の山地に夏鳥として渡来する．繁殖地としては日本列島のほかは中国の一部が知られるのみ．

クロウタドリ　*Turdus merula*　英名 blackbird
【学名解】属名は上述．種小名は ラ クロウタドリ．
おもに沖縄，長崎，石川などから 3〜5 月に数少ない記録があるまれな旅鳥．国外ではユーラシア西部，アフリカ北部ほか中国南部に広く分布する．森林から農耕地，市街地まで幅広い環境に生息．

アカハラ　*Turdus chrysolaus*　英名 brown thrush
【学名解】属名は上述．種小名は ギ chrysos 金 ＋ ギ laios ツグミの一種．後者のラテン語化が間違っている．
本州中部以北〜サハリン，千島列島で繁殖し，日本列島南部から台湾，フィリピン北部で越冬する．

アカコッコ　*Turdus celaenops*　英名 Izu Island thrush
【学名解】属名は上述．種小名は ギ 黒い顔の＜ kelainos ＋ ōps 顔．
日本の固有種で，伊豆諸島とトカラ列島で繁殖する．危急種（環境庁，BLI）．国の天然記念物．

シロハラ　*Turdus pallidus*　英名 pale ouzel（ouzel はツグミの類）
【学名解】属名は上述．種小名は ラ 青白い，青ざめた．
冬鳥として全国に渡来するが，本州中部に多い．北海道では旅鳥．国外では近隣諸国の北部で繁殖．森林に生息し，木の実や昆虫などを食べる．

マミチャジナイ　*Turdus obscurus*　英名 grey-headed thrush
【学名解】属名は上述．種小名は ラ 黒ずんだ．
おもに旅鳥として渡来．西日本では少数が越冬するものがある．国外では東シベリアからアムール川流域に分布する．森林に生息する．和名は難解であるが，最初の 4 字は眉茶であろう．

ノドグロツグミ　*Turdus ruficollis*　英名 black-throated thrush
【学名解】属名は上述．種小名は ラ 赤いくびの．
沖縄，石川，北海道などからおもに春の渡りの時期に記録がある稀な迷鳥．西シベリアからモンゴルにかけて繁殖する．亜種にノドグロツグミ *T. r. atrogularis*（黒い喉の）とノドアカツグミ *T. r. ruficollis* があり，両者とも日本から記録がある．

ツグミ　*Turdus naumanni*　英名 dusky thrush
【学名解】属名は上述．種小名はドイツの鳥学者 Dr. J. F. Naumann（1857 没）に因む．ナウマンゾウ（化石の象）のナウマンとは別人．
冬鳥または旅鳥として渡来する．渡来するものには，亜種**ツグミ** *T. n. eunomus*（良い旋律の）と亜種**ハチジョウツグミ** *T. n. naumanni* がある．この 2 亜種の分布は重複しない．9 月中頃に渡来．主に森林性．時に公園，庭などにも現れる．

ノハラツグミ　*Turdus pilaris*　英名 fieldfare（ツグミの一種，野原の妖精，の意）
【学名解】属名は上述．種小名は ラ pilaris ツグミの一種．
長野，神奈川，埼玉から 1〜3 月にかけて 3 例の記録があるだけの迷鳥．ヨーロッパ北部からバイカル湖北方にかけて繁殖．草や木の枝，泥などで椀形の巣を樹上に作る．

ワキアカツグミ　***Turdus iliacus***　英名 redwing
【学名解】属名は上述．種小名はラ 脇腹に特徴（赤い）のある．
沖縄，山口，千葉，北海道から数例の記録があるだけの迷鳥．アイスランド，ユーラシア北部で広く繁殖．

ウタツグミ　***Turdus philomelos***　英名 song thrush
【学名解】属名は上述．種小名はギ 歌を好む．
大阪（4月）と神奈川（11月）から2例の記録があるだけの迷鳥．ヨーロッパからバイカル湖付近にかけて広く繁殖．南方で越冬する．

ヤドリギツグミ　***Turdus viscivorus***　英名 mistle（ヤドリギ）thrush
【学名解】属名は上述．種小名はラ ヤドリギ（の実）を食べる．
愛知で2月に1例の記録があるだけの迷鳥．ユーラシア中・西部で広く繁殖．

58. チメドリ科　Timaliidae
【科名の由来】アカガシラチメドリ属 *Timalia*（東インドでこの鳥の名）＋科名の語尾 -idae．

ヒゲガラ　***Panurus biarmicus***　英名 bearded tit（後者はシジュウガラ）
【学名解】属名はギ 全部が尾の（鳥），の意．種小名は近代ラ 髭の小人（『鳥類学名辞典』）
山形県と新潟県で記録されたことがある迷鳥．ヨーロッパ南部からアジア南部まで分布．体は小さくて尾はながい．冬には50〜300羽の大きな群を形成する．

ダルマエナガ　***Paradoxornis webbianus***　英名 crow tit
【学名解】属名はギ 予想外の鳥．種小名は人名由来で，P. B. Webb 氏の．詳細不明．
新潟県で記録されたことがあるだけの迷鳥．ビルマ，台湾などに分布．低木林を好む．

59. ウグイス科　Sylviidae
【科名の由来】ズグロムシクイ属 *Sylvia* ＋科名の語尾 -idae．*Sylvia* はラ 森の鳥，の意．日本には産しない．

ヤブサメ　***Urosphena squameiceps***　英名 short-tailed bush warbler（warbler はアメリカムシクイの仲間で，囀る鳥，の意）
【学名解】属名はギ 尾がくさび（状の鳥）．ウグイス属 ***Cettia*** の亜属ともされる．種小名はラ 鱗模様の頭の．
夏鳥として屋久島以北に渡来する．平地から山林に生息．さえずりは高い声の「シシシシー」，地鳴きはウグイスよりも少し濁った感じで，「チャツチャツ」．国外ではサハリン南部とその近辺で繁殖．

ウグイス　***Cettia diphone***　英名 bush warbler
【学名解】属名は人名由来で Cetti 氏の．イタリアの動物学者．サルジニア島で活躍．種小名はギ 二つの声の．
日本の三大鳴鳥の一つ．全国で繁殖するが，北海道では夏鳥．日本では亜種**ウグイス** ***C. d. cantans***（歌う），亜種**ハシナガウグイス** ***C. d. diphone*** ほか2種があるが，亜種の内容は目下検討中とか．大東島の亜種**ダイトウウグイス** ***C. d. restrictus***（限られた）はすでに絶滅．

オオセッカ　***Locustella pryeri***　英名 Japanese marsh warbler
【学名解】属名は「バッタのような鳴き声の鳥」(『鳥類学名辞典』) という説明があるが，語義はﾗ小さなバッタ＜ locust バッタ＋縮小辞 -ella．バッタとセッカ類の鳴き声が似ているための命名とされる．種小名は Henry Pryer（1888 没）に因む．横浜在住の貿易商で，日本各地で蝶と鳥を採集した．
（注）『鳥類学名辞典』にはこの属名は ***Megalurus***（大きな尾の鳥）とある．
青森，秋田，茨城，千葉県の湿地に生息．日本とウスリー地方，中国東北部のみに生息する極東の固有種．危急種（環境庁，BLI）．

エゾセンニュウ　***Locustella fasciolata***　英名 Grey's grasshopper warbler
【学名解】属名は上述．種小名はﾗ小さな帯斑のある．
北海道に夏鳥として渡来する．国外では中央シベリアから中国東北部ほかで繁殖し，フィリピンほかで越冬する．日本産は亜種 ***L. f. amnicola***（川岸に住む）．さえずりは「トッピンカケタカ」．

シベリアセンニュウ　***Locustella certhiola***　英名 Pallas's grasshopper warbler
【学名解】属名は上述．種小名は近代ﾗ小さなキバシリ属 *Certhia*（-ola は縮小辞）．
鹿児島，石川，北海道から数例の記録があるだけの迷鳥．4 亜種あり．日本に渡来したのは ***L. c. rubescens***（赤っぽい）とされている．潜行性が強く，さえずっているとき以外は草むらにひそみ，姿をみることは困難である．

シマセンニュウ　***Locustella ochotensis***　英名 Middendorff's grasshopper warbler
【学名解】属名は上述．種小名はﾗオホーツク海沿岸産の．
北海道に夏鳥として渡来する．サハリン，オホーツク海沿岸部などで繁殖し，冬季はボルネオなどへ渡る．

ウチヤマセンニュウ　***Locustella pleskei***　英名 Styan's grasshopper warbler
【学名解】属名は上述．種小名はロシアの博物館員 T. D. Pleske 氏に因む．
九州近海や伊豆七島などに不連続に分布する．上記シマセンニュウの亜種ともされる．希少種（環境庁）．

マキノセンニュウ　***Locustella lanceolata***　英名 lanceolated grasshopper warbler
（注）lanceolated 槍の穂先状の．
【学名解】属名は上述．種小名はﾗ槍先形模様のある．
北海道に夏鳥として渡来する．シベリア東部，中国東北部，北海道，カムチャツカ半島で繁殖，東南アジアで越冬．低木のある湿地や牧草地に生息．

コヨシキリ　***Acrocephalus bistrigiceps***　英名 black-browed reed warbler
【学名解】属名はｷﾞ尖った頭の（鳥）．種小名はﾗ二条斑の頭の．
夏鳥として渡来し，主に本州中部以北で繁殖．国外ではサハリン，モンゴルなどで繁殖．丈の高い草原に生息．

オオヨシキリ　***Acrocephalus arundinaceus***　英名 great reed warbler
【学名解】属名は上述．種小名はﾗヨシ（葦）の．
（注）種小名を *orientalis* とするものがある．
九州以北に夏鳥として渡来する．国外では中国東部，沿海州，朝鮮半島などで繁殖．冬は東南アジアに渡る．

ハシブトオオヨシキリ　***Acrocephalus aedon***　英名 thick-billed reed warbler
【学名解】属名は上述．種小名は ギ ナイチンゲール．ギリシア神話の歌姫 Aēdōn に因む．死後ナイチンゲールに変身した．

戦前に長野での1例の記録があるだけの迷鳥．シベリア中・南部からウスリーにかけて繁殖し，東南アジアで越冬する．

ムジセッカ　***Phylloscopus fuscatus***　英名 dusky warbler
【学名解】属名は ギ 葉の見張り番．種小名は ラ 黒ずんだ．

主に日本海側の島で春秋の渡りの時期に少数の記録があるだけの稀な旅鳥．シベリア中西部とその近辺で繁殖．低地の平原から標高 4,000m 近い山地まで生息．

カラフトムジセッカ　***Phylloscopus schwarzi***　英名 Radde's warbler
【学名解】属名は上述．種小名はシベリア探検家の L. Schwarz（1894 没）に因む．

沖縄，大阪，北海道などから主に春秋の渡りの時期に数少ない記録がある稀な旅鳥．シベリア中・西部とその近辺で繁殖．雌雄同色．

キマユムシクイ　***Phylloscopus inornatus***　英名 yellow-browed（黄色い眉毛の）warbler
【学名解】属名は上述．種小名は ラ 飾りのない．

おもに南西諸島や日本海側の島から春秋の渡りの時期に少数の記録がある旅鳥．3 亜種あり．日本では亜種 ***P. i. inornatus*** の記録がある．シベリア西部，インド北部からオホーツク海・日本海沿岸地方にかけて繁殖．広葉樹林や低木林を好む．

カラフトムシクイ　***Phylloscopus proregulus***　英名 Pallas's willow warbler
【学名解】属名は上述．種小名は ラ キクイタダキ ***Regulus***（王子）に近いもの．

おもに南西諸島，日本海側の島や北海道から少数の記録がある稀な旅鳥．中央シベリア南部からウスリー，サハリンにかけて繁殖．3 亜種あり．日本では亜種 ***P. p. proregulus*** が記録されている．雌雄同色．針葉樹林や混交林で繁殖する．

メボソムシクイ　***Phylloscopus borealis***　英名 Arctic warbler
【学名解】属名は上述．種小名は ラ 北方の．

夏鳥として，四国，本州，北海道に渡来する．ユーラシアの高緯度地方とアラスカ西部で繁殖し，東南アジアに渡って越冬．6 亜種が知られ，日本では，カムチャツカから日本列島に繁殖する亜種メボソムシクイ ***P. b. xanthodryas***（黄色い木の精）が夏鳥として現れ，旅鳥としてシベリア東部ほかで繁殖している亜種コメボソムシクイ ***P. b. borealis***（北の）が通過する．繁殖地は亜高山針葉樹林帯であるが，渡りの途中では低地の雑木林，公園の林などに見られる．

エゾムシクイ　***Phylloscopus tenellipes***　英名 pale-legged willow warbler
【学名解】属名は上述．種小名は ラ 繊細な足の．

夏鳥として，四国，本州，北海道に渡来する．繁殖は日本以外ではウスリー地方とサハリンに限られる．越冬地は東南アジアの一部．地鳴きは「ピッ」と鋭く，さえずりは「ヒーツーチー」と特徴的．

センダイムシクイ　***Phylloscopus coronatus***　英名 Eastern crowned warbler
【学名解】属名は上述．種小名は ラ 冠羽のある．

九州以北，北海道まで夏鳥として渡来する．国外の繁殖は日本海を取り巻く地域のみ．

イイジマムシクイ *Phylloscopus ijimae* 英名 Ijima's willow warbler
【学名解】属名は上述．種小名は東京大学動物学教授の飯島　魁博士（1921没）に因む．
伊豆諸島とトカラ列島で繁殖する．照葉樹林や二次林に住む．希少種（環境庁），危急種（BLI），国の天然記念物．

キクイタダキ *Regulus regulus* 英名 goldcrest
【学名解】属名はラ王子．珍しいトートニムの学名．
本州中部から北海道にかけて繁殖する留鳥．ヨーロッパから東へ日本列島とウスリー地方などに不連続に分布し，12亜種が知られる．日本の亜種は **R. r. japonensis** で，極東に繁殖分布する．日本産の最小の鳥，体長約10cm．活動的で気ぜわしく，絶えずちょこまかと動いている．亜高山あるいは亜寒帯針葉樹林に住む．冬には下降または南下する．

セッカ *Cisticola juncidis* 英名 fan-tailed warbler
【学名解】属名はラゴジアオイ *Cistus* の灌木に住むもの，の意．種小名はラ イ（イグサ）に関係のある．
沖縄を含む全国に生息．アフリカ全土，東南アジア，オーストラリア北部に分布．イネ科植物の生える草原に生息し，昆虫を食べる．寿命は約4年．

60. ヒタキ科　Muscicapidae
【科名の由来】サメビタキ属 *Muscicapa*（後述）＋科名の語尾 -idae．

マミジロビタキ *Ficedula zanthopygia* 英名 yellow-rumped flycatcher
【学名解】属名はラ ムシクイ．種小名はギ 黄色い腰の（鳥）．
数少ない旅鳥として本州，九州，対馬などで記録がある．落葉広葉樹林にいる．国外では中国東部とその近隣地域に生息．

キビタキ *Ficedula narcissina* 英名 narcissus flycatcher
【学名解】属名は上述．種小名はラ スイセン（水仙）のような（色の）．
夏鳥として北海道から九州の山の広葉樹林に渡来．渡りの時は市街地の公園や庭にもくる．

ムギマキ *Ficedula mugimaki* 英名 mugimaki flycatcher
【学名解】属名は上述．種小名は和名のムギマキ．麦蒔きの季節にくるため．
春秋の渡りのときに通過する数少ない旅鳥．森林性．国外ではアムール地方などで繁殖．

オジロビタキ *Ficedula parva* 英名 red-breasted flycatcher
【学名解】属名は上述．種小名はラ 小さい．
希に見られる旅鳥または冬鳥．繁殖地はヨーロッパ西部からカムチャツカ．越冬地は東南アジア．2～3亜種がある．日本にくるのは亜種 **F. p. albicilla**（白い尾の）．

オオルリ *Cyanoptila cyanomelana* 英名 blue-and-white flycatcher
【学名解】属名はギ 青い羽の（鳥）．種小名はギ 青黒色の．
（注）スペル違いなので *cyanomelaena* の訂正名がある（ただし命名法上は訂正名は無効）．
九州から北海道，対馬に夏鳥として渡来する．国外の繁殖地は日本海をとりまく限られた地域．冬は東南アジアに渡る．越冬地では森林性で，樹冠部で採食（昆虫や木の実）．

サメビタキ　*Muscicapa sibirica*　英名 Sibirian flycatcher
【学名解】属名は ラ ハエを食べる＜musca ハエ + capio 食べる，つかむ．種小名は近代 ラ シベリアの．
　本州中部以北，北海道に夏鳥として渡来する．繁殖分布は日本海とオホーツク海をとりまく地方からバイカル湖周辺地域．冬は東南アジアなどに渡る．目立たない小鳥．

エゾビタキ　*Muscicapa griseisticta*　英名 grey-spotted flycatcher
【学名解】属名は上述．種小名は ラ 灰色の斑点のある．
　旅鳥として，春は4月中旬～5月中旬，秋は9月中旬～10月中旬に現れ，単独か小群でみられる．繁殖分布はユーラシア東部，中国東北部ほか．東南アジアなどで越冬する．森林性．

コサメビタキ　*Muscicapa dauurica*　英名 Asian brown flycatcher
【学名解】属名は上述．種小名は ラ ドーリア地方（バイカル湖東部地方）の．Daurica に同じ．
　九州以北，北海道までに夏鳥として渡来する．繁殖分布はバイカル湖周辺地域から東へ日本列島まで．雌雄同色で，森林性．

ミヤマビタキ　*Muscicapa ferruginea*　英名 ferruginous flycatcher
【学名解】属名は上述．種小名は ラ 鉄錆色の．
　極めて稀な迷鳥．繁殖分布はユーラシアのヒマラヤ東・中部から中国西部まで．スズメ大の大きさで，足は小さい．

61. カササギヒタキ科　Monarchidae
【科名の由来】カササギヒタキ属 *Monarcha* + 科名の語尾 -idae．属名は ギ 専制君主．

サンコウチョウ　*Terpsiphone atrocaudata*　英名 black paradise flycatcher
【学名解】属名は ギ 楽しい声（の鳥）．種小名は ラ 黒い尾の．
　亜種**サンコウチョウ** *T. a. atrocaudata* が夏鳥として本州以南に渡来．冬季はスマトラなどへ渡る．奄美大島以南の南西諸島には亜種**リュウキュウサンコウチョウ** *T. a. illex* が留鳥として生息する．亜種小名は ラ illex 魅惑的な．また，無法な，という意味もある．昆虫を飛びながら捕食する．要注意種（BLI）．

62. エナガ科　Aegithalidae
【科名の由来】エナガ属 *Aegithalos* + 科名の語尾 -idae．

エナガ　*Aegithalos caudatus*　英名 long-tailed tit
【学名解】属名は ギ シジュウカラ類の小鳥．種小名は ラ 尾のある．
　九州以北で繁殖する．ヒマラヤと中央の乾燥高地を除くユーラシアに広く分布する．地方的な変異が大きく，24亜種が知られている．日本には4亜種がある．北海道の**シマエナガ** *A. c. japonicus*（日本の），本州の**エナガ** *A. c. trivirgatus*（三本の条斑のある），九州と四国の**キュウシュウエナガ** *A. c. kiusiuensis*（九州の），対馬と朝鮮半島の**チョウセンエナガ** *A. c. magnus*（大きな）である．スズメより小さく，尾の長い黒白の小鳥．森林性で，昆虫食．活動的で賑やかな生活をする．

63. ツリスガラ科　Remizidae
【科名の由来】ツリスガラ属 *Remiz* ＋ 科名の語尾 -idae.

ツリスガラ　*Remiz pendulinus*　英名 penduline tit（tit はシジュウカラ類）
【学名解】属名はツリスガラのポーランド語 remiz より．種小名は ラ 垂れ下がった（巣が）．
沖縄から本州中部にかけて渡来する冬鳥．南西日本に多い．ユーラシアの中緯度地方でひろく繁殖．7亜種あり．日本では **R. p. consoblinus**（従兄弟）が記録されている．

64. シジュウカラ科　Paridae
【科名の由来】シジュウカラ属 *Parus* ＋ 科名の語尾 -idae.

ハシブトガラ　*Parus palustris*　英名 marsh tit
【学名解】属名は ラ parus シジュウカラ．種小名は ラ 沼地の．
北海道のみに生息する留鳥．国外では東アジアとヨーロッパに分布．

コガラ　*Parus montanus*　英名 willow tit
【学名解】属名は上述．種小名は ラ 山の．
九州以北の全国に分布．国外では東アジアからヨーロッパまでのユーラシア北部に広く分布する．樹上で昆虫や種子などを採食し，しばしば貯食を行う．

ヒガラ　*Parus ater*　英名 coal tit
【学名解】属名は上述．種小名は ラ 黒い．
屋久島以北の全国に分布．東アジアからヨーロッパまでのユーラシアに広く分布する．日本産は亜種 **P. a. insularis**（島の）である．樹上で昆虫や種子を採食し，貯食も行う．

ヤマガラ　*Parus varius*　英名 varied tit
【学名解】属名は上述．種小名は ラ まだらの，多色の．
北海道から沖縄にかけて広く分布．国外では朝鮮半島南部や台湾などに分布．日本には8亜種がいる．すなわち，**ヤマガラ P. v. varius**，**オーストンヤマガラ P. v. owstoni**（オーストン氏の），**アマミヤマガラ P. v. amamii**（奄美大島の），**オリイヤマガラ P. v. olivaceus**（オリーブ色の），**ナミエヤマガラ P. v. namiyei**（波江元吉氏の），ほか3種．オーストンヤマガラ，オリイヤマガラ，ナミエヤマガラは希少亜種（環境庁）．

ルリガラ　*Parus cyanus*　英名 azure（空色の）tit
【学名解】属名は上述．種小名は ラ 青色の．
北海道利尻島での記録がある迷鳥．国外ではユーラシアの亜寒帯に広く分布．雌雄同色．

シジュウカラ　*Parus major*　英名 great tit
【学名解】属名は上述．種小名は ラ より大きい．
小笠原諸島を除く全国に留鳥として生息．国外では北アフリカ，ヨーロッパからアジアに広く分布．日本では亜種**シジュウカラ P. m. minor**（より小さな），**アマミシジュウカラ P. m. amamiensis**（奄美大島の），**オキナワシジュウカラ P. m. okinawae**（沖縄の），**イシガキシジュウカラ P. m. nigriloris**（黒い目先の）が区別される．雌雄同色．平地から山地の落葉広葉樹林に最も多いが，樹木の多い市街地でも繁殖する．

65. ゴジュウカラ科　Sittidae
【科名の由来】ゴジュウカラ属 *Sitta* ＋ 科名の語尾 -idae.

ゴジュウカラ　*Sitta europaea*　英名 nuthatch
【学名解】属名は ギ ゴジュウカラ sittē のラテン語化．種小名は ラ ヨーロッパの．

九州以北に留鳥として分布する．国外ではユーラシアに広く分布する．日本にはシロハラゴジュウカラ *S. e. asiatica*（アジアの），キュウシュウゴジュウカラ *S. e. roseilia*（バラ色の脇腹の．rosa ＋ ilia），ゴジュウカラ *S. e. amurensis*（アムールの）の3亜種が生息．木の幹を上下自由に歩き回り，昆虫をとる．

66. キバシリ科　Certhiidae
【科名の由来】キバシリ属 *Certhia* ＋ 科名の語尾 -idae.

キバシリ　*Certhia familiaris*　英名 tree creeper
【学名解】属名は ギ kerthios キバシリ．種小名は ラ 普通の，友人．

九州以北に分布．国外ではユーラシアと北米に分布．日本にはキタキバシリ *C. f. daurica*（ドーリア地方の＝バイカル湖東部地方の）とキバシリ *C. f. japonica*（日本の）の2亜種が生息．ほぼ年間を通じて留鳥．木の幹を下から上に歩いて幹にとまっている昆虫やクモを食べる．

67. メジロ科　Zosteropidae
【科名の由来】メジロ属 *Zosterops* ＋ 科名の語尾 -idae.

メジロ　*Zosterops japonica*　英名 Japanese white-eye
【学名解】属名は ギ 輪のある眼（の鳥）．種小名は近代 ラ 日本の．

全国に生息するが，北海道では少ない．国外では近隣諸国に分布する．日本では，亜種メジロ *Z. j. japonica*，シマメジロ *Z. j. insularis*（島の），シチトウメジロ *Z. j. stejnegeri*（人名由来）など6亜種が知られる．よく知られた小鳥．3〜7月が繁殖期．昆虫やクモのほかに，ツバキ，サクラ，ウメの花蜜を好む．

チョウセンメジロ　*Zosterops erythropleura*　英名 chestnut-flanked white-eye
【学名解】属名は上述．種小名は ギ 赤いわき腹の．

秋に稀な旅鳥として日本海側に渡来する．アムール地方，中国東北部，朝鮮半島北部などで繁殖，冬季はインドシナ半島に渡る．

メグロ　*Apalopteron familiare*　英名 Bonin Islands white-eye
【学名解】属名は ギ 柔らかい羽毛（の鳥）．種小名は ラ 普通の．familiaris の中性形．

小笠原諸島の固有種．国の特別天然記念物．現在は母島とその付近の島々だけに生息．繁殖期は4〜6月．絶滅危惧種（環境庁），危急種（BLI）．

68. ホオジロ科　Emberizidae
【科名の由来】ホオジロ属 *Emberiza* ＋ 科名の語尾 -idae.

キアオジ　*Emberiza citrinella*　英名 yellowhammer
【学名解】属名はホオジロのドイツ名 Embritz に因む．種小名は ラ レモン色の．
亜種 **E. c. erythrogenys**（赤い頬の）が 1935 年に長野県で記録されたのみ．ヨーロッパからモンゴルまで分布．草原や耕地，低木林に生息．

シラガホオジロ　*Emberiza leucocephala*　英名 pine bunting（松のホオジロ）
【学名解】属名は上述．種小名は ギ 白い頭の．
冬季北日本の低木林に少数が渡来．シベリア，モンゴル他で繁殖．

ホオジロ　*Emberiza cioides*　英名 Siberian meadow bunting
【学名解】属名は上述．種小名は近代 ラ イワホオジロ cia（擬声語，この鳥の鳴声 ci ci より）に似たもの．
種子島，屋久島以北に分布する．国外では日本近隣に生息．日本産は亜種 **E. c. ciopsis**（イワホオジロに似たもの．cia + opsis）に属する．

ズアオホオジロ　*Emberiza hortulana*　英名 ortolan bunting（ortolan はホオジロの類，bunting も同義）
【学名解】属名は上述．種小名は ラ 庭の．
石川県の島で 1986 年に一度だけ記録された迷鳥．ヨーロッパで繁殖．林の鳥であるが，果樹園などにも生息する．

コジュリン　*Emberiza yessoensis*　英名 Japanese reed bunting
【学名解】属名は上述．種小名は近代 ラ 蝦夷（北海道）の．
本州中部以北と熊本県で繁殖が記録されている．数の少ない鳥．国外では，中国とロシア国境地帯の限られた地方のみに生息．日本産は亜種 **E. y. yessoensis**．草原に住み，繁殖期は 6 〜 8 月．希少種（環境庁），要注意種（BLI）．

シロハラホオジロ　*Emberiza tristrami*　英名 Tristram's bunting
【学名解】属名は上述．種小名はダラムの聖堂参事会員 H. B. Tristram（1906 没）に因む．
まれな迷鳥として，日本各地（礼文島，山口県，対馬，西表島ほか）で記録がある．国外ではウスリー地方や中国東北部で繁殖．

ホオアカ　*Emberiza fucata*　英名 grey-headed bunting
【学名解】属名は上述．種小名は ラ 彩色された．
九州〜北海道に夏鳥として渡来する．南西日本には越冬するものがある．国外では中国東北部と近辺地域で繁殖する．繁殖地では山地草原，荒地草原，牧草地などに住む．

コホオアカ　*Emberiza pusilla*　英名 little bunting
【学名解】属名は上述．種小名は ラ 非常に小さい．
冬鳥として少数が渡来する．国外ではヨーロッパ中部からシベリア，モンゴルまで分布．

キマユホオジロ　*Emberiza chrysophrys*　英名 yellow-browed bunting
【学名解】属名は上述．種小名は ギ 金色の眉の．
まれな旅鳥として，冬に南西諸島に渡来する．シベリア中部で繁殖する．

カシラダカ **_Emberiza rustica_** 英名 rustic bunting
【学名解】属名は上述．種小名は ラ 農民．また，鳥の名．
　本州以南に冬鳥として渡来し，北海道では旅鳥．繁殖地はユーラシアの高緯度地方．中国東部と日本で越冬する．日本で見られるのは亜種 **_E. r. latifascia_**（広い帯）．冬の日本では林縁，水田，荒地などに見られる．

ミヤマホオジロ **_Emberiza elegans_** 英名 yellow-throated bunting
【学名解】属名は上述．種小名は ラ 優雅な．
　冬鳥として 11 月上旬ころに西日本に多く渡来する．近畿地方以東では少ない．林や農耕地を好む．国外ではウスリー川流域，中国東北部，朝鮮半島などで繁殖．

シマアオジ **_Emberiza aureola_** 英名 yellow-breasted bunting
【学名解】属名は上述．種小名は ラ 金色の，見事な．
　北海道に夏鳥として渡来する．国外では中国東北部からロシア極東とその近辺に分布．日本で繁殖するのは亜種 **_E. a. ornata_**（飾りのある）．湿原，牧草地，河川敷などを好む．

シマノジコ **_Emberiza rutila_** 英名 chestnut bunting
【学名解】属名は上述．種小名は ラ 赤い．
　まれな旅鳥として渡来する．春に対馬に小群で出現することがある．国外ではバイカル湖から東部の地で繁殖．

ズグロチャキンチョウ **_Emberiza melanocephala_** 英名 black-headed bunting
【学名解】属名は上述．種小名は ギ 黒い頭の．
　1928 年と 1930 年に八丈島での記録がある．近年の記録はかご抜けの可能性がある．ヨーロッパの地中海沿岸ほかで繁殖．

ノジコ **_Emberiza sulphurata_** 英名 Japanese yellow bunting
【学名解】属名は上述．種小名は ラ 硫黄色の．
　日本の固有種．本州中部と東北地方の標高 1,500m 以下の林で繁殖．危急種（BLI）．

アオジ **_Emberiza spodocephala_** 英名 black-faced bunting
【学名解】属名は上述．種小名は ギ 灰色の頭の．
　本州中部以北で繁殖し，中部以南で越冬する．国外ではシベリア南部，中国東北部，すこし離れてチベット東部などで繁殖．東南アジアで越冬．山地の低木林を好む．

クロジ **_Emberiza variabilis_** 英名 Japanese grey bunting
【学名解】属名は上述．種小名は ラ（季節により色彩に）変化のある．
　本州中部以北で繁殖し，本州南西部以南で越冬する．本州では日本海側の山地に多い．国外の繁殖はユーラシア東部のごく限られた地域．繁殖期は 5〜8 月．

シベリアジュリン **_Emberiza pallasi_** 英名 Pallas's reed bunting
【学名解】属名は上述．種小名はシベリア探検家の Prof. P. S. Pallas（1811 没）に因む．
　数少ない冬鳥として渡来する．それは亜種**キタシベリアジュリン _E. p. polaris_**（北極星）と亜種**シベリアジュリン _E. p. pallasi_** である．国外では天山山脈から中国東北部にかけて分布する．

オオジュリン　*Emberiza schoeniclus*　英名 reed bunting
【学名解】属名は上述．種小名は ギ アシ（葦）に関係のある小鳥の名．
繁殖期にはおもに北海道，まれに本州北部に分布し，非繁殖期には本州中部以南に渡る．国外ではヨーロッパから東はバイカルほか．日本で繁殖するのは亜種 *E. s. pyrrhulina*（ウソ *Pyrrhula* のような）である．草原性の鳥．

ツメナガホオジロ　*Calcarius lapponicus*　英名 Lapland longspur
【学名解】属名は ラ けづめの．種小名は ラ ラプランド地方の．
亜種 *C. l. coloratus*（色のついた）が数少ない冬鳥としておもに北海道や日本海側の雪のある海岸に渡来する．ユーラシア北部と北米の寒帯域で繁殖する．日本では葦原に住む．

ユキホオジロ　*Plectrophenax nivalis*　英名 snow bunting
【学名解】属名は ギ けづめを誇示するもの．実際は ギ phenax 詐欺（師）．種小名は ラ 雪の，雪白の．
冬鳥として北海道に渡来．それ以外は本州北部でまれに見られる程度．国外ではユーラシアと北米の北極圏に分布する．日本に渡来するのは亜種 **オオユキホオジロ *P. n. townsendi***（アメリカの鳥学者 J. K. Townsend に因む）である．

ゴマフスズメ　*Passerella iliaca*　英名 fox sparrow
【学名解】属名は ラ 小さなスズメ．種小名は ラ 脇腹に特徴のある．
1935 年に栃木県に飛来した記録がある．北米で繁殖．低木林に好んで生息．

ミヤマシトド　*Zonotrichia leucophrys*　英名 white-crowned sparrow
【学名解】属名は ギ 帯斑のある頭髪．種小名は ギ 白い眉の．
カナダ北西部の亜種 *Z. l. gambelii* が迷鳥として北海道，本州に飛来した記録がある．亜種小名はアメリカ西部の鳥を採集，記載した W. Gambel（1849 没）に因む．

キガシラシトド　*Zonotrichia atricapilla*　英名 golden-crowned sparrow
【学名解】属名は上述．種小名は ラ 黒髪の．
迷鳥として 1936 年に東京都の荒川下流に 1 羽渡来した記録がある．アラスカ，カナダ西部で繁殖．採食はほとんど地上で行う．

サバンナシトド　*Passerculus sandwichensis*　英名 savanna sparrow
【学名解】属名は ラ 小さなスズメ（passer）．種小名は近代 ラ サンドイッチ諸島の（現在のハワイ諸島）．
日本へは迷鳥として数回の渡来記録がある．北米，中米に分布．

69. アトリ科　Fringillidae
【科名の由来】アトリ属 *Fringilla* ＋ 科名の語尾 -idae．

アトリ　*Fringilla montifringilla*　英名 brambling
【学名解】属名は ラ アトリ．種小名は ラ 山のアトリ．
冬鳥として渡来し，全国各地に生息する．スカンジナビアからロシア北部，カムチャツカにかけて繁殖．冬には水田など広い耕作地で大群をなして落ち穂などをついばむ．群れで飛ぶ時は「キョキョ」と鳴きながら飛ぶ．

カワラヒワ *Carduelis sinica*　英名 Oriental greenfinch
【学名解】属名は ラ ゴシキヒワ．種小名は近代 ラ 中国の．
　九州以北で繁殖し，本州中部以北では冬季南に移動するが，西日本では留鳥である．沖縄と小笠原にも生息する．6亜種あり．亜種**オオカワラヒワ** *C. s. kawahiba*（和名カワラヒワより）は北方から冬鳥として渡来する．小笠原の**オガサワラカワラヒワ** *C. s. kittlitzi* は小笠原の固有亜種．亜種小名は人名由来．委細不詳．本亜種は絶滅危惧亜種．ほかの亜種名の紹介は省略．

マヒワ *Carduelis spinus*　英名 siskin
【学名解】属名は上述．種小名は ギ マヒワ spinos．
　北海道の針葉樹林で少数繁殖するが，多くは冬鳥として訪れる．イギリス北部のスコットランド以東サハリンにかけて生息．10月の渡来当初は亜高山帯針葉樹林で見かけるが，積雪とともに低山に降りてくる．常に群れで行動し，時には数百羽にもなる．

ベニヒワ *Carduelis flammea*　英名 redpoll
【学名解】属名は上述．種小名は ラ 炎色の．
　冬鳥として主に北海道に渡来し，飛来数が多い年には東北や本州中部でも見られる．つねに少群で生活．渡りの時には数十羽の群れを見かける．ヨーロッパアルプス，ロシア北部，アラスカ，カナダ北部など北半球の亜寒帯から寒帯にかけて分布．

コベニヒワ *Carduelis hornemanni*　英名 Arctic redpoll
【学名解】属名は上述．種小名はコペンハーゲン大学植物学教授のJ. W. Hornemann（1847没）に因む．
　冬鳥として渡来し，ベニヒワの群れに混じって観察されるが，数は少ない．北海道，東北，本州中部で観察があるのみ．国外では北半球の寒帯に生息．

ハギマシコ *Leucosticte arctoa*　英名 rosy finch
【学名解】属名は ギ 白い斑点の（鳥）．種小名は ギ 北極の，北の．
　（注）属名の語尾に注意ありたい．
　冬鳥として本州中部以北に渡来する．極東からアリューシャン列島，アラスカにかけて分布．本州中部では山地の低木林や高原の草地に群れて採食する．

アカマシコ *Carpodacus erythrinus*　英名 common rosefinch
【学名解】属名は ギ 果物をついばむもの．種小名は ギ 赤い．
　冬，春などにまれに迷鳥として渡来する．新潟，京都，八丈島ほかで記録がある．国外ではヨーロッパ，アジアの亜寒帯，イラン高原ほかで繁殖．

オオマシコ *Carpodacus roseus*　英名 Pallas's rosefinch
【学名解】属名は上述．種小名は ラ バラ色の．
　冬鳥として11月に渡来．本州中部以北に渡来するが数は少ない．西日本ではまれ．極東のみで繁殖．

ギンザンマシコ *Pinicola enucleator*　英名 pine grosbeak
【学名解】属名は ラ 松に住むもの．種小名は ラ 種を取り除く者．
　冬鳥として北海道に渡来する．大雪山で繁殖の記録あり．本州以南ではごくまれ．国外では北ヨーロッパからサハリン，北米に分布．千島列島と大雪山ではハイマツ林で繁殖．

イスカ *Loxia curvirostra* 英名 crossbill
【学名解】属名は ギ 交差した（嘴の鳥）．種小名は ラ 曲った嘴の．
　多くは冬鳥として渡来するが，北海道，本州中・北部で少数が繁殖．国外では北半球の亜寒帯や温帯の針葉樹林を中心に広く分布．スズメよりやや大きい．嘴の先は曲がり，上下にくいちがっている．

ナキイスカ *Loxia leucoptera* 英名 white-winged crossbill
【学名解】属名は上述．種小名は ギ 白い翼の．
　まれな冬鳥として，東北地方から中国地方で記録されている．国外ではフィンランド，シベリア北部，北米北部などで繁殖．日本にくるのは亜種 *L. l. bifasciata*（二本の帯のある）．山地のアカマツ，カラマツなどの針葉樹林に生息．イスカの群れにまじっていることが多い．飛びながら「チョッチョッ」と鳴く．地鳴きは「ピィー」．

ベニマシコ *Uragus sibiricus* 英名 long-tailed rosefinch
【学名解】属名は ギ 後衛の指揮者．種小名は近代 ラ シベリアの．
　北海道と青森県の下北半島で繁殖する．本州以南では冬鳥．西日本では少ない．国外ではユーラシア東部で繁殖．冬季，本州以南では低地から山地の林縁，河原や湖畔のヨシ原に小群で生活する．

オガサワラマシコ *Chaunoproctus ferreorostris* 英名 Bonin grosbeak
【学名解】属名は ギ 広い尾（尻）の鳥．種小名は ラ 鉄色の嘴の．
　小笠原諸島産の固有種であるが，19世紀に絶滅した．1827年にイギリス船ブロッサム号の船長ビーチーが雌雄各1羽を採集．標本は大英博物館が所蔵している．海岸の林に生息し，たいてい地上にいた．人を恐れず，近距離まで接近できた．非常に良い声で鳴いたという．絶滅種（環境庁）．

ウソ *Pyrrhula pyrrhula* 英名 bulfinch
【学名解】属名は ギ ウソ．種小名も同じ．珍しいトートニムの学名．
　本州中部以北の亜高山帯針葉樹林，北海道低地のエゾマツ林で繁殖．冬には西日本の低山や低地でも見られる．亜種ウソ *P. p. griseiventris*（灰色の腹の），亜種アカウソ *P. p. rosacea*（バラ色の），亜種ベニバラウソ *P. p. cassinii*（フィラデルフィア科学アカデミーの Cassin 氏に因む）が知られている．国外ではユーラシアの北部に広く分布する．

イカル *Eophona personata* 英名 Japanese grosbeak（後者はシメの類の鳴鳥）
【学名解】属名は ギ 暁の声．種小名は ラ 仮面をかぶった．
　北海道，本州，九州の低地から山地で繁殖する．国外ではシベリア東部などの極東のみで繁殖する．冬季には西日本で越冬する．落葉広葉樹林にすみ，落葉樹に営巣する．

コイカル *Eophona migratoria* 英名 black-tailed hawfinch（後者はシメ）
【学名解】属名は上述．種小名は ラ 渡り鳥の．
　主に冬鳥で日本南西部に多い．熊本県，島根県で繁殖の記録がある．国外ではシベリア南東部とその近辺で繁殖し，中国南部，台湾，日本などに渡る．秋から冬に低地から山地の落葉広葉樹に生息し，村落，市街地の木立にもくる．

シメ　*Coccothraustes coccothraustes*　英名 hawfinch
【学名解】属名は ギ シメ，イカルの類．種小名は属名と同じ．珍しいトートニムの学名．また，亜種シベリアシメ *C. c. coccothraustes* の学名は 3 連名となる．日本にも渡来する．

北海道で繁殖し，本州以南には冬鳥として訪れる．国外ではヨーロッパから極東まで広く分布．日本の本州以南，朝鮮半島から中国南部が主な越冬地．ずんぐりとした体形で，頭と嘴が大きい．冬季は都会の公園でもみられる．

70. ハタオリドリ科　Ploceidae
【科名の由来】ハタオリ属 *Ploceus* + 科名の語尾 -idae．属名は ギ 巣を編む鳥，の意．plokē 編むこと．

イエスズメ　*Passer domesticus*　英名 house sparrow
【学名解】属名は ラ スズメ．種小名は ラ 家の，人家に住む．

日本では近年になって北海道の日本海側で生息が確認された．ユーラシアに広く分布し，南北アメリカ，オセアニアにも移入，世界に分布を広げた．海外では市街地や農耕地に住み，雑草の種子や昆虫などを食べる．

ニュウナイスズメ　*Passer rutilans*　英名 cinnamon sparrow
【学名解】属名は上述．種小名は ラ 赤く輝く．

本州中部以北の多雪地帯で繁殖し，冬は温暖な西日本に移動する．日本産は亜種 ***P. r. rutilans***．農耕地や河原などが好きである．

スズメ　*Passer montanus*　英名 tree sparrow
【学名解】属名は上述．種小名は ラ 山の．

小笠原諸島をのぞく日本全国に留鳥として生息する．人との結びつきが強い鳥．白い頬に黒斑があるので，黒斑のないニュウナイスズメやイエスズメと区別がつく．国外ではユーラシアの温帯，亜寒帯に広く分布する．日本産は亜種 ***P. m. saturatus***（濃い色の）．

71. ムクドリ科　Sturnidae
【科名の由来】ムクドリ属 *Sturnus* + 科名の語尾 -idae．

ギンムクドリ　*Sturnus sericeus*　英名 silky starling
【学名解】属名は ラ ムクドリ．種小名は近代 ラ 絹のような．

まれな迷鳥として，与那国島，西表島で記録されている．近年東京や大阪でも観察された．国外では中国南東部で繁殖する．中国では農耕地に生息．

シベリアムクドリ　*Sturnus sturninus*　英名 Daurian（ドーリア地方の）starling
【学名解】属名は上述．種小名は ラ ムクドリのような．覚えやすい学名．

まれな迷鳥で，小笠原諸島で記録がある．ウスリー地方，中国東北部ほかで繁殖し，中国南部，東南アジアで越冬する．

コムクドリ　*Sturnus philippensis*　英名 biolet-backed starling，chestnut-cheeked starling，red-cheeked starling
【学名解】属名は上述．種小名は ラ フィリピン産の．

本州中部から北海道に夏鳥として渡来する．国外ではサハリン南部，南千島で繁殖．要注意種（BLI）．

カラムクドリ *Sturnus sinensis* 英名 Chinese starling, white-shouldered starling
【学名解】属名は上述. 種小名は ラ 中国産の.
まれな迷鳥として石垣島や宮古島などで記録がある. 中国南部ほかで繁殖. 中国では平地の農耕地や村落やその近くの林に生息.

ホシムクドリ *Sturnus vulgaris* 英名 common starling
【学名解】属名は上述. 種小名は ラ 普通の.
数の少ない冬鳥または旅鳥で, 九州南部や沖縄県南部に渡来する. 国外では北アフリカ, ヨーロッパ, インド北部ほかで繁殖. 北米, オーストラリアなどに人為的に移入された.

ムクドリ *Sturnus cineraceus* 英名 grey（gray）starling
【学名解】属名は上述. 種小名は ラ 灰色の.
九州以北で留鳥または漂鳥として繁殖する. 国外では中国東北部ほかで繁殖. 平地から山地の村落, 市街地, 農耕地, 草原などに生息. 秋から冬にかけては大群でねぐらに集まる.

ハッカチョウ *Acridotheres cristatellus* 英名 Chinese jungle myna(h)（八哥鳥）
【学名解】属名は ギ バッタを狩るもの. 種小名は ラ 小さな冠羽のある.
まれな迷鳥で, 沖縄県与那国島で記録されている. 日本には江戸時代から飼鳥として輸入されてきた. 近年東京都などでは飼鳥が野生化して繁殖しているらしい.

72. コウライウグイス科　Oriolidae
【科名の由来】コウライウグイス属 *Oriolus* ＋ 科名の語尾 -idae.

コウライウグイス *Oriolus chinensis* 英名 black-naped oriole
【学名解】属名は ラ 金色の（鳥），の意. 種小名は近代 ラ 中国の.
数少ない旅鳥として主に日本海側の島々に渡来. 九州から北海道まで記録がある. 20亜種があり, 日本では亜種 *O. c. diffusus*（広がった）の記録がある. 明るい林で繁殖.

73. モリツバメ科　Artamidae
【科名の由来】モリツバメ属 *Artamus* ＋ 科名の語尾 -idae.

モリツバメ *Artamus leucorhynchus* 英名 white-breasted wood-swallow
【学名解】属名は ギ 屠殺者. 種小名は ギ 白い嘴の.
1973年4月に西表島から1例の記録があるだけの迷鳥. 11亜種あり. 日本に渡来したのは亜種 *A. l. leucorhynchus* と推測されている. アンダマン諸島からインドネシア, フィリピン, ソロモン諸島にかけて広く分布する.

74. オウチュウ科　Dicruridae
【科名の由来】オウチュウ属 *Dicrurus* ＋ 科名の語尾 -idae.

オウチュウ *Dicrurus macrocercus* 英名 black drongo
【学名解】属名は ギ 分岐した尾の（鳥）. 種小名は ギ 長い尾の.
おもに南西諸島や日本海側の島から春の渡りの時期に稀な記録があるだけの迷鳥. 国外ではインド, 東南アジアほかで繁殖. 山地の林縁, 開墾地, 農耕地などに生息. 飛翔は浅い波状飛行である.

75. カラス科　Corvidae
【科名の由来】カラス属 *Corvus* + 科名の語尾 -idae．鳥の中で最も進化したグループと考えられており，群れ生活をする傾向が強い．

カケス　*Garrulus glandarius*　英名 jay, Eurasian jay
【学名解】属名はラおしゃべりの，ギャーギャー鳴く（鳥）．種小名はラドングリの（好きな）．九州以北に分布．国外では中国からヨーロッパにかけて分布．33 亜種がある．日本には北海道で繁殖する**ミヤマカケス *G. g. brandtii***（人名由来），屋久島の亜種**ヤクシマカケス *G. g. orii***（人名由来），その他の地域の亜種**カケス *G. g. japonicus*** の 3 亜種が知られる．日本では山地の林に周年生息する．雑食性で，繁殖期には昆虫をよく食べるが，秋にはドングリなどの木の実を大量に貯蔵し，秋から冬，春先の食物とする．

ルリカケス　*Garrulus lidthi*　英名 Lidth's jay, Amami jay
【学名解】属名は上述．種小名はユトレヒト大学の動物学教授 Th. G. van Lidth de Jeude に因む．奄美大島，加計呂麻島，請島に生息する固有種．雌雄同色．雑食性で，地上と樹上で採食．昼行性．危急種（環境庁，BLI）．国の天然記念物．

オナガ　*Cyanopica cyana*　英名 azure-winged magpie（マグパイはカササギのこと）
【学名解】属名は近代ラ青い（暗青色の）カササギ＜ kyanos + pica．種小名はラ青い．本州の中部以北に留鳥として分布する．原野の疎林，村落，緑地の多い住宅地，公園などに住み，群れで移動する．国外ではヨーロッパの一部と極東に生息．

カササギ　*Pica pica*　英名 magpie
【学名解】属名はラカササギ．種小名も同じ．珍しいトートニムの学名．発音も面白い．留鳥として九州北部（主に佐賀県）に限局して生息．むかし，韓国から持ち帰ったという説がある．国外では北半球に広く分布する．農耕地，市街地に生息．雑食性．黒と白の目立つ色彩をしている．希少種（環境庁），地域指定の国の天然記念物．

ホシガラス　*Nucifraga caryocatactes*　英名 nutcracker（ホシガラス，クルミ割り，の意）
【学名解】属名はラ木の実をくだく（鳥）．種小名はギクルミを割るもの．北海道，本州，四国に分布．国外では極東からヨーロッパに至る山岳地帯の針葉樹林に生息する．日本では 2 亜種すなわち**ホシガラス *N. c. japonica*** と**ハシナガホシガラス *N. c. macrorhynchos***（大きな嘴の）が知られている．日本では亜高山の針葉樹林帯に周年生息する．

コクマルガラス　*Corvus dauricus*　英名 Daurian jackdow
【学名解】属名はラカラス（ワタリガラス）．種小名はラドーリア地方（バイカル湖東部地方）の．九州を中心とした西日本に冬鳥として渡来する．渡来数は年によって変動する．国外ではアムール川流域とその近辺に分布．疎林や農耕地を好み，雑食性．

ニシコクマルガラス　*Corvus monedula*　英名 jackdow
【学名解】属名は上述．種小名はラコクマル（黒丸）ガラス．迷鳥としてごく稀に渡来する．ヨーロッパからユーラシア中央部にかけて分布．コクマルガラスに似て，社会性が強く，群れでみられることが多い．時には大群を形成する．

ミヤマガラス　*Corvus frugilegus*　英名 rook
【学名解】属名は上述．種小名は ラ 果実を集める．

冬鳥として主に九州に渡来する．ヨーロッパからアムール川沿岸に分布．日本では広い畑や水田に群れ，地上に落ちた穀類や昆虫を食べる．時には数百羽の大群でみられる．

ハシボソガラス　*Corvus corone*　英名 carrion crow
【学名解】属名は上述．種小名は ギ ハシボソガラス．

九州以北に留鳥として分布する．沖縄では冬鳥で数も少ない．ユーラシア全域（熱帯と寒帯を除く）に分布．全身黒色でハシブトガラスによく似るが，嘴が細く，体がやや小さく，額がでっぱっていない．農耕地や林縁，市街地などの開けた環境に生息．

ハシブトガラス　*Corvus macrorhynchos*　英名 jungle crow
【学名解】属名は上述．種小名は ギ 大きな嘴の．

全国に留鳥として生息．国外ではロシア沿海地方，東南アジア他に分布．日本では4亜種，すなわち**チョウセンハシブトガラス *C. m. mandshuricus*** （満州の，いまの中国東北部），**ハシブトガラス *C. m. japonensis*，リュウキュウハシブトガラス *C. m. connectens*** （結合した），**オサハシブトガラス *C. m. osai*** （人名由来）が認められる．

イエガラス　*Corvus splendens*　英名 house crow
【学名解】属名は上述．種小名は ラ 輝いている．

ごく稀な迷鳥．国外ではパキスタン，バングラデシュ，インド，ヒマラヤ山麓などに分布．町中や市街地といった人の住む場所に多い．

ワタリガラス　*Corvus corax*　英名 raven
【学名解】属名は上述．種小名は ギ ワタリガラス＝ ラ カラス．

冬鳥として北海道東部と北部の海岸に少数渡来する．国外ではアフリカ北部，ヨーロッパ，ロシア，北米，グリーンランドに広く分布する．カラス類の最大種．山地，海岸，荒野などに生息．

帰化鳥

帰化鳥については，平凡社の『日本動物大百科』は発行年がやや古く（1997年），3種（ワカケホンセイインコ，ドバト，ソウシチョウ）しか記載がないので，最新の2012年の発行の真木広造著『野鳥大図鑑』によった．この図鑑には上記の3種類を含め8種類の帰化鳥が図示記載されている．

スズメ目チメドリ科

1. ガビチョウ　*Garrulax canorus*　英名 Hwamei（Hwa-mei）
【学名解】属名は近代 ラ ギャーギャー鳴く鳥，おしゃべりの鳥．種小名は ラ 良い声の，声が美しい．

中国南部からラオス，ベトナム，台湾に産する．1980〜90年代から野生化し，冬の積雪が少ない九州や東海地方の人里近くの雑木林などに生息．特定外来生物に指定されている．

2. **ソウシチョウ**　*Leiothrix lutea*　英名 red-billed leiothrix, Pekin robin
   【学名解】属名は ギ なめらかな羽毛の（鳥）．種小名は ラ 黄色の．
   中国南部，ベトナム北部からヒマラヤ西部に生息．特定外来生物．

スズメ目ムクドリ科

3. **ハッカチョウ**　*Acridotheres cristatellus*　英名 crested myna（とさかのある九官鳥）
   【学名解】属名は ギ バッタを狩るもの．種小名は ラ 小さな冠羽のある．
   中国中・南部から東南アジア北部に分布．1970～80年代から関東以南で野生化が確認されている．ただし八重山諸島（与那国島）に渡来するものは天然個体とされている．（注）本章の「71. ムクドリ科」の中に記載されている．

スズメ目カエデチョウ科

4. **ベニスズメ**　*Amandava amandava*　英名 red munia
   【学名解】属名はボンベイ州の地名 Ahmadabad に因む．種小名も同じ．珍しいトートニム．
   1960年代から関東，東海，近畿などで野生化が確認された．河川敷などに生息するが，現在は個体数が減少している．

5. **シマキンパラ**　*Lonchura punctulata*　英名 natmeg mannikin, spotted munia
   【学名解】属名は ギ 槍状の尾の（鳥）．種小名は ラ 小斑点のある．
   東京都や神奈川県でも確認されているが，主に沖縄県で定着している．農作物への被害が懸念されている．

ハト目ハト科

6. **ドバト**　*Columba livia*　英名 rock dove, rock pigeon（rock は揺り動かす，の意）
   【学名解】属名は ラ ハト．種小名は ラ 鉛色の．
   中国西部から中央アジア，中近東，アフリカ北部に生息．**家畜化されたカワラバトが起源**．大和，飛鳥時代から移入された．全国に生息し，糞害や病気媒介が懸念される．

キジ目キジ科

7. **インドクジャク**　*Pavo cristatus*　英名 common peafowl, Indian peafowl
   【学名解】属名は ラ クジャク．種小名は ラ 冠羽のある．
   インドやその近隣諸国に分布．近年鹿児島県の諸島で定着しはじめ，希少な野生生物の捕食，農作物被害，在来鳥類との競合が懸念されている．

インコ目インコ科

8. **ワカケホンセイインコ**　*Psittacula krameri manillensis*　英名 rose-ringed parakeet
   【学名解】属名は ギ 小さなインコ．種小名はオーストリア人の H. Kramer 氏に因む．亜種小名はマニラ（フィリピン）の．
   インド南部，スリランカに分布．本州中部以西の各地で生息が確認されている．特に東京都では1969年から定着．都の西南部では数百羽が生息しているという．

追加

ところが，『野鳥大図鑑』より 12 年も古い『日本の野鳥 590』には，「外来種（かご抜け鳥）」として 18 種が図示されている．このうち，『野鳥大図鑑』の帰化鳥と重複するのは 4 種（ドバト，ホンセイインコ，ベニスズメ，シマキンパラ）だけである．そこで残りの 14 種をここに紹介したい．私にはどうしてこのような差が生じたのか良く分からない．

1. ショウジョウトキ　*Eudocimus ruber*
   【学名解】属名は ギ 有名な（鳥）．種小名は ラ 赤い．

2. コクチョウ　*Cygnus atratus*
   【学名解】属名は ラ ハクチョウ．種小名は ラ 黒い（喪服をきた）．

3. オオフラミンゴ　*Phoenicopterus ruber*
   【学名解】属名は ギ フラミンゴ．種小名は ラ 赤い．

4. セキセイインコ　*Melopsittacus undulatus*
   【学名解】属名は ギ 歌うオウム．種小名は ラ 波状斑の．

5. コキンメフクロウ　*Athene noctua*
   【学名解】属名は ギ ギリシア神話の知恵の女神．種小名は ラ 夜の鳥，すなわちフクロウ．

6. エジプトガン　*Alopochen aegyptiaca*
   【学名解】属名は ギ キツネ色のガン．種小名は ラ エジプトの．

7. アメリカオシ　*Aix sponsa*
   【学名解】属名は ギ 水鳥の一種．種小名は ラ 花嫁，婚約者．

8. コウラン　*Pycnonotus jocosus*
   【学名解】属名は ギ 密な羽毛の背中（の鳥）．種小名は ラ ふざける．

9. ヘキチョウ　*Lonchura maja*
   【学名解】属名は ギ 槍状の尾の（鳥）．種小名は近代 ラ 鳥の名．メキシコ人が Maja と呼ぶ鳥に似た中国の鳥の名．

10. ギンパラ（キンパラ）　*Lonchura malacca*
    【学名解】属名は ギ 槍状の尾の（鳥）．種小名は近代 ラ マラッカ（の）．

11. オウゴンチョウ　*Euplectes afer*
    【学名解】属名は ギ 真のハタオリ．種小名は ラ アフリカの．

12. カオグロガビチョウ　*Garrulax perspicillatus*（ガビチョウは前記「帰化鳥」の中にある）
    【学名解】属名は ラ ギャーギャー鳴く（鳥）．種小名は ラ めがねをかけた．

13. ジャワハッカ　*Acridotheres javanicus*（ハッカチョウは前記「帰化鳥」の中にある）
    【学名解】属名は ギ バッタを狩るもの．種小名は近代 ラ ジャワの．

14. キンランチョウ　*Euplectes franciscanus*
    【学名解】属名は ギ 真のハタオリ（鳥）．種小名は近代 ラ サンフランシスコ川（ブラジル）の（『鳥類学名辞典』による）．

第 7 章
日本のレッドデータブックの鳥たち

　朝比奈正二郎・今泉吉典・上野俊一・黒田長久・中村守純の 5 氏監修になる『日本絶滅危機動物図鑑　レッドデータアニマルズ』が 1992 年に発行されている（JICC 出版局）．総計 190 頁の手ごろな本であるが，巻頭の 88 頁におよぶ原色図版は美しい．

　鳥類についてはウミガラスからヨナクニカラスバトまで 70 種の解説がある．今，これらの鳥を簡単に紹介する．その狙いは日本固有種，固有亜種や天然記念物などの指定の有無を示すことである．この図鑑に示された 70 種の鳥は，絶滅危惧種（27 種），危急種（27 種），希少種（16 種）の合計であるが，具体的にはその区別は示されていない．示されているのは日本固有種，日本固有亜種，国指定天然記念物の区別だけである．必要と思われる区別は本章の【指定の有無】の項に述べた．

　この本（図鑑）によると，日本の鳥類は，現在 668 種が知られ，そのうち 13 種が絶滅し，絶滅のおそれのあるものは 119 種（いずれも亜種を含む）にのぼる，とある．ただし，この 119 種の内訳は不明である．なお，絶滅した 13 種については本章の最後に述べる．

ウミガラス　*Uria aalge inornata*（チドリ目，ウミスズメ科）
　北半球の北部に広く分布するウミガラスの北太平洋の亜種で，日本では北海道の天売島ほかで繁殖する．天売島では 1963 年に約 6 千羽を数えたが，25 年後には 191 羽になってしまった．減少の原因は不明．
　【学名解】属名は水鳥の一種の ギ 古名．種小名はウミガラスのデンマーク語に由来．亜種小名は ラ 飾りのない．
　【指定の有無】本書には記載なし．ただし，絶滅危惧種（環境庁）．

エトピリカ　*Lunda cirrhata*（チドリ目，ウミスズメ科）
　和名は「美しい嘴」という意味のアイヌ語．夏羽では嘴は大きくて赤橙色．日本での繁殖地は北海道の東部に限られる．
　【学名解】属名はツノメドリの北欧語 Lunde に因む．種小名は ラ 巻き毛（房毛）のある．
　【指定の有無】本書には記載なし．ただし，絶滅危惧種（環境庁）．

カンムリウミスズメ　*Synthliboramphus wumizusume*（チドリ目，ウミスズメ科）
　主な繁殖地である伊豆諸島での繁殖総数は，約 500 〜 1,000 羽と推定される．
　【学名解】属名は ギ 側扁形の嘴の＜ synthlibō 横に圧縮する ＋ rhamphos 嘴．種小名は和名のウミスズメ（z と s が入れ替わった造語）．
　【指定の有無】国指定天然記念物．

チシマウガラス　*Phalacrocorax urile*（ペリカン目，ウ科）
北海道東部の太平洋側，千島列島，アラスカの沿岸に周年生息する．巧に潜水し，魚類を主食とする．
【学名解】ギ 禿頭のワタリガラス＜ phalakros ＋ korax．種小名はカムチャツカ地方でのこの鳥の呼び名．
【指定の有無】本書には記載なし．ただし，絶滅危惧種（環境庁）．

アホウドリ　*Diomedea albatrus*（ミズナギドリ目，アホウドリ科）
伊豆諸島の鳥島と尖閣諸島の南小島で繁殖する北太平洋で最大の海鳥．良質の羽毛をとる目的で数百万羽が殺され，1940 年代には絶滅寸前となった．
【学名解】属名はギリシア神話の Diomēdēs に因む．トロイ戦争の英雄．種小名はアホウドリの英名 albatross に由来．
【指定の有無】日本固有種．国指定特別天然記念物．

クロウミツバメ　*Oceanodroma matsudairae*（ミズナギドリ目，ウミツバメ科）
全長 25 cm の小型の海鳥．北硫黄島と南硫黄島のみで繁殖する．繁殖期は 1 〜 6 月．非繁殖期にはインド洋，オーストラリア北部，アフリカ東岸の亜熱帯海域で観察されている．
【学名解】属名は ギ 大洋を走るもの．種小名は松平頼孝氏（1945 没）に因む．
【指定の有無】日本固有種．ただし，危急種（環境庁）．

ライチョウ　*Lagopus mutus japonicus*（キジ目，ライチョウ科）
種ライチョウの日本本土亜種．本州中部の高山帯のハイマツ帯や岩石帯に生息する．羽色は夏は褐色で冬は純白．イヌワシなどの天敵に対する保護色となっている．
【学名解】属名は ラ ギ ライチョウ．原意はノウサギの足（のように毛の多い）．種小名は ラ 無言の．
【指定の有無】日本固有亜種．国指定特別天然記念物．

コウノトリ　*Ciconia ciconia boyciana*（コウノトリ目，コウノトリ科）
種コウノトリのアジアの亜種．翼開長が 2 m になる大きな鳥．全身ほとんど白色で，風切羽と嘴は黒く，脚は赤い．水田や川，その周辺の湿地などで魚やカエルなどを捕食する．
【学名解】属名は ラ コウノトリ．トートニムの学名．亜種小名は人名由来と推定．委細不明．
【指定の有無】国指定特別天然記念物．

トキ　*Nipponia nippon*（コウノトリ目，トキ科）
20 世紀初頭までは全国各地で繁殖していた普通種であった．1991 年現在，日本産トキは佐渡のトキ保護センターで飼育される 1 羽のみであり，野生のトキは中国の陝西省泰嶺山地で繁殖する 10 数羽が確認されているだけである．カエル，タニシ，ドジョウ，水生昆虫を主な食餌とし，採食地である水田や湿地の高木の樹上に営巣する．
【学名解】産地の日本に因む珍しい形の学名．
【指定の有無】国指定特別天然記念物．

サンカノゴイ　*Botaurus stellaris stellaris*（コウノトリ目，サギ科）
種サンカノゴイの1亜種で，ユーラシア大陸の中部に広く分布している．日本では北海道と本州の一部で局地的に繁殖している．個体数は極めて少ない．
【学名解】属名は ラ 牛（に似た鳴き声）のサンカノゴイ＜ bos 牛 + taurus サンカノゴイ（牛という意味が主力）．種小名は ラ 星をちりばめた．
【指定の有無】本書には記載なし．ただし，希少種（環境庁）．

ミゾゴイ　*Gorsachius goisagi*（コウノトリ目，サギ科）
本州，伊豆諸島，九州の山間の林で繁殖し，冬は南下して台湾やフィリピンに渡る．個体数は少ない．
【学名解】和名ゴイサギをラテン語化したもの．下手な訳である．種小名はゴイサギ．
【指定の有無】日本固有種．また，希少種（環境庁）．

ズグロミゾゴイ　*Gorsachius melanolophus melanolophus*（コウノトリ目，サギ科）
種ズグロミゾゴイの1亜種．東南アジアに分布．日本では八重山諸島に留鳥として繁殖する．主に夕方から夜間に採餌することが多い．
【学名解】属名は上述．種小名・亜種小名は ギ 黒い冠羽の．
【指定の有無】日本固有亜種．また，希少種（環境庁）．

タンチョウ　*Grus japonensis*（ツル目，ツル科）
北海道東部の湿原や湖沼周辺で繁殖し，冬もそこで越冬する．東部シベリアとその近辺にも生息するが，北海道の個体は長距離の渡りをせず，大陸との間に交流はないようである．釧路地方ではかつて絶滅の危機にあったが，冬期の給餌で復活した．
【学名解】属名は ラ ツル．種小名は近代 ラ 日本の．
【指定の有無】国指定特別天然記念物．

ナベヅル　*Grus monacha*（ツル目，ツル科）
中国と旧ソ連の国境地帯で繁殖し，日本には冬期渡来する．鹿児島県出水市周辺では約 7,000 羽が越冬し，年々増加している．もう1ヵ所の越冬地山口県熊毛町では逆に年々減少している．
【学名解】属名は上述．種小名は ラ ギ 修道尼．
【指定の有無】本書には記載なし．ただし，危急種（環境庁）．

マナヅル　*Grus vipio*（ツル目，ツル科）
中国と旧ソ連国境地帯で繁殖し，日本では冬期渡来し越冬する．鹿児島県出水市では約 2,000 羽が越冬し，年々増加している．日本は世界的にも重要なマナヅルの越冬地であるため，保護については大きな責任がある．
【学名解】属名は上述．種小名は ラ 小型のツルの一種．
【指定の有無】本書には記載なし．ただし，危急種（環境庁）．

ヤンバルクイナ　*Rallus okinawae*（ツル目，クイナ科）
沖縄本島北部に生息し，1981 年に発見された新種．全長 30 cm．亜熱帯の常緑広葉樹林を好む．殆んど飛べない．夜間は山の斜面にある傾斜した木に登り，眠る．環境の変化と野良猫やマングースが大敵．生息数は推定約 1,800 羽．地上性の鳥．
【学名解】属名はクイナのドイツ語名 Ralle に由来．種小名は沖縄の．
【指定の有無】日本固有種．国指定天然記念物．

囲み記事 10

アフリカ産サギの1種 *Egretta* sp.

(出典：筆者撮影，ロンドン動物園にて)

　　ロンドン動物園で放し飼い同様に飼育されていたサギをみて，カメラに収めた．多分コサギ *Egretta garzetta* であろう．近寄っても逃げようとしないのに驚いた．
　　【学名解】属名はシラサギのフランス語名 aigrette に由来．種小名はコサギのイタリア語名 sgarzetta に由来．

オオクイナ　*Rallina eurizonoides sepiaria*（ツル目，クイナ科）
　熱帯アジアに広く分布するオオクイナの八重山亜種．近年は沖縄本島や宮古島でも確認されている．全長 27 cm．前者同様に地上性．
　【学名解】属名は ラ クイナ *Rallus* に似た（鳥）．種小名はナンヨウオオクイナに似たもの，の意．ナンヨウオオクイナ *Gallinula euryzona* の種小名に由来する種小名．*euryzonoides* の訂正名がある．亜種小名は ラ セピア色の．
　【指定の有無】日本固有亜種．ただし，危急種（環境庁）．

アマミヤマシギ　*Scolopax mira*（チドリ目，シギ科）
　奄美大島，徳之島，沖縄本島などのシイやタブの常緑広葉樹林に生息．全長 36 cm．黒褐色で，嘴が長い．夜行性．人をみてもあまり恐れず，飛ばずに，地上を逃げて林の中に隠れる．
　【学名解】属名は ギ ヤマシギ．種小名は ラ 驚くべき，素晴らしい．
　【指定の有無】日本固有種．ただし，絶滅危惧種（環境庁）．

囲み記事 11

遠距離の渡りをするゴールデン・プラバー（上 2 羽の小鳥）

（出典：筆者撮影．カウアイ島の高所のロッジの庭にて）

　鳥は渡りをするので有名な動物であるが，私がハワイ列島のカウアイ島の頂上付近のロッジの庭で見たアメリカ・ゴールデン・プラバー *Pluvialis dominica*（英名 American Golden Plover）もカナダ北部から南米に渡る．その長距離の渡りの途中の姿をとらえたのがこの写真である．手前の大きな鳥は日本鶏である．この庭先の小鳥のことは，ロッジの主人が自慢そうに私に話してくれた．
　【学名解】属名は ラ 雨に関係のある鳥（『鳥類学名辞典』）．種小名は ラ ドミニカの．

カラフトアオアシシギ　*Tringa guttifer*（チドリ目，シギ科）
　世界的にも珍しいシギ．東南アジアで越冬．日本では春秋の渡りのときに少数が通過．
　【学名解】属名は ギ tryngas クサシギ，に由来．種小名は ラ 斑点をもつ．
　【指定の有無】なし．ただし，危急種（環境庁），絶滅危惧種（BLI）．

ヘラシギ　*Eurynorhynchus pygmeus*（チドリ目，シギ科）
　極東シベリアの北部沿岸地方で繁殖し，東南アジアの沿岸で越冬する．日本では春秋の渡りの時に通過するが，個体数は少ない．全長 15 cm．嘴が扁平でスプーン状．水中や泥の中で開いたり閉じたりしながら左右に振り，小型の甲殻類を採餌する．
　【学名解】属名は ギ 広がった嘴の（鳥）．種小名は ギ pygmaios 小人のような．
　【指定の有無】写真なし．本書に指定なし．ただし，危急種（環境庁）．

シベリアオオハシシギ　*Limnodromus semipalmatus*（チドリ目，シギ科）
アジア大陸中央部で繁殖し，日本では春秋の渡りの時に稀に通過する．全長 35 cm．河口や入江の干潟や泥地に飛来し，真っ直ぐな長い嘴を泥の中に差し込んで，水生小動物を捕食する．
【学名解】属名は 🈐 沼地を走るもの．種小名は 🈑 半分みずかきのある．
【指定の有無】写真なし．指定なし．ただし，危急種（環境庁）．

コシャクシギ　*Numenius minutus*（チドリ目，シギ科）
アジア北部の湿地や湿原で繁殖し，オーストラリアなどの沿岸の草原で越冬する．日本では春秋の渡りの時期に少数が数日間滞在する．
【学名解】属名は 🈐 ダイシャクシギ．種小名は 🈑 小さい．
【指定の有無】写真なし．指定なし．ただし，危急種（環境庁）．

チシマシギ　*Calidris ptilocnemis*（チドリ目，シギ科）
シベリア東方部ほかで繁殖する．日本での記録はごく少ない．
【学名解】属名はシギの一種の 🈐 kalidris．種小名は 🈑 羽の生えたすね（脛）の．
【指定の有無】指定なし．ただし，希少種（環境庁）．

オオジシギ　*Gallinago hardwickii*（チドリ目，シギ科）
サハリン南部から北海道および本州中部以北で繁殖し，冬期は南半球で越冬する．渡りの時期にはオーストラリアまで直行する長距離の渡りをする．北海道では草原・牧場・湿原などに普通．
【学名解】属名は 🈑 ニワトリ（雌）に似たもの．種小名は大英博物館の J. E. Gray に協力した陸軍少将 Hardwicke に因む．
【指定の有無】日本固有種．また，希少種（環境庁）．

アカアシシギ　*Tringa totanus eurhinus*（チドリ目，シギ科）
ユーラシア大陸の温帯に広く分布するアカアシシギのアジアの亜種．日本では北海道東部の湿原で繁殖が確認されている．冬は南下する．
【学名解】属名は 🈐 tryngas クサシギ．に由来．種小名はアカアシシギのイタリア語 totano に由来．亜種小名は 🈐 良い（美しい）鼻（嘴）の．
【指定の有無】指定なし．ただし，希少種（環境庁）．

シジュウカラガン　*Branta canadensis leucopareia*（カモ目，カモ科）
カナダガンの 1 亜種で，アリューシャン列島で繁殖し，アメリカ西海岸で越冬する．1935 年頃まで，宮城県に数百羽が冬鳥として渡来していたが，近年ではごく稀にほかのガンに交じって 1～3 羽が飛来するにすぎない．全長 68 cm．頬から喉への白斑が特徴．
【学名解】属名は「燃えるような羽毛の鳥」の意で，ドイツ語 Brantgans（もえるガン）に由来．種小名は近代 🈑 カナダの．亜種小名は 🈐 白い頬の．
【指定の有無】指定なし．日本に渡来する亜種は危急種（環境庁）．

サカツラガン　*Anser cygnoides*（カモ目，カモ科）
シベリア東南部や中国東北部で繁殖する．以前は冬鳥として千葉県に 100 羽以上の群れで渡来したが，近年は他のガンに交って数羽がみられるだけである．
【学名解】属名は 🈑 ガン．種小名は 🈑 ハクチョウ属 *Cygnus* に似たもの．
【指定の有無】指定なし．ただし，危急種（環境庁）．

ツクシガモ　*Tadorna tadorna*（カモ目，カモ科）
　ユーラシア大陸温帯地域で繁殖する．日本では冬期に九州の有明海に渡来する．美麗な全長 62 cm の水禽．
　【学名解】トートニムの学名．属名はツクシガモのフランス語名 tadorne に由来．
　【指定の有無】指定なし．ただし，絶滅危惧 I B 類．

カンムリカイツブリ　*Podiceps cristatus cristatus*（カイツブリ目，カイツブリ科）
　種カンムリカイツブリのユーラシア大陸の亜種で，温帯に広く分布する．冬期に日本各地の湖沼，内湾，河口に渡来する．写真なし．
　【学名解】属名は ラ しり足の（鳥）．種小名は ラ 冠羽をもつ．
　【指定の有無】指定なし．ただし，危急種（環境庁）．

シマフクロウ　*Ketupa blakistoni blakistoni*（フクロウ目，フクロウ科）
　シマフクロウの北海道亜種で，全長 70 cm を超える大型のフクロウ．かつては北海道に広く分布していたが，現在は大雪山周辺などに 100 羽程度が生息するだけ．魚類が主食．
　【学名解】属名はジャワ語でこの鳥の名に由来．種小名は北海道に 20 年ばかり在住した実業家・鳥学者のブラッキストン T. W. Blakiston（1892 没）に因む．
　【指定の有無】日本の固有亜種．国指定天然記念物．

キンメフクロウ　*Aegolius funereus pallens*（フクロウ目，フクロウ科）
　種キンメフクロウの亜種で，東部シベリアなどに分布する．全長 24 cm．「ポポポポ」と特徴のある声で鳴く．北海道大雪山系の針葉樹林で繁殖が確認された．
　【学名解】属名は ギ フクロウの一種 aigōlios に由来．種小名は ラ 不吉な．亜種小名は ラ 青白い．
　【指定の有無】別にない．ただし，希少種（環境庁）．

リュウキュウオオコノハズク　*Otus bakkamoena pryeri*（フクロウ目，フクロウ科）
　オオコノハズクの亜種で，沖縄本島と八重山諸島に生息．伊豆諸島からも記録がある．全長 25 cm．森林に住み，樹洞を使って繁殖する．
　【学名解】属名は ギ ミミズク．種小名はセイロン島でこの鳥の呼び名．亜種小名は横浜在住の貿易商で，日本各地で蝶と鳥を採集した H. Pryer（1888 没）に因む．なお，本種の学名は *Otus lempiji pryeri*（絶滅危惧 II 類）とも用いられている．
　【指定の有無】日本固有亜種．また，希少亜種（環境庁）．

オジロワシ　*Haliaeetus albicilla*（タカ目，タカ科）
　ユーラシア大陸とグリーンランドに分布し，日本では北海道東部と北部で少数が繁殖する．全長 90 cm 前後，翼開長 180 〜 230 cm の大型のワシ．
　【学名解】属名は ギ オジロワシ．種小名は ラ 白い尾の．
　【指定の有無】国指定天然記念物．また，絶滅危惧種（環境庁）．

オオワシ　*Haliaeetus pelagicus pelagicus*（タカ目，タカ科）
　種オオワシ *Haliaeetus pelagicus* の極東亜種．カムチャツカ半島，オホーツク北部沿岸で繁殖し，冬期には北海道東部を中心とする北日本に飛来する．全長約 95 cm，翼開長 220 〜 245 cm の大型のワシ．
　【学名解】属名は上述．種小名は ラ ギ 海の，外洋の．
　【指定の有無】国指定天然記念物．また，危急種（環境庁）．

イヌワシ *Aquila chrysaetos japonica*（タカ目，タカ科）
種イヌワシの日本・朝鮮半島の亜種．地域の低山帯から高山帯にかけて生息．オオワシよりやや小さい．秋には急降下や急上昇を繰り返すディスプレー飛行が見られる．
【学名解】属名は ラ ワシ．種小名は ギ 金色のワシ．亜種小名は近代 ラ 日本の．
【指定の有無】国指定天然記念物．また，絶滅危惧種（環境庁）．

カンムリワシ *Spilornis cheela perplexus*（タカ目，タカ科）
種カンムリワシの八重山諸島亜種．西表島と石垣島に周年生息する．繁殖が確認されたのは 1981 年であった．全身暗褐色で，後頭部には白色を交えた長い羽毛をもち，興奮すると冠のように逆立てる．道路沿いの電柱などに止まり，カニ，トカゲ，ヘビなどを狙う姿を見ることができる．獲物をみつけると羽音を立てずに飛び，近くに降りて，歩いて近づき捕食する．
【学名解】属名は ギ 斑点のある鳥．種小名はこの鳥のヒンディー語名．亜種小名は ラ 曖昧な．
【指定の有無】日本固有亜種．国指定特別天然記念物．ほかに，絶滅危惧種（環境庁）．

オオタカ *Accipiter gentilis fujiyamae*（タカ目，タカ科）
種オオタカ（北半球に広く分布）の亜種．亜種小名は近代 ラ 富士山の，または人名由来．全長 60 cm 近くの大型のタカ．本州以南に留鳥として分布するが，北海道には別亜種 **チョウセンオオタカ** *A. g. schvedowi*（人名由来）が生息する．平地から低山の林に住む．ツグミやハト位の小鳥をおもに捕食する．
【学名解】属名は ラ タカ．種小名は ラ 同氏族の．『鳥類学名辞典』には「高貴な」とあるが，理解し難い．
【指定の有無】日本固有亜種．この亜種は希少種（環境庁）．

ハイタカ *Accipiter nisus nisosimilis*（タカ目，タカ科）
ユーラシア大陸に広く分布する種ハイタカの極東の亜種．日本では本州中部以北と北海道で繁殖する．
【学名解】属名は上述．種小名はギリシア神話のメガラ王 Nisos に因む．死後ハイタカに変えられた．亜種小名はハイタカ Nisus に似たもの．
【指定の有無】指定なし．別の指定では，準絶滅危惧種．

クマタカ *Spizaetus nipalensis orientalis*（タカ目，タカ科）
種クマタカの日本亜種．北海道，本州，四国，九州に生息する．山地の森林に生息し，針葉樹の高木に営巣．ウサギなどの中型動物やキジ，ヒヨドリなどの中型以上の鳥類を捕食する．
【学名解】属名は ギ ハイタカ spizias のようなワシ aetos．種小名は近代 ラ ネパール産の．亜種小名は ラ 東洋の．
【指定の有無】指定なし．ただし，絶滅危惧種（環境庁），国内希少野生動植物種．

ミサゴ *Pandion haliaetus haliaetus*（タカ目，タカ科）
種ミサゴの旧北区の亜種．全長 64 cm の大型のタカ．ほぼ世界中に分布．上空から魚を探し，見つけると水面に急降下して足で魚をつかまえる．日本全国でみられ，特に数が少ないということはない．
【学名解】属名はギリシア神話のアテネの王 Pandion に因む．種小名はミサゴの ギ 古名．英名をオスプレイ Osprey という．アメリカの垂直離着陸機の名前に採用されている．
【指定の有無】指定なし．ただし，危急種（環境庁）．

オガサワラノスリ *Buteo buteo toyoshimai*（タカ目，タカ科）
　ユーラシア大陸産の種ノスリの小笠原諸島亜種で，父島と母島のみに留鳥として生息する．**日本本土亜種のノスリ** *B. b. japonicus* よりも色が淡い．上昇気流をとらえ，羽ばたかずに空の一点で帆翔することが多い．
　【学名解】属名と種小名は ラ ノスリ．亜種小名は人名由来．委細不詳．
　【指定の有無】日本固有亜種．国指定天然記念物．また，絶滅危惧種（環境庁）．

ダイトウノスリ *Buteo buteo oshiroi*（タカ目，タカ科）
　種ノスリの大東諸島亜種で，南大東島に留鳥としてごく少数が生息する．
　【学名解】属名と種小名は上述．亜種小名は人名由来．
　【指定の有無】日本固有亜種．また，絶滅危惧種（環境庁）．

チュウヒ *Circus aeruginosus spilonotus*（タカ目，タカ科）
　種チュウヒの極東亜種で，南シベリアや中国東北部で繁殖し，日本には冬期渡来して越冬する．主にアシ原や草原の上を，翼をV字形に保ってゆっくりと飛翔し，小鳥やネズミを捕食する．
　【学名解】属名はタカの一種の ギ kirkos に由来．種小名は ラ 緑青色の．亜種小名は ギ 斑点のある背中の．
　【指定の有無】指定なし．ただし，危急種（環境庁）．

リュウキュウツミ *Accipiter gularis iwasakii*（タカ目，タカ科）
　ツミの八重山諸島亜種．石垣島と西表島で繁殖する．個体数は少ない．**基亜種のツミ** *A. g. gularis* は北海道から九州・四国にかけて繁殖し，冬期は暖地に移動する．
　【学名解】属名は ラ タカ．種小名は ラ 喉の（喉に特徴のある）．種小名は人名由来．
　【指定の有無】日本固有亜種．ほかに指定なし．

ハヤブサ *Falco peregrinus japonensis*（タカ目，ハヤブサ科）
　種ハヤブサの極東亜種．シベリア東部や日本などに分布し，おもに海岸の断崖の岩棚で営巣する．その多くが留鳥である．日本では九州以北で繁殖．飛翔中のヒヨドリ，カモ，チドリなどを見つけると追いかけ，上空から急降下して蹴落とし，捕食する．
　【学名解】属名は ラ ハヤブサ．種小名は ラ よそ者の．亜種小名は近代 ラ 日本の．
　【指定の有無】本書に指定なし．ただし，危急種（環境庁）．

シマハヤブサ *Falco peregrinus fruitii*（タカ目，ハヤブサ科）
　種ハヤブサの火山列島の亜種で，北硫黄島だけに生息する．岩壁で営巣し，主に海鳥を捕食するらしい．
　【学名解】属名と種小名は上述．亜種小名は人名由来．
　【指定の有無】日本固有亜種．ほかに，なし．

ノグチゲラ *Sapheopipo noguchii*（キツツキ目，キツツキ科）
　沖縄本島北部にのみ留鳥として生息する1属1種のキツツキ．森林性．
　【学名解】属名は ギ 独特なキツツキ＜ sapheo- 独特な ＋ pipō アカゲラ．種小名は人名由来．多分 Preyer（横浜在住の貿易商で蝶と鳥を蒐集）氏の採集人．
　【指定の有無】日本固有種．国指定特別天然記念物．ほかに，絶滅危惧種（環境庁）．

クマゲラ　*Dryocopus martius*（キツツキ目，キツツキ科）

ユーラシア大陸の亜寒帯に広く分布し，日本では北海道と本州北部に生息する大型のキツツキ．森林に留鳥として住み，大木に巣穴を掘って営巣する．アリを中心とする昆虫類を捕食する．

【学名解】属名はギ キツツキ（木をたたくもの，の意）．種小名はラ ローマ神話の軍神 Mars の．

【指定の有無】国指定天然記念物．ほかに，危急種（環境庁）．

ミユビゲラ　*Picoides tridactylus inouyei*（キツツキ目，キツツキ科）

和名をエゾミユビゲラともいう．種ミユビゲラの北海道の亜種．和名はこの鳥が3本指であることに由来．アカゲラ *Dendrocopos major* より僅かに小型で，鳴き声はアカゲラに似る．大雪山系の針葉樹林帯に生息．1942年に初めて発見された．エゾマツに発生するアオヒメスギカミキリを好んで食べるらしい．

【学名解】属名は近代ラ アオゲラ属 *Picus* に似た鳥，の意．種小名はギ 三本指の．種小名は北海道の鳥学の発展にも貢献された井上元則博士（林業試験場北海道支場保護部長）に因む．

【指定の有無】日本固有亜種．ほかに，種ミユビゲラは絶滅危惧種（環境庁）．

オーストンオオアカゲラ　*Dendrocopos leucotos owstoni*（キツツキ目，キツツキ科）

ユーラシア大陸に広く分布するオオアカゲラの奄美大島亜種である．奄美大島には約500羽が生息する（1973年5月調査）と推定されている．

【学名解】属名はギ 樵（きこり）．『鳥類学名辞典』には「木をたたくもの」とある．種小名はギ 白い耳の．亜種小名は人名由来．

【指定の有無】日本固有亜種．国指定天然記念物．ほかに，絶滅危惧亜種（環境庁）．

ブッポウソウ　*Eurystomus orientalis calonyx*（ブッポウソウ目，ブッポウソウ科）

種ブッポウソウの極東・中国の亜種．日本では夏鳥として本州，四国，九州に飛来する．おもに昆虫を食餌とし，虫をみつけると止まり木から飛び出して空中で捕え，また，元の枝に戻る．

【学名解】属名はギ 広い口の（鳥）．種小名はラ 東方の．亜種小名はギ 美しい爪．

【指定の有無】本書には記載なし．希少種（環境庁）．なお，御嶽神社，身延町，狭野神社などは繁殖地として天然記念物．

ヤイロチョウ　*Pitta brachyura nympha*（スズメ目，ヤイロチョウ科）

種ヤイロチョウの東部アジアの亜種．8色の羽毛をもつ美しい鳥．高知県，愛媛県，宮崎県，長野県などで繁殖が知られている．

【学名解】属名はインド南部でのこの鳥の呼び名．種小名はギ 短い尾の．亜種小名はギリシア神話の水の精，ニンフ．

【指定の有無】本書には文末に「特種鳥類」とある．意味不明．絶滅危惧種（環境庁）．

コジュリン　*Emberiza yessoensis yessoensis*（スズメ目，ホオジロ科）

種コジュリンの日本亜種で，本州と九州で繁殖するが，分布は局地的．

【学名解】属名はこの鳥の古ドイツ語名に由来．種小名は近代ラ 蝦夷（北海道）の．

【指定の有無】日本固有亜種．ほかに，希少種（環境庁）．

オーストンヤマガラ *Parus varius owstoni*（スズメ目，シジュウカラ科）
　ヤマガラの亜種で，伊豆諸島の三宅島，御蔵島，八丈島に留鳥として生息する．全長 15 cm．よく繁った照葉樹林に住み，昆虫や木の実などを食べる．
　【学名解】属名は ラ シジュウカラ．種小名は ラ まだらの，多色の．亜種小名は人名由来．
　【指定の有無】日本固有亜種．

オガサワラカワラヒワ *Carduelis sinica kittlitzi*（スズメ目，アトリ科）
　アジア北東部に分布するカワラヒワの小笠原群島および火山列島の固有亜種．全長 13 cm．植物の種子を主食とし，繁殖期には昆虫なども捕食する．
　【学名解】属名は ラ ゴシキヒワ．アザミ carduus を好む鳥，の意．種小名は近代 ラ 中国の．亜種小名は人名由来．詳細不明．
　【指定の有無】日本固有亜種．ほかに，絶滅危惧亜種（環境庁）．

ハハジマメグロ *Apalopteron familiare hahasima*（スズメ目，ミツスイ科）
　種メグロ *Apalopteron familiare* の母島列島の亜種．メグロは小笠原諸島の特産種であり，1 属 1 種でしかも日本の固有属という特殊化の程度が高い．なお，基亜種の聟島列島のムコジマメグロ *A. f. familiare* はすでに絶滅した．
　【学名解】属名は ギ 柔らかい羽（の鳥），の意．種小名は ラ 普通の，よく知られた．亜種小名は近代 ラ 母島の．
　【指定の有無】日本固有亜種．国指定特別天然記念物．ほかに，絶滅危惧種（環境庁）．

オオセッカ *Megalurus pryeri pryeri*（スズメ目，ウグイス科）
　種オオセッカの日本の亜種．青森県，秋田県，茨城県の一部で繁殖する．全長 14 cm．湿地の草原やアシ原に生息．昆虫やクモなどの小動物を食べる．
　【学名解】属名は ギ 大きな尾の（鳥）．種小名は近代 ラ プライア氏の．横浜在住の貿易商で，日本各地で蝶と鳥を採集．
　【指定の有無】日本固有亜種．ほかに，危急種（環境庁），国内希少野生動植物．

イイジマムシクイ *Phylloscopus ijimae*（スズメ目，ウグイス科）
　伊豆諸島に夏鳥として渡来し，大島から青ヶ島にかけて繁殖する．三宅島と御蔵島には特に多い．広葉樹林に生息し，昆虫を主食とする．
　【学名解】属名は ギ 葉の見張り番．種小名は東京大学動物学教授飯島　魁博士（1921 没）に因む．
　【指定の有無】日本固有種．国指定天然記念物．ほかに，希少種（環境庁）．

ウチヤマシマセンニュウ *Locustella ochotensis pleskei*（スズメ目，ウグイス科）
　シマセンニュウ *Locustella ochotensis* の亜種で，伊豆諸島の三宅島，八丈島ほかに夏鳥として渡来し，繁殖する．海岸の乾燥した草原や女竹のやぶに生息する．
　【学名解】属名は ラ 小さなバッタ，バッタのような音を出す．種小名は近代 ラ オホーツク海（沿岸）の．亜種小名はセント・ピータスブルグ博物館にいた T. Pleske（1932 没）に因む．
　【指定の有無】日本固有亜種．
　（注）『日本動物大百科』には**ウチヤマセンニュウ** *Locustella pleskei*，希少種（環境庁），とある．

アカコッコ　*Turdus celaenops*（スズメ目，ツグミ科）
伊豆諸島とトカラ列島（鹿児島県）に分布する日本特産種．暗い森林に生息し，地上で昆虫やミミズなどを採食する．
【学名解】属名はラ ツグミ．種小名はギ 黒い顔の．
【指定の有無】日本固有種．国指定天然記念物．ほかに，危急種（環境庁）．

オオトラツグミ　*Turdus dauma amami*（スズメ目，ツグミ科）
種トラツグミの奄美大島のみに生息する亜種．外見上は基亜種の**トラツグミ** *Turdus dauma aureus* に酷似するが，体がやや大きい．尾羽の枚数はトラツグミの14枚に対してオオトラツグミは12枚である．
【学名解】属名は上述．種小名はベンガル語でこの鳥の名．亜種小名は近代ラ 奄美（大島），産地に因む．
【指定の有無】日本固有亜種．国指定天然記念物．ほかに，絶滅危惧亜種（環境庁）．
（注）『日本動物大百科』には**トラツグミ**の学名が *Zoothera dauma*，**オオトラツグミ**の学名が *Zoothera dauma major* とある．属名はギ 虫を狩るもの．亜種小名はラ より大きい．また，Howard & Moore（1991）の『世界の鳥のチェックリスト』にも *Zoothera dauma* となっている．

アカヒゲ　*Erithacus komadori komadori*（スズメ目，ツグミ科）
アカヒゲの基亜種で，薩南諸島，男女群島に生息する．スズメ大の小鳥．なお，この鳥の命名者はライデン自然史博物館のテミンク Temminck 博士である．命名のときに標本が混乱し，コマドリと種名がいれかわってしまった．滑稽というか恐ろしいというか，分類学者は用心が肝要．
【学名解】属名はヨーロッパコマドリのギ 古名．種小名は和名のコマドリ（実はアカヒゲと入れ替わった名前）．
【指定の有無】日本固有亜種．国指定天然記念物．ほかに，危急種（環境庁）．

ホントウアカヒゲ　*Erithacus komadori namiyei*（スズメ目，ツグミ科）
アカヒゲの沖縄本島亜種．沖縄本島と慶良間諸島にすむ留鳥である．全長14 cm．森林にすみ，昆虫やクモなどを捕食する．
【学名解】属名と種小名は上述．亜種小名は波江元吉氏に因む．明治22年から農商務省嘱託として鳥類調査に従事．明治26年に東京帝国大学理科大学助手．大正7年没．
【指定の有無】日本固有亜種．

ウスアカヒゲ　*Erithacus komadori subrufus*（スズメ目，ツグミ科）
アカヒゲの八重山諸島亜種．しかし，これを認めない研究者もいる．今後の調査が必要．
【学名解】属名と種小名は上述．亜種小名はラ 赤みを帯びた．
【指定の有無】日本固有亜種．

ルリカケス　*Garrulus lidthi*（スズメ目，カラス科）
奄美諸島の特産種．全長38 cm．雌雄同色．カケスより尾が長い．森林に留鳥として住み，雑食性で，ドングリや昆虫などを食べる．
【学名解】属名はラ カケス．また，ギャーギャー鳴く．種小名はユトレヒト大学の動物学教授 Lidth 博士に因む．
【指定の有無】日本固有種．国指定天然記念物．ほかに，危急種（環境庁）．

シロガシラ（ヤエヤマシロガシラ）　*Pycnonotus sinensis orii*（スズメ目，ヒヨドリ科）
種シロガシラの八重山諸島の亜種で，留鳥として生息する．全長 19 cm で，スズメよりやや大きい．農耕地や村落周辺の林に住み，主に昆虫を捕食するが，木の実も食べる．
【学名解】属名は ギ 密な（羽毛の）背中（の鳥）．種小名は近代 ラ 中国の．亜種小名は人名由来．
【指定の有無】日本固有亜種．希少種（環境庁）．

キンバト　*Chalcophaps indica yamashinai*（ハト目，ハト科）
熱帯アジア・オーストラリアに広く分布するキンバトの八重山諸島の亜種で，石垣島，西表島，与那国島ほかに分布する．暗い林内の地上を歩きながら主食である木の実や雑草の実などを採餌する．林内にいることが多いので，人目につき難い．
【学名解】属名は ギ 銅色のモリバト．種小名は ラ インドの．亜種小名は山科鳥類研究所の山科芳麿侯爵に因む．
【指定の有無】日本固有亜種．国指定天然記念物．ほかに，絶滅危惧種（環境庁）．

カラスバト　*Columba janthina janthina*（ハト目，ハト科）
日本に分布するカラスバト類の基亜種で，伊豆諸島，本州の温暖部，九州の海岸部やその付属島嶼，沖縄諸島などに生息する．ほかに 2 亜種がある．
【学名解】属名は ラ ハト．種小名は ラ スミレ色の．
【指定の有無】危急亜種，国指定天然記念物．

アカガシラカラスバト　*Columba janthina nitens*（ハト目，ハト科）
種カラスバトの 1 亜種で，小笠原群島と火山列島に分布する．全長 40 cm．常緑広葉樹の森に留鳥として生息し，木の実などを食べているらしい．
【学名解】属名と種小名は上述．亜種小名は ラ 輝いた．
【指定の有無】日本固有亜種．国指定天然記念物（「大百科」には国の特別天然記念物とある）．ほかに，絶滅危惧亜種（環境庁）．

ヨナクニカラスバト　*Columba janthina stejnegeri*（ハト目，ハト科）
種カラスバトの 1 亜種で，八重山諸島の石垣島，西表島，予那国島に留鳥として分布する．全長 40 cm．常緑広葉樹林に留鳥として生息し，木の実などを食べる．
【学名解】属名と種小名は上述．亜種小名は人名由来．
【指定の有無】日本固有亜種．ほかに，絶滅危惧亜種（環境庁）．

付：日本の鳥の絶滅種

日本の鳥ですでに絶滅したものが，以下に示すように，すでに 13 種ある．

ハシブトゴイ　*Nycticorax caledonicus crassirostris*（コウノトリ目，サギ科）

小笠原群島の固有亜種で，大英博物館に 2 標本，セントペテルスブルグ博物館に 1 標本があるのみ．絶滅の原因は，人を恐れなかったので，容易に捕獲されたためと思われている．

【学名解】属名は ギ nyktikorax コノハズク（『鳥類学名辞典』にはミミズクとある）．種小名は近代 ラ ニューカレドニアの．亜種小名は ラ 太い嘴の．

カンムリツクシガモ　*Tadorna cristata*（カモ目，カモ科）

中国東北地方南部や朝鮮半島に分布し，北海道にも少数が渡来したらしい．1964 年にウラジオストックで目撃されたという情報があり，生存の可能性もある．

【学名解】属名はフランス語名のツクシガモ tadorne をラテン語化したもの．種小名は ラ 冠羽をもつ．

マミジロクイナ　*Poliolimnas cinereus brevipes*（ツル目，クイナ科）

日本では硫黄島のみに生息した固有亜種．絶滅の原因は，ネコとネズミが島に侵入し，増加したことによるといわれている．

【学名解】属名は ギ 灰色のクイナ．種小名は ラ 灰色の．亜種小名は ラ 短い足の．

リュウキュウカラスバト　*Columba jouyi*（ハト目，ハト科）

沖縄本島とその属島および大東島の固有種．沖縄諸島では 1904 年まで，大東諸島では 1936 年まで生存していた．開拓による環境変化と食用のための捕獲などによって絶滅したらしい．

【学名解】属名は ラ ハト．種小名は人名由来．

オガサワラカラスバト　*Columba versicolor*（ハト目，ハト科）

小笠原諸島の父島と聟島にのみ記録がある日本固有種．開拓による森林の減少が絶滅の原因らしい．

【学名解】属名は ラ ハト．種小名は ラ 雑色の．

ミヤコショウビン　*Halcyon miyakoensis*（ブッポウソウ目，カワセミ科）

沖縄県宮古島で採集されたという標本が 1 点あるのみ（山階鳥類研究所所蔵）だが，グアム島産アカハラショウビン *Halcyon cinnamomina cinnamomina* に酷似することから，迷鳥説，ラベルの誤記入説，絶滅説などが未解決のままとなっている．

【学名解】属名は ギ カワセミ．種小名は近代 ラ 宮古島の．また，種小名は ラ 肉桂色の．

キタタキ　*Dryocopus javensis richardsi*（キツツキ目，キツツキ科）

長崎県対馬に生息していたが，1920 年以後確認されていない．森林伐採などによる生息環境の変化が絶滅の原因らしい．

【学名解】属名は ギ dryokopos キツツキ．種小名は近代 ラ ジャワ産の．亜種小名は東インド諸島にいた G. E. Richards 氏（1927 没）に因む．

第 7 章　日本のレッドデータブックの鳥たち　211

囲み記事 12

カナダの紙幣に登場した鳥たち

　紙幣に鳥が描かれるのは珍しいことのようである．カナダの 5 ドル紙幣の表には政治家で首相を務めたロリエ卿 Sir Wilfred Laurier（1919 没）が登場しているが，その裏面にはカワセミの一種 *Megaceryle alcyon*（英名 Belted Kingfisher）が描かれている．

　また，2 ドル紙幣の裏面にはツグミの一種（コマツグミ）*Turdus migratorius*（英名 American Robin）が描かれている．その表面にはエリザベス女王の美しい顔がある．

　【学名解】カワセミの属名は ギ 大きなヤマセミ．種小名は ギ カワセミ．ツグミの属名は ラ ツグミ．種小名は ラ 渡り鳥の．

ダイトウミソサザイ *Troglodytes troglodytes orii*（スズメ目，ミソサザイ科）

沖縄県南大東島の固有亜種で，基準標本のみで知られる．1986年の調査でも確認されておらず，絶滅したらしい．なお，ミソサザイは全国に分布し繁殖する．
【学名解】属名と種小名は ギ ミソサザイ，穴に潜るもの，の意．亜種小名は人名由来．

オガサワラガビチョウ *Turdus terrestris*（スズメ目，ヒタキ科）

小笠原諸島の固有種で，1928年に採集された4標本が外国に残るのみで，絶滅したと思われている．何処から渡来したか不明であるが，大昔，長距離の洋上を飛来し，ここに生息したものとして，意義がある．
【学名解】属名は ラ ツグミ．種小名は ラ 地上性の．

ダイトウハシナガウグイス *Cettia diphone restrictus*（スズメ目，ヒタキ科）

南大東島のみから知られる固有亜種．1945年以降絶滅したとされる．基亜種ウグイスは日本全国に分布し繁殖する．
【学名解】属名は近代 ラ Cetti 氏の鳥，の意．同氏はイタリアのイエズス会士で，動物学者（1780没）．種小名は ギ 二つの声の．亜種小名は ラ 限られた（分布が）．

ダイトウヤマガラ *Parus varius orii*（スズメ目，シジュウカラ科）

南大東島，北大東島の固有亜種．1930年代の森林伐採が原因で絶滅したらしい．
【学名解】属名は ラ シジュウカラ．種小名は ラ さまざまな色の，まだらの．亜種小名は人名由来．

ムコジマメグロ *Apalopteron familiare familiare*（スズメ目，ミツスイ科）

種メグロが小笠原諸島特産種で，その亜種としてムコジマメグロとハハジマメグロが分布する．ムコジマメグロは媒島では1930年頃絶滅し，聟島では1930年頃より急速に減少したが，以後不明．
【学名解】属名は ギ 柔らかい羽毛（の鳥），の意．種小名は ラ 普通の．

オガサワラマシコ *Chaunoproctus ferreorostris*（スズメ目，アトリ科）

小笠原諸島の特産種とされるが，絶滅種．嘴が巨大なのが特徴．
【学名解】属名は ギ 広い尾の（鳥），の意．種小名は ラ 鉄色の嘴の．

第 8 章
那須塩原市のレッドデータブックの鳥たち

　栃木県那須塩原市では『那須塩原市レッドデータブック2017』と題して，352頁の豪華な本を発行された（2017年3月）．編集は那須塩原市動植物調査研究会と那須塩原市生活環境部環境管理課である．前者の会長は私の知友の一人で昆虫学者の松村　雄博士である．2010年以来このレッドデータブックの発行の推進力になった人である．この本の3頁に松村博士の「調査にあたって」と題する序文があり，そこに彼のにこやかな顔写真が出ている．これを見て私は懐かしさのあまり，「やあ，今日は」と写真に向かって声をかけた．そして，丁度本書すなわち「鳥の学名の解釈」を執筆中であったから，すぐこのデータブックに搭載されている絶滅危惧の鳥29種を引用させて頂くことにした．了解を下さった松村博士はじめ鳥部会長と写真撮影者の各位に改めてお礼を申し上げる次第である．

　私はかねがねこのようなレッドデータブックが日本の各地から発行されるのを期待していた．居ながらにしてその土地の様子が分かるからである．

　栃木県は海のない県である．また，際立った湖沼や注目すべきダム湖もないから所謂水禽には乏しい．この中で那須塩原市は広大な平野と低山から高山までの山岳地帯（海抜208 mから1,917 m）を有しており，山岳部が市の西半分を占めているので，各種の鳥が生活するには格好の地である．その通りで，栃木県で確認された鳥は293種であるが，那須塩原市では190種が記録されている．つまり，県全体の鳥の約65 %を占めているのである．

　次にレッドデータブックに搭載された那須塩原市の絶滅危惧種と準絶滅危惧種の計29種の鳥を写真（5頁）とともに例示する．学名の詳しい解説は第6章を参照されたい．

絶滅危惧Ⅰ類（Aランク）

ウズラ　*Coturnix japonica*（キジ目，キジ科）
　主に留鳥として，牧草地，河川敷草原，農耕地などに生息．
　【学名解】属名は ラ ウズラ．種小名は近代 ラ 日本の．

ミゾゴイ　*Gorsachius goisagi*（ペリカン目，サギ科）
　夏鳥として低山の森林に生息する．
　【学名解】属名は和名ゴイサギのラテン語化であるが，上出来ではない．種小名は和名ゴイサギより．

ヒクイナ　*Porzana fusca*（ツル目，クイナ科）
　湿原，河川，湖沼の水辺，水田などに生息．個体数は危機的水準まで減少．
　【学名解】属名はイタリア語のクイナ Porzana に由来．種小名は ラ 暗色の．

オオジシギ *Gallinago hardwickii*（チドリ目，シギ科）
　夏鳥として渡来し，平野部から山地の湿性草原や牧草地などに生息，繁殖する．繁殖地では独特の空中ディスプレイを行う．
　【学名解】属名は ラ ニワトリに似た（鳥）．種小名はイギリスの陸軍少将 Hardwicke（1835 没）に因む．

イヌワシ *Aquila chrysaetos*（タカ目，タカ科）
　留鳥として，山岳地帯に生息する．
　【学名解】属名は ラ ワシ（鷲）．種小名は ギ 金色のワシ．

アカショウビン *Halcyon coromanda*（ブッポウソウ目，カワセミ科）
　夏鳥として，全国の丘陵地や山地林に飛来する．嘴は赤くて大きい．
　【学名解】属名は ギ カワセミ．種小名は近代 ラ コロマンデル海岸（インド）の．

チゴモズ *Lanius tigrinus*（スズメ目，モズ科）
　夏鳥として，平野部から山地の低木林などに生息するが，局地的．
　【学名解】属名は ラ 屠殺者．種小名は ラ トラのような模様のある．

アカモズ *Lanius cristatus*（スズメ目，モズ科）
　夏鳥として，平野部から山地の低木林，林縁部などに生息するが，局地的．
　【学名解】属名は上述．種小名は ラ 冠羽のある．

絶滅危惧Ⅱ類（Ｂランク）

ヨタカ *Caprimulgus indicus*（ヨタカ目，ヨタカ科）
　夏鳥として，平野部から山地の疎林，原野に生息し，繁殖する．特に伐採跡地を好む．日没後から夜明け前に活動する．
　【学名解】属名は ラ ヨタカの．種小名は ラ インドの．

ハリオアマツバメ *Hirundapus caudacutus*（アマツバメ目，アマツバメ科）
　夏鳥として，山地から亜高山帯の森林に生息する．空中を飛びながら飛翔中の昆虫などを捕えて食べる．
　【学名解】属名は ラ ツバメのようなアマツバメ．種小名は ラ 尾の鋭い．

ケリ *Vanellus cinereus*（チドリ目，チドリ科）
　留鳥として，農耕地や草地に生息する．地上を歩きながら，昆虫類や植物の種子などを食べる．「キキッ，キキッ」と鋭い声で鳴く．
　【学名解】属名はタゲリのイタリア語由来．種小名は ラ 灰色の．

ハチクマ *Pernis ptilorhynchus*（タカ目，タカ科）
　夏鳥として，山地の森林に生息するが，個体数は少ない．主にハチの蛹や幼虫を巣ごと捕って食べる．他に昆虫，ヘビ，カエルなども食べる．
　【学名解】属名はタカの一種の ギ 古名．種小名は ギ ptilon 綿羽，羽 + ギ rhynchos 嘴．

サシバ *Butastur indicus*（タカ目，タカ科）
　夏鳥として，平野部から山地の水田や農耕地の多い地域に生息する．
　【学名解】属名は ラ ノスリのようなタカ．種小名は ラ インドの．

第 8 章　那須塩原市のレッドデータブックの鳥たち　215

ウズラ（出典：平野敏明氏撮影）

ミゾゴイ（出典：野中　純氏撮影）

ヒクイナ（出典：小堀脩男氏撮影）

オオジシギ（出典：小堀脩男氏撮影）

イヌワシ（出典：野中　純氏撮影）

アカショウビン（出典：小堀脩男氏撮影）

チゴモズ（出典：小堀脩男氏撮影）

アカモズ（出典：小堀脩男氏撮影）

ヨタカ（出典：野中　純氏撮影）

ハリオアマツバメ（出典：小堀脩男氏撮影）

ケリ（出典：野中　純氏撮影）

ハチクマ（出典：野中　純氏撮影）

第8章　那須塩原市のレッドデータブックの鳥たち　　217

サシバ（出典：野中　純氏撮影）

クマタカ（出典：野中　純氏撮影）

コノハズク（出典：大塚啓子氏撮影）

アオバズク（出典：小堀脩男氏撮影）

ヤマセミ（出典：小堀脩男氏撮影）

ハヤブサ（出典：野中　純氏撮影）

ホオアカ（出典：平野敏明氏撮影）

ヤマドリ（出典：小堀脩男氏撮影）

オシドリ（出典：平野敏明氏撮影）

トモエガモ（出典：小堀脩男氏撮影）

ハイタカ（出典：野中　純氏撮影）

オオタカ（出典：平野敏明氏撮影）

第 8 章　那須塩原市のレッドデータブックの鳥たち　　219

サンショウクイ（出典：小堀脩男氏撮影）

サンコウチョウ（出典：小堀脩男氏撮影）

マミジロ（出典：小堀脩男氏撮影）

クロツグミ（出典：平野敏明氏撮影）

コサメビタキ（出典：小堀脩男氏撮影）

クマタカ　*Nisaetus nipalensis*（タカ目，タカ科）
　留鳥として，主に山地に生息する．個体数は少ない．
　【学名解】属名はハイタカ *Nisus* のようなワシ ギ aetos．種小名は近代 ラ ネパール産の．
　　（注）*Nisus* は *Accipiter*（下記参照）のシノニム．

コノハズク　*Otus sunia*（フクロウ目，フクロウ科）
　夏鳥として平地（北海道）から山地（本州）の森林に生息．
　【学名解】属名は ギ ミミズク．種小名はネパール語でこの鳥の名に由来．**コノハズク** *Otus scops* の亜種ともされる．ギ scops コノハズク．

アオバズク　*Ninox scutulata*（フクロウ目，フクロウ科）
　夏鳥として，平野部の大木のある屋敷林や社寺林に生息する．
　【学名解】属名は近代 ラ 夜の鳥，の意の造語＜ ギ nyx 夜 ＋ ラ nox 夜．『鳥類学名辞典』には意味不明の造語とある．

ヤマセミ　*Megaceryle lugubris*（ブッポウソウ目，カワセミ科）
　平野部から山地の崖のある河川や湖沼に生息する．崖に穴をほって巣をつくり，雛を育てる．魚食性．
　【学名解】属名は ギ 大きなヤマセミ属 *Ceryle*．種小名は ラ 哀悼の，悲しみにしずんだ．

ハヤブサ　*Falco peregrinus*（ハヤブサ目，ハヤブサ科）
　留鳥として，平野部から山地の河川，湖沼，農耕地，海岸に生息する．
　【学名解】属名は ラ ハヤブサ．種小名は ラ よそ者の．渡りをするため．

ホオアカ　*Emberiza fucata*（スズメ目，ホオジロ科）
　ススキや牧草などの草原で，特に柵や低木が点在する草原を好む．
　【学名解】属名はホオジロの古ドイツ語名に由来する．種小名は ラ 彩色された．

準絶滅危惧（Cランク）

ヤマドリ　*Syrmaticus soemmerringii*（キジ目，キジ科）
　留鳥として低山から山地の森林に生息する．繁殖期になると，雄は「ドドドド」と翼を打ち震わせて音を出す．
　【学名解】属名は ギ 長いすそ（尾）を引きずるもの．種小名はドイツの解剖学者に因む．

オシドリ　*Aix galericulata*（カモ目，カモ科）
　冬鳥として飛来するものが多い．平地から山岳地方の湖沼や渓流にいる．
　【学名解】属名は水鳥の一種の ギ 古名．種小名は ラ 小さな帽子をかぶったもの．

トモエガモ　*Anas formosa*（カモ目，カモ科）
　冬鳥あるいは旅鳥として渡来．湖沼や河川で他のカモ類に混じって生息する．少ない．
　【学名解】属名は ラ カモ．種小名は ラ 美しい．

ハイタカ　*Accipiter nisus*（タカ目，タカ科）
　留鳥として平野部から山地の森林で繁殖する．
　【学名解】属名は ラ タカ．種小名は ギ 神話のメガラ王 Nisos に因む．死後ハイタカに変えられた．

オオタカ　*Accipiter gentilis*（タカ目，タカ科）
　留鳥として農耕地や山地の森林に生息する．腹面は白い．餌は小形から中形の小鳥．
　【学名解】属名は上述．種小名はラ同氏族の（人）．

サンショウクイ　*Pericrocotus divaricatus*（スズメ目，サンショウクイ科）
　夏鳥として階層構造の発達した森林に生息．一部において個体数が減少．
　【学名解】属名はギ濃いサフラン色の（鳥）．種小名はラ二股に分かれた（尾の）．

サンコウチョウ　*Terpsiphone atrocaudata*（スズメ目，カササギヒタキ科）
　雄の成鳥は尾が長い．夏鳥として空間のある落葉広葉樹林に生息するが，数は少ない．
　【学名解】属名はギ楽しい声（の鳥）．種小名はラ黒い尾の．

マミジロ　*Zoothera sibirica*（スズメ目，ヒタキ科）
　夏鳥として 4 月中旬に飛来する．おもに山地の森林に生息するが，数は少ない．早朝の暗い時間帯に活発に囀るので，生息を確認するのは困難である．
　【学名解】属名はギ虫を狩るもの．種小名は近代ラシベリアの．

クロツグミ　*Turdus cardis*（スズメ目，ヒタキ科）
　夏鳥として 4 月中旬に渡来し，おもに階層構造の発達した森林に生息する．
　【学名解】属名はラツグミ．種小名はツグミのフランス名 Merle Carde に由来．

コサメビタキ　*Muscicapa dauurica*（スズメ目，ヒタキ科）
　夏鳥として，平野部から山地の明るい林に生息する．
　【学名解】属名はラハエをとる（鳥）．種小名はラドーリア地方の．

囲み記事 13

パプアニューギニアの国章

　パプアニューギニアは立派な独立国である．そこの国章をお目にかける．言わずと知れた極楽鳥がメインテーマである．また，極楽鳥（ニューギニア特産のアカカザリフウチョウ *Paradisaea raggiana*）は国鳥である．種小名は Raggi 伯爵に献呈されたもの．

（出典：平嶋義宏著　私とパプアニューギニア）

第 9 章
鳥の羽毛の色彩斑紋を表現した学名

　鳥の羽毛は美しい．また色彩やその変化による斑紋も美しい．端的にいえば，鳥は美しい色彩をもった生物である，といえる．ここで，鳥の色彩斑紋を表現した学名を拾ってみよう．この章では，属名も種小名も同列に扱った．属名は大文字から，種小名は小文字から始めている．ここで示す属名はイタリック体，種小名はローマン体とした．なお，混成名とはラテン語とギリシア語を組み合わせた造語である．

　なお，本章に登載した学名（種小名と属名）は，煩雑を避けるために，巻末の学名索引には登載しない．よって本章は「別記の索引」として利用していただきたい．

　また，ラテン語由来の単語はそのままとし，ギリシア語由来のみに ギ と示した．

　本章での記述は，種小名の場合は，その学名，その意味，所属の属名（和名を先に）を示した．学名（種小名）が複数存在する場合は，属名のあとに「ほか2種」などのようにその数を示した．数の多いものほど鳥にも似たものが多い，ということである．

A, a

adusta　焦げた色の（adustus の女性形）．アフリカコサメビタキ *Muscicapa*．
adustus　焦げた色の．ロライマカマドドリ *Margarornis*．
aenea　ブロンズ色の（aeneus の女性形）．ミカドバト *Ducula* ほか 2 種．
aeneocauda　ブロンズ色の尾の．ウロコテリオハチドリ *Metallura*．
aeneum　ブロンズ色の（aeneus の中性形）．ソロモンハナドリ *Dicaeum*．
aeneus　ブロンズ色の．ヒメオウチュウ *Dicrurus* ほか 1 種．
aenobarbus　ブロンズ色のひげの．クリビタイモズチメドリ *Pteruthius*．
aereus　ブロンズ色の．キバシバンケンモドキ *Ceuthmochares*．
aeruginosum　緑青色の（aeruginosus の中性形）．タテフハナドリ *Dicaeum*．
aeruginosus　緑青色の．ヨーロッパチュウヒ *Circus*．
aethiops　赤褐色の（鳥）．アリヒタキ *Myrmecocichla* ほか 1 種．
Aethopyga　ギ 赤褐色の腰の（鳥）．アジアタイヨウチョウ属．東南アジアに 14 種．
Agapeta　ギ 愛らしい（鳥）．ヒノマルテリハチドリ属．南米に 1 種．
Aglaiocercus　ギ 美しく輝く尾（の鳥）．オナガハチドリ属．南米に 2 種．
alba　白い．ダイサギ *Egretta* ほか 10 種．
albellus　白っぽい．ミコアイサ *Mergus*．
albeola　白っぽい．ヒメハジロ *Bucephala*．
albescens　白っぽい．メジロハシボソヒバリ *Certhilauda* ほか 1 種．
albicapilla　白い頭髪の．キガシラカマドドリ *Certhiaxis* ほか 1 種．

albicapillus　白い頭髪の．シラガテリムク *Spreo*.
albicauda　白い尾の．オジロソライロヒタキ *Elminia* ほか 2 種.
albicaudata　白い尾のある．インドアイイロヒタキ *Muscicapa*.
albicaudatus　白い尾のある．オジロノスリ *Buteo*.
albiceps　白い頭の．シロガオヤブシトド *Atlapetes* ほか 4 種.
albicilla　白い尾の．オジロワシ *Haliaeetus* ほか 1 種.
albicollis　白い頚の．シロエリヒタキ *Ficedula* ほか 15 種.
albinuchus　白いえりの．シロエリズグロインコ *Lorius*.
albifacies　白い顔の．ワライフクロウ *Sceloglaux* ほか 2 種.
albifrons　白い額の．コボウシインコ *Amazona* ほか 13 種.
albigula　白い喉の．ノドジロミツスイ *Myzomela* ほか 2 種.
albigularis　白い喉の．ノドジロツバメ *Hirundo* ほか 6 種.
albilinea　白い条斑の．シロオビミドリツバメ *Tachycineta*.
albilineata　白い条斑のある．シロスジミツスイ *Meliphaga*.
albinucha　白いえりの．シロエリヤブシトド *Atlapetes* ほか 4 種.
albipectus　白い胸の．ムナジロウロコインコ *Pyrrhura* ほか 1 種.
albipennis　白い翼の．ハジロシャクケイ *Penelope* ほか 1 種.
albirostris　白い嘴の．ウシハタオリ *Bubalornis* ほか 2 種.
albistriata　白い条斑のある．クロビタイアジサシ *Sterna*.
albitorques　頸飾りの．シロエリカワラバト *Columba* ほか 1 種.
albiventer　白い腹の．ヒメサザイチメドリ *Pnoepyga* ほか 2 種.
albiventre　白い腹の（albiventris の中性形）．チャイロジチメドリ *Pellorneum*.
albiventris　白い腹の．チャガシラショウビン *Halcyon* ほか 5 種.
alboauricularis　白い耳の．ミミジロオリーブミツスイ *Lichmera*.
albocinctus　白い帯斑の．シロエリツグミ *Turdus* ほか 1 種.
albocoronata　白い冠羽のある．ワタボウシハチドリ *Microchera*.
albocristata　白い冠羽のある．シラガフウキンチョウ *Sericossypha*.
albocristatus　白い冠羽のある．シラガサイチョウ *Berenicornis*.
albofasciata　白い帯のある．オジロハシボソヒバリ *Certhilauda*.
albofrontata　白い額のある．センニョムシクイ *Gerygone*.
albogriseus　白と灰色の．ハイイロカザリドリモドキ *Pachyramphus*.
albogularis　白い喉の．ノーフォークメジロ *Zosterops* ほか 15 種.
albolimbatus　白く縁取られた．パプアオオセッカ *Megalurus*.
alboniger　白と黒の．ズグロサバクヒタキ *Oenanthe* ほか 1 種.
albonotatus　白い斑紋のある．オビオノスリ *Buteo* ほか 3 種.
albosquamatus　白い鱗模様の．クサビヒメキツツキ *Picumnus*.
alboterminatus　（尾の）末端が白い．カンムリコサイチョウ *Tockus*.
albus　白い．ムナジロガラス *Corvus* ほか 2 種.
Alopecoenas　ギ キツネ色のハト．ウズラバト属．ウェタル島に 1 種.
alopex　キツネ（色の）．キツネチョウゲンボウ *Falco*.
amabilis　可愛らしい．パラワンガラ *Parus* ほか 5 種.

第 9 章　鳥の羽毛の色彩斑紋を表現した学名　　225

amaurocephalus　ギ 暗色の頭の．チャボウシハエトリ *Leptopogon*．
amauroptera　ギ 暗色の翼の．チャバネコウハシショウビン *Pelargopsis*．
Amaurornis　ギ 暗色の鳥．シロハラクイナ属．南アジア～ソロモン諸島に 6 種．
amaurotis　ギ 暗色の耳の．ヒヨドリ *Hypsipetes* ほか 1 種．
amethystina　紫色（紫水晶）の．アメシストハチドリ *Calliphlox* ほか 2 種．
amicta　装った．アカヒゲハチクイ *Nyctiornis*．
amoena　可愛らしい．ムネアカルリノジコ *Passerina*．
ampelinus　ブドウ色の．ミミグロレンジャク *Hypocolius*．
amphichroa　ギ 二色の．ホオアカニュートンヒタキ *Newtonia*．
anoxanthus　ギ 背面黄色の．キゴロモコメワリ *Loxipasser*．
Anthocephala　ギ 花の頭．ハナガサハチドリ属．南米に 1 種．
Anthracothorax　ギ 炭のように黒い胸（の鳥）．マンゴーハチドリ属．中・南米に 7 種．
Aphantochroa　ギ 黒ずんだ体色（の鳥）．ウスグロハチドリ属．南米に 1 種．
Aphelocephala　ギ 単純な色（無地）の頭の（鳥）．カオジロムシクイ属．オーストラリアに 3 種．
Aplopelia　ギ 単純な（色彩の）ハト．レモンバト属．アフリカに 1 種．
apricaria　金色に輝く．ヨーロッパムナグロ *Pluvialis*．
aquila　暗色の．メスグログンカンドリ *Fregata*．
ardens　燃えるような（色の）．フィリピンキヌバネドリ *Harpactes* ほか 3 種．
ardesiaca　青灰色の．クロコサギ *Egretta* ほか 4 種．
argentatus　銀色の．セグロカモメ *Larus* ほか 1 種．
argentea　銀色の．タンザニアイロムシクイ *Apalis*．
argenticeps　銀色の頭の．コブハゲミツスイ *Philemon*．
argentina　銀色の．ギンモリバト *Columba*．
argyrofenges　ギ 銀色に輝く．クロハラフウキンチョウ *Tangara*．
arquata　黄色（黄疸）の．アサナキヒタキ *Cichladusa*．
asterias　ギ 星をちりばめた．クロヒメキツツキ *Picumnus*．
Astrapia　ギ 電光のように輝く（鳥）．オナガフウチョウ属．ニューギニアに 5 種．
ater　黒い．ヒガラ *Parus* ほか 6 種．
ateralbus　白と黒の．デュオールカササギヒタキ *Monoarcha* ほか 1 種．
aterrima　真っ黒の．マスカリンミズナギドリ *Pterodroma*．
aterrimmus　真っ黒の．ヤシオウム *Probosciger* ほか 2 種．
atra　黒い（ater の女性形）．オオバン *Fulica* ほか 7 種．
atrata　黒い，黒い服をきた（atratus の女性形）．クロヒワ *Carduelis* ほか 1 種．
atratus　黒い，黒い服をきた．クロコンドル *Coragyps* ほか 2 種．
atricapilla　黒髪の．ズグロガモ *Heteronetta* ほか 4 種．
atricapillus　黒髪の．ズグロオオコノハズク *Otus* ほか 4 種．
atricaudus　黒い尾の．オナガキゴシハエトリ *Myiobius*．
atriceps　黒い頭の．モルッカメジロ *Zosterops* ほか 10 種．
atrifrons　黒い額の．クロビタイウズラ *Odontophorus* ほか 1 種．
atripennis　黒い翼の．テリハオウチュウ *Dicrurus* ほか 2 種．
atrocaerulea　黒青色の．アオツバメ *Hirundo*．

atrocapillus　黒髪の．ズグロシギダチョウ *Crypturellus*.
atrocaudata　黒い尾の．サンコウチョウ *Terpsiphone*.
atrochalybea　黒鋼色の．サントメサンコウチョウ *Terpsiphone*.
atrococcineus　黒と緋色の．ハジロアカハラヤブモズ *Laniarius*.
atroflavus　黒と黄色の．キバラヤブモズ *Laniarius* ほか 1 種.
atrogularis　黒い喉の．ノドグロミハマテッケイ *Arborophila* ほか 6 種.
atronitens　黒く輝いた．クロマイコドリ *Xenopipo*.
atropurpurea　黒紫色の．ハジロカザリドリ *Xipholena*.
atroviolacea　黒紫色の．キューバウタムクドリモドキ *Dives*.
atrovirens　黒緑色の．マユグロナキサンショウクイ *Lalage* ほか 1 種.
Augasma　ギ 輝き．エメラルドモリハチドリ属．南米に 1 種.
Augastes　ギ 光り輝くもの．ムナオビハチドリ属．南米に 2 種.
aurantia　オレンジ色の．カワアジサシ *Sterna* ほか 1 種.
aurantiaca　オレンジ色の．オレンジウソ *Pyrrhula*.
aurantiacus　オレンジ色の．ベニビタイカマドドリ *Metopothrix* ほか 1 種.
aurantiifrons　オレンジ色の額の．アカノドサトウチョウ *Loriculus* ほか 2 種.
aurantiirostris　オレンジ色の嘴の．アカハシシズカヒトド *Arremon* ほか 2 種.
aurantioatrocristatus　オレンジ色と黒の冠羽の．タイランチョウの 1 種 *Empidonomus*
aurantium　オレンジ色の．ルリイロコバシタイヨウチョウ *Anthreptes*.
aurantius　オレンジ色の．オレンジハタオリ *Ploceus* ほか 2 種.
aurantiventris　オレンジ色の腹の．オレンジキヌバネドリ *Trogon*.
auratus　金色の．ハシボソキツツキ *Colaptes* ほか 2 種.
aurea　金色の．キイロモズヒタキ *Pachycephala* ほか 3 種.
aureocincta　金色の帯斑の．キオビフウキンチョウ *Buthraupis*.
aureola　金色がかった，素晴らしい．シマアオジ *Emberiza* ほか 2 種.
aureolimbatum　金色に縁どられた．セレベスハナドリ *Dicaeum*.
aureopectus　金色の胸の．キムネミドリカザリドリ *Pipreola*.
aurescens　金色の．ホウセキハチドリ *Polyplancta*.
aureus　金色の．ズグロオウゴンチョウ *Euplectes* ほか 1 種.
auricapillus　金色の頭髪の．アカボウシムクドリモドキ *Icterus*.
auriceps　金色の頭の．キボウシアカゲラ *Picoides* ほか 2 種.
aurifrons　金色の額の．シトロンインコ *Bolborhynchus* ほか 6 種.
aurigaster　金色の腹の．コシジロヒヨドリ *Pycnonotus*.
Auriparus　金色のシジュウカラ．アメリカツリスガラ属．北・中米に 1 種.
Auripasser　金色のスズメ．コガネスズメ属．アラビアとその近くに 2 種.
aurocapillus　金色の頭髪の．カマドムシクイ *Seiurus*.
aurovirens　金緑色の．ヒガシラゴシキドリ *Capito*.
aurulentus　金色の．マミジロモリゲラ *Piculus*.
azurea　空色の．ズグロゴジュウカラ *Sitta* ほか 3 種.
azureocapilla　空色の頭髪の．フィジーヒラハシ *Myiagra*.
azureus　空色の．ルリミツユビカワセミ *Ceyx*.

B, b

badeigularis　茶色の喉の．チャノドサザイチメドリ *Spelaeornis*.
badia　茶色の．ヤマミカドバト *Ducula* ほか1種．
badiceps　茶色の頭の．チャボウシヒメムシクイ *Eremomela*.
badius　茶色の．ミナミハイタカ *Accipiter* ほか4種．
bella　美しい．サザナミスズメ *Emblema* ほか1種．
beryllina　緑色の．チャバネミドリハチドリ *Amazilia*.
beryllinus　緑色の．ズアカサトウチョウ *Loriculus*.
bicolor　二色の．モモアカハイタカ *Accipiter* ほか18種．
bimaculatus　二斑点のある．アカボシヒヨドリ *Pycnonotus* ほか1種．
binotatus　二斑紋のある．チャイロヨタカ *Veles*.
bistriatus　二条斑のある．マミジロイシチドリ *Burhinus*.
bivittata　二帯斑のある．シロハラクロヒタキ *Petroica* ほか1種．
Bombycilla　絹のような尾．レンジャク属．ユーラシア，北米に3種．
bracteatus　金色に輝いた．サビイロタチヨタカ *Nyctibius*.
Branta　燃えるような（羽毛の鳥）．コクガン属．全北区に5種．
bruniceps　褐色の頭の．チャキンチョウ *Emberiza*.
brunnea　褐色の．チメドリ *Alcippe* ほか3種．
brunneata　褐色の．チャムネヤブヒタキ *Rhinomyias*.
brunneicapilla　褐色の頭髪の．メジロカラスモドキ *Aplonis*.
brunneicapillus　褐色の頭髪の．サボテンミソサザイ *Campylorhynchus*.
brunneicauda　褐色の尾の．ハイムネチメドリ *Alcippe* ほか2種．
brunneiceps　褐色の頭の．カンムリチメドリ *Yuhina* ほか1種．
brunneopectus　褐色の胸の．チャムネミヤマテッケイ *Arborophila*.
brunneopygia　褐色の腰の．ミナミメグロヤブコマ *Drymodes*.
brunnescens　褐色を帯びた．コシアカセッカ *Cisticola* ほか1種．
brunneus　褐色の．アカハラコルリ *Erithacus* ほか3種．
brunniceps　褐色の頭の．チャボウシアメリカムシクイ *Myioborus*.
brunnifrons　褐色の額の．チャガシラコウグイス *Cettia*.

C, c

caerulata　暗青色の．クロアゴアオヒタキ *Niltaba*.
caerulatus　暗青色の．ミミジロガビチョウ *Garrulax*.
caerulea　暗青色の．ヒメアカクロサギ *Egretta* ほか6種．
caeruleocephalus　青い頭の（混成名）．ズアオジョウビタキ *Phoenicurus*.
caeruleogrisea　青灰色の．ハシブトオニサンショウクイ *Coracina*.
caerulescens　暗青色の，青色の．ハクガン *Anser* ほか15種．
caeruleus　暗青色の，青色の．カタグロトビ *Elanus* ほか4種．
caesia　青灰色の．ノドアカアオジ *Emberiza* ほか1種．
caesius　青灰色の．ウスグロアリモズ *Thamnomanes*.

calcostetha　ギ　銅色の胸の．ノドアカタイヨウチョウ Nectarinia.
Callacanthis　ギ　美しいベニヒワ Acanthis．アカマユマシコ属．ヒマラヤに1種．
Callichelidon　ギ　美しいツバメ．バハマツバメ属．バハマ諸島に1種．
callinota　ギ　美しい背中の．コシアカアリサザイ Terenura.
calliparaea　ギ　美しい頬の．エメラルドフウキンチョウ Chlorochrysa.
Callipepla　ギ　美しい外衣の（鳥）．ウロコウズラ属．北・中米に4種．
Calliphlox　ギ　美しい炎（色の鳥）．アメシストハチドリ属．南米に1種．
calliptera　ギ　美しい翼の．キンソデウロコインコ Pyrrhura.
callizonus　ギ　美しい帯の．ムネアカタイランチョウ Xenotriccus.
Callocephalon　ギ　美しい頭の（鳥）．アカサカオウム属．オーストラリアに1種．
Callonetta　ギ　美しいカモ．クビワコガモ属．南米に1種．
callonotus　ギ　美しい背中の．セアカハゲラ Veniliornis.
callophrys　ギ　美しい眉の．シロボウシフウキンチョウ Tangara.
Calochaetes　ギ　美しい髪の毛（の鳥）．シュイロフウキンチョウ属．南米に1種．
Calocitta　ギ　美しいカケス．カンムリサンジャク属．中米に1種．
Caloenas　ギ　美しいハト．ミノバト属．ソロモン諸島に1種．
Calonectris　ギ　美しい泳ぎ手．オオミズナギドリ属．インド洋・太平洋に2種．
Caloperdix　ギ　美しいヤマウズラ．アカチャシャコ属．東南アジアに1種．
calophrys　ギ　美しい眉の．ボリビアモリフウキンチョウ Hemispingus.
calopterum　ギ　美しい翼の．ハシナガタイランチョウ Todirostrum.
calopterus　ギ　美しい翼の．アカバネモリクイナ Eulabeornis ほか1種．
Calorhamphus　ギ　美しい嘴（の鳥）．チャイロゴシキドリ属．ビルマに1種．
Calothorax　ギ　美しい胸（の鳥）．エリカザリハチドリ属．北米・メキシコに2種．
calurus　ギ　美しい尾の．シロヒゲヒヨドリ Criniger.
calyorhynchus　ギ　美しい嘴の．セレベスバンケンモドキ Ramphococcyx.
cana　灰白色の．カルカヤインコ Agapornis ほか1種．
cancellata　格子模様の．ツアモツシギ Prosobonia.
candicans　白い．ハジロヨタカ Caprimulgus.
candida　白い．シロハラミドリハチドリ Amazilia.
candidus　白い．シロキツツキ Melanerpes.
canescens　白っぽい．キムネヒメムシクイ Eremomela.
canicapillus　灰白色の頭髪の．セグロコゲラ Picoides.
caniceps　灰白色の頭の．シロビタイウズラバト Geotrygon ほか4種．
canicollis　灰白色の頸の．キガシラカナリア Serinus ほか1種．
canifrons　灰白色の額の．パラオムナジロバト Gallicolumba ほか1種．
canigularis　灰白色の喉の．ハイノドヤブフウキンチョウ Chlorospingus.
canus　灰白色の．ニシカモメ Larus ほか1種．
Carbo　炭（のように黒い鳥）．ウ属．Phalacrocorax のシノニム．世界中に28種．
carbonaria　炭のように黒い．オナガクロアリドリ Cercomacra ほか1種．
carbonarius　炭のように黒い．クロハラヤマシトド Phrygilus.
cardinalis　深紅色の（枢機卿の衣や帽子のような）．ベニインコ Chalcopsitta ほか3種．

Cardinalis　深紅色の（枢機卿の衣や帽子のような）．ショウジョウコウカンチョウ属．北～南米に 3 種．
castanea　栗色の．アオクビコガモ *Anas* ほか 7 種．
castaneiceps　栗色の頭の．ハシブトシトド *Lysurus* ほか 4 種．
castaneiventris　栗色の腹の．クリハラヒメウソ *Sporophila* ほか 3 種．
castaneocoronatus　栗色の冠をもつ．クリガシラコビトサザイ *Oligura*．
castaneoventris　栗色の腹の．ノドジロメジロハチドリ *Lampornis* ほか 2 種．
castaneus　栗色の．クリノドオタテドリ *Pteroptochos* ほか 3 種．
castaniceps　栗色の頭の．チャミミチメドリ *Yuhina* ほか 1 種．
castanilius　栗色のわきばらの．ワキアカハイタカ *Accipiter*．
castanota　栗色の背中の．ヤマパプアチメドリ *Ptilorrhoa*．
castanops　ギ 栗色の顔の．キタチャノドハタオリ *Ploceus*．
castanopterum　栗色の翼の．オオスズメフクロウ *Glaucidium*．
castanopterus　栗色の翼の．クリバネスズメ *Passer*．
castanotus　ギ 栗色の背中の．コシアカネズミドリ *Colius*．
Catamenia　（尻に）血紅色のある（鳥）．タネワリ属．南米に 4 種．
Catharus　ギ 純粋な（羽色の鳥）．チャツグミ属．北～南米に 11 種．
cathpharius　まだら染めの服をきた．ヒメアカゲラ *Picoides*．
Catoptrophorus　ギ 鏡（翼の白斑）をもつ（鳥）．ハジロオオシギ属．北米に 1 種．
caudifasciatus　尾に帯斑のある．オジロハイイロタイランチョウ *Tyrannus*．
celaenops　ギ 黒い顔の．アカコッコ *Turdus*．
Cephalopterus　ギ 頭に飾り羽のある（鳥）．カサドリ属．中・南米に 3 種．
Cephalopyrus　ギ 頭が炎色の（鳥）．ベニビタイガラ属．南アジアに 1 種．
cerritus　狂ったような（気違いじみた）（色彩の）．パナマシロクロマイコドリ *Manacus*．
cerulea　青色の，空色の．ハイイロアジサシ *Procelsterna* ほか 1 種．
cerviniventris　黄褐色の腹の．ズグロアカムシクイ *Bathmocercus* ほか 2 種．
cervinus　褐色の．ムネアカタヒバリ *Anthus*．
Chalcites　ギ 銅色の（鳥）．テリカッコウ属．南アジア～オーストラリアに 8 種．
chalcomelas　銅色と黒色の．ソマリアニシキタイヨウチョウ *Nectarinia*．
Chalcophaps　ギ 銅色のハト．キンバト属．南アジア～太平洋諸島に 2 種．
Chalcopsitta　ギ 銅色のオウム．テリハインコ属．ニューギニア～ソロモン諸島に 4 種．
chalcopterus　ギ 銅色の翼の．ドウバネインコ *Pionus* ほか 1 種．
chalcospilos　ギ 銅色の斑点の．ミドリマダラバト *Turtur*．
Chalcostigma　ギ 銅色の斑点（の鳥）．コバシハチドリ属．南米に 5 種．
chalcurum　銅色の尾の．アオビコクジャク *Polyplectron*．
Chalcurus　ギ 銅色の尾の（鳥）．アオビコクジャク属．マラヤ・スマトラに 2 種．
chalybaeus　はがね色の．セイキムクドリ *Lamprotornis*．
chalybatus　はがね色の．アオムネカラスフウチョウ *Manucodia*．
chalybea　はがね色の．ミドリカザリハチドリ *Lophornis* ほか 4 種．
chalybeata　はがね色の．シコンチョウ *Vidua*．
Chalybura　ギ はがね色の尾の（鳥）．ワタハラハチドリ属．中・南米に 2 種．

chariessa　ギ 優美な．ハジロイロムシクイ Apalis．
Charitospiza　ギ 優美なアトリ．ヒガラモドキ属．南米に 1 種．
charmosyna　ギ 楽しい．キタホオグロカエデチョウ Estrida．
Charmosyna　ギ 楽しい（鳥）．イロドリインコ属．太平洋諸島に 14 種．
chermesina　深紅色に染められた．ミツスイの 1 種．*Myzomela*．
Chionis　ギ 雪の（鳥）．サヤハシチドリ属．南極地方に 2 種．
chionogaster　ギ 雪白の腹の．ユキハラミドリハチドリ *Amazilia*．
Chionogaster　ギ 雪白の腹（の鳥）．ユキハラミドリハチドリ属．南米に 2 種．
chionopectus　雪白の胸の（混成名）．ムナジロミドリハチドリ *Amazilia*．
chionura　ギ 雪白の尾の．オジロミドリハチドリ *Elvira*．
chlorocephalus　ギ 緑色の頭の．ミドリコウライウグイス *Oriolus*．
chlorocercus　ギ 緑色の尾の．キボシハチドリ *Leucippus* ほか 1 種．
Chloroceryle　ギ 緑色のカワセミ．ミドリヤマセミ属．北～南米に 4 種．
Chlorocharis　ギ 緑色の優美（な鳥）．メグロメジロ属．ボルネオに 1 種．
Chlorochrysa　ギ 緑と金色（の鳥）．エメラルドフウキンチョウ属．南米に 3 種．
Chlorocichla　ギ 緑色のツグミ．コノハヒヨドリ属．アフリカに 6 種．
chlorolepidota　ギ 緑色の鱗で覆われた．ノドアカミドリカサドリ *Pipreola*．
chlorolophus　ギ 緑色の冠羽の．ヒメアオゲラ *Picus*．
chloronota　ギ 緑色の背中の．オリーブコムシクイ *Camaroptera* ほか 1 種．
chloronothos　ギ 緑色に似た色の．モーリシャスメジロ *Zosterops*．
chloronotus　ギ 緑色の背中の．ミドリオリーブシトド *Arremonops*．
chlorophaea　ギ 緑と灰色の．クリイロバンケンモドキ *Rhinortha*．
Chlorophanes　ギ 緑色に輝く（鳥）．ズグロミツドリ属．中・南米に 1 種．
Chlorophoneus　ギ 緑色の殺し屋．オリーブミドリモズ属．アフリカに 6 種．
Chloropipo　ギ 緑色のマイコドリ．ミドリマイコドリ属．中・南米に 4 種．
Chloropsis　ギ 緑色の外観の（鳥）．コノハドリ属．東南アジアに 8 種．
chloroptera　ギ 緑色の翼の．ベニコンゴウインコ *Ara* ほか 1 種．
chloropterus　ギ 緑色の翼の．コセイキムクドリ *Lamprotornis* ほか 1 種．
chloropus　ギ 緑色の足の．バン *Gallinula* ほか 1 種．
chloropygia　ギ 緑色の腰の．オリーブゴシキタイヨウチョウ *Nectarinia*．
chlororhynchus　ギ 緑色の嘴の．セイロンバンケン *Centropus*．
Chlorornis　ギ 緑色の鳥．ワカクサフウキンチョウ属．南米に 1 種．
Chlorospingus　ギ 緑色のヒワ．ヤブフウキンチョウ属．中南米に 11 種．
Chlorostilbon　ギ 緑色に輝くもの．エメラルドハチドリ属．中南米に 11 種．
Chlorothraupis　ギ 緑色のフウキンチョウ．オリーブフウキンチョウ属．中南米に 3 種．
chlorotica　薄黄緑色の．オジロスミレフウキンチョウ *Euphonia* 属．
chlorurus　ギ 緑色の尾の（鳥）．ミドリトウヒチョウ *Pipilo*．
chocolatinus　近代 ラ チョコレート色の（メキシコ土語）．ウロコオナガサザイチメドリ *Spelaeornis*．
chrysaetos　ギ 金色のワシ．イヌワシ *Aquila*．
chrysaeus　近代 ラ 金色の．キンイロヒタキ *Erithacus*．

chrysater　金色と黒の．ハグロムクドリモドキ *Icterus*．
chrysauchen　ギ 金色の頸の．キエリミヤビゲラ *Melanerpes*．
chrysia　金色の．テルハバト *Geotrygon*．
chrysocepalus　ギ 金色の頭の．フウチョウモドキ *Sericulus* ほか 1 種．
chrysochloros　ギ 金と緑色の．モリゲラ *Piculus*．
Chrysococcyx　ギ 金色のカッコウ．ミドリカッコウ属．アフリカに 4 種．
Chrysocolaptes　ギ 金色のきつつき．コガネゲラ属．ボルネオに 2 種．
chrysocome　ギ 金色の頭髪の．イワトビペンギン *Eudyptes*（亜南極海域に 1 種）．
chrysoconus　ギ 金色の円錐形斑紋の．キビタイヒメゴシキドリ *Pogoniulus*．
chrysocrotaphum　ギ 金色のこめかみ（側頭）の．キマユハシナガタイランチョウ *Todirostrum*．
Chrysoena　ギ 金色のハト．フィジーヒメアオバト属．フィジー諸島に 3 種．
chrysogaster　ギ 金色の腹の．キンパラアメリカムシクイ *Basileuterus* ほか 3 種．
chrysogenys　ギ 金色の頰の．キミミクモカリドリ *Arachnothera* ほか 2 種．
Chrysolampis　ギ 金色に輝く（鳥）．ルビートパーズハチドリ属．南米に 1 種．
chrysolaus　ギ 金色のツグミ．アカハラ *Turdus*．
chrysolophus　ギ 金色の冠羽の．マカロニペンギン *Eudyptes*．
Chrysolophus　ギ 金色の冠羽の（鳥）．キンケイ属．アジアに 2 種．
chrysomela　ギ 金色と黒の．キイロカササギヒタキ *Monarcha*．
Chrysomma　ギ 金色の眼の（鳥）．キンメチメドリ属．南アジアに 1 種．
chrysoparia　ギ 金色の頰の．キホオアメリカムシクイ *Dendroica*．
chrysopasta　ギ 金色の斑点の散在する．シロアゴフウキンチョウ *Euphonia*．
chrysopeplus　ギ 金色の上衣の．オウゴンイカル *Pheucticus*．
chrysophrys　ギ 金色の眉の．キマユホオジロ *Emberiza*．
chrysopogon　ギ 金色のひげの．キホオゴシキドリ *Megalaima*．
chrysops　ギ 金色の顔の．金色に輝く．ルリサンジャク *Cyanocorax* ほか 1 種．
chrysopterus　ギ 金色の翼の．キンバネツリスドリ *Cacicus* ほか 2 種．
chrysopterygius　ギ 金色の小翼（肩羽）の．ヒスイインコ *Psephotus*．
Chrysoptilus　ギ 金色の羽の（鳥）．シマオゲラ属．南米に 3 種．
chrysorrheum　ギ 金色の尻（下尾筒）の．ムナフハナドリ *Dicaeum*．
chrysorrhoa　ギ 金色の腰の．キゴシトゲハシムシクイ *Acanthiza*．
chrysostoma　ギ 金色の口（嘴）の．ワカバインコ *Neophema* ほか 1 種．
chrysotis　ギ 金色の耳の．キンムネチメドリ *Alcippe* ほか 1 種．
chrysura　ギ 金色の尾の．コガネサファイアハチドリ *Hylocharis*．
Chrysuronia　ギ 金色の尾の（鳥）．コガネオハチドリ属．南米に 1 種．
cinctus　帯斑の．モモアカチドリ *Charadrius* ほか 5 種．
cineracea　灰色の．チモールミカドバト *Ducula* ほか 2 種．
cineraceus　灰色の．ムクドリ *Sturnus* ほか 1 種．
cinerascens　灰色がかった．オビチュウヒワシ *Circaetus* ほか 8 種．
cinerea　灰色の．アオサギ *Ardea* ほか 20 種．
cinereicapillus　灰色の頭髪の．アカハシコタイランチョウ *Zimmerius*．

cinereiceps　灰色の頭の．アリサンチメドリ *Alcippe* ほか 5 種．
cinereifrons　灰色の額の．セイロンガビチョウ *Garrulax* ほか 1 種．
cinereiventris　灰色の腹の．ハイゴシハリオアマツバメ *Chaetura* ほか 1 種．
cinereola　やや灰色の．サメイロセッカ *Cisticola*．
cinereovinacea　灰ブドウ色の．コモンハイイロアラレチョウ *Euschistospiza*．
cinereum　灰色の．マルハシミツドリ *Conirostrum* ほか 3 種．
cinereus　灰色の．カオグロモリツバメ *Artamus* ほか 10 種．
cinnamomea　肉桂色の．ニッケイハエトリ *Pyrromyias* ほか 5 種．
cinnamomeum　肉桂色の．ニッケイウズラチメドリ *Cinclosoma*．
cinnamomeus　肉桂色の．リュウキュウヨシゴイ *Ixobrychus* ほか 7 種．
cinnamomina　肉桂色の．ズアカショウビン *Halcyon*．
cirrhocephalus　黄褐色の頭の（実際には灰色）．アカエリツミ（ハイタカ）*Accipiter*．
cirrochloris　ギ 黄褐色と緑の．ウスグロハチドリ *Aphantochroa*．
citrea　レモン色の．オウゴンアメリカムシクイ *Protonotaria*．
citreogularis　レモン色の喉の．キノドヤブムシクイ *Sericornis* ほか 1 種．
citreolus　レモン色の（縮小形）．キバラキヌバネドリ *Trogon*．
citrina　レモン色の．オジロキンノジコ *Sicalis* ほか 2 種．
citrinella　レモン色の（縮小形）．キアオジ *Emberiza* ほか 1 種．
citrinellus　レモン色の（縮小形）．キマユヤブシトド *Atlapetes*．
citriniventris　レモン色の腹の．キバラカギハシタイランチョウ *Attila*．
clara　はっきりした（色の）．オナガハクセキレイ *Motacilla*．
Claravis　美しい鳥．アルキバト属．中・南米に 3 種．
coccinea　緋色の．ベニハシハワイミツスイ *Vestiaria* ほか 1 種．
coccinigastra　緋色の腹の．ニシキタイヨウチョウ *Nectarinia*．
coelestis　空色の．マメルリハインコ *Forpus* ほか 2 種．
coelicolor　空色の．ムラサキツグミ *Grandala*．
coeruleicinctis　青い帯斑の．アオオビミドリチュウハシ *Aulacorhynchus*．
coeruleocapilla　青い頭髪の．ソライロボウシマイコドリ *Pipra*．
coeruleogularis　青い喉の．ルリノドハチドリ *Lepidopyga*．
coerulescens　青い，暗青色の．ヒメアオカワセミ *Alcedo* ほか 3 種．
coloria　色彩に富んだ．ホオアカセイコウチョウ *Erythrura*．
comptus　着飾った．アイオキヌバネドリ *Trogon*．
concinnus　優雅な，品の良い．ズアカエナガ *Aegithalos*．
concolor　同色の．ツバメ属 *Hirundo* の 1 種．ほか 10 種．
Conioptilon　灰色の羽の（鳥）．カオグロカザリドリ属．南米に 1 種．
corallirostris　サンゴ色の嘴の．ベニハシゴジュウカラ *Hypositta*．
coruscans　きらめく．ニセタイヨウチョウ *Neodrepanis* ほか 1 種．
Cranioleuca　頭の白い（鳥）．シロガシラカマドドリ属．中・南米に 16 種．
crocea　サフラン色の．キイロオーストラリアヒタキ *Ephthianura*．
Crocias　サフラン色の（鳥）．ワキフチメドリ属．南アジアに 2 種．
crudigularis　血紅色の喉の．ミヤマテッケイ *Arborophila*．

cruenta　血紅色の．バラムネヤブモズ *Tchagra*．
cruentata　血で染められた．アカミツスイ *Myzomela* ほか1種．
cruentus　血紅色の．ベニキジ *Ithaginis* ほか3種．
cryptoleucus　隠れた白色の．シロエリガラス *Corvus* ほか1種．
cryptoxanthus　隠れた黄色の．オリーブフタスジハエトリ *Myiophobus* ほか1種．
cuprea　銅色の．ブロンズタイヨウチョウ *Nectarinia*．
cupreiceps　銅色の頭の．ズアカミドリハチドリ *Elvira*．
cupreocauda　銅色の尾の．ドウイロテリムク *Lamprotornis*．
cupreoventris　銅色の腹の．ワタアシハチドリ *Eriocnemis*．
cupreus　銅色の．ミドリカッコウ *Chrysococcyx*．
cupripennis　銅色の翼の．ニジハチドリ *Aglaeactis*．
cyana　青い．オナガ *Cyanopica* ほか1種．
cyanea　青色の，暗青色の．ミドリフウキンチョウ *Chlorophonia* ほか4種．
cyaneoberyllina　青緑色の．エメラルドモリハチドリ *Augasma*．
cyaneovirens　青色と緑色の．セイキヒノマルチョウ *Erythrura*．
cyaneoviridis　青色と緑色の．バハマツバメ *Callichelidon*．
cyanescens　青色の，暗青色の．アオサンコウチョウ *Terpsiphone* ほか1種．
cyaneus　青色の，暗青色の．ハイイロチュウヒ *Circus* ほか2種．
cyaniceps　青い頭の．ズアオオウギヒタキ *Rhipidura*．
cyanicollis　青い頚の．アオクビフウキンチョウ *Tangara* ほか1種．
cyanicterus　青いムクドリモドキ（*Icterus* ムクドリモドキ属）．セアオフウキンチョウ *Cyanicterus*．これはトートニムの学名．
cyanirostris　青い嘴の．クロタイランチョウ *Knipolegus*．
cyanocephala　ギ 青い頭の．エリアカフウキンチョウ *Tangara* ほか6種．
cyanocephalus　ギ 青い頭の．マツカケス *Gymnorhinus* ほか1種．
cyanolaema　ギ 青い喉の．ルリノドタイヨウチョウ *Nectarinia*．
cyanoleuca　ギ 青色と白色の．ツチスドリ *Grallina* ほか2種．
Cyanolyca　ギ 青いカラス（lykos コクマルガラス）．ヒメアオカケス属．中・南米に7種．
cyanomelana　ギ 青黒色の．オオルリ *Ficedula*．
cyanomelas　ギ 青と黒の（青黒色の）．ムラサキサンジャク *Cyanocorax* ほか2種．
cyanopectus　青い胸の．アオオビカワセミ *Ceyx* ほか1種．
Cyanophaia　ギ 青灰色の（鳥）．ズアオハチドリ属．西インド諸島に1種．
cyanophrys　ギ 青い眉の．クロビタイハチドリ *Eupherusa*．
Cyanopica　青いカササギ．オナガ属．ユーラシアに1種．
cyanopis　ギ 青い目の．アオメヒメバト *Columbina*．
cyanopogon　ギ 青いひげの．コノハドリ *Chloropsis*．
cyanoptera　ギ 青い翼の．カモの1種 *Anas* ほか2種．
Cyanoptila　ギ 青い羽の（鳥）．オオルリ属．アジアに1種．
cyanopus　ギ 暗青色の足の．クロハゴロモガラス *Agelaius*．
cyanopygius　ギ 青い腰の．メキシコルリハインコ *Forpus*．
cyanotis　ギ 青い耳の．アオツラミツスイ *Entomyzon* ほか2種．

cyanouroptera　ギ 青い尾羽の．ルリハチメドリ *Minla*.
cyanus　ギ 青色の．ルリガラ *Parus* ほか 1 種.

D, d

decora　飾られた．ベニカザリフウチョウ *Paradisaea*.
decoratus　飾られた．クロガオサケイ *Pterocles*.
deiroleucus　ギ 喉の白い．ムネアカハヤブサ *Falco*.
dialeucos　ギ 全く白い．パナマクビワウズラ *Odontophorus*.
dichroa　ギ 二色の．ズグロツグミヒタキ *Cossypha* ほか 1 種.
dichrous　ギ 二色の．ハイイロカンムリガラ *Parus* ほか 1 種.
dicolorus　二色の（混成名）．ヒムネオオハシ *Ramphastos*.
dicrocephalus　ギ 二色の頭の．チャガシラハタオリ *Ploceus*.
discolor　色とりどりの．オトメインコ *Lathamus* ほか 3 種.

E, e

eburnea　象牙色の．ゾウゲカモメ *Pagophila*.
egregia　すばらしい．アフリカウズラクイナ *Porzana* ほか 1 種.
Elaenia　オリーブ色の（鳥）．シラギクタイランチョウ属．中・南米に 16 種.
Electron　ギ こはく（色の鳥）．ヒロハシハチクイモドキ属．中・南米に 2 種
elegans　優雅な．ミヤマホオジロ *Emberiza* ほか 15 種.
elegantior　より優雅な．コロンビアオナガカマドドリ *Synallaxis*.
Emblema　モザイク模様の（鳥）．コマチスズメ属．オーストラリアに 4 種.
eminentissima　極めて顕著な．シロハラベニノジコ *Foudia*.
emphanum　ギ 顕著な（色彩の）．パラワンコクジャク *Polyplectron*.
epichlora　ギ 上面が緑色の．ミドリオナガムシクイ *Urolais*.
erythrauchen　ギ 赤い頸の．モルッカツミ *Accipiter*.
erythrinus　ギ 赤い．アカマシコ *Carpodacus*.
erythrocephala　ギ 赤い頭の．ズアカミツスイ *Myzomela* ほか 4 種.
erythrocephalus　ギ 赤い頭の．ズアカキヌバネドリ *Harpactes* ほか 4 種.
erythrocercus　ギ 赤い尾の．コシアカマユカマドドリ *Philidor*.
Erythrocercus　ギ 赤い尾（の鳥）．ヒメヒタキ属．アフリカに 3 種.
erythrogenys　ギ 赤い頬の．オナガアカボウシインコ *Aratinga* ほか 2 種.
Erythrogonys　ギ 赤いひざの（鳥）．モモアカチドリ属．オーストラリアに 1 種.
erythrolophus　ギ 赤い冠羽の．アカガシラエボシドリ *Tauraco*.
erythromelas　ギ 赤と黒の．クロハラミツスイ *Myzomela* ほか 1 種.
erythronotos　ギ 赤い背中の．ホオグロカエデチョウ *Estrilda* ほか 1 種.
erythronotus　ギ 赤い背中の．セアカマユカマドドリ *Philydor* ほか 2 種.
erythrophrys　ギ 赤い眉の．アカマユムクドリ *Enodes* ほか 1 種.
erythrophthalma　ギ 赤い眼の．ウチワキジ *Lophura* ほか 1 種.
erythrophthalmos　ギ 赤い眼の．コアカメチャイロヒヨ *Pycnonotus*.
erythrophthalmus　ギ 赤い眼の．アカメアレチカマドドリ *Phacellodomus* ほか 2 種.

erythrops　ギ 赤い顔の．アカガオカマドドリ *Certhiaxis* ほか 6 種．
erythroptera　ギ 赤い翼の．アカバネムシクイ *Heliolais* ほか 5 種．
Erythropygia　ギ 赤い腰の（鳥）．ヤブコマドリ属．アフリカに 9 種．
erythropygius　ギ 赤い腰の．コシアカヤブタイランチョウ *Myiotheretes* ほか 4 種．
erythrorhyncha　ギ 赤い嘴の．アカハシオナガガモ *Anas* ほか 2 種．
erythrostictus　ギ 赤い斑点の．アカボシカササギヒタキ *Monarcha*．
erythrothorax　ギ 赤い胸の．ノドジロハナドリ *Dicaeum* ほか 2 種．
erythrotis　ギ 赤い耳の．アカガオジアリドリ *Grallaria*．
erythrura　ギ 赤い尾の．アカオヒメアリサザイ *Myrmotherula*．
Erythrura　ギ 赤い尾の（鳥）．セイコウチョウ属．南アジア・太平洋諸島に 11 種．
erythrurus　ギ 赤い尾の．アカオハエトリ *Terenotriccus*．
Eucephala　ギ 美しい頭（の鳥）．ズアオサファイアハチドリ属．中・南米に 1 種．
euchrysea　ギ 真に金色の．キンイロツバメ *Kalochelidon*．
Eucometis　ギ 美しい長毛の（鳥）．カンムリフウキンチョウ属．中・南米に 1 種．
eucosma　ギ 立派に飾られた．ヒガラモドキ *Charitospiza*．
Eulampis　ギ 美しく輝く（鳥）．オウギハチドリ属．小アンチル諸島に 1 種．
eulophotes　ギ 立派な冠羽の．カラシラサギ *Egretta* ほか 1 種．
Eunymphicus　ギ 美しい花嫁の（鳥）．ヘイワインコ属．ニューカレドニアに 1 種．
euophrys　ギ 立派な眉の．アカオミソサザイ *Thryothorus*．
euops　ギ 立派な眼の．ホシメキシコインコ *Aratinga*．
eurhythmus　ギ 均整のとれた．オオヨシゴイ *Ixobrychus*．
eutilotus　ギ 美しい冠毛（まゆ毛）をもつ．チャイロヒヨドリ *Pycnonotus*．
Eutriorchis　ギ 美しいノスリ．マダガスカルヘビワシ属．マダガスカル島に 1 種．
exquisitus　非常に美しい．シマクイナ *Coturnicops*．

F, f

faiostricta　ギ 灰色の斑点のある．ミミアオゴシキドリ *Megalaima*．
fasciata　帯斑のある．シロエリバト *Columba* ほか 5 種．
fasciatum　帯斑のある．ズグロトラフサギ *Tigrisoma*．
fasciatus　帯斑のある．オーストラリアオオタカ *Accipiter* ほか 9 種．
fasciolata　小帯斑のある．エゾセンニュウ *Locustella* ほか 2 種．
fasciolatus　小帯斑のある．ミナミオビチュウヒワシ *Circaetus*．
ferrea　鉄色の．ヤマザキヒタキ *Saxicola*．
ferrocyanea　鉄青色の．アオヒラハシ *Myiagra*．
ferruginea　鉄錆色の．サルハマシギ *Calidris* ほか 7 種．
ferrugineipectus　鉄錆色の胸の．チャムネヒメジアリドリ *Grallaricula*．
ferrugineiventre　鉄錆色の腹の．マミジロマルハシミツドリ *Conirostrum*．
ferrugineus　鉄錆色の．コイミドリインコ *Enicognathus* ほか 2 種．
ferruginosus　鉄錆色の．カオグロマルハシ *Potamorhinus*．
festiva　はなやかな色の．ムラサキボウシインコ *Amazona*．
flagrans　燃えるような（色の）．ホノオタイヨウチョウ *Aethopyga*．

flammea　炎色の．ベニヒワ *Acanthis*.
flammeolus　炎色の（縮小形）．アメリカコノハズク *Otus*.
flammeus　炎色の．コミミズク *Asio* ほか1種．
flammiceps　炎色の頭の．ベニビタイガラ *Cephalopyrus*.
flammigerus　炎をもった．ミナミコシアカフウキンチョウ *Ramphocelus*.
flammula　小さな炎の．バラノドハチドリ *Selasphorus*.
flammulata　小さな炎をもった．タテジマカマドドリ *Thripophaga*.
flammulatus　小さな炎をもった．タンビヒタキ *Bias* ほか3種．
flava　黄色の．ツメナガセキレイ *Motacilla* ほか3種．
flavala　黄色い翼の．キバネヒヨドリ *Hypsipetes*.
flaveolus　黄色い（縮小形）．セアカスズメ *Passer* ほか4種．
flavescens　黄色くなった．カオジロヒヨドリ *Pycnonotus* ほか3種．
flavibuccale　黄色い頬の．キホオコゴシキドリ *Tricholaema*.
flavicans　黄色味をおびた．キバラフタスジハエトリ *Myiophobus* ほか5種．
flavicapilla　黄色い頭髪の．キガシラミドリマイコドリ *Chloropipo*.
flaviceps　黄色い頭の．ヒメコアハワイマシコ *Psittirostra* ほか2種．
flavicollis　黄色い頚の．キノドミツスイ *Meliphaga* ほか6種．
flavida　黄色い．センニョムシクイ *Gerygone* ほか1種．
flavifrons　黄色い額の．キビタイメジロ *Zosterops* ほか7種．
flavigaster　黄色い腹の．メガネクモカリドリ *Arachnothera* ほか3種．
flavigularis　黄色い喉の．キノドミドリカッコウ *Chrysococcyx* ほか2種．
flavinucha　黄色いえりの．キエリアオゲラ *Picus* ほか1種．
flavipennis　黄色い翼の．ミンダナオコノハドリ *Chloropsis*.
flavipes　黄色い足の．キバシヘラサギ *Platalea* ほか6種．
flavirostris　黄色い嘴の．キバシサンジャク *Urocissa* ほか15種．
flaviventer　黄色い腹の．チャムネミツスイ *Meliphaga* ほか3種．
flaviventris　アオハウチワドリ *Prinia* ほか10種．
flavocinctus　黄色い帯斑の．キミドリコウライウグイス *Oriolus*.
flavolateralis　黄色い側面の．カレドニアセンニョムシクイ *Gerygone*.
flavolivacea　黄色と緑褐色（オリーブ色）の．キバラウグイス *Cettia*.
flavostriatus　黄色い条のある．キジマミドリヒヨドリ *Phyllastrephus*.
flavovelata　黄色いベールをかぶった．キズキンカオグロムシクイ *Geothlypis*.
flavovirens　黄緑色の．ミドリコバシハエトリ *Phylloscartes* ほか1種．
flavovirescens　黄緑色の．オリーブヒタキ *Microeca*.
flavoviridis　黄緑色の．キミドリインコ *Trichoglossus* ほか1種．
flavus　黄色の．キバラムクドリモドキ *Xanthopsar* ほか1種．
florida　花のような．キゴシミドリフウキンチョウ *Tangara*.
formosa　美しい．トモエガモ *Anas* ほか6種．
formosus　美しい．アカバネガビチョウ *Garrulax* ほか2種．
fucata　彩色された．ホオアカ *Emberiza* ほか1種．
fulgens　輝く．アオノドハチドリ *Eugenes*.

fulgida　輝く．コシジロショウビン *Halcyon*.
fulgidus　輝く．アラゲインコ *Psittrichas*.
fuliniceps　すす色の頭の．チャボウシエナガカマドドリ *Leptasthenura*.
fuliginosa　すす色の．クロガケツバメ *Pterochelidon* ほか9種．
fuliginosus　すす色の．ギンガオエナガ *Aegithalos* ほか6種．
fuligula　すす色の（縮小形）．キンクロハジロ *Aythya* ほか1種．
fulva　黄褐色の．サンショクツバメ *Petrochelidon*.
fulvescens　黄褐色の．チャイロムジチメドリ *Trichastoma* ほか2種．
fulviceps　黄褐色の頭の．ズアカヤブシトド *Atlapetes* ほか1種．
fulvifrons　黄褐色の額の．キビタイダルマエナガ *Paradoxornis* ほか1種．
fulviventris　黄褐色の腹の．クリハラツグミ *Turdus* ほか3種．
fulvus　黄褐色の．シロエリハゲワシ *Gyps* ほか3種．
fumigatus　煙色の（燻製色の）．ミヤマヒタキモドキ *Contopus* ほか5種．
funebris　黒ずんだ．ハルマヘラショウビン *Halcyon* ほか2種．
funerea　黒ずんだ．クロシコンチョウ *Vidua* ほか1種．
fusca　暗色の．ヒクイナ *Porzana* ほか12種．
fuscata　暗色の．セグロアジサシ *Sterna* ほか2種．
fuscater　暗黒色の．オニツグミ *Turdus* ほか1種．
fuscatus　暗色の．ムジセッカ *Phylloscopus* ほか2種．
fuscescens　暗色の．ビリーチャツグミ *Catharus* ほか2種．
fuscicapilla　暗色の頭髪の．キバラヤマメジロ *Zosterops*.
fuscicauda　暗色の尾の．ノドアカアリフウキンチョウ *Habia* ほか1種．
fuscipennis　暗色の翼の．コモロオウチュウ *Dicrurus*.
fuscocapillum　暗色の頭髪の．セイロンジチメドリ *Pellorneum*.
fuscoolivaceus　暗いオリーブ色の．キバラヤブシトド *Atlapetes*.
fuscorufa　暗赤色の．サビイロオナガカマドドリ *Synallaxis*.
fuscorufus　暗赤色の．アカハラヤブタイランチョウ *Myiotheretes*.
fuscus　暗色の．ハイイロモリツバメ *Artamus* ほか11種．

G, g

galbanus　黄緑色の（樹脂の色）．キノドガビチョウ *Garrulax*.
gilviventris　淡黄色の腹の．イワサザイ *Xenicus*.
gilvus　淡黄色の．ウタイモズモドキ *Vireo* ほか1種．
glauca　青緑色の．ムラサキハナサシミツドリ *Diglossa*.
glaucescens　蒼灰色の．ワシカモメ *Larus*.
glaucinus　蒼灰色の．スンダルリチョウ *Myiophoneus*.
glaucocaerulea　青灰色の．ソライロノジコ *Passerina*.
glaucus　青緑色の．ウミアオコンゴウインコ *Anodorhynchus*.
grammicus　条斑のある．ウロコテンニョゲラ *Celeus* ほか1種．
granatina　ざくろ色の．ムラサキヤイロチョウ *Pitta*.
grata　愛らしい．セレベスチメドリ *Malia*.

grisea 灰色の．ハイガシラスズメヒバリ *Eremopteryx* ほか 2 種．
griseicapillus 灰色の頭髪の．ヒメオニキバシリ *Sittasomus*.
griseicauda 灰色の尾の．ハイガオアオバト *Treron*.
griseipectus 灰色の胸の．ハイムネメジロハエトリ *Empidonax*.
griseisticta 灰色の斑点のある．エゾビタキ *Muscicapa*.
griseocapilla 灰色の頭髪の．ハイズキンコタイランチョウ *Phyllomyias*.
griseocristatus 灰色の冠羽の．ハイエボシシトド *Lophospingus*.
griseolus 灰色の（縮小形）．オリーブムシクイ *Phylloscopus*.
griseus 灰色の．ハイイロミズナギドリ *Puffinus* ほか 7 種．
guttata 斑点のある．キンカチョウ *Poephila* ほか 6 種．
guttatum 斑点のある．コスメルツグミモドキ *Toxostoma*.
guttatus 斑点のある．セボシアリモズ *Hypoedaleus* ほか 7 種．
guttifer 斑点をもつ．カラフトアオアシシギ *Tringa*.
guttula 小斑点の．シラボシカササギヒタキ *Monarcha*.
guttulatus 小斑点のある．キノドマユカマドドリ *Phylidor*.
guttuliger 小斑点のある．ヒゲオカマドドリ *Margarornis*.
gutturalis 喉に特徴のある．ノドアカアメリカムシクイ *Vermivora* ほか 11 種．

H, h

Habroptila ギ 繊細な翼（の鳥）．ハルマヘラクイナ属．ハルマヘラ島に 1 種．
habroptilus ギ 繊細な羽毛の．フクロウオウム *Strigops*.
haemacephala ギ 血紅色の頭の．ムネアカゴシキドリ *Megalaima*.
Haematoderus 血紅色の頸の（鳥）．ベニカザリドリ属．南米に 1 種．
haematodus 血紅色の．ゴシキセイガイインコ *Trichoglossus*.
haematogaster 血紅色の腹の．ハナガサインコ *Psephotus* ほか 1 種．
haematopus 血紅色の足の．アカアシクイナ *Himantornis*.
Haematopus ギ 血紅色の足の（鳥）．ミヤコドリ属．世界中に 8 種．
haematopygus ギ 血紅色の腰（尻）の．コシアカミドリチュウハシ *Aulacorhynchus*.
haematotis ギ 血紅色の耳の．アカミミインコ *Pionopsitta*.
haemorrhous ギ 血紅色の腰（尻）の．コシアカツリスドリ *Cacicus*.
　　（注）ギ haimorrhoos には「血が流れる」という意味もある．
Hapalopsittaca ギ 繊細なオウム．ホオアカインコ属．南米に 2 種．
Hapaloptila ギ 繊細な羽毛（の鳥）．シロガオアマドリ属．南米に 1 種．
haplochrous ギ 単一色の．スナイロムジツグミ *Turdus* ほか 1 種．
Haplophaedia ギ 純粋に輝く（鳥）．アシゲハチドリ属．中・南米に 2 種．
Haplospiza ギ 単一色のアトリ．ウスズミシトド属．南米に 2 種．
hebetior より鈍い色の．ススイロヒロハシ *Myiagra*.
heliaca ギ 太陽の．カタシロワシ *Aquila*.
helias ギ 太陽の．ジャノメドリ *Eurypyga*.
hemileucus ギ 半分白色の．シロクロアリドリ *Myrmochanes* ほか 1 種．
hemimelaena ギ 半分黒色の．クリオアリドリ *Myrmeciza*.

hemixantha　ギ　半分（下面が）黄色の．タニンバルオリーブヒタキ *Microeca*.
henicogrammus　ギ　単一の斑点のある．チャバラオオタカ *Accipiter*.
Henicophaps　ギ　単純な（色彩の）ハト．ハシナガバト属．ニューギニアに2種．
heteroclitus　ギ　個体変化の多い（不規則な）．キガシラインコ *Geoffroyus*.
Heterophasia　ギ　異質の外観の（鳥）．ウタイチメドリ属．南アジアに7種．
holochlora　ギ　全体緑色の．テリハメキシコインコ *Aratinga* ほか1種．
holosericeus　ギ　絹のような．クロツリスドリ *Cacicus* ほか2種．
holospilus　ギ　全体に斑点のある．フィリピンカンムリワシ *Spilornis*.
homochroa　ギ　単色の．ネズミウミツバメ *Oceanodroma* ほか2種．
homochrous　ギ　単色の．ヒトイロカザリドリモドキ *Pachyramphus*.
hypoleucus　ギ　下面が白い．シロハラアメリカムシクイ *Basileuterus* ほか5種．
　（注）ギ hypoleukos は「白っぽい」という意味が正解である．
hypopolios　ギ　灰色がかった．ハイイロシマセゲラ *Melanerpes*.
　（注）『鳥類学名辞典』には hypopolios の意味を「下面が灰白色の」と説明している．強ち間違っているとはいえない．
hypopyrrha　ギ　赤みがかった．バラムネキジバト *Streptopelia*.
　（注）『鳥類学名辞典』には，上記同様に，「下面が炎色の」とある．
hypospodia　ギ　下面が灰色の．ハイムネオナガカマドドリ *Synallaxis*.
hypoxantha　ギ　黄色がかった．ヒノマルウロコインコ *Pyrrhura* ほか6種．

I, i

ignita　燃えている，炎色の．コシアカキジ *Lophura*.
ignotincta　炎で彩られた．アカオチメドリ *Minla*.
immaculata　斑点のない．クリイロイワヒバリ *Prunella* ほか1種．
immunda　汚れた（色の）．キバラナゲキタイランチョウ *Rhytiperna*.
incana　灰白色の．アカバネハイイロムシクイ *Drymocichla* ほか2種．
Incana　灰白色の（鳥）．ソコトラムシクイ属．ソコトラ島に1種．
indigo　藍色の．アイイロヒタキ *Muscicapa*.
infuscatus　暗色の．サカツラトキ *Phimosus* ほか2種．
Iridoprocne　ギ　虹色のツバメ．ミドリツバメ属．北〜南米に2種．

L, l

lactea　乳白色の．ヒメツバメチドリ *Glareola* ほか2種．
laeta　美しい．ノドグロインカシトド *Incaspiza*.
laetior　より美しい．オウゴンハチマキミツスイ *Melithreptus*.
laetissima　きわめて美しい．キムネコノハヒヨドリ *Chlorocichla*.
laetus　美しい．アカガオモリムシクイ *Phylloscopus*.
Lagonosticta　ギ　わき腹に斑点のある（鳥）．コウギョクチョウ属．アフリカに8種．
Lampraster　ギ　輝く星．アカバネテリハチドリ属．南米に1種．
Lampronetta　ギ　輝くカモ．メガネケワタガモ属．北シベリア〜アラスカに1種．
Lamprotornis　ギ　輝く鳥．テリムクドリ属．アフリカに15種．

Lepidocolaptes 🈩 鱗模様のつつく（鳥）．ウロコオニキバシリ属．中・南米に 7 種．
lepidus 魅惑的な．マメカワセミ *Ceyx*.
Leptopoecile 🈩 繊細な多色の（鳥）．フジイロムシクイ属．南アジアに 2 種．
Leptoptilos 🈩 繊細な羽毛の（鳥）．ハゲコウ属．アフリカ・インドに 2 種．
leucocephala 🈩 白い頭の．シラガホオジロ *Emberiza* ほか 6 種．
leucocephalus 🈩 白い頭の．ハクトウワシ *Haliaeetus* ほか 7 種．
leucogastra 🈩 白い腹の．シロハラオナガ *Dendrocitta* ほか 4 種．
leucogenys 🈩 白い頬の．ホオジロウソ *Pyrrhula* ほか 4 種．
leucogrammicus 🈩 白い条のある．タテジマヒヨドリ *Pycnonotus*.
leucolophus 🈩 白い冠羽の．ハクオウチョウ *Garrulax* ほか 3 種．
leucomela 🈩 白と黒の．シロガシラカラスバト *Columba* ほか 1 種．
leucomelas 🈩 白と黒の，灰色の．オオミズナギドリ *Calonectris* ほか 1 種．
leucophaea 🈩 白と灰色の，灰色の．オジロオリーブヒタキ *Microeca* ほか 3 種．
Leucophaeus 🈩 白と灰色の（鳥）．マゼランカモメ属．南米に 1 種．
leucophthalnus 🈩 白い眼の．メジロカモメ *Larus* ほか 1 種．
leucops 🈩 白い眼の，白い顔の．メジロクロウタドリ *Platycichla* ほか 1 種．
leucoptera 🈩 白い翼の．ナキイスカ *Loxia* ほか 10 種．
leucopterus 🈩 白い翼の．ハジロカナリア *Serinus* ほか 5 種．
leucopteryx 🈩 白い翼の．ジャマイカムクドリモドキ *Icterus*.
leucorrhous 🈩 白い腰（尻）の．コシジロノスリ *Buteo*.
leucosticta 🈩 白い斑点のある．シロボシキンパラ *Lonchura* ほか 3 種．
leucotis 🈩 白い耳の．ミミジロゴシキドリ *Smilorhis* ほか 14 種．
leucura 🈩 白い尾の．クロサバクヒタキ *Oenanthe* ほか 2 種．
leucurus 🈩 白い尾の．オジロライチョウ *Lagopus* ほか 4 種．
linearis 条斑のある．オオウズラバト *Geotrygon* ほか 1 種．
lineatum 条斑のある．トラフサギ *Tigrisoma*.
lineiventris 条斑のある腹の．スジハラビンズイ *Anthus*.
lineola 小さな条斑の．ホオジロヒメウソ *Sporophila* ほか 1 種．
livida 鉛色の．オオモズタイランチョウ *Agriornis*.
lucidus 輝いている．テリカッコウ *Chalcites* ほか 4 種．
lugens 喪服を着た．コシジロサバクヒタキ *Oenanthe* ほか 4 種．
lugubris 喪服の．ヤマセミ *Ceryle* ほか 11 種．
lutea 黄色の．ソウシチョウ *Leiothrix* ほか 2 種．
luteicapilla 黄色い頭髪の．キボウシスミレフウキンチョウ *Euphonia*.
luteocephala 黄色い頭の（混成名）．キガオキンノジコ *Sicalis*.
luteolus 黄色味をおびた．マミジロヒヨドリ *Pycnonotus* ほか 1 種．
luteoventris 黄色い腹の．チャイロオウギセッカ *Bradypterus*.
luteovirens 黄緑色の．キンミノヒメアオバト *Ptilinops*.
Lutescens 帯黄色の．キイロタヒバリ *Anthus*.

M, m

maculata　斑点のある．アオオビカザリドリ *Cotinga* ほか 4 種．
maculatum　斑点のある．マダラハシナガタイランチョウ *Todirostrum*．
maculatus　斑点のある．セボシオオガシラ *Bucco* ほか 8 種．
maculipennis　斑点のある翼の．ミナミユリカモメ *Larus* ほか 1 種．
maculosa　斑点のある．アカエリミフウズラ *Turnix* ほか 5 種．
maculosus　斑点のある．ギアナヨタカ *Caprimulgus*．
margaritaceiventer　真珠色の腹の．ギンパラコビトドリモドキ *Hemitriccus*．
margaritatus　真珠で飾られた．シンジュアリモズ *Megastictus* ほか 2 種．
Margarornis　ギ 真珠模様の鳥．シンジュカマドドリ属．中・南米に 8 種．
marginalis　縁のある．チャバラヒメクイナ *Porzana*．
marginatus　縁のある．シロビタイチドリ *Charadrius* ほか 2 種．
marila　炭のように黒い鳥．スズガモ *Aythya*．
Marmaronetta　大理石模様のカモ．ウスユキガモ属．北アフリカ～インドに 1 種．
marmoratus　大理石模様の．マダラウミスズメ *Brachyrhamphus*．
maurus　ギ 暗色の．クロチュウヒ *Circus*．
Megastictus　ギ 大きな斑点のある（鳥）．シンジュアリモズ属．南米に 1 種．
melaena　ギ 黒い．モンツキアリヒタキ *Myrmecocichla* ほか 2 種．
Melaenornis　ギ 黒い鳥．クロヒタキ属．アフリカに 8 種．
Melamprosops　ギ 黒い顔の（鳥）．カオグロハワイミツスイ属．マウイ島に 1 種．
melanaria　ギ 黒い．マトグロソクロアリドリ *Cercomacra*．
melanicterus　ギ 黒と黄色の．エボシヒヨドリ *Pycnonotus*．
melanocephala　ギ 黒い頭の．ズグロアオサギ *Ardea* ほか 7 種．
melanocephalus　ギ 黒い頭の．クロトキ *Threskiornis* ほか 11 種．
melanoceps　黒い頭の（混成名）．カタジロアリドリ *Myrmeciza*．
Melanocharis　ギ 黒色の優美な（鳥）．パプアハナドリ属．ニューギニアに 5 種．
Melanochlora　ギ 黒と黄色の．サルタンガラ属．南アジアに 1 種．
melanochloros　ギ 黒と緑色の．アオシマオゲラ *Colaptes*．
melanocoryphus　ギ 黒い頭（頭頂）の．クロエリハクチョウ *Cygnus*．
melanocyanea　ギ 黒青色の．ヤマヌレバカケス *Crissilopha*．
Melanodera　ギ 黒い喉（の鳥）．ノドグロシトド属．南米に 2 種．
melanogaster　ギ 黒い腹の．アジアヘビウ *Anhinga* ほか 10 種．
melanoleuca　ギ 黒と白の．オオキアシシギ *Tringa* ほか 8 種．
melanoleucos　ギ 黒と白の．マダラチュウヒ *Circus* ほか 3 種．
melanoleucus　ギ 黒と白の．クロオオタカ *Accipiter* ほか 3 種．
melanonotus　ギ 黒い背中の．セグロウズラ *Odontophorus* ほか 1 種．
melanophaius　ギ 黒灰色の．ノドジロコビトクイナ *Laterallus*．
melanophrys　ギ 黒い眉の．マユグロアホウドリ *Diomedea* ほか 1 種．
melanopis　ギ 黒い顔の．カオグロトキ *Theristicus* ほか 1 種．
melanops　ギ 黒い顔（目）の．カオグロバンケン *Centrpus* ほか 10 種．

melanopterus　ギ黒い翼の．ソデグロムクドリ Sturnus ほか2種．
Melanoptila　ギ黒い羽の（鳥）．クロネコマネドリ属．中米に1種．
melanospila　ギ黒い斑点の．カルカヤバト Ptilinopus．
melanosternon　ギ黒い胸の．クロムネトビ Hamirostra．
melanothorax　ギ黒い胸の．オジロアジモズ Sakesphorus ほか2種．
melanotis　ギ黒い耳の．ミミグロネコドリ Ailuroedus ほか7種．
Melanotis　ギ黒い耳の（鳥）．アオマネシツグミ属．中米に2種．
melanoxantha　ギ黒と黄色の．セグロレンジャクモドキ Phainoptila．
melanurus　ギ黒い尾の．アカカワセミ Ceyx ほか6種．
metallica　金属色の．オナガテリカラスモドキ Aplonis．
miniatus　朱色に彩られた．スンダベニサンショウクイ Pericrocotus ほか1種．
mirabilis　すばらしい．ノドジロアオカケス Cyanolyca ほか2種．
miranda　すばらしい．アポオオサマムクドリ Basilornis ほか1種．
mirificus　すばらしい，驚くべき．ルソンクイナ Rallus．
multicolor　多色の．サンショクヒタキ Petroica ほか2種．
multistriata　多条の．タスジインコ Charmosyna．
munda　きれいな．シロハラカトリタイランチョウ Serpophaga．
murina　ねずみ色の．ネズミムシクイ Crateroscelis ほか4種．
mustelina　イタチ色（黄褐色）の．モリツグミ Hylocichla．
mutata　変化した．マダガスカルサンコウチョウ Terpsiphone．
myoptilus　ギネズミ色の翼の．エンビアマツバメ Schoutedenapus．
Myospiza　ギネズミ色のアトリ．キマユヒメドリ属．南米に2種．

N, n

naevia　斑点のある．ムツオビツグミ Zoothera．
narcissina　スイセンのような（色の）．キビタキ Ficedula．
nebulosa　暗色の．カラフトフクロウ Strix ほか1種．
nigerrimus　きわめて黒い．クロハタオリ Ploceus ほか2種．
nigra　黒い（niger の女性形）．ナベコウ Ciconia ほか12種．
nigrescens　黒っぽい．クロヨタカ Caprimulgus ほか6種．
nigricans　黒っぽい．クロアリドリ Cercomacra ほか6種．
nigriceps　黒い頭の．クロアリモズ Thamnophilus ほか9種．
nigricollis　黒い頸の．ハジロカイツブリ Podiceps ほか9種．
nigrifrons　黒い額の．クロビタイミドリモズ Telephorus ほか2種．
nigripennis　黒い翼の．アフリカジシギ Gallinago ほか2種．
nigrita　黒い．シロアゴツバメ Hirundo ほか1種．
Nigrita　黒い（鳥）．クロキンパラ属．アフリカに4種．
nigrivestis　黒い衣の．ムナグロワタハチドリ Eriocnemis．
nigrobrunnea　黒褐色の．スラメンフクロウ Tyto．
nigrocapillus　黒い頭髪の．コモンシギダチョウ Nothocercus ほか1種．
nigrocincta　黒帯斑の．メンガタフウキンチョウ Tangara．

第 9 章　鳥の羽毛の色彩斑紋を表現した学名　　243

nigrocinereus　黒灰色の．シラナミアリモズ *Thamnophilus*.
nigrocinnamomea　黒と黄褐色の．ムナグロオオギヒタキ *Rhipidura*.
nigrocristatus　黒い冠羽のある．クロイタダキアメリカムシクイ *Basileuterus*.
nigrocyanea　黒と青の．アオグロショウビン *Halcyon*.
nigrofumosus　黒煙色の．ウミベカマドドリ *Cinclodes*.
nigrolineata　黒条斑のある．シロクロヒナフクロウ *Ciccaba*.
nigrolutea　黒と黄色の．ズグロヒメコノハドリ *Aegithina*.
nigromaculata　黒い斑点のある．ホノオアリドリ *Phlegopsis*.
nigromitratus　黒い僧帽をつけた．クロカンムリヒタキ *Trochocercus*.
nigropectus　黒い胸の．ホオジロアリモズ *Biatas* ほか 1 種．
nigrorufa　黒と赤の．クロアカツバメ *Hirundo* ほか 3 種．
nigroventris　黒い腹の．クロハラキンランチョウ *Euplectes*.
nigroviridis　黒と緑色の．ムナグロヤブムシクイ *Sericornis* ほか 1 種．
nitens　輝いた．カタビロクロツバメ *Psalidoprocne* ほか 4 種．
nitida　輝かしい．ハイイロノスリ *Asturina*.
nitidissima　きわめて輝かしい．モーリシャスルリバト *Alectroenas*. 1830 年頃に絶滅．
nitidula　かなり美しい，粋な．オトヒメチョウ *Mandingoa* ほか 1 種．
nitidus　輝かしい．ミドリムシクイ *Phylloscopus* ほか 2 種．
nivalis　雪のように白い．ユキホオジロ *Plectrophenas* ほか 1 種．
nivea　雪のように白い．シロフルマカモメ *Pogodroma*.
niveicapilla　雪白の頭髪の．シラガツグミヒタキ *Cossypha*.
niveoguttatus　雪のような斑点のある．アラレチョウ *Hypargos*.
nivosa　雪の多い，雪まだらの．コマダラアオゲラ *Campethera*.
notata　斑紋のある．コキミミミツスイ *Meliphaga* ほか 3 種．
notatus　斑紋のある．ルリアゴハチドリ *Chlorestes* ほか 2 種．
notosticta　　ギ　背中に斑点のある．オアハカスズメモドキ *Aimophila*.

O, o

obscura　黒ずんだ．マメワリ *Sporophila* ほか 7 種．
obscurus　黒ずんだ．マミチャジナイ *Turdus* ほか 6 種．
obscurior　より黒ずんだ．ウスグロヤブハエトリ *Sublegatus*.
obsoleta　目立つ斑紋のない．オリーブカマドドリ *Certhiaxis* ほか 2 種．
obsoletum　目立つ斑紋のない．キバラメグロハエトリ *Camptostoma*.
obsoletus　目立つ斑紋のない．イワミソサザイ *Salpinctes* ほか 5 種．
ocellatus　小さな眼（眼紋）のある．ワモンオニキバシリ *Xiphorhynchus* ほか 4 種．
ochracea　黄土色の．インドミツユビコゲラ *Sasia*.
ochraceiceps　黄土色の頭の．アカハシマルハシ *Pomatorhinus* ほか 1 種．
ochraceiventris　黄土色の腹の．キバラシャコバト *Loptotila* ほか 1 種．
ochrocephala　　ギ　淡黄色の頭の．キビタイボウシインコ *Amazona* ほか 1 種．
ochroleucus　　ギ　淡黄白色の．ムナボシモリジアリドリ *Hylopezus*.
ochromelas　　ギ　淡黄色と黒色の．ウロコヤマミツスイ *Melidectes*.

ochropus　ギ 淡黄色の足の．クサシギ *Tringa*.
ochruros　ギ 黄土色の尾の．クロジョウビタキ *Phoenicurus*.
oculata　眼紋のある．キョウジョスズメ *Emblema*.
oculea　眼紋の多い．アカチャシャコ *Caloperdix*.
Oculocincta　眼の周りに輪のある（鳥）．コビトメジロ属．ボルネオに 1 種．
olivacea　オリーブ色の．オリーブタイヨウチョウ *Nectarinia* ほか 11 種．
olivaceiceps　オリーブ色の頭の．キビタイハタオリ *Ploceus*.
olivaceum　オリーブ色の．オリーブコバシハチドリ *Chalcostigma* ほか 1 種．
olivaceus　オリーブ色の．オリーブハナドリモドキ *Prionochilus* ほか 14 種．
olivascens　オリーブ色を帯びた．オリーブサメビタキ *Muscicapa* ほか 1 種．
olivinus　オリーブ色の．オリーブオナガカッコウ *Cercococcyx*.
opisthomelas　ギ 後方が黒い．シリグロヒメミズナギドリ *Puffinus*.
ornatus　飾りのある．カサドリ *Cephalopterus* ほか 9 種．

P, p

pallens　淡蒼色の．マングローブモズモドキ *Voreo*.
pallescens　淡蒼色の．シロハラマイコドリ *Neopelma*.
pallida　淡蒼色の．ウスイロメジロ *Zosterops* ほか 5 種．
pallidigaster　淡蒼色の腹の．シロハラコバシタイヨウチョウ *Anthreptes*.
pallidirostris　淡蒼色の嘴の．ハシジロコサイチョウ *Tockus*.
pallidiventris　淡蒼色の腹の．アシナガタヒバリ *Anthus*.
pallidus　淡蒼色の．ウスアマツバメ *Apus* ほか 6 種．
panychlora　ギ 全く緑色の．ミドリスズメインコ *Nannopsittaca*.
pardalotus　ギ ヒョウのような紋のある．キボシオニキバシリ *Xiphorhynchus*.
Pardalotus　ギ ヒョウのような紋のある．ホウセキドリ属．オーストラリアに 8 種．
Penthestes　ギ 喪服を着た（鳥）．バルカンコガラ属．東ヨーロッパに 1 種．
Pericrocotus　ギ 濃いサフラン色（黄色）の鳥．サンショウクイ属．アジアに 10 種．
Periporphyrus　ギ 濃い紫色の（頭の鳥）．ズグロアカイカル属．南米に 1 種．
perlata　真珠模様の．シンジュウロコインコ *Pyrrhura* ほか 1 種．
perstriata　非常に条斑の多い．オオセスジミツスイ *Ptiloprora*.
Phaeochroa　ギ 灰色の（鳥）．セイカイハチドリ属．中・南米に 1 種．
phaeochromus　ギ 灰色の．ハルマヘラコウライウグイス *Oriolus*.
Phaeoprogne　ギ 灰色のツバメ．チャムネツバメ属．南米に 1 種．
Phaeothlypis　ギ 灰色の小鳥（アメリカムシクイ）．ミズベアメリカムシクイ属．中・南米に 2 種．
Phainopepla　ギ 輝く外衣（の鳥）．レンジャクモドキ属．北・中米に 1 種．
phainopeplus　ギ 輝く外衣の．サンタマルタケンハチドリ *Campylopterus*.
Phainoptila　ギ 輝く羽毛（の鳥）．セグロレンジャクモドキ属．中米に 1 種．
phoenicea　ギ 深紅色の，紫紅色の．アカガオヤブドリ *Liocichla* ほか 2 種．
phoenicoptera　ギ 紫紅色の翼の．キアシアオバト *Treron* ほか 1 種．
Phoeniculus　ギ 紫紅色を帯びた（鳥）．モリヤツガシラ属．アフリカに 8 種．

第9章　鳥の羽毛の色彩斑紋を表現した学名　　245

Phoenicurus 　ギ 紫紅色の尾の（鳥）．ジョウビタキ属．ユーラシアに11種．
picta 　彩色された．コマチスズメ *Emblema* ほか5種．
pictum 　彩色された．ムナフハシナガタイランチョウ *Todirostrum*.
pictus 　彩色された．キンケイ *Chrysolophus* ほか4種．
Pinarornis 　ギ 汚色の鳥．イワトビヒタキ属．アフリカに1種．
plumbea 　鉛色の．ハイイロバト *Columba* ほか7種．
plumbeiceps 　鉛色の頭の．ハイガシラバト *Leptotila* ほか2種．
plumbeus 　鉛色の．オジロツグミ *Turdus* ほか3種．
poecilocercus 　ギ まだらの尾の．アマゾンクロタイランチョウ *Knipolegus* ほか1種．
poecilopterus 　ギ 翼に斑紋のある．フィジークイナ *Rallus*.
poecilorhyncha 　ギ 斑紋のある嘴の．カルガモ *Anas*.
poecilorhynchus 　ギ 斑紋のある嘴の．タケドリ *Garulax*.
poecilosterna 　ギ 斑紋のある胸の．ウスベニヤブヒバリ *Mirafra*.
Poecilotriccus 　ギ 多彩な小鳥（タイランチョウ）．ハシナガハエトリ属．南米に4種．
Poecilurus 　ギ まだらの尾の（鳥）．シロヒゲカマドドリ属．南米に3種．
poiciloptilus 　ギ 斑紋のある翼の．オーストラリアサンカノゴイ *Botaurus*.
　　（注）訂正名 poeciloptilus あり．
poliocephala 　ギ 灰色の頭の．マミジロムジヒタキ *Alethe* ほか5種．
poliocephalum 　ギ 灰色の頭の．ハイガシラタイランチョウ *Todirostrum*.
poliocephalus 　ギ 灰色の頭の．ハイガシラオオタカ *Accipiter* ほか8種．
Poliocephalus 　ギ 灰色の頭の（鳥）．シラガカイツブリ属．オーストラリアに2種．
poliocerca 　ギ 灰色の尾の．オジロハチドリ *Eupherusa*.
poliolophus 　ギ 灰色の冠羽の．スマトラガマグチヨタカ *Batracostomus*.
Poliolimnas 　ギ 灰色の沼生の（クイナ）．マミジロクイナ属．マラヤ～サモアに1種．
polionota 　ギ 灰色の背中の．セグロノスリ *Leucopternis*.
polioptera 　ギ 灰色の翼の．ハイバネツグミヒタキ *Cossypha* ほか1種．
Polioptila 　ギ 灰色の羽の（鳥）．ブユムシクイ属．北米～南米に9種．
Poliospiza 　ギ 灰色のアトリ．チャイロカナリア属．アフリカに3種．
polychroa 　ギ 多色の．ヤマハウチワドリ *Prinia*.
Polystictus 　ギ 多くの斑点のある（鳥）．カンムリタイランチョウ属．南米に2種．
porphyreus 　ギ 紫色の．ベニガシラヒメアオバト *Ptilinopus*.
Porphyriornis 　ギ 紫色の鳥．トリスタンバン属．南大西洋に2種．
porphyrocephala 　ギ 紫色の頭の．ニジフウキンチョウ *Iridosornis* ほか1種．
porphyrolaema 　ギ 紫色の喉の．クリノドイロムシクイ *Apalis* ほか1種．
prasina 　青緑色の．セイコウチョウ *Erythrura* ほか1種．
prasinus 　青緑色の．ミドリチュウハシ *Aulacorhynchus*.
pulchella 　美しい，かわいらしい．カザリショウビン *Lacedo* ほか7種．
pulchellus 　美しい，かわいらしい．ジャワヨタカ *Caprimulgus* ほか3種．
pulcher 　美しい．アカスジムシクイ *Phylloscopus* ほか3種．
pulcherrimus 　最も美しい．コウザンマシコ *Carpodacus* ほか2種．
pulchra 　美しい（pulcher の女性形）．シラボシクイナ *Coturnicops* ほか5種．

pulverulentus　ほこりまみれの，汚色の．ボウシゲラ Mulleripicus ほか1種．
punctata　斑点のある．ゴマダラフウキンチョウ Tangara ほか2種．
punctatum　斑点のある．ウズラチメドリ Cinclosoma.
punctatus　斑点のある．ホウセキドリ Pardalotus ほか3種．
puncticeps　斑点のある頭の．シロボシアリモズモドキ Dysithamnus.
punctulata　小斑点のある．フイリアオバズク Ninox ほか2種．
punctulatus　小斑点のある．ノドフヤブフウキンチョウ Chlorospingus.
punctuligera　小斑点をもつ．コモンアフリカアオゲラ Campethera.
punicea　（赤）紫色の．ムラサキモリバト Columba ほか1種．
puniceus　（赤）紫色の．ムネアカマシコ Carpodacus ほか1種．
purpurascens　紫色を帯びた．カンムリシャクケイ Penelope ほか1種．
purpurata　紫色の．マエカケカザリドリ Querula ほか1種．
purpurea　紫色の．ムラサキサギ Ardea ほか1種．
Purpureicephalus　紫紅色の頭（の鳥）．ユーカリインコ属．オーストラリアに1種．
purpureiceps　紫色の頭の．ムラサキズキンテリムク Lamprotornis.
purpureus　紫色の．ムラサキマシコ Carpodacus ほか2種．
pyra　ギ かがり火．ヒムネハチドリ Topaza.
pyrocephalus　ギ 炎色の頭の．キマユヒメマイコドリ Machaeropterus.
Pyrocephalus　ギ 炎色の頭（の鳥）．ベニタイランチョウ属．北〜南米に1種．
Pyroderus　ギ 炎色の喉（の鳥）．アカフサカザリドリ属．南米に1種．
pyrope　ギ 火のような眼の．アカメタイランチョウ Xolmis.
Pyrope　ギ 火のような眼（の鳥）．アカメタイランチョウ属．南米に1種．
pyrrhocephalus　ギ 炎色の頭の．アカガオバンケンモドキ Phaenicophaeus.
Pyrrhocoma　ギ 炎色の頭髪（の鳥）．クリガシラフウキンチョウ属．南米に1種．
pyrrhodes　ギ 炎色の．ハグロマユカマドドリ Philydor.
pyrrhogaster　ギ 炎色の腹の．アカハラアオゲラ Dendropicos.
pyrrholeuca　炎色と白色の．アカアゴカマドドリ Thripophaga.
pyrrhonota　ギ 炎色の背中の．ガケツバメ Petrochelidon.
pyrrhonotus　ギ 炎色の背中の．インダススズメ Passer.
pyrrhophanus　ギ 炎色に輝く．ウチワヒメカッコウ Cacomantis.
pyrrhoptera　ギ 炎色の翼の．ジャワチメドリ Alcippe ほか1種．
pyrrhopterum　ギ 炎色の翼の．チャバネアカメヒタキ Philentoma ほか1種．
pyrrhopterus　ギ 炎色の翼の．カラスフウチョウ Lycocorax ほか1種．
pyrrhotis　ギ 炎色の耳の．ヤブゲラ Blythipicus.
Pyrrhura　ギ 炎色の尾（の鳥）．ウロコインコ属．中・南米に18種．

Q, q

quadricolor　四色の．ヨイロハナドリ Dicaeum. セブ島．1906年以降絶滅．
quadrivirgata　四条斑のある．ヒガシヒゲヤブコマドリ Erythropygia.
quinticolor　五色の．ゴシキキンパラ Lonchura ほか1種．

R, r

radiatus　輝く．アカオオタカ *Accipiter* ほか 2 種．
radiolatus　小さな輝きをもった．ジャマイカシマセゲラ *Melanerpes*.
radiolosus　小さな輝きに満ちた．ヨコジマハシリカッコウ *Neomorphus*.
resplendens　輝く．アンデスゲリ *Vanellus*.
reticulata　網目模様の．アオスジヒインコ *Eos* ほか 1 種．
retrocinctum　後方に（背中に）帯斑のある．ミンドロハナドリ *Dicaeum*.
Rhodinocichla　ギ バラ色のツグミ．バラムネフウキンチョウ属．中・南米に 1 種．
rhodocephala　ギ バラ色の頭の．ズアカウロコインコ *Pyrrhura*.
rhodochlamys　ギ バラ色のマントの．ヒゴロモマシコ *Carpodacus*.
rhodochrous　ギ バラ色の．バラマユマシコ *Caprodacus*.
rhodogaster　ギ バラ色の腹の．アカハラウロコインコ *Pyrrhura* ほか 1 種．
rhodolaema　ギ バラ色の喉の．ノドアカコバシタイヨウチョウ *Anthreptes*.
rhodopeplus　ギ バラ色の外衣の．フタスジマシコ *Caprodacus*.
Rhodophoneus　ギ バラ色の殺し屋．バラムネヤブモズ属．アフリカに 1 種．
Rhodopis　ギ バラ色の眼（の鳥）．オアシスハチドリ属．南米に 1 種．
Rhodostethia　ギ バラ色の胸の（鳥）．ヒメクビワカモメ属．シベリアに 1 種．
rosacea　バラ色の．ズアカミカドバト *Ducula*.
rosea　バラ色の．ヒメクビワカモメ *Rhodostethia* ほか 2 種．
roseatus　近代 ラ バラ色の．チョウセンタヒバリ *Anthus*.
roseicapillus　バラ色の頭髪の．モモイロインコ *Eolophus* ほか 1 種．
roseigaster　バラ色の腹の．ヒスパニオラキヌバネドリ *Temnotrogon*.
roseogrisea　赤灰色の．アフリカジュズカケバト *Streptopelia*.
roseus　バラ色の．オオマシコ *Caprodacus* ほか 4 種．
ruber　赤い．オオフラミンゴ *Phoenicopterus* ほか 6 種．
rubescens　赤くなった，赤っぽい．アオノドタイヨウチョウ *Nectarinia* ほか 2 種．
rubica　近代 ラ 赤い．ズアカアリフウキンチョウ *Habia*.
rubicundus　赤らんだ．オーストラリアヅル *Grus*.
rubida　赤い．カヤクグリ *Prunella*.
rubiginosus　赤錆び色の．サビイロカマドドリ *Automolus* ほか 6 種．
rubra　赤い（ruber の女性形）．アカパプアクイナ *Rallina* ほか 5 種．
rubricapilla　赤い頭髪の．ヒノドゴシキドリ *Megalaima*.
rubricata　赤く着色された．カゲロウチョウ *Lagonosticta*.
rubriceps　赤い頭の．アカガシラモリハタオリ *Malimbus* ほか 1 種．
rubricollis　赤い頸の．ズグロチドリ *Charadrius* ほか 2 種．
rubrifacies　赤い顔の．アカガオゴシキドリ *Lybius*.
rubrigastra　赤い腹の．ゴシキタイランチョウ *Tachuris*.
rubripes　赤い足の．アメリカガモ *Anas*.
rubrocanus　赤灰色の．クリイロツグミ *Turdus*.
rubrocristata　赤い冠羽の．アカカンムリカザリドリ *Ampelion*.

rubronotata　赤い斑紋のある．ミツアカインコ *Charmosyna*.
rufa　赤い．アフリカヘビウ *Anhinga* ほか 11 種．
rufalbus　赤と白の．セアカミソサザイ *Thryothorus*.
rufescens　赤味を帯びた．アカチャコノハズク *Otus* ほか 14 種．
rufibarba　赤いひげの．アラビアカエデチョウ *Estrida*.
ruficapilla　赤い頭髪の．メガネチメドリ *Alcippe* ほか 8 種．
ruficapillus　赤い頭髪の．ズアカアリモズ *Thamnophilus* ほか 6 種．
ruficauda　赤い尾の．ホオグロスズメモドキ *Aimophila* ほか 12 種．
ruficeps　赤い頭の．ズアカチメドリ *Stachyris* ほか 17 種．
ruficollis　赤い頚の．トウネン *Calidris* ほか 19 種．
rufidorsum　赤い背中の．セアカミツユビカワセミ *Ceyx*.
rufifrons　赤い額の．アカビタイオオバン *Fulica* ほか 8 種．
rufigaster　赤い腹の．スミレオミカドバト *Ducula*.
rufigastra　赤い腹の (rufigaster の女性形)．マングローブアオヒタキ *Niltava*.
rufigenis　赤い頬の．ホオアカフウキンチョウ *Tangara* ほか 1 種．
rufigula　赤い喉の．ノドアカフウキンチョウ *Tangara* ほか 5 種．
rufigularis　赤い喉の．コウモリハヤブサ *Falco* ほか 3 種．
rufimarginatus　赤く縁取られた．アカバネマユアリサザイ *Herpsilochmus*.
rufina　赤味を帯びた．アカハシハジロ *Netta*.
rufipectoralis　赤い胸の．ムネアカヒタキタイランチョウ *Ochthoeca*.
rufipectus　赤い胸の．ムネアカアリツグミ *Formicarius* ほか 4 種．
rufipenne　赤い翼の (rufipennis の中性形)．ウスチャムジチメドリ *Trichastoma*.
rufipennis　赤い翼の．アフリカサシバ *Butastur* ほか 5 種．
rufipes　赤い足の．アカアシモリフクロウ *Strix*.
rufitorques　赤い首飾りの．フィジーオオタカ *Accipiter* ほか 1 種．
rufiventer　赤い腹の．アカハラサンコウチョウ *Terpsiphone* ほか 2 種．
rufiventris　赤い腹の．アカハラスミレフウキンチョウ *Euphonia* ほか 12 種．
rufivertex　赤い頭頂の．イワタイランチョウ *Muscisaxicola* ほか 1 種．
rufobrunneus　赤褐色の．プリンシペカナリア *Serinus* ほか 1 種．
rufocinctus　赤い帯斑の．アカエリヤマチメドリ *Lioptilus*.
rufocinereus　赤と灰色の．コイソヒヨドリ *Monticola*.
rufofuscus　赤と暗色の．アカクロノスリ *Buteo*.
rufogularis　赤い喉の．ノドアカミヤマテッケイ *Arborophila* ほか 6 種．
rufomarginatus　赤く縁取られた．ワキアカコビトハエトリ *Euscarthmus*.
rufonuchalis　赤いえりの．アカエリシンジュカラ *Parus*.
rufopectus　赤い胸の．ニュージーランドカイツブリ *Poliocephalus*.
rufopicta　赤く彩られた．シラフコウギョクチョウ *Lagonosticta*.
rufopileatum　赤い帽子をかぶった．ズアカアリヤイロチョウ *Pittasoma*.
rufoscapulatus　赤い肩をもつ．クロヒゲスズメハタオリ *Plocepasser*.
rufula　赤味を帯びた．アカジアリドリ *Grallaria*.
rufulus　赤味を帯びた．アカチャミソサザイ *Troglodytes* ほか 1 種．

rufum　赤い（rufus の中性形）．チャイロツグミモドキ *Toxostoma* ほか 1 種．
rufus　赤い．アカハチドリ *Selasphorus* ほか 11 種．
russatus　赤い服を着た．ドウイロエメラルドハチドリ *Chlorostilbon*.
rutilans　赤く輝く．ニュウナイスズメ *Passer* ほか 2 種．
rutilus　赤い．ムネアカミソサザイ *Thryothorus* ほか 2 種．

S, s

sanguineus　血紅色の．タネワリキンパラ *Pyrenestes* ほか 1 種．
sanguinolenta　血紅色の．クレナイミツスイ *Myzomela*.
sanguinolentum　血紅色の．ジャワヒムネハナドリ *Dicaeum*.
sanguinolentus　血紅色の．ベニエリフウキンチョウ *Ramphocelus* ほか 1 種．
sapphirina　サファイア色の．サファイアハチドリ *Hylocharis*.
saturatus　濃い色の．ツツドリ *Cuculus* ほか 2 種．
scintilla　火花（輝き）．ヒメオビロハチドリ *Selasphorus*.
scita　巧妙な．きれいな．センニョヒタキ *Stenostira*.
Scotocerca　暗色の尾の（鳥）．スナチムシクイ属．北アフリカ〜インドに 1 種．
scotops　暗色の顔の．モリカナリア *Serinus* ほか 1 種．
Scotornis　暗色の鳥．オナガヨタカ属．アフリカに 2 種．
scutulata　菱形の，市松模様の．アオバズク *Ninox* ほか 1 種．
semibrunneus　半分褐色の．アカエリヒメモズモドキ *Hylophilus*.
semicinerea　半分（腹側）が灰色の．ハイガシラカマドドリ *Certhiaxis*.
semicinereus　半分（腹側）が灰色の．ハイムネヒメモズモドキ *Hylophilus*.
semifuscus　半分（腹側）が暗色の．チャバラヤブフウキンチョウ *Chlorospingus*.
semiplumbea　半分（背側）が鉛色の．セアオノスリ *Leucopternis*.
semiplumbeus　半分（胸）が鉛色の．ボゴタクイナ *Rallus*.
semitorquata　半分首飾りのある．ハシグロカワセミ *Alcedo* ほか 1 種．
semitorquatus　半分首飾りのある．コビトハヤブサ *Polihierax* ほか 2 種．
serena　美しく輝く．シロビタイマイコドリ *Pipra*.
sericeus　絹のような．ギンムクドリ *Sturnus* ほか 1 種．
Sericornis　ギ（羽が）絹のような鳥．ヤブムシクイ属．ニューギニアほかに 12 種．
Sericotes　ギ 絹のような（鳥）．ウチワハチドリ属．西インド諸島に 1 種．
Sericulus　絹のような小鳥（-ulus は縮小辞）．または，やや絹のような（光沢の）．フウチョウモドキ属．オーストラリア・ニューギニアに 3 種．
signata　刻印された，斑紋のある．ワキジロスズメヒバリ *Eremopteryx* ほか 1 種．
signatus　斑紋のある．ネズミタイランチョウ *Knipolegus* ほか 1 種．
simplex　単純な（色彩の）．ムジコバシタイヨウチョウ *Anthreptes* ほか 12 種．
smaragdinea　エメラルド色の．エメラルドモリハチドリ *Augasma*.
Smaragdites　エメラルド色の（鳥）．ヒメマルオハチドリ属．南米に 1 種．
sordidulus　かなり汚れた色の．ニシモリタイランチョウ *Contopus*.
sordidus　よごれた（くすんだ）色の．ヨゴレインコ *Pionus* ほか 1 種．
spadiceus　近代 ラ 栗色の．カギハシタイランチョウ *Atilla*.

speciosa　美しい．ウロコバト *Columba* ほか3種．
speciosum　美しい．シリアカマルハシミツスイ *Conirostrum*.
speciosus　美しい．チャバラウズラ *Odontophorus*.
spilocephalus　ギ 斑点のある頭の．タイワンコノハズク *Otus*.
spilogaster　ギ 斑点のある腹の．モモジロクマタカ *Hieraaetus* ほか2種．
spilonotus　ギ 斑点のある背中の．チュウヒ *Circus* ほか3種．
spiloptera　ギ 斑点のある翼の．ハマダラムクドリ *Saroglossa* ほか2種．
Spiloptila　ギ 斑点のある翼の（鳥）．コオロギムシクイ属．アフリカに2種．
Spilornis　ギ 斑点のある鳥．カンムリワシ属．インド〜フィリピンに3種．
splendens　光沢のある．イエガラス *Corvus* ほか1種．
splendida　光沢のある．ヒムネキキョウインコ *Neophema*.
splendidissima　きわめて光沢のある．フトオオナガフウチョウ *Astrapia*.
splendidus　光沢のある．オオセイキムクドリ *Lamprotornis*.
spodiops　ギ 灰色の顔の．ボリビアコビトドリモドキ *Hemitriccus*.
spodioptila　ギ 灰色の翼の．ハイバネアリサザイ *Terenura*.
spodiurus　ギ 灰色の尾の．ネズミカザリドリモドキ *Pachyramphus*.
spodocephala　ギ 灰色の頭の．アオジ *Emberiza*.
squalidus　不潔な．どす黒い．ノドグロユミハチドリ *Phaethornis*.
squamata　鱗模様の．ウロコウズラ *Callipepla* ほか4種．
squamatus　鱗模様の．ヒビタイゴシキドリ *Capito* ほか6種．
squamiceps　鱗模様の頭の．ウロコメジロ *Lophozosterops* ほか1種．
squamiger　鱗模様の．ウロコハシリカッコウ *Neomorphus* ほか2種．
squamigera　鱗模様の．サザナミジアリドリ *Grallaria*.
squamosa　鱗模様の．エリアカバト *Columba* ほか1種．
squamulatus　小さな鱗模様のある．ウロコヒメキツツキ *Picumnus* ほか1種．
stellaris　星斑の．サンカノゴイ *Botaurus* ほか1種．
stellata　星斑のある．アビ *Gavia* ほか2種．
stellatus　星斑のある．ホシヨタカ *Caprimulgus* ほか3種．
Stenostira　ギ （翼に）細い白帯のある（鳥）．センニョヒタキ属．アフリカに1種．
stictocephalus　ギ 斑点のある頭の．ハイイロマユアリサザイ *Herpsilochmus* ほか1種．
stictolopha　ギ 斑点のある冠羽の．アカエボシハチドリ *Lophornis*.
stictoptera　ギ 斑点のある翼の．ハマダラインコ *Touit*.
sticturus　ギ 斑点のある尾の．オジロマユアリサザイ *Herpsilochmus*.
stigmatus　ギ 斑紋のある．セレベスサトウチョウ *Loriculus*.
streptophorus　ギ 首輪をつけた．クビワシャコ *Francolinus* ほか1種．
striata　条斑のある．ズグロアメリカムシクイ *Dendroica* ほか10種．
striaticeps　条斑のある頭の．シマアリモズモドキ *Dysithamnus* ほか3種．
striaticollis　条斑のある頸の．チベットチメドリ *Alcippe* ほか6種．
striatus　条斑のある．アシボソハイタカ *Accipiter* ほか10種．
strigiceps　条斑（溝）のある頭の．カオグロスズメモドキ *Aimophila*.
strigirostris　溝のある嘴の．オオハシバト *Didunculus*.

strigulosus　小条斑の多い．ブラジルシギダチョウ *Crypturellus*.
striolata　小条斑のある．オオコシアカツバメ *Cecropis* ほか 3 種.
striolatus　小条斑のある．タテフカナリア *Serinus* ほか 1 種.
subaureus　金色に近い．コガネハタオリ *Ploceus*.
subbrunneus　褐色に近い．チャイロタイランチョウ *Cnipodectes*.
subcaeruleum　暗青色に近い．ケープカラムシクイ *Parisoma*.
subflava　黄ばんだ（下面が黄色の）．バフハウチワドリ *Prinia* ほか 2 種.
subniger　黒ずんだ（下面が黒い）．クロハヤブサ *Falco*.
subruficapilla　やや赤い頭髪の．ハイイロセッカ *Cisticola*.
subrufus　赤味を帯びた（下面の赤い）．サビイロヤブチメドリ *Turdoides*.
subunicolor　ほぼ一色の．ウロコガビチョウ *Garrulax*.
subviridis　やや緑色の．アフガンムシクイ *Phylloscopus*.
sulfuratus　硫黄色の．サンショクキムネオオハシ *Ramphastos*.
sulphurata　硫黄色の．ノジコ *Emberiza*.
sulphurea　硫黄色の．コバタン *Cacatua* ほか 2 種.
sulphurescens　硫黄色を帯びた．シラハシハエトリ *Tolmomyias*.

T, t

taeniatus　帯斑のある．オリーブアメリカムシクイ *Peucedramus*.
taeniopterus　帯斑のある翼の．キタメンガタハタオリ *Ploceus*.
tenebricosa　暗色の．ススイロメンフクロウ *Tyto*.
tenebrosa　暗色の．ツバメオオガシラ *Chelidoptera* ほか 4 種.
Tephrodornis　灰色の鳥．モズサンショウクイ属．インド～ボルネオに 2 種.
tephronotus　灰色の背中の．メガネツグミ *Turdus*.
thalassina　海のような（色の）．スミレミドリツバメ *Tachycineta* ほか 2 種.
tigrinus　虎斑の．チゴモズ *Lanius*.
Tigrisoma　虎斑のある体（の鳥）．トラフサギ属．中・南米に 3 種.
torquata　首飾りのある．クビワヤマセミ *Ceryle* ほか 8 種.
torquatus　首飾りのある．クビワガラス *Corvus* ほか 13 種.
trichroa　三色の．ナンヨウセイコウチョウ *Erythrura*.
Trichroa　三色の（トリ）．セイコウチョウ属．太平洋諸島に 3 種.
tricolor　三色の．サンショクハタオリ *Ploceus* ほか 14 種.
trifasciatus　三本の帯斑のある．ミツオビアメリカムシクイ *Basileuterus* ほか 3 種.
trigonostigma　三角形の斑点の．オレンジハナドリ *Dicaeum*.
trinotatus　三つの斑点のある．シラボシオオタカ *Accipiter*.
tristis　くすんだ色の．カバイロハッカ *Acridotheres* ほか 4 種.
tritissima　きわめてくすんだ色の．シロスジキンパラ *Lonchura*.
trivirgatus　三本の条斑のある．カンムリオオタカ *Accipiter* ほか 1 種.
tyrianthina　紫がかった深紅色の．ムラサキテリオハチドリ *Metallura*.

U, u

ultramarina　近代 ヲ 群青色の．コンセイインコ *Vini* ほか 1 種．
umbratilis　暗色の．ノドジロヤブヒタキ *Rhinomyias*.
umbrovirens　暗緑色の．チャイロモリムシクイ *Phylloscopus*.
undatus　波状斑の．シマテンニョゲラ *Celeus*.
undulata　波状斑の．キバシガモ *Anas* ほか 3 種．
unicinctus　一本の帯斑の．モモアカノスリ *Parabuteo*.
unicolor　一色の．ムジアリモズ *Thamnophilus* ほか 18 種．
unirufa　赤一色の．アカミソサザイ *Cinnycerthia* ほか 2 種．
unirufus　赤一色の．アカチャバンケン *Centropus* ほか 1 種．
urosticta　ギ 尾に斑紋のある．オビオヒメアリサザイ *Myrmotherula*.
Urosticte　ギ 尾に斑紋のある（鳥）．オジロエビハチドリ属．南米に 1 種．
usticollis　焦茶色の頸の．アカオビヒメムシクイ *Eremomela*.
ustulatus　焦茶色の．オリーブチャツグミ *Catharus*.

V, v

varia　まだらの，斑点のある．アメリカフクロウ *Strix* ほか 4 種．
variegata　まだらの，斑入りの，多色の．クロアカツクシガモ *Tadorna* ほか 2 種．
varius　まだらの，斑入りの，多色の．ヤマガラ *Parus* ほか 7 種．
versicolor　色変わりの，雑色の．ズアオミドリハチドリ *Amazilia* ほか 15 種．
vinacea　ぶどう酒色の．ブドウバト *Streptopelia* ほか 1 種．
violacea　すみれ色の．スミレフウキンチョウ *Euphonia* ほか 5 種．
violaceus　すみれ色の．ヒメキヌバネドリ *Trogon* ほか 4 種．
violiceps　すみれ色の頭の．フジボウシハチドリ *Amazilia* ほか 1 種．
virens　緑色の．ミドリメジロ *Zosterops* ほか 7 種．
virescens　緑色の．ミドリメジロハエトリ *Empidonax* ほか 8 種．
virgata　条斑のある．アライソシギ *Aphriza* ほか 3 種．
viridanus　緑色を帯びた．ビルマタケアオゲラ *Picus*.
viridescens　緑色の．オリーブヒヨドリ *Hypsipetes*.
viridicauda　緑色の尾の．ミドリオハチドリ *Amazilia*.
viridicollis　緑色の頸の．ルソンセイコウチョウ *Erythrura*.
viridiflavus　緑黄色の．キマユコタイランチョウ *Zimmerius*.
viridifrons　緑色の額の．ミドリビタイハチドリ *Amazilia*.
viridifuscus　暗緑色の．チモールコウライウグイス *Oriolus*.
viridigaster　緑色の腹の．スミレオミドリハチドリ *Amazilia*.
viridigula　緑色の喉の．アオノドマンゴーハチドリ *Anthracothorax*.
viridipallens　淡緑色の．アオノドメジロハチドリ *Lampornis*.
viridis　緑色の．ルリノドハチクイ *Merops* ほか 23 種．
viridissima　きわめて緑色の．ミドリヒメコノハドリ *Aegithina*.
vittata　帯斑のある，鉢巻きをした．ナンキョクアジサシ *Sterna*.

vittatus　帯斑のある，鉢巻をした．シマオキヌバネドリ *Heterotrogon* ほか 2 種．
vulpina　狐色の．アカオカマドドリ *Certhiaxis*.

X, x

xanthocephala　ギ 黄色い頭の．キガシラフウキンチョウ *Tangara*.
Xanthocephalus　ギ 黄色の頭の．キガシラムクドリモドキ属．北・中米に 1 種．
xanthochlorus　ギ 黄緑色の．ミドリモズチメドリ *Pteruthius*.
xanthochroa　ギ 黄色の．カレドニアメジロ *Zosterops*.
xanthogaster　ギ 黄色い腹の．キバラスミレフウキンチョウ *Euphonia*.
xanthogastra　ギ 黄色い腹の（xanthogaster の女性形）．キバラクロヒワ *Carduelis*.
xanthogenys　ギ 黄色の頬の．キホオカンムリガラ *Parus*.
xanthogramma　ギ 黄色い条斑の．ミドリノドグロシトド *Melanodera*.
xantholophus　ギ 黄色い冠羽の．キボウシアオゲラ *Dendropicos*.
xanthonotus　ギ 黄色い背中の．インドミツオシエ *Indicator* ほか 1 種．
xanthophthalmus　ギ 黄色い目の．キンメハゴロモガラス *Agelaius* ほか 1 種．
xanthops　ギ 黄色い顔の．オオコガネハタオリ *Ploceus* ほか 2 種．
xanthopterus　ギ 黄色い翼の．チャノドハタオリ *Ploceus* ほか 1 種．
xanthopygius　ギ 黄色い腰（尻）の．ベニマユフウキンチョウ *Heterospingus*.
xanthopygus　ギ 黄色い腰の．キゴシホウセキドリ *Pardalotus*.
Xanthotis　ギ 黄色い耳の（鳥）．チャムネミツスイ属．オーストラリアほかに 3 種．

Z, z

zonaris　ギ 帯斑のある．クビワアマツバメ *Streptoprocne*.
zonarius　ギ 帯斑のある．コダイマキエインコ *Barnardius*.
zonatus　帯斑のある．キバラサボテンミソサザイ *Campylorhynchus*.
Zonifer　帯斑をもつ（鳥）．ムナオビトサカゲリ属．オーストラリアに 1 種．
zoniventris　帯斑のある腹の．ヨコジマチョウゲンボウ *Falco*.
zonurus　ギ 帯斑のある尾の．ヒガシハイイロエボシドリ *Crinifer*.
Zosterops　ギ 輪のある眼（の鳥）．メジロ属．旧世界に 63 種．

第 10 章
奇抜な習性を表現した学名

　ここでも，学名の種小名はイタリック体にせず，ローマン体とした．ギリシア語は ギ，ラテン語は ラ としたことは従来と変わりないが，ラテン語由来の単語は簡略をむねとして，別に ラ とはしていない．ギリシア語由来のラテン語も ラ とした．近代 ラ とは新たな学名のラテン語（とギリシア語）による造語のことである．これも従来どおり．

A, a

accentor　鳴き交わすもの，共に歌うもの．ゴマフオウギセッカ *Bradypterus*（ゆっくり飛ぶ鳥）．

Agriornis　ギ 荒々しい鳥．モズタイランチョウ属．南米に 5 種．

Agrobates　ギ 野を歩く者．オタテヤブコマドリ属．南ヨーロッパ〜インドに 1 種．

Alaemon　ギ さまようもの．ハシナガヒバリ属．北アフリカ〜インドに 2 種．

alienus　奇妙な．カワリハタオリ *Ploceus*（巣を編む鳥）．

Alsocomus　ギ 森の番人．ムラサキモリバト属．アジア〜オーストラリアに 8 種．

Amblyornis　ギ のろまな鳥．ニューギニアに 4 種．

Ammodramus　ギ 砂地を走るもの．イナゴヒメドリ属．北・南米に 10 種．

Anairetes　ギ 破壊者．カラタイランチョウ属．南米に 7 種．
　（注）『鳥類学名辞典』には「区別し難い（属）」とある．

Androphilus　ギ 人を好む（鳥）．ゴマフオウギセッカ属．ボルネオに 1 種．

anguitimenes　蛇を恐れる．シロズキンモズ *Eurocephalus*（幅の広い頭の）．

Anous　ギ 愚か者．クロアジサシ属．世界の熱帯・亜熱帯海域に 3 種．

apoda　ギ 足のない．オオフウチョウ *Paradisaea*．ニューギニアに 1 種．
　（注）ヨーロッパに初めて輸入された標本は足が切られていた．命名者リンネのユーモアである．

Aptenodytes　ギ 翼のない潜水者．オウサマペンギン属．南極・亜南極海域に 2 種．

Artamus　ギ 屠殺者．モリツバメ属．インド・フィジー諸島に 10 種．

B, b

Baryphthengus　ギ 低い声で鳴く（鳥）．オオハチクイモドキ属．中・南米に 2 種．

Bebrornis　ギ 愚かな鳥．ヤブセンニュウ属．ロドリゲス島・セーシェル諸島に 2 種．

bellicosa　好戦的な．ペルームネアカマキバドリ *Sturnella*（小さなムクドリ）．

bellicosus　好戦的な．ゴマバラワシ *Polemaetus*（戦いを好むワシ）．

Brotogeris　ギ 人の声をもつ（鳥）．ミドリインコ属．中・南米に 7 種．

buccinator　ラッパ吹き．ナキハクチョウ *Cygnus*（ハクチョウ）．
Brotogeris　ギ 人の声をもつ（鳥）．ミドリインコ属．中・南米に7種．
Bycanistes　ギ ラッパ吹き．ナキサイチョウ属．アフリカに4種．

C, c

cachinnans　大声で笑う．ニルギリガビチョウ *Garrulax*（ギャーギャー鳴く）．
carnifex　死刑執行人．ギアナアカクロカザリドリ *Phoenicircus*（紫紅色のタカ）．
cauta　用心深い．ハジロアホウドリ *Diomedea* ほか1種．
Cracticus　ギ 騒々しい（鳥）．モズガラス属．ニューギニア・オーストラリアに6種．
cursor　走る者（鳥）．スナバシリ *Cursorius*（走る鳥）．
Cursorius　走る（鳥）．スナバシリ属．アフリカ～インドに3種．

D, d

Dromaius　ギ 速く走る（鳥）．エミュー属．オーストラリアに2種．
Dromas　ギ 走る（鳥）．カニチドリ属．アフリカ～インドに1種．
Dulus　ギ どれい（奴隷）．ヤシドリ属．ヒスパニオラ島に1種．

E, e

Empidonax　ギ カの王様．メジロハエトリ属．北～南米に16種．
Epimachus　ギ 戦いの装いをした（鳥）．オナガカマハシフウチョウ属．ニューギニアに2種．
eques　騎手．アカボシミツスイ *Myzomela*（蜜を吸う鳥）．
eremita　隠者の．ホオアカトキ *Geronticus* ほか1種（老人のような鳥）．
Eremobius　砂漠に生きるもの．サバクカマドドリ属．南米に1種．
Eremophila　ギ 砂漠を好む（鳥）．ハマヒバリ属．旧北区に2種．
Ereunetes　ギ 探究者．ヒレアシトウネン属．北米に2種．
Ergaticus　ギ 勤勉な（鳥）．ベニアメリカムシクイ属．中米に2種．
Eudromia　ギ 速く走る（鳥）．カンムリシギダチョウ．南米に2種．
Eudromias　ギ よく走る鳥．コバシチドリ属．ユーラシアに1種，南米に1種．
Eudyptes　ギ よく潜るもの．イワトビペンギン属．亜南極海域諸島に5種．
Eulabeornis　ギ 用心深い鳥．モリクイナ属．世界に11種．
Euodice　ギ 真の（良い）音楽家．ギンバシ属．インドに1種，アフリカに1種．
Eupetes　ギ 軽快な（鳥），よく飛ぶもの．クイナチメドリ属．タイ～ボルネオに1種．
Eupetomena　ギ よく飛ぶもの．ツバメハチドリ属．南米に1種．
Euphonia　ギ よい声の（鳥）．スミレフウキンチョウ属．中・南米に25種．
Euscarthmus　ギ 速くとびはねるもの．コビトハエトリ属．南米に2種．
excubitor　見張り．オオモズ *Lanius*（屠殺者）．
exulans　流浪の．ワタリアホウドリ *Diomedea*（ギ 神話のトロイ戦争の英雄）

F, f

formicivora　アリを食う．ミナミアリヒタキ *Myrmecocichla*（アリの好きなツグミ）．
Formicivora　アリを食う（鳥）．ワキジロアリサザイ属．中・南米に5種．

囲み記事 14

天下一の奇声，北ボルネオのホーンビル

　私は 1962 年の夏から冬にかけての 7 ヵ月間，英領北ボルネオ（現在のマレーシアのサバー州）で昆虫採集に従事した．ビショップ博物館主催のボルネオ昆虫学探検隊の一員としてである．毎日が面白くて，7 ヵ月はアッという間に過ぎた．この間非常に貴重な体験をした．その一つがホーンビル（オオサイチョウ，下図参照）という大きな鳥の大きな鳴き声を聞いたことである．その鳴き声はまさに天下一といってよい奇声であった．

　この鳥はジャングルの高い木の上にいる．その高い木の上で大きな鳥が大声で鳴くので，その声はジャングル中に響く．先ず，ツークと大声で鳴く．おや，何だろう，と耳をすます．しばらくして（10 秒ほど），また，ツークと鳴く．ああ，あれだ，と思う．今度は 8 秒ほどして，またツークと鳴く．そうして今度は 6 秒ほどして，またツークと鳴く．その間隔がだんだん狭くなって，ツクツクツクツクと連続して鳴くようになる．声がだんだん小さくなる．それで終わりかと思った途端，一転して大きな声でワハハハハ，と鳴くのである．それが締めくくりである．これには驚いた．

　最初の一声目のとき，近くにいた現地人の助手が，あれあれ，あれに耳をすませ，と注意してくれた．それでこの鳥の鳴き声をしかと受け止めたのである．そして，現地人がいうには，あれは人間をからかっているのだ，という．前段では人が木を切り倒す様子を表現している，のである．木を切り倒して私（鳥）をつかまえようとするけれども，木が倒れたら私（鳥）はワハハと笑って飛び去ってしまう，というのである．まさにその通りで，そういう状況を表現するのにぴったりの鳴き声である．

　私は何度もその声を耳にした．その声を録音してテレビで流せば，おそらく日本中の評判になるであろう．

　【学名解】ホーンビル（オオサイチョウ）の学名を *Buceros bicornis* という．属名は ギ 牛の角のような（嘴の鳥），の意．種小名は ラ 二つの角の．大きな鳥で，全長は 1.5 m を超える．ジャングルの樹上を飛ぶ時はばっさばっさと大きな翼音がする．

G, g

Garrulax　ギャーギャー鳴く（鳥）．ガビチョウ属．南アジアに 48 種．
Garrulus　ギャーギャー鳴く（鳥）．カケス属．ユーラシアに 3 種．
Gelochelidon　🈁笑うツバメ．ハシブトアジサシ属．汎世界に 1 種．
Geobates　🈁地面を歩くもの．ヒメジカマドドリ属．南米に 1 種．
Geospiza　地上性のアトリ．ガラパゴスフィンチ属．ガラパゴス諸島に 6 種．
gladiator　けんか好きの．アオムネオオヤブモズ *Malaconotus*（柔らかな背中の）．
Glossopsitta　🈁言語を話すオウム．ジャコウインコ属．オーストラリアに 3 種．
Glycichaera　甘味を喜ぶ（鳥）．メジロミツスイ属．ニューギニアとオーストラリアに 1 種．
gubernator　支配者．アフリカセアカモズ *Lanius*（屠殺者）．
Gubernatrix　女支配者．コクカンチョウ属．南米に 1 種．
Gubernetes　支配者（混成名）．フキナガシタイランチョウ属．南米に 1 種．

H, h

heliobates　🈁沼地にすむもの．マングローブフィンチ *Camarhynchus*．ガラパゴス産．
Hypsipetes　🈁高く飛ぶ（鳥）．ヒヨドリ属．アフリカ・アジアに 20 種．

I, i

Ichthyophaga　魚を食う（鳥）．ウオクイワシ属．インド・セレベスなどに 2 種．
inquisitor　探究者．ズグロハグロドリ *Tityra*（牧歌中の牛飼人の名）．
interpres　警告者（警戒音をだして危険を他の鳥に知らせる）．キョウジョシギ *Arenaria*．

J, j

jocosus　ふざける．ホシサボテンミソサザイ *Campyrorhynchus*（曲がった嘴の）．

L, l

Leipoa　放置者（卵を）．クサムラツカツクリ属．オーストラリアに 1 種．
Leistes　🈁どろぼう．ムネアカマキバドリ属．中・南米に 2 種．
Lichmera　🈁舌なめずりをする（美食家の鳥）．オリーブミツスイ属．モルッカ諸島〜ニューヘブリデス諸島に 11 種．
Lymnocryptes　🈁沼にかくれる（鳥）．コシギ属．ユーラシアに 1 種．

M, m

Machetornis　闘争する鳥．ウシタイランチョウ属．南米に 1 種．
mendicus　乞食のような．ガラパゴスペンギン *Spheniscus*（小さなくさび形の）．
migratorius　渡り鳥の．リョコウバト *Ectopistes*（旅行するもの）．北米．1914 年に絶滅（動物園にて）．
Mimus　模倣者（他の鳥の声をまねる）．マネシツグミ属．北〜南米に 10 種．
modesta　おとなしい．サクラスズメ *Aidemosyne* ほか 7 種．
modularis　調子よく歌う．ヨーロッパカヤクグリ *Prunella*（褐色の小鳥）．
Modulatrix　女性音楽家．ホシノドヒタキ属．アフリカに 2 種．

morienllus　小さな馬鹿者．コバシチドリ Eudromias（よく走る鳥）．
morio　馬鹿．モルッカオオサンショウクイ Coracina ほか 2 種．
Morus　ギ おろか者．シロカツオドリ属．オーストラリアほかに 3 種．
Muscicapa　ハエをとる（鳥）．サメビタキ属．旧世界に 28 種．
musica　音楽的な．サンショクフウキンチョウ Euphonia（良い声の）．
mutus　鳴き声の静かな（無声の）．ライチョウ Lagopus（ライチョウ）．
Myiophoneus　ギ ハエの殺し屋．ルリチョウ属．インド～ボルネオに 7 種．
Myrmoborus　ギ アリの大食家．マミジロアリドリ属．南米に 4 種．
Myrmophylax　ギ アリの番人．ノドグロアリドリ属．南米に 2 種．

N, n

Necrosyrtes　死体を引きずるもの．ズキンハゲワシ属．アフリカに 1 種．
Nesoclopeus　ギ 島の泥棒．フィジークイナ属．フィジー・ソロモン諸島に 1 種．
Ninox　ギ 夜（の鳥）．アオバズク属．アジア～オーストラリアに 16 種．
　　（注）語源は ギ nyx 夜 + ラ nox 夜．『鳥類学名辞典』には意味不明とある．
Nucifraga　木の実をくだく（鳥）．ホシガラス属．ユーラシア・北米に 2 種．
nugator　道化師．グレナダオオヒタキモドキ *Myiarchus*（ハエの王様）．
Nyctanassa　ギ 夜の女王．シラガゴイ属．北～南米に 1 種．
Nyctea　ギ 夜の（鳥）．シロフクロウ属．全北区に 1 種．
Nyctibius　ギ 夜に生活する（鳥）．タチヨタカ属．中・南米に 5 種．
Nyctiornis　ギ 夜の鳥．アゴヒゲハチクイ属．インド～ボルネオに 2 種．
Nystalus　ギ 眠そうな（鳥）．セボシオオガシラ属．中・南米に 4 種．

O, o

Oceanodroma　ギ 大洋を走るもの．ウミツバメ属．世界中に 12 種．
Ochthornis　ギ 堤の鳥（堤に住む鳥）．ヒタキタイランチョウ属．南米に 1 種．
Orchesticus　ギ 跳びはねる（鳥）．チャイロフウキンチョウ属．南米に 1 種．
oreobates　ギ 山をさ迷う．チャムネハチクイ *Merops*（ハチクイ）．
Oreomenes　ギ 山を特に好むもの．オオミツドリ属．南米に 1 種．
oreophilus　ギ 山を好む（愛する）．ミヤマノスリ *Buteo*．
Oreopholus　ギ 山の（穴に）潜むもの．ノドアカチドリ属．南米に 1 種．
Oreophylax　ギ 山の見張り番．ヤマトゲオカマドドリ属．南米に 1 種．
Oreoscopus　ギ 山の見張り番．シダムシクイ属．オーストラリアに 1 種．
Oropezus　ギ 山を歩く（鳥）．アカジアリドリ属．南米に 9 種．
oryzivora　米を食う．ブンチョウ *Padda*（ジャワ語由来の鳥の名）．
　　（注）筆者は北ボルネオの田舎でブンチョウの大群が稲に群がっているのを見た．
Oryzoborus　ギ 米の大食家．コメワリ属．中・南米に 2 種．
oscitans　ものうげな．スキハシコウ *Anastomus*（口をあけた鳥）．
ossifragus　骨を砕く．ウオガラス *Corvus*．
Oxyechus　ギ 鋭い声の（鳥）．フタオビチドリ属．北～南米に 1 種．
Oxylabes　ギ （餌を）すばやく捕える（鳥）．マダガスカルチメドリ属．同島に 1 種．

囲み記事 15

世界で最も危険な鳥

　それはコヒクイドリ Casuarius bennetti（英名 Dwarf cassowary）であるとされる．巣ごもりの前になると，雌は異常に攻撃的となり，ほかの生物が近づくと，10 cm 程の長さの大きな鋭い爪で一撃を加える．ニューギニア高地人の間では，この切り傷を受けると助からないといわれている．写真に示したものはその近縁種のヒクイドリ Casuarius casuarius である．こちらの方が角状に突起した頭上のかぶとが大きい．ヒクイドリ類は飛翔力がないが，代わりに脚は強大である．（出典：筆者撮影）
　【学名解】属名はヒクイドリのマレー語由来．種小名はオーストラリアの医者 Dr. G.
　　　　　Bennett（1893 没）に因む．

P, p

Pagodroma　ギ 氷の上を走るもの．シロフルマカモメ属．南極に 1 種．
Pagophila　ギ 氷を好む（鳥）．ゾウゲカモメ属．全北区に 1 種．
palustris　沼地の．ハシブトガラ *Parus* ほか 6 種．
Paramythia　ギ 慰めになる（鳥）．カンムリハナドリ属．ニューギニアに 1 種．
parasiticus　寄生性の（他の鳥の餌をうばう）．クロトウゾクカモメ *Stercorarius*（後述）．
parens　従順な．サンクリストバルムシクイ *Vitia*（フィジー諸島のある鳥の名に由来）．
Parra　不吉な鳥（メンフクロウなど）．アメリカレンカク属．*Jacana* 属のシノニム．
Pastor　羊飼い（羊の背でダニをとる）．バライロムクドリ属．ヨーロッパ・アジアに 1 種．

Pedioecetes ギ 平原にすむもの．ホソオライチョウ属．北米に 1 種．
Pedionomus ギ 平原にすむ（鳥）．クビワミフウズラ属．オーストラリアに 1 種．
Pelagodroma ギ 外洋を走るもの．カオジロウミツバメ属．南半球海域に 1 種．
percussus つつくもの．ムネアカハナドリモドキ *Prionochilus* ほか 1 種．
peregrina よそ者の．マミジロアメリカムシクイ *Vermivora*（虫を食う）．
peregrinus よそ者の．ハヤブサ *Falco*.
pernix 敏捷な．サンタマルタヤブタイランチョウ *Myiotheretes*（ハエを狩るもの）．
personata 仮面をかぶった．キエリボタンインコ *Agapornis* ほか 6 種．
pertinax 頑固な，辛抱強い．チャノドインコ *Aratinga* ほか 1 種．
Petroica ギ 岩に住む（鳥）．アカヒタキ属．ニューギニアと南太平洋諸島に 12 種．
petrophila ギ 岩地を好む．イワクサインコ *Neophema*.
Peucedramus ギ 松（林）を走る（鳥）．オリーブアメリカムシクイ属．北・中米に 1 種．
Pezopetes ギ 歩きながら飛ぶもの．オオアシシトド属．中米に 1 種．
Pheucticus ギ 逃避性の（鳥）．ムネアカイカル属．北〜南米に 6 種．
Pheugopedius ギ 平原を逃げ去る（鳥）．ヒゲミソサザイ属．南米に 2 種．
Philacte ギ 海辺を好む（鳥）．ミカドガン属．シベリア・アラスカに 1 種．
Philetairus ギ 仲間を好む（鳥）．シャカイハタオリドリ属．アフリカに 1 種．
Philohela ギ 沼地を好む（鳥）．アメリカヤマシギ属．北米に 1 種．
Philomachus ギ 闘争を好む（鳥）．エリマキシギ属．ユーラシアに 1 種．
philomelos ギ 歌を好む．ウタツグミ *Turdus*.
Philydor ギ 水を好む（鳥）．マユカマドドリ属．中・南米に 20 種．
Phleocryptes ギ アシに隠れるもの．セッカカマドドリ属．南米に 1 種．
Phloeoceastes ギ 木の皮を裂くもの．エボシゲラ属．中・南米に 8 種．
Phodilus（*Photodilus*） ギ 光をおそれる（鳥）．ニセメンフクロウ属．南アジア・アフリカに 2 種．次頁に写真あり．
Phoebastria ギ 女予言者．アホウドリ属．太平洋に 4 種．
Phoebetria ギ 掃除をする（鳥）．ハイイロアホウドリ属．亜南極海域に 2 種．
phryganophila ギ 小灌木を好む（鳥）．オオオナガカマドドリ *Synallaxis*（互いに声をかわすもの）．
phrygia 統治者のような．キガオミツスイ *Xanthomyza*（黄色いミツスイ）．
Phyllastrephus ギ 葉を動かさない（鳥）．ミドリヒヨドリ属．アフリカに 21 種．
Phyllergates ギ 葉の加工者．キバラサイホウチョウ属．南アジアに 1 種．
Phylloscartes ギ 葉の跳躍者．コバシハエトリ属．中・南米に 19 種．
Phylloscopus ギ 葉の見張り番．メボソムシクイ属．アフリカ・ユーラシアに 40 種．
Phytotoma ギ 植物を刈る（鳥）（植物の茎を根元から切る習性あり）．クサカリドリ属．南米に 3 種．
Pinicola 松にすむもの．ギンザンマシコ属．ユーラシア・北米に 2 種．
pipiens チュツチュツ鳴く．チャボウシセッカ *Cisticola*（灌木に住むもの）．
Pipile ピーピー鳴く（鳥）．ナキシャクケイ属．南米に 2 種．
Pipilo ピーピー鳴く（鳥）．トウヒチョウ属．北・中米に 7 種．
Pithecophaga ギ 猿を食う（鳥）．サルクイワシ属．フィリピンに 1 種．

ニセメンフクロウ　*Phodilus badius*
(出典：平嶋義宏著　生物学名辞典．東京大学出版会)

placidus　おとなしい．イカルチドリ *Charadrius*（チドリの一種）．
Plocepasser　近代 ラ 機織りスズメ．スズメハタオリ属．アフリカに 4 種．
Ploceus　ギ （巣を）編む鳥．ハタオリ属．アフリカ・南アジアに 57 種．
podargina　ギ 足の速い．カキイロコノハズク *Pyrroglaux*（炎色のフクロウ）．
Podargus　ギ 足の速い（鳥）．ガマグチヨタカ属．オーストラリア・ニューギニアに 3 種．
Podiceps　近代 ラ しり足の（鳥）．足が体の後方についている．カンムリカイツブリ属．世界中に 8 種．
Podoces　ギ 足の速い（鳥）．サバクガラス属．アジアに 4 種．
Poeoptera　ギ どんな性質の鳥（翼）か．ホソオテリムク属．アフリカに 3 種．
　　（注）『鳥類学名辞典』には意味不明とある．ギ poios + pteron が語源である．
Poephila　ギ 草地を好むもの．キンセイチョウ属．オーストラリアに 5 種．
Poicephalus（*Poiocephalus* が正解）　ギ （言葉を）創造する頭．ハネナガインコ属．アフリカに 9 種．
Polemaetus　ギ 戦いをこのむワシ．ゴマバラワシ属．アフリカに 1 種．
Polemistria　ギ 女戦士．ミドリカザリハチドリ属．南米に 2 種．
pollens　力強い．ケイオニサンショウクイ *Coracina*（カラスに似た）．
Polyborus　ギ 大食の（鳥）．カラカラ属．北〜南米に 1〜2 種．
Polyerata　ギ 非常に愛らしい（鳥）．アオムネミドリハチドリ属．中・南米に 14 種．
polyglotta　他の鳥の鳴き声をまねる（多くの言語をしゃべる）．ウタイムシクイ *Hippolais*．
polyglottos　ギ 他の鳥の鳴き声をまねる．マネシツグミ *Mimus*（模倣者）．
praecox　早熟の．コーチャアリモズ *Thamnophilus*（やぶを好むもの）．
Praedo　略奪者．ハシグロハエトリ属．中・南米に 1 種．
pratensis　草地に生きる．マキバタヒバリ *Anthus*（セキレイ）．
pratincola　草原の住人．ニシツバメチドリ *Glareola*（砂利にすむ鳥）．
primigenius　原始的な．ハチスカタイヨウチョウ *Aethopyga*（赤褐色の腰の）．

princeps　第一人者，首長．チャイロショウビン *Halcyon* ほか 3 種．
Prodotiscus　ギ 小さな裏切り者．ヒメミツオシエ属．アフリカに 2 種．
　　（注）ミツオシエの仲間であるが，蜜の案内行動をしない．
Prosopeia　ギ 仮面をつけた（鳥）．メンカブリインコ属．フィジー諸島に 2 種．
provocator　挑戦者．カンダブミツスイ *Foulehaio*（トンガでこの鳥の呼び名）．
Psaltria　ギ 女ハープ奏者．ジャワエナガ属．ジャワに 1 種．
Psophia　ギ 騒々しい（鳥）．ラッパチョウ属．南米に 3 種．
Psophodes　ギ 騒々しい（鳥）．シラヒゲドリ属．オーストラリアに 2 種．
Pternistis　ギ 足でける（鳥）．アカノドシャコ属．アフリカに 4 種．
Pterodroma　ギ 翼で走るもの．シロハラミズナギドリ属．世界中に 26 種．
Pterophanes　ギ 翼を顕示するもの．ルリバネハチドリ属．南米に 1 種．
Pteroptochos　ギ 翼の貧弱な（鳥）．シラヒゲオタテドリ属．南米に 3 種．
pugnax　戦いを好む．エリマキシギ *Philomachus*（闘争を好む）．
pumilio　小びと，一寸法師．コビトミツオシエ *Indicator*（指示するもの）．
pusilla　非常に小さい．コウミスズメ *Aethia* ほか 10 種．
pusio　小さな少年．アオボウシケラインコ *Micropsitta*（小さなオウム）．
Pyrenestes　ギ 堅果の仁を食べる（鳥）．タネワリキンパラ属．アフリカに 3 種．

ラッパチョウ *Psophia crepitans*
（出典：平嶋義宏著　生物学名辞典，東京大学出版会）

Q, q

querula　ぶつぶつ言う．カオグロシトド *Zonotrichia*（帯のある頭髪）．
Querula　ぶつぶつ言う（鳥）．マエカケカザリドリ属．中・南米に1種．

R, r

ranivorus　カエルを食う．アフリカチュウヒ *Circus*（タカの一種）．
rapax　生き餌を捕えて食う．ソウゲンワシ *Aquila*（ワシ）．
religiosa　宗教的な．キュウカンチョウ *Gracula*（コクマルガラス）．
Rhizothera　ギ 木の根をさがし求めるもの．ハシナガシャコ属．ボルネオに1種．
Rhopodytes　ギ やぶに隠れるもの．クロバンケンモドキ属．インド～ボルネオに4種．
Rhyacornis　ギ 渓流の鳥．カワビタキ属．パキスタン～フィリピンに2種．
ridibundus　笑っている．ユリカモメ *Larus*．
Rimator　探査するもの．ハシナガサザイチメドリ属．ヒマラヤ～スマトラに1種．
rixosus　けんか好きな．ウシタイランチョウ *Machetornis*（闘争する鳥）．
rupicola　岩間に住む．イワドリ *Rupicola*．トートニムの学名．
rusticola　田舎にすむもの．ヤマシギ *Scolopax*（ヤマシギ）．

S, s

Sagittarius　射手（ヘビを狙う）．ヘビクイワシ属．アフリカに1種．
Sakesphorus　ギ 楯をもつ（鳥）．エボシアリモズ属．南米に6種．
Salpornis　トランペット（を吹く）鳥．ホシキバシリ属．アフリカ・インドに1種．
　　（注）*Salpingornis* の短縮形．
Saltator　踊り手．マミジロイカル属．中・南米に12種．
Saltatoricula　小さな女の踊り手．オナガシトド属．南米に1種．
saltuarius　森林にすむもの．マグダレナシギダチョウ *Crypturellus*（隠れている小尾）．
sancta　神聖な．ヒジリカワセミ *Halcyon*．
Satrapa　（冠を戴く）支配者．キマユタイランチョウ属．南米に1種．
sauralis　よたよた歩きの．シキチョウ *Copsychus*（クロウタドリ）．
saurophaga　ギ トカゲを食べる．シロガシラショウビン *Halcyon*（カワセミ）．
saxatilis　岩間にすむ．コシジロイソヒヨドリ *Monticola*（山に住む）．
Saxicola　岩間にすむ（鳥）．ノビタキ属．ユーラシアとその近隣に10種．
scandens　木によじのぼる．サボテンフィンチ *Geospiza*（地上性のアトリ）．
scansor　木をよじのぼるもの．ムネアカヤブクグリ *Sclerurus*．
Scenopoeetes　ギ 舞台をつくるもの．ハバシニワシドリ属．オーストラリアに1種．
Scoeniophylax　ギ イグサの番人．オオオナガカマドドリ属．南米に1種．
schoenobaenus　スゲの間を行く．スゲヨシキリ *Acrocephalus*（とがった頭の）．
scrutator　（虫）探し求めるもの．オオムシクイカマドドリ *Thripadectes*（木の虫を食べるもの）．
Scythrops　怒っているような顔（の鳥）．オオオニカッコウ属．オーストラリアに1種．
segregata　隔離された．スンバコサメビタキ *Muscicapa*（ハエをとる鳥）．
Seicercus　尾を振る（鳥）．モリムシクイ属．ヒマラヤ～小スンダ列島に7種．

Semnornis ギ 神聖な鳥．オオハシゴシキドリ属．中・南米に2種．
senator ローマの元老院議員．ズアカモズ *Lanius*（屠殺者）．
serpentarius 蛇の．ヘビクイワシ *Sagittarius*（射手）．
Serpophaga ギ カを食べる鳥．カトリタイランチョウ属．中・南米に5種．
serva 女どれいの，女中の．ハイグロアリドリ *Cercomacra*（尾の長い）．
Setophaga ギ ガ（蛾）を食べる（鳥）．ハゴロモムシクイ属．北米に1種．
Setornis ギ ガ（蛾）（を食べる）鳥．カギハシヒヨドリ属．ボルネオに1種．
severa いかめしい．ヒメコンゴウインコ *Ara* ほか1種．
severus いかめしい．ミナミチゴハヤブサ *Falco*（ハヤブサ）．

囲み記事16

人おじしないハワイのハワイガン

　ハワイガンはハワイの固有種で，大型の鳥である．地上性が強く，岩場などをよちよち歩く．筆者の経験ではハワイガンは人おじしない．人おじしないのは近縁のカナダガンも同様である．筆者はカナダのロッキー山脈中のゴルフ場でコースを歩いていたカナダガンの一群と遊んだ経験がある．

　ハワイガンはかつては2万5千羽と推定されていたが，その後乱獲ほかの原因で激減し，絶滅寸前においこまれた．その後適当な保護によって1千羽以上に回復したという．めでたし，めでたし．

　写真はハワイ島で筆者が撮影したもの．

　【学名解】学名を *Branta sandvicensis* という．属名は燃えるような（羽毛の鳥）の意で，アングロサクソン語由来．種小名は近代 ラ サンドイッチ列島の．ハワイ列島の旧名．

sibilans　笛を吹く．シマゴマ *Erithacus*.
sibilator　笛を吹く者．フエフキタイランチョウ *Sirystes*（笛を吹くもの）．
sibilatrix　笛を吹く女（sibilator の女性形）．フエフキサギ *Syrigma*（笛を吹く鳥）ほか3種．
Sigelus　ギ 無口な（あまり鳴かない）鳥．シロハラクロヒタキ属．アフリカに1種．
silens　音をたてない（あまり鳴かない）．シロハラクロヒタキ *Melaenornis*（黒い鳥）．
silvicola　森にすむ（もの）．フロレスオオコノハズク *Otus*（ミミズク）．
Sirystes　ギ 笛を吹くもの．フエフキタイランチョウ属．中・南米に1種．
sociabilis　社交的な，群居性の．タニシトビ *Rostrhamus*（かぎ状の嘴の）．
socialis　仲間の，群居性の．マゼランチドリ *Pluvianellus* ほか1種．
socius　仲間の，群居性の．シャカイハタオリドリ *Philetairus*（仲間を好む鳥）．
solitaria　孤独の．アオシギ *Gallinago* ほか4種．
solitarius　孤独の．ハワイノスリ *Buteo* ほか8種．
Spelaeornis　ギ ほら穴（に住む）鳥．オナガサザイチメドリ属．ヒマラヤほかに6種．
speluncae　ほら穴の．ネズミオタテドリ *Scytalopus*（棍棒状の足）．
Speotyto　ギ ほら穴のフクロウ．アナホリフクロウ属．北〜南米に1種．
Sporopipes　ギ 種子を欲しがる（鳥）．キクスズメ属．アフリカに2種．
spurius　まがいの，にせの．ユーカリインコ *Purpureicephalus*（紫紅色の頭の）．
Stercorarius　ギ くず肉をあさる（鳥）．トウゾクカモメ属．全北区に3種．
Stiphrornis　ギ たくましい鳥．モリヒメコマドリ属．アフリカに1種．
strenua　力強い．オニアオバズク *Ninox*（夜の鳥の意の新造語）．
strepera　騒々しい．オカヨシガモ *Anas* ほか1種．
Strepera　騒々しい（鳥）．フエガラス属．オーストラリアに3種．
strepitans　大変やかましい．シロエリガビチョウ *Garrulax* ほか1種．
stygius　ギ よみの国の（いまわしい）．ナンベイトラフズク *Asio*（ミミズクの一種）．
sultanea　近代 ヲ サルタン風の．サルタンガラ *Melanochlora*（黒と黄色の）．
superciliosus　尊大な．ヒメハイタカ *Accipiter* ほか12種．
surda　あまり鳴かない．コガネオインコ *Touit*（ブラジル土語でオウムの名）．
sylvanus　森の神．コウゲンタヒバリ *Anthus*（セキレイ）．
Sylvia　森の（鳥）．ズグロムシクイ属．ユーラシアに17種．
Symplectes　ギ 共同で（巣を）あむもの．ニショクハタオリ属．アフリカに1種．
synoicus　ギ 同じ家に住んでいる（社会生活をしている）．サバクマシコ *Carpodacus*（果物をついばむもの）．
Syrigma　ギ 笛を吹く（鳥）．フエフキサギ属．南米に1種．

T, t

Tachybaptus　ギ 速く潜るもの．カイツブリ属．世界に5種．
Tachycineta　ギ 速く動くもの．ミドリツバメ属．北〜南米に6種．
Tachyeres　ギ 速く漕ぐもの．フナガモ属．南米に3種．
Tachymarptis　ギ 速く（餌を）捕える（鳥）．シロハラアマツバメ属．インドに2種．
Tachyphonus　ギ 速い声（の鳥）．クロフウキンチョウ属．中・南米に8種．
taciturnus　無言の，静かな．シズカシトド *Arremon*（鳴かない鳥）．

tarda　おそい．ノガン *Otis*．
　　（注）古代の人々はノガンをおそい鳥と思っていた．
Teledromas　ギ 遠くに走るもの．スナイロオタテドリ属．南米に 1 種．
telescophthalmus　ギ 遠くを見る眼の．エリマキヒタキ *Arses*（雄々しい鳥）．
Telmatodytes　ギ 沼地にすむもの．ハシナガヌマミソサザイ属．北・中米に 1 種．
Telophorus　ギ 声を遠くに伝える（原意：遠くに運ぶ）．ミドリヤブモズ属．アフリカに 10 種．
Terathopius　ギ 軽業師．ダルマワシ属．アフリカに 1 種．
Terpsiphone　ギ 楽しい声（の鳥）．サンコウチョウ属．アフリカに 7 種，アジアに 5 種．
terrestris　地上性の．オガサワラガビチョウ *Zoothera*．小笠原諸島産．1889 年までに絶滅．
Tetrastes　ギ ライチョウの歌い手．エゾライチョウ属．ユーラシアに 2 種．
textrix　女の織り手．ムナフセッカ *Cisticola*（ゴジアオイの灌木に住むもの）．
Thalassarche　ギ 海の王者．マユグロアホウドリ属．南海に 1 種．
Thalasseus　ギ 漁師．オオアジサシ属．世界の熱帯・温帯域に 7 種．
Thalassogeron　ギ 海の老人．ハイガシラアホウドリ属．南海に 4 種．
Thalassoica　ギ 海を家とする（鳥）．ナンキョクフルマカモメ属．南極に 1 種．
Thamnistes　ギ やぶに住む（鳥）．ヤブアリモズ属．中・南米に 1 種．
Thamnomanes　ギ やぶを狂喜する（鳥）．ウスグロアリモズ属．南米に 6 種．
Thamnophilus　ギ やぶを好む（鳥）．アリモズ属．中・南米に 18 種．
Thamnornis　ギ やぶの鳥．キリチカムシクイ属．マダガスカル島に 1 種．
theomacha　ギ 神と戦う．セグロアオバズク *Ninox*．次頁に写真あり．
Thinocorus（訂正名 *Thinochorus*）海岸で群生して歌う鳥．ヒバリチドリ属．南米に 2 種．
Thinornis　ギ 海岸の鳥．ノドグロチドリ属．オーストラリア・ニュージーランドに 2 種．
Thripadectes　ギ 木の虫を食べるもの．ムシクイカマドドリ属．中・南米に 7 種．
Thripias　ギ 木の虫をもつもの（～を食べる鳥）．ヒゲアオゲラ属．アフリカに 3 種．
Thripophagus　ギ 木の虫を食べる（鳥）．サボテンカマドドリ属．南米に 24 種．
Thryothorus　ギ アシの中を突進するもの．マミジロミソサザイ属．北～南米に 21 種．
Thyellodroma　ギ 暴風の中を走るもの．オナガミズナギドリ属．太平洋に 2 種．
tibicen　フルート奏者．カササギフエガラス *Gymnorhina*（裸の鼻の）．
Tichodroma　ギ 壁を走るもの．カベバシリ属．ユーラシアに 1 種．
tinniens　チンチンと鳴く．アカボウシセッカ *Cisticola*（灌木に住むもの）．
Tolmomyias　ギ 大胆なタイランチョウ．ヒラハシハエトリ属．中南米に 4 種．
torquatus　首飾りのある．クビワミフウズラ *Pedionomus*（平原に住む鳥）ほか 13 種．
torquilla　首をねじる小鳥．アリスイ *Jynx*．
Trachyphonus　ギ 荒々しい声の（鳥）．カンムリゴシキドリ属．アフリカに 6 種．
Treron　ギ ハト（原意：臆病な）．アオバト属．アフリカ～アジアに 23 種．
Tribonyx　ギ 爪でこする（鳥）．オグロバン属．オーストラリア・タスマニアに 2 種．
Tripsurus　ギ 尾をこする（鳥）．ミヤビゲラ属．中・南米に 4 種．
Trogon　ギ かじるもの（嘴の縁は歯状）．キヌバネドリ属．北～南米に 15 種．
tumultuosus　騒々しい．バライロガシラインコ *Pionus*（太った）．
tympanistria　タンバリンをたたく女．タンバリンバト *Turtur*（コキジバト）．
Tympanistria　タンバリンをたたく女．タンバリンバト属．アフリカに 1 種．

セグロアオバズク *Ninox theomacha*
（出典：平嶋義宏著　生物学名辞典，東京大学出版会）

Tympanuchus　🗝 太鼓をもっている（鳥）．ソウゲンライチョウ属．北米に2種．
Tyranneutes　🗝 暴君（専制君主）．コビトマイコドリ属．南米に2種．
tyrannus　暴君．オウサマタイランチョウ *Tyrannus*．トートニムの学名．

U, u

Uragus　🗝 後衛隊長．ベニマシコ属．アジアに1種．
urinator　潜水者．モグリウミツバメ *Pelecanoides*（ペリカンに似た鳥）．
Urolestes　🗝 尾の（長い）泥棒．カササギモズ属．アフリカに1種．

V, v

vagabunda　さ迷う．チャイロオナガ *Dendrocitta*（木のカケス）．
vagans　さ迷う．チャイロジュウイチ *Cuculus*（カッコウ）．
vana　つまらない．アルファクヘキチョウ *Lonchura*（槍状の尾の）．
velata　面をかぶった．コシジロタイランチョウ *Xolmis*（語源不詳）．
velatum　面をかぶった．クリムネアカメヒタキ *Philentoma*（昆虫を好む）．
velatus　面をかぶった．ヒメエンビシキチョウ *Enicurus* ほか1種．
Veles　斥候兵（軽装兵）（特徴として，足は強い）．チャイロヨタカ属．アフリカに1種．
velox　速い．コミチバシリ *Geococcyx* ほか1種．
venerata　宗教的に崇拝されている．タヒチショウビン *Halcyon*（カワセミ）．
Vermivora　虫を食う（鳥）．ムジアメリカムシクイ属．北・中米に11種．
vermivorus　虫を食う．フタスジアメリカムシクイ *Helmitheros*（虫を狩る鳥）．
vesper　宵の明星．オアシスハチドリ *Rhodopis*（バラ色の眼の）．

第 10 章　奇抜な習性を表現した学名　　269

vespertinus　夕方の．ニシアカアシチョウゲンボウ *Falco*（ハヤブサ）．
vetula　小さな老婦人．ムジヒメシャクケイ *Ortalis*（ニワトリ，若鶏）．
vexillarius　旗手．フキナガシヨタカ *Semeiophorus*（軍旗のような翼をもつもの）．
victor　征服者．オレンジバト *Ptilinopus*（足に羽の生えた）．
vidua　やもめ．シロエリカササギヒタキ *Monarcha*（専制君主）．
Vidua　やもめ．テンニンチョウ属．アフリカに 12 種．
viduata　やもめの．シロガオリュウキュウガモ *Dendrocygna*（木を好むハクチョウ）．
vigil　番兵．オナガサイチョウ *Rhinoplax*（鼻が立板状の）．
virgo　処女．アネハヅル *Anthropoides*（人の形をした）．
vocifer　大声で叫ぶ．サンショクウミワシ *Haliaeetus*（オジロワシまたはミサゴ）．
vociferans　大声で叫ぶ．ハシボソタイランチョウ *Tyrannus* ほか 1 種．
vociferus　大声で叫ぶ．フタオビチドリ *Charadrius* ほか 1 種．
　　（注）vocifer が正解．
vulnerata　傷ついた．チモールミツスイ *Myzomela*（蜜を吸う鳥）．
vulneratum　傷ついた．ハイビタイハナドリ *Dicaeum*（インドの小鳥の名）．

X, x

Xenicus　ギ　よそ者の（鳥）．ヤブサザイ属．ニュージーランドに 3 種．
Xenoglaux　ギ　変わったフクロウ．ヒゲナガフクロウ属．南米に 1 種．
Xenops　ギ　変わった顔つきの（鳥）．ホオジロカマドドリ属．中・南米に 5 種．
Xenus　よそ者（大きな渡りをするため）．ソリハシシギ属．ユーラシアに 1 種．

Z, z

Zoothera　ギ　虫を狩るもの．トラツグミ属．世界に約 28 種．

フキナガシヨタカ *Semeiophorus vexillarius*
（出典：平嶋義宏著　生物学名辞典．東京大学出版会）

囲み記事17

我が家のペットのオカメインコ

　当時高校生だった娘が小鳥屋から買ってきたのがオカメインコ *Nymphicus hollandicus*（英名 Cockatiel）であった．愛らしい幼鳥であった．餌はシードと呼んでいた硬い植物の種子で，小さな盃にいれて食べさせたり，指先でつまんで食べさせたり，こちらとコミュニケーションをとりながら，素直に生きていた．籠からだしてやると，よちよちと畳の上を歩いたり，部屋中を飛び回ったり，私共の肩に飛んできたり，好き勝手な行動を見せてくれた．私共は彼（雄）をピッピ君とよんで可愛がった．ピッピ君の元気な姿を記録しておこうと撮ったのがこの写真である．そして拙著『生物学名概論』に発表した．おい，これが君の写真だよ，とみせてやった．

　しかし，生きものの寿命は如何ともしがたい．ある朝，餌をあげようと籠をみたら，動かなくなっていた．37年我が家の一員として生きてくれたのである．懇ろに弔って，庭の隅に埋めて，墓石を載せてあげた．しかしそれではすまないと家内が花桃の苗木を側に植えた．いまではその木がすくすくと成長して，毎年，春には美しい花を沢山つけている．ピッピ君も花をみて喜んでくれていることと思う．

　【学名解】属名は ラギ ニンフのような（鳥），種小名は ラ オーストラリア（Nova Hollandia）の．

我が家のオカメインコ
（出典：平嶋義宏著　生物学名概論，東京大学出版会）

第 11 章
都道府県の指定の鳥

　わが国の 47 の都道府県は，それぞれ県花，県木，県鳥を指定している．鳥はそれほど国民に親しまれている動物なのである．猛禽類以外は本当に愛らしく，また，歌声も素晴らしい．しかし，これらの鳥を一括して眺めうるものはない．おそらく本書が最初の試みである．47 の鳥を 8 頁にわけて搭載したので，楽しんで頂きたい．

　ところが，こうして並べてみると，9 種の鳥が県によって重複して指定されていることが分かる．別に不都合はないのであろう．

　9 種の鳥が 2 県または 3 県によって重複して指定されているものを示せば以下の通り．

ハクチョウ（青森県，島根県）

キジ（岩手県，岡山県）．日本の国鳥．

ヤマドリ（秋田県，群馬県）

オシドリ（山形県，鳥取県，長崎県）

ウグイス（山梨県，福岡県）

ライチョウ（富山県，長野県，岐阜県）

ヒバリ（茨城県，熊本県）

メジロ（和歌山県，大分県）

コマドリ（奈良県，愛媛県）

　なお，本章に提示した鳥の図は北隆館所有の資料を使用した．記して謝意を表します．

第 11 章　都道府県の指定の鳥　　273

（出典：宇田川龍男著　原色鳥類検索図鑑，北隆館）

第 11 章　都道府県の指定の鳥　　275

（出典：宇田川龍男著　原色鳥類検索図鑑，北隆館）

(出典：宇田川龍男著　原色鳥類検索図鑑，北隆館)

第 11 章　都道府県の指定の鳥　　277

(出典：宇田川龍男著　原色鳥類検索図鑑，北隆館)

第 11 章　都道府県の指定の鳥　279

(出典：宇田川龍男著　原色鳥類検索図鑑，北隆館)

第 12 章
さまざまな鳥の切手拝見

(1) 外国の鳥の切手

切手のデザインは千差万別である．以下の 5 頁に取り上げた外国の鳥の切手も多種多様で，これは美しいという切手もあれば，これはどうかな，と首をかしげたくなるものまである．筆者は長い間諸外国の友人と文通しているので，何時の間にか手許に切手が残った．意識して集めたものではないので，雑多という感をまぬかれないが，しばらくの間外国の鳥の切手と付き合ってほしい．

なお，文中の数字は図版の中の鳥の切手の番号と一致する．

1. カッショクペリカン　*Pelecanus occidentalis*（アメリカ）
   【学名解】属名は ラ ギ ペリカン．種小名は ラ 西方の．
2. カリフォルニアコンドル　*Gymnogypus californicus*（アメリカ）
   【学名解】属名は ギ 禿のハゲワシ．種小名は近代 ラ カリフォルニアの．
3. シロチドリ　*Charadrius alexandrinus*（アメリカ）
   【学名解】属名は ギ チドリの一種．種小名は近代 ラ アレクサンドリアの．
4. ハクトウワシ　*Haliaeetus leucocephalus*（アメリカ）
   【学名解】属名は ギ オジロワシ．種小名は ギ 白い頭の．
5. カンムリハワイミツスイ　*Palmeria dolei*（アメリカ）
   【学名解】属名はパルマー氏の鳥，の意．ハワイで鳥を採集した．種小名はハワイ州初代知事のドール氏に因む．
6. ルリツグミ　*Sialia sialis*（アメリカ）
   【学名解】属名は ギ 小鳥の名．種小名も同様．
7. アメリカチョウゲンボウ　*Falco sparverius*（アメリカ）
   【学名解】属名は ラ ハヤブサ（隼）．種小名は ラ スズメ（雀）に関係ある．
8. ハワイガン　*Branta sandvicensis*（ハワイ）
   【学名解】属名は近代 ラ 燃えるような（羽毛の鳥）．アングロサクソン語より．種小名は ラ サンドイッチ（ハワイ）諸島の．

9. ムジルリツグミ　*Sialia currucoides*（アメリカ）
   【学名解】属名は上述．種小名は近代 ラ コノドジロムシクイに似た．

10. カグー　*Rhynochetos jutatus*（ニューカレドニア）
    【学名解】属名は ギ 鼻（嘴の根元）に長毛のある（鳥）．種小名は ラ たてがみのある．

11. オナガセッカ　*Megalurulus mariei*（ニューカレドニア）
    【学名解】属名はオオセッカ属 *Megalurus*（大きな尾の鳥，の意）＋縮小辞 -ulus．種小名はニューカレドニアに在住した Marie 氏に因む．

12. カレドニアモズヒタキ　*Pachycephala caledonica*（ニューカレドニア）
    【学名解】属名は ギ 厚い頭の（鳥）．種小名は近代 ラ ニューカレドニアの．

13. タイワンオナガ　*Dendrocitta formosae*（台湾）
    【学名解】属名は ギ 木（を好む）カケス．種小名は近代 ラ 台湾の．

14. ズアカミユビゲラ　*Dinopium javanense*（タイ）
    【学名解】属名は ギ 恐ろしいキツツキ *Dinopicus*．ただし語尾が -pium となっている．種小名は近代 ラ ジャワ産の．

15. カワリサンコウチョウ　*Terpsiphone paradisi*（タイ）
    【学名解】属名は ギ 楽しい声（の鳥）．種小名は ラ 楽園の．

16. コシアカキジ　*Lophura ignita*（タイ）
    【学名解】属名は ギ 飾り羽のある尾（の鳥）．種小名は ラ 燃えるような．

17. アオショウビン　*Halcyon smyrnensis*（バングラデシュ）
    【学名解】属名は ギ カワセミ．種小名は近代 ラ スミルナ産の．トルコ西部の地名．

18. ヒメコガネゲラ　*Dinopium bengalense*（バングラデシュ）
    【学名解】属名は近代 ラ 恐ろしいキツツキ，の意．ただし *Dinopicus* となるべきもの．種小名は近代 ラ ベンガル産の．

19. シキ（四季）チョウ　*Copsychus saularis*（バングラデシュ）
    【学名解】属名は ギ クロウタドリ．種小名は ギ よたよた歩きの．

20. カンムリシャコ　*Rollulus rouloul*（英領北ボルネオ）
    【学名解】属名は種小名 *rouloul* をラテン語化したもの．種小名はこの鳥のマラッカ地方での呼び名に由来．ややこしい学名ではある．

21. オオサイチョウ　*Buceros bicornis*（英領北ボルネオ）
    【学名解】属名は ギ 牛の角のような（嘴の鳥），の意．種小名は ラ 二本の角の．

22. キゴシトゲハシムシクイ　*Acanthiza chrysorrhoa*（オーストラリア）
    【学名解】属名は ギ いばらのやぶに住む（鳥）．種小名は ギ 金色の腰の．

23. ホオジロガモ　*Bucephala clangula*（ポーランド）
    【学名解】属名は ギ 牛頭の（鳥）．種小名は ギ 小さな騒音．

24. ダルマワシ　*Terathopius ecaudatus*（アンゴラ）
    【学名解】属名は ギ 軽業師．種小名は ラ 尾をもたない．

第 12 章　さまざまな鳥の切手　　283

284

第 12 章　さまざまな鳥の切手　　285

20　　　　　　　　21　　　　　　　22

23　　　　　　　　　　　　　24

25　　　　　　26　　　　　　27

第 12 章 さまざまな鳥の切手　287

25. **ウタオオタカの一種**　*Melierax mechowi*（アンゴラ）
　【学名解】属名は ギ 歌うタカ．種小名はアンゴラにいた陸軍少将 Mechow に因む．

26. **ラケットブッポウソウ**　*Coracias spatulatus*（アンゴラ）
　【学名解】属名は ギ ベニハシガラス．種小名は ラ へら（状の尾）をもつ．

27. **ヨーロッパハチクイ**　*Merops apiaster*（アンゴラ）
　【学名解】属名は ギ ハチクイ．種小名は ラ ハチクイ．

28. **チャイロカマハシフウチョウ**　*Epimachus meyeri*（パプアニューギニア）
　【学名解】属名は ギ 戦いの装いをした(鳥)．種小名はドイツの鳥学者 Adolf B. Meyer（1911没）に因む．

29. **コフウチョウ**　*Paradisaea minor*（パプアニューギニア）
　【学名解】属名は ギ 楽園の．種小名は ラ より小さな．

30. **キンミノフウチョウ**　*Diphyllodes magnificus*（パプアニューギニア）
　【学名解】属名は ギ 二枚の葉のような（尾の鳥）．種小名は ラ 壮大な．

31. **オオウロコフウチョウ**　*Ptiloris magnificus*（パプアニューギニア）
　【学名解】属名は ギ 鼻が羽で覆われた（鳥）．種小名は ラ 壮大な．

32. **アカエボシニワシドリ**　*Amblyornis subalaris*（パプアニューギニア）
　【学名解】属名は ギ のろまな鳥．種小名は ラ 翼の下面に特徴のある．

33. **ショウジョウフウチョウモドキ**　*Sericulus bakeri*（パプアニューギニア）
　【学名解】属名は ラ 絹のようになめらかな（鳥）．種小名はアメリカ自然史博物館の理事 G. F. Baker（1937没）に因む．

34. **アオフウチョウ**　*Paradisaea rudolphi*（パプアニューギニア）
　【学名解】属名は ラ ギ 楽園の(鳥)．種小名はオーストリア・ハンガリーの皇太子 A. Rudolph（1889没）に因む．

35. **タンビカンザシフウチョウ**　*Parotia lawesii*（パプアニューギニア）
　【学名解】属名は ギ 耳に房毛のある(鳥)．種小名はニューギニアの伝道師 Lawes 氏（1907没）に因む．

36. **クロカマハシフウチョウ**　*Drepanornis albertisi*（パプアニューギニア）
　【学名解】属名は ギ 鎌（状の嘴）の鳥，の意．種小名はイタリアの民族学者 L. M. d'Albertis（1901没）に因む．

37. **アオムネカラスフウチョウ**　*Manucodia chalybatus*（パプアニューギニア）
　【学名解】属名は古ジャワ語 manukdewa（神の鳥，の意）のラテン語化．種小名は ラ はがね色の．

38. **ヒヨクドリ**　*Cicinnurus regius*（パプアニューギニア）
　【学名解】属名は ギ 巻き毛の尾の（鳥）．種小名は ラ 王の．

39. **ワキジロカンザシフウチョウ**　*Parotia carolae*（パプアニューギニア）
　【学名解】属名は ギ 耳に房毛のある（鳥）．種小名は近代 ラ カローラ妃の．サクソニー国王の妃 Carola に因む．

40. **シロカザリフウチョウ**　*Paradisaea guilielmi*（パプアニューギニア）
　【学名解】属名は ラ 楽園の（鳥）．種小名は近代 ラ ウイルヘルムの．ドイツ皇帝 Wilhelm II世（Guilielmus）に捧げられたもの．種小名はその属格．

41. ヒロハシムシクイ　*Clytomyias insignis*（パプアニューギニア）
    【学名解】属名は ギ 素晴らしいヒタキ．種小名は ラ 卓越した，顕著な．
42. セグロヤイロチョウ　*Pitta superba*（パプアニューギニア）
    【学名解】属名は Telugu 語（インド南部）で小鳥のこと．種小名は ラ 美麗な．
43. フイリモズヒタキ　*Rhagologus leucostigma*（パプアニューギニア）
    【学名解】属名は ギ 漿果を集める（鳥）．種小名は ギ 白い斑点の．
44. ズグロハシナガミツスイ　*Toxorhamphus poliopterus*（パプアニューギニア）
    【学名解】属名は ギ 弓のような嘴（の鳥）．種小名は ギ 灰色の翼の．
45. ニューブリテンツミ　*Accipiter brachyurus*（パプアニューギニア）
    【学名解】属名は ラ タカ．種小名は ギ 短い尾の．
46. 同上（飛翔中の姿）
47. パプアオオタカ　*Megatriorchis doriae*（パプアニューギニア）
    【学名解】属名は ギ 大きなノスリ < mega- + triorchis．種小名は近代 ラ Doria 氏の．同氏はジェノア博物館理事．
48. 同上（飛翔中の姿）
49. オナガハチクマ　*Henicopernis longicauda*（パプアニューギニア）
    【学名解】属名は ギ 単純な（模様の）ハチクマ属 *Pernis*（タカの一種）．種小名は ラ 長い尾の．
50. 同上（飛翔中の姿）

（2）日本の鳥の切手

　私の手元にある雑多な日本の鳥の切手を，図版として眺めるために，順序不同に集めたものが以下の 8 頁に示すものである．そのつもりで眺めて頂きたい．鳥の切手には美しいものが多い．最後に示した鳥の切手はごく最近の発行である．この切手集は美しい小鳥たちがテーマである．その中に，面白いことに，オウムの一種キバタンがある．体長 45 〜 50 cm ほどのかなり大きな鳥である．これはわが国の帰化鳥でもなく，かご抜け鳥でもない．おそらく動物園で飼育されているポピュラーな鳥の一種という意味で拾われたのであろう．また，キバタンの左隣にあるジュウシマツの学名をさがすのには一苦労した．そんじょそこらの鳥の本には和名も学名も見いだせないからである．さて，前口上はこのくらいにして，切手の鳥の学名の解説をしよう．

1. ルリカケス　*Garrulus lidthi*
    【学名解】属名は ラ ギャーギャー鳴く（鳥）．種小名は人名由来．
2. ライチョウ　*Lagopus mutus*
    【学名解】属名は ラ ライチョウ．種小名は ラ 鳴き声の静かな．
3. キジバト　*Streptopelia orientalis*
    【学名解】属名は ギ 首輪のあるハト．種小名は ラ 東方の．

4. コウノトリ　*Ciconia ciconia*
   【学名解】属名と種小名は ラ コウノトリ．珍しいトートニム．

5. ウグイス　*Cettia diphone*
   【学名解】属名は Cetti 氏の（鳥）．種小名は ギ 二つの声の．

6. ホオジロ　*Emberiza cioides*
   【学名解】属名は古ドイツ語のホオジロに由来．種小名は近代 ラ イワホオジロに似た．

7. アカガシラカラスバト　*Columba janthina nitens*
   【学名解】属名は ラ ハト．種小名は ラ スミレ色の．亜種小名は ラ 輝いた．小笠原諸島産．

8. シマハヤブサ　*Falco peregrinus furuitii*
   【学名解】属名は ラ ハヤブサ．種小名は ラ よそ者の．亜種小名は人名由来．硫黄列島の固有亜種．

9. キジ　*Phasianus versicolor*
   【学名解】属名は ラ キジ．種小名は ラ 難色の．

10. 同上

11. 同上

12. 同上

13. 同上

14. タンチョウ　*Grus japonensis*
    【学名解】属名は ラ ツル．種小名は近代 ラ 日本産の．

15. キジバト（学名は前出，10 円切手．3 を見られたい）

16. シジュウカラ　*Parus major*
    【学名解】属名は ラ シジュウカラ．種小名は ラ より大きい．

17. ヤマガラ　*Parus varius*
    【学名解】属名は ラ シジュウカラ．種小名は ラ まだらの，多色の．

18. ヤマセミ　*Ceryle lugubris*
    【学名解】属名は ギ カワセミ．種小名は ラ 喪服の．

19. カルガモ　*Anas poecilorhyncha*
    【学名解】属名は ラ カモ．種小名は ギ 斑点のある嘴の．

20. コチドリ　*Charadrius dubius*
    【学名解】属名は ギ チドリの一種．種小名は ラ 不確かな（種として）．

21. モズ　*Lanius bucephalus*
    【学名解】属名は ラ 屠殺者．種小名は ギ 牛頭の．

22. ウソ　*Pyrrhula pyrrhula*
    【学名解】属名と種小名は ギ ウソ．トートニムの学名．

23. イカル　*Coccothraustes personatus*
    【学名解】属名は ギ シメ，イカルの類．種小名は ラ 仮面をかぶった．

24. カケス　*Garrulus glandarius*
   【学名解】属名は ラ ギャーギャー鳴く（鳥）．種小名は ラ どんぐりの（好きな）．
25. オシドリ　*Aix galericulata*
   【学名解】属名は ギ 水鳥の一種．種小名は ラ 小さな帽子をかぶった．
26. メジロ　*Zosterops japonica*
   【学名解】属名は ギ 輪のある眼（の鳥）．種小名は近代 ラ 日本の．
27. トキ　*Nippponia nippon*
   【学名解】属名は近代 ラ 日本の（鳥）．種小名は近代 ラ 日本（の）．珍しい形の学名．
28. 同上
29. コウノトリ　*Ciconia ciconia*
   【学名解】属名と種小名は ラ コウノトリ．トートニムの学名．
30. エゾフクロウ　*Strix uralensis japonica*
   【学名解】属名は ギラ フクロウ．種小名は近代 ラ ウラル地方産の．亜種小名は近代 ラ 日本の．北海道産の亜種．
31. インドクジャク　*Pavo cristatus*
   【学名解】属名は ラ クジャク．種小名は ラ 冠羽をもつ．
32. シマフクロウ　*Ketupa blakistoni*
   【学名解】属名はジャワ語で鳥の名．種小名は人名由来．北海道の留鳥で，国の天然記念物．
33. 同上
34. コウテイペンギン　*Aptenodytes forsteri*
   【学名解】属名は ギ 翼のない潜水者．種小名は人名由来．
35. オーストンオオアカゲラ　*Dendrocopos leucotos owstoni*
   【学名解】属名は ギ 木こり．種小名は ギ 白い耳の．亜種小名は人名由来．奄美大島産の亜種．
36. タマシギ　*Rostratula benghalensis*
   【学名解】属名は ラ 先端の曲がった嘴の（鳥）．種小名は近代 ラ ベンガル産の．
37. タンチョウ（前出，14）
38. クマゲラ　*Dryocopus martius*
   【学名解】属名は ギ キツツキ．種小名は ラ ローマ神話の軍神 Mars の．
39. ズグロカモメ　*Larus saundersi*
   【学名解】属名は ラ カモメ．種小名は人名由来．
40. マガン　*Anser albifrons*（月に雁（安藤広重画））
   【学名解】属名は ラ ガン．種小名は ラ 白い額の．
41. シジュウカラ（前出，16）
42. アデリーペンギン　*Pygoscelis adeliae*
   【学名解】属名は ギ 尻に足（のある鳥）．種小名は近代 ラ アデリー・ランド（南極）の．ここで最初に発見された．

第12章　さまざまな鳥の切手　293

第12章　さまざまな鳥の切手　295

40

41

42

43

44

第 12 章 さまざまな鳥の切手 297

第 12 章 さまざまな鳥の切手　299

43. トキ（前出，27）

44. イヌワシ　*Aquila chrysaetos*
　【学名解】属名は ラ ワシ．種小名は ギ 金色のワシ．

45. アホウドリ　*Diomedea albatrus*
　【学名解】属名はギリシア神話の Diomedes に因む．トロイ戦争の英雄．種小名は近代 ラ アホウドリ（英語由来）．

46. タンチョウ（前出，14，37）

47. ハハジマメグロ　*Apalopteron familiare hahasima*
　【学名解】属名は ギ 柔らかい羽毛（の鳥）．種小名は ラ 普通の．亜種小名は近代 ラ 母島．メグロは小笠原諸島の固有種で，国の特別天然記念物．

48. アカヒゲ　*Erithacus komadori*
　【学名解】属名は ギ ヨーロッパコマドリ．種小名は近代 ラ コマドリ．アカヒゲと間違えて命名された．国の天然記念物．

49. ホントウアカヒゲ　*Erithacus komadori namiyei*
　【学名解】沖縄本島産の亜種．亜種小名は人名由来．

50. ライチョウ（前出，2 の 10 円切手）

51. シジュウカラガン　*Branta canadensis leucopareia*
　【学名解】属名は近代 ラ 燃えるような（羽毛の鳥）．アングロサクソン語由来．種小名は近代 ラ カナダの．亜種小名は ギ 白い頬の．

52. オオセッカ　*Megalurus pryeri*
　【学名解】属名は ギ 大きな尾の（鳥）．種小名は人名由来．

53. オーストンオオアカゲラ　*Dendrocopos leucotos owstoni*
　【学名解】属名は ギ 木こり．種小名は ギ 白い耳の．亜種小名は人名由来．

54. カラフトアオアシシギ　*Tringa guttifer*
　【学名解】属名は ギ クサシギ．種小名は ラ 斑点をもつ．

55. ノグチゲラ　*Sapheopipo noguchii*
　【学名解】属名は ギ 独特なキツツキ．種小名は人名由来．

56. カンムリワシ　*Spilornis cheela*
　【学名解】属名は ギ 斑点のある鳥．種小名は近代 ラ この鳥の Hindi 語由来．

57. ライチョウ（前出，2 の 10 円切手，50 の 82 円切手）

58. コマドリ　*Erithacus akahige*
　【学名解】属名は ギ ヨーロッパコマドリ．種小名はアカヒゲとコマドリを間違えて命名された（48 を見よ）．

59. オオジシギ　*Gallinago hardwickii*
　【学名解】属名は ラ ニワトリに似た（鳥）．種小名は近代 ラ 人名由来．Hardwicke 氏の．

60. ルリビタキ　*Erithacus cyanurus*
　【学名解】属名は前出．種小名は ギ 青い尾の．

61. キンカチョウ　*Poephila guttata*
　【学名解】属名は ギ 草地を好むもの．種小名は ラ 斑点のある．

62. オカメインコ　*Nymphicus hollandicus*
　【学名解】属名は ギ ラ ニンフのような(鳥)．種小名は近代 ラ ニューホランド(オーストラリア)の．

63. カナリア　*Serinus canaria*
　【学名解】属名は近代 ラ カナリア（フランス語由来）．種小名は近代 ラ カナリア．Canaria 島に因む．

64. セキセイインコ　*Melopsittacus undulatus*
　【学名解】属名は ギ 歌うオウム．種小名は ラ 波状斑の．

65. 白ブンチョウ　*Padda oryzivora*（ブンチョウの白化型）
　【学名解】属名はジャワ語由来の鳥の名．種小名は ラ 米を食う．飼い鳥として人気が高い．しかし，南方では稲の収穫期には大群で田に降りてきて米を食い荒らす害鳥となる．

66. セキセイインコ（前出，64 を見よ）

67. コザクラインコ　*Agapornis roseicollis*
　【学名解】属名は ギ 愛の鳥．雌雄の仲がよい．種小名は ラ バラ色の頸の．

68. ジュウシマツ（コシジロキンパラ *Lonchura striata* を家禽化したもの）
　【学名解】属名は ギ 槍状の尾の（鳥）．種小名は ラ 条斑のある．

69. キバタン　*Cacatua galerita*
　【学名解】属名は近代 ラ オウム，の意で，マレー語の Kokatua に由来する．種小名は ラ 帽子をかぶった．黄色い冠羽を表現したもの．体長 40〜50 cm の大型のインコ．動物園などで飼育される．自然分布はメラネシア，ニューギニア，オーストラリア北・東部．

70. 桜ブンチョウ（ブンチョウの変種．飼い鳥として人気が高い．学名を *Padda oryzivora* という）
　【学名解】属名はジャワ語由来の鳥の名．種小名は ラ 米を食う．筆者は北ボルネオで収穫期の水田にブンチョウが大群で降りてきて稲を食い荒らすのを見た．

参 照 文 献

※発行順．1900 年以前のものは割愛した．

1958　Van Tyne, J. & A. J. Berger. Fundamentals of Ornithology. 624pp. John Wiley & Sons, New York.
　【寸評】第 1 章の鳥の古生物学から第 12 章の分類法と命名に至るまで広範な知識が懇切丁寧に解説されている．最終章の第 13 章は世界中の鳥（8,600 種）の科を単位とした分類が述べてある．特筆すべきは科に含まれる種類数が示してあることである．最上の鳥類学のテキストである．

1984　吉村作治．ツタンカーメンの謎．講談社現代新書 749．（1998 年に第 25 刷発行）．講談社
　【寸評】ツタンカーメンを知るための必読の名著．しかし，王のマスクの写真は載せてあるが，説明が一切ない．

1985　Campbell, B. & E. Lack, ed. A Dictionary of BIRDS. 670pp. T. & A. D. Poyser, Calton.
　【寸評】前代未聞の鳥に関する大判の事典である．ガラパゴス諸島の陸イグアナの背に止まっているダーウィンフィンチの写真をはじめ，見応えのある写真や付図をみるのも楽しい．

1987　内田清一郎・島崎三郎．鳥類学名辞典．1,207 頁．東京大学出版会．
　【寸評】世界中の鳥の学名を，属名と種小名の一つひとつに，その語源と意味を解説した画期的な辞典で，世界に誇ってよいものである．

1987　黒川哲朗．〔図説〕古代エジプトの動物．203pp. ＋折込図．六興出版．
　【寸評】古代エジプト人が如何に上手に各種の動物を観察し，描き，付き合っていたか，その様子を詳しく説明した名著．

1988　竹川規清．ルーブルの至宝．79pp．ルーブル彫刻美術館（三重県一志郡白山町）．
　【寸評】パリのルーブル美術館所蔵の古代の遺品を忠実に複製した実物の図録．世にも稀な貴重な図録である．本書に掲載したツタンカーメン王の黄金のマスクの写真も，お許しを得て，本図録から転載した．

1989　コリン・ウィルソン著，関口　篤訳．世界不思議百科．588pp．青土社．
　【寸評】世界中の不思議な話をまとめた興味ある本．「歴史」の中にツタンカーメン王に関する 1 章があり，王の黄金のマスクを正面から見た貴重な写真がある．しかし解説がない．

1991　高野伸二．フィールドガイド　日本の野鳥．財団法人 日本野鳥の会．
　【寸評】偶数頁に記載，その向かいの奇数頁に図がある．巻末に「野生化した飼鳥」と題して 13 種の鳥が図示されている．すなわち，ブンチョウ，アミハラ，ヘキチョウ，ギンパラ，カエデチョウ，ホウコウチョウ，ベニスズメ，テンニンチョウ，セキセイインコ，ワカケホンセイインコ，メンハタオリドリ，コウカンチョウ，キンランチョウ．

1991　Howard, R. & A. Moore. A Complete Checklist of the Birds of the World. 622pp. Academic Press.
　【寸評】世界中の鳥が分類順に配列されていて，実に有用な事典である．巻末の学名索引は属名

と種小名が区別してない．また，英名索引もあって，非常に便利な本である．

1992　日本野鳥の会監修．野山の鳥．243pp．北隆館．
　【寸評】写真は非常に美しい．

1992　朝比奈正二郎ほか4名監修．レッドデータアニマルズ—日本絶滅危機動物図鑑．190pp．JICC（ジック）出版局．
　【寸評】本書には70種の鳥が掲載されている．総じて鳥の写真は美しい．

1996　マンフレート・ルルカー著，山下主一郎訳．エジプト神話シンボル事典．173pp．大修館書店．
　【寸評】エジプト神話を知るにはこの本の右にでるものはない．ハゲワシの女神ネクベト Nekhbet や蛇型記章 Uraeus の記述と写真は有難い．

1996　クリストファー・M・コリンズ監修，山岸　哲（日本語版監修）．世界鳥類事典．442pp．同朋社出版．
　【寸評】大判の鳥類図鑑で，図も美しく，解説も見事．見て楽しく読んでためになる，という評語がぴったりの本．

1996　日高敏隆監修．日本動物大百科（全11巻）第3巻　鳥類Ⅰ．182pp．平凡社．
1997　同上　第4巻　鳥類Ⅱ．180pp．
　【寸評】日本の鳥を解説した大著で，鳥の解説書としてはこの本の右に出るものはない．

1997　吉村作治．ファラオと死者の書　古代エジプト人の死生観．251pp．小学館．
　【寸評】ほぼ正面から見たツタンカーメン王の黄金のマスクの写真があるが，マスクの説明はない．

1999　吉村作治．吉村作治の古代エジプト不思議物語．128pp．汐文社．
　【寸評】「少年王ツタンカーメンの謎」は墓の発掘についての物語．

2000　真木広造・大西敏一．日本の野鳥590．655pp．平凡社．
　【寸評】日本でいちばん種数が多い，という宣伝文句のように，日本産鳥類を631種と認定し，そのうちの594種を解説した．写真は真木広造氏の撮影になるもので，美しい．巻末に「外来種（かご抜け鳥）」として，18種の写真がある．すなわち，ショウジョウトキ，コクチョウ，ドバト（カワラバト），セキセイインコ，オオフラミンゴ，（ワカケ）ホンセイインコ，コキンメフクロウ，エジプトガン，アメリカオシ（注：オシドリ），コウラウン，ヘキチョウ，ベニスズメ，ギンパラ（キンパラ），シマキンパラ（アミハラ），オウゴンチョウ，カオグロガビチョウ，ジャワハッカ，キンランチョウ．

2002　平嶋義宏．生物学名概論．249pp．東京大学出版会．
　【寸評】学名を理解するのに必携の参考書．

2007　平嶋義宏．生物学名辞典．1292pp．東京大学出版会．
　【寸評】学名の語源（ラテン語とギリシア語）を手際よくまとめた大著で，生物学者なかんずく分類に携わる研究者の必携の本．

2008　寺本哲郎．ふるさとの野鳥たち　寺本哲郎写真集．90pp．鉱脈社．
　【寸評】淨専寺16代住職の寺本氏は鳥の愛好家でもあり，腕を振るって撮り集めた鳥の美しい写真をまとめられた本．この中には有名な淨専寺のしだれ桜，五ヶ瀬町の山里の風景やアケボノツツジなどの写真もある．見事な写真集である．

2010　平嶋義宏．日本語でひく動物学名辞典．483pp．東海大学出版部．
　【寸評】動物学名の意味がたちどころに理解できる貴重な参考書．

2017　真木広造．名前がわかる　野鳥大図鑑．256pp．永岡書店．
　【寸評】鳥の写真は実に美しい．特筆すべきは，鳥の鳴き声のCD付きであることと，鳥の和名に漢字がそえてあることである．例えばビロードキンクロには天鵞絨金黒．なお，平凡社の「日本動物大百科」の鳥類（2巻）にも漢字名が載せてある．

2017　細川博昭．知っているようで知らない　鳥の話．189pp．サイエンス・アイ新書．SBクリエイティブ．
　【寸評】手にしたら下におけない珍しい話が満載されている．著者の博学に敬礼．

2017　上田恵介．日本のかわいい鳥，世界の綺麗な鳥．246pp．大和書房．
　【寸評】写真も美しく，解説も丁寧であるが，学名が載せてない．

和名索引

本索引は本書に掲載した鳥の科・属・種（亜種を含む）の和名索引である．
3 7 などは口絵の番号．

ア

アイイロヒタキ 239
アイオキヌバネドリ 232
アイスランドカモメ 146
アオアシカツオドリ 89, 93, 102
アオアシシギ 141
アオオビカザリドリ 241
アオオビカワセミ 233
アオオビコクジャク 229
アオオビコクジャク属 229
アオオビミドリチュウハシ 232
アオカケス 70, 82
アオクビコガモ 229
アオクビフウキンチョウ 233
アオグロショウビン 243
アオゲラ 27, 123, 167
アオゲラ属 27, 70, 167, 206
アオサギ 12, 124, 126, 231
アオサギ属 12, 116
アオサンコウチョウ 233
アオジ 187, 250
アオシギ 143, 266
アオシマオゲラ 241
アオショウビン 282
アオスジヒインコ 247
アオツバメ 225
アオツラカツオドリ 89, 93, 115
アオツラミツスイ 233
アオノドタイヨウチョウ 247
アオノドハチドリ 236
アオノドマンゴーハチドリ 252
アオノドメジロハチドリ 252
アオハウチワドリ 236
アオバズク **7**, 122, 163, 217, 220, 249
アオバズク属 259
アオバト 160
アオバト属 22, 267
アオヒタキ属 55

アオヒラハシ 235
アオフウチョウ **3**, 288
アオボウシケラインコ 263
アオマネシツグミ属 242
アオムネオオヤブモズ 258
アオムネカラスフウチョウ 229, 288
アオムネショウビン 26
アオムネミドリハチドリ属 262
アオメバト 89
アオメヒメバト 233
アカアゴカマドドリ 246
アカアシアジサシ 148
アカアシカツオドリ 89, 93, 115
アカアシクイナ 238
アカアシシギ 140, 202
アカアシチョウゲンボウ 157
アカアシミズナギドリ 112
アカアシミツユビカモメ 147
アカアシモリフクロウ 248
アカウソ 190
アカエボシニワシドリ 288
アカエボシハチドリ 250
アカエリカイツブリ 110
アカエリシンジュカラ 248
アカエリツミ 232
アカエリヒメモズモドキ 249
アカエリヒレアシシギ 144
アカエリミフウズラ 241
アカエリヤマチメドリ 248
アカオオタカ 247
アカオカマドドリ 253
アカオチメドリ 239
アカオネッタイチョウ 114
アカオハエトリ 235
アカオビヒメムシクイ 252
アカオヒメアリサザイ 235
アカオミソサザイ 235
アカガオカマドドリ 235
アカガオゴシキドリ 247

アカガオジアリドリ 235
アカガオバンケンモドキ 246
アカガオモリムシクイ 239
アカガオヤブドリ 244
アカカザリフウチョウ 62, 73, 221
アカガシラエボシドリ 234
アカガシラカラスバト 159, 209, 290
アカガシラサギ 118
アカガシラシャコ 43
アカガシラチメドリ属 179
アカガシラモリハタオリ 247
アカカワセミ 242
アカカンムリカザリドリ 247
アカキョウジョシギ 94, 107
アカクロノスリ 248
アカクロマイコドリ 27
アカゲラ 168, 206
アカコッコ 178, 208, 229
アカサカオウム属 228
アカジアリドリ 248
アカジアリドリ属 259
アカショウビン 117, 122, 166, 214, 215
アカスジムシクイ 245
アカチャコノハズク 248
アカチャシャコ 42, 244
アカチャシャコ属 228
アカチャバンケン 252
アカチャミソサザイ 248
アカツクシガモ 129
アカノドサトウチョウ 226
アカノドシャコ属 263
アカハシオナガガモ 235
アカハシコタイランチョウ 231
アカハシシズカトド 226
アカハシネッタイチョウ 93, 102
アカハシハジロ 13, 130, 248
アカハシハジロ属 13
アカハシマルハシ 243

アカハジロ　130
アカハチドリ　249
アカバネガビチョウ　236
アカバネテリハチドリ属　239
アカバネハイイロムシクイ　239
アカバネマユアリサザイ　248
アカバネムシクイ　235
アカバネモリクイナ　228
アカパプアクイナ　247
アカハラ　178, 231
アカハラアオゲラ　246
アカハラウロコインコ　247
アカハラコルリ　227
アカハラサンコウチョウ　248
アカハラショウビン　210
アカハラスミレフウキンチョウ　248
アカハラダカ　155
アカハラツバメ　170
アカハラヤブタイランチョウ　237
アカハワイミツスイ属　62
アカヒゲ　29, 175, 208, 300
アカヒゲハチクイ　225
アカビタイオオバン　248
アカヒタキ属　261
アカフサカザリドリ属　246
アカボウシセッカ　267
アカボウシムクドリモドキ　226
アカボシカササギヒタキ　235
アカボシヒヨドリ　227
アカボシミツスイ　256
アカマシコ　189, 234
アカマユマシコ属　228
アカマユムクドリ　234
アカミソサザイ　252
アカミツスイ　233
アカミミインコ　238
アカメアレチカマドドリ　234
アカメカモメ　89, 93, 103
アカメタイランチョウ　246
アカメタイランチョウ属　246
アカモズ　173, 214, 216
アゴヒゲハチクイ属　259
アサクラサンショウクイ　172
アサナキヒタキ　225
アジアタイヨウチョウ属　223
アジアヘビウ　241

アシゲハチドリ属　238
アジサシ　148
アシナガウミツバメ　113
アシナガコリン　42
アシナガシギ　139
アシナガタヒバリ　244
アシボソハイタカ　250
アデリーペンギン　59, 291
アトリ　30, 31, 188
アトリ科　7, 30, 31, 55, 188, 207, 212
アトリ属　31, 188
アナドリ　112
アナホリフクロウ属　266
アネハヅル　151, 269
アパパネ　❷
アビ　11, 109, 250, 277
アビ科　11, 109
アビ属　11
アヒル　13
アフガンムシクイ　251
アブラヨタカ　49, 50
アブラヨタカ科　49
アフリカウズラクイナ　234
アフリカコサメビタキ　223
アフリカサシバ　248
アフリカジシギ　242
アフリカジュズカケバト　247
アフリカセアカモズ　258
アフリカチュウヒ　264
アフリカツバメトビ　40
アフリカヘビウ　248
アホウドリ　110, 198, 300
アホウドリ科　89, 110, 198
アホウドリ属　261
アポオオサマムクドリ　242
アマサギ　90, 118
アマゾンクロタイランチョウ　245
アマツバメ　164
アマツバメ科　28, 164, 214
アマツバメ属　28, 164
アマミシジュウカラ　184
アマミヤマガラ　184
アマミヤマシギ　21, 143, 200
アメシストハチドリ　225
アメシストハチドリ属　228
アメリカウズラシギ　139

アメリカウズラバト　22
アメリカオオハシシギ　140
アメリカオシ　196
アメリカガモ　247
アメリカキンメフクロウ　23
アメリカグンカンドリ　93
アメリカ・ゴールデン・プラバー　201
アメリカコガラ　30
アメリカコノハズク　236
アメリカサンカノゴイ　70, 84
アメリカズグロカモメ　146
アメリカチョウゲンボウ　281
アメリカツリスガラ属　226
アメリカヒドリ　130
アメリカヒバリシギ　138
アメリカヒレアシシギ　144
アメリカフクロウ　252
アメリカホシハジロ　70, 83, 130
アメリカミヤコドリ　94
アメリカムシクイ　244
アメリカムシクイ科　7, 49, 92
アメリカムナグロ　137
アメリカヤマシギ　70, 83
アメリカヤマシギ属　261
アメリカヤマセミ　70, 85
アメリカレンカク属　135, 260
アメリカワシミミズク　69, 80
アライソシギ　252
アラゲインコ　237
アラナミキンクロ　131
アラビアカエデチョウ　248
アラレチョウ　243
アリサンチメドリ　232
アリスイ　26, 27, 167, 267
アリドリ科　7
アリヒタキ　223
アリモズ属　267
アルキバト属　232
アルファクヘキチョウ　268
アンデスゲリ　247

イ

イイジマムシクイ　182, 207
イエガラス　194, 250
イエスズメ　55, 191
イカル　❾, 31, 190, 290

和名索引

ア・イ・ウ・エ

イカルチドリ　136, 262
イシガキシジュウカラ　184
イシガキヒヨドリ　172
イシシャコ　43
イスカ　190
イソシギ　141
イソヒヨドリ　177
イナゴヒメドリ属　255
イナバヒタキ　176
イヌワシ　14, 156, 204, 214, 215, 230, 274, 300
イヌワシ属　14
イロドリインコ属　230
イロムシクイ属　55
イワカモメ　93
イワクサインコ　261
イワサザイ　237
イワサザイ科　7
イワシャコ属　19
イワタイランチョウ　248
イワツバメ　28, 170
イワツバメ属　28, 170
イワトビヒタキ属　245
イワトビペンギン　60, 231
イワトビペンギン属　60, 256
イワドリ　264
イワヒバリ　174
イワヒバリ科　8, 174
イワヒバリ属　174
イワミセキレイ　170
イワミソサザイ　243
インカハチドリ属　53
インコ　65
インコ科　195
インダススズメ　246
インドアイイロヒタキ　224
インドアカガシラサギ　16
インドガン　128
インドクジャク　19, 195, 291
インドミツオシエ　253
インドミツユビコゲラ　243

ウ

ウオガラス　259
ウオクイワシ属　258
ウ科　94, 115, 198
ウグイス　134, 179, 212, 271, 275, 278, 290
ウグイス科　8, 179, 207
烏骨鶏　9, 159
ウシタイランチョウ　264
ウシタイランチョウ属　258
ウシハタオリ　224
ウスアカヒゲ　175, 208
ウスアマツバメ　244
ウスイロメジロ　244
ウスグロアリモズ　227
ウスグロアリモズ属　267
ウスグロハチドリ　232
ウスグロハチドリ属　225
ウスグロヤブハエトリ　243
ウススミシトド属　238
ウスチャムジチメドリ　248
ウスベニヤブヒバリ　245
ウスユキガモ属　241
ウズラ　17, 18, 158, 213, 215
ウズラシギ　139
ウズラ属　17
ウズラチメドリ　246
ウズラバト属　224
ウソ　30, 31, 190, 290
ウ属　115, 228
ウソ属　31
ウタイチメドリ属　239
ウタイムシクイ　262
ウタイモズモドキ　237
ウタオオタカ　288
ウタツグミ　179, 261
ウチヤマシマセンニュウ　207
ウチヤマセンニュウ　180, 207
ウチワキジ　234
ウチワハチドリ属　249
ウチワヒメカッコウ　246
ウトウ　150
ウミアイサ　135
ウミアオコンゴウインコ　237
ウミウ　116
ウミオウム　150
ウミガラス　149, 197
ウミスズメ　150
ウミスズメ科　149, 197
ウミツバメ科　94, 113, 198
ウミツバメ属　259
ウミネコ　146
ウミバト　149
ウミベカマドドリ　243
ウロコインコ属　246
ウロコウズラ　42, 250
ウロコウズラ属　228
ウロコオナガサザイチメドリ　230
ウロコオニキバシリ属　240
ウロコガビチョウ　251
ウロコテリオハチドリ　223
ウロコテンニョゲラ　237
ウロコハシリカッコウ　250
ウロコバト　250
ウロコヒメキツツキ　250
ウロコメジロ　250
ウロコヤマミツスイ　243

エ

エジプトガン　196
エジプトコブラ　36, 38
エジプトハゲワシ　36, 38, 40, 65
エゾカヤクグリ　174
エゾセンニュウ　180, 235
エゾビタキ　183, 238
エゾフクロウ　164, 291
エゾミユビゲラ　206
エゾムシクイ　181
エゾライチョウ　158
エゾライチョウ属　267
エトピリカ　151, 197
エトロフウミスズメ　150
エナガ　30, 183
エナガ科　7, 30, 183
エナガ属　183
エボシアリモズ属　264
エボシゲラ属　261
エボシヒヨドリ　241
エミュー　55, 57, 58
エミュー属　256
エメラルドハチドリ属　230
エメラルドフウキンチョウ　228
エメラルドフウキンチョウ属　230
エメラルドモリハチドリ　233, 249
エメラルドモリハチドリ属　226
エリアカバト　250
エリアカフウキンチョウ　233
エリカザリハチドリ属　228
エリグロアジサシ　148

エリマキシギ　140, 263
エリマキシギ属　261
エリマキヒタキ　267
エンビアマツバメ　242
エンビ（燕尾）カモメ　89, 93
エンビタイランチョウ　70, 82

オ

オアシスハチドリ　268
オアシスハチドリ属　247
オアハカスズメモドキ　243
オイスター・キャッチャー　89
オウギアイサ　135
オウギセッカ属　53
オウギハチドリ属　235
オウギヒタキ属　55
オウギワシ　41
オウゴンアメリカムシクイ　232
オウゴンイカル　231
オウゴンチョウ　196
オウゴンハチマキミツスイ　239
オウサマタイランチョウ　53, 54, 268
オウサマペンギン属　255
オウチュウ　192
オウチュウ科　8, 192
オウチュウカッコウ　161
オウチュウ属　192
オウム　23, 65
オウム科　23, 52, 65, 66
オウムハシハワイマシコ属　61
オウムハワイマシコ属　61
オオアオサギ　12, 90, 100
オオアカゲラ　168
オオアジサシ　147
オオアジサシ属　267
オオアシシトド属　261
オオウズラバト　240
オオウミガラス　68, 69
オオウロコフウチョウ　288
オオオナガカマドドリ　261
オオオナガカマドドリ属　264
オオオニカッコウ属　264
オオガラパゴスフィンチ　91
オオカラモズ　173
オオカワセミ　25
オオカワラヒワ　189

オオキアシシギ　141, 241
オオクイナ　152, 200
オオグンカンドリ　93, 101, 115
オオコガネハタオリ　253
オオコシアカツバメ　251
オオコノハズク　163, 203
オオサイチョウ　257, 282
オオサボテンフィンチ　91
オオサマペンギン　59
オオシギ　143, 202, 214, 215, 300
オオジュリン　188
オオシロハラミズナギドリ　111
オオズグロカモメ　145
オオズズメフクロウ　229
オーストラリアオオタカ　235
オーストラリアサンカノゴイ　245
オーストラリアズクヨタカ　24
オーストラリアヅル　247
オーストラリアヒタキ科　8
オーストラリアムシクイ科　7
オーストンウミツバメ　114
オーストンオオアカゲラ　168, 206, 291, 300
オーストンヤマガラ　184, 207
オオセイキムクドリ　250
オオセグロカモメ　146
オオセスジミツスイ　244
オオセッカ　180, 207, 300
オオソリハシシギ　142
オオダーウィンフィンチ　92
オオタカ　155, 204, 218, 221
オオタカ属　15
オオチドリ　20, 136
オオツチスドリ科　8
オオトウゾクカモメ　145
オオトラツグミ　177, 208
オオノスリ　156
オオハクチョウ　128
オオハシウミガラス属　149
オオハシゴシキドリ属　265
オオハシシギ　140
オオハシバト　250
オオハシモズ科　7
オオハチクイモドキ属　255
オオハム　109
オオバン　20, 153, 225

オオバン属　20
オオヒタキモドキ属　53
オオヒバリ　169
オオフウチョウ　255
オオブッポウソウ　49, 50
オオブッポウソウ科　49
オオフラミンゴ　94, 196, 247
オオホシハジロ　130
オオマシコ　189, 247
オオミズナギドリ　112, 240, 276
オオミズナギドリ属　228
オオミツドリ属　259
オオムシクイカマドドリ　264
オオメダイチドリ　136
オオモア　67, 71
オオモズ　173, 256
オオモズタイランチョウ　240
オオユキホオジロ　188
オオヨシキリ　8, 180
オオヨシゴイ　116, 235
オオライチョウ属　16, 158
オオルリ　8, 134, 182, 233, 273
オオルリ属　233
オオワシ　155, 203
オガサワノスリ　156
オガサワラガビチョウ　177, 212, 267
オガサワラカラスバト　159, 210
オガサワラカワラヒワ　189, 207
オガサワラノスリ　157, 205
オガサワラヒヨドリ　172
オガサワラマシコ　190, 212
オカメインコ　52, 270, 301
オカヨシガモ　129, 266
オガワコマドリ　175
オガワミソサザイ　174
オキナワシジュウカラ　184
オグロシギ　142
オグロバン属　267
オサハシブトガラス　194
オシドリ　129, 218, 220, 271, 272, 277, 278, 291
オジロアジモズ　242
オジロエンビハチドリ属　252
オジロオリーブヒタキ　240
オジロキンノジコ　232
オジロスミレフウキンチョウ　230

オジロソライロヒタキ　224
オジロツグミ　245
オジロトウネン　138
オジロトビ　15
オジロノスリ　224
オジロハイイロタイランチョウ　229
オジロハシボソヒバリ　224
オジロハチドリ　245
オジロビタキ　182
オジロマユアリサザイ　250
オジロミドリハチドリ　230
オジロライチョウ　240
オジロワシ　14, 154, 203, 224
オジロワシ属　14
オタテドリ科　7
オタテヤブコマドリ属　255
オトヒメチョウ　243
オトメインコ　234
オナガ　32, 193, 233
オナガアカボウシインコ　234
オナガオオタカ　41
オナガカマハシフウチョウ属　256
オナガガモ　130
オナガキゴシハエトリ　225
オナガクロアリドリ　228
オナガサイチョウ　269
オナガサザイチメドリ属　266
オナガシトド属　264
オナガセッカ　282
オナガ属　32, 233
オナガテリカラスモドキ　242
オナガドリ（尾長鶏）　9, 159
オナガハクセキレイ　232
オナガハチクマ　289
オナガハチドリ属　223
オナガフウチョウ属　225
オナガフクロウ　24
オナガフクロウ属　161
オナガミズナギドリ　112
オナガミズナギドリ属　267
オナガミツスイ科　8
オナガヨタカ属　249
オニアオバズク　266
オニアジサシ　147
オニオオハシ　32
オニキバシリ科　7, 26

オニキバシリ属　26
オニツグミ　237
オバシギ　139
オバシギ属　20
オビオノスリ　224
オビオヒメアリサザイ　252
オビチュウヒワシ　231
オリーブアメリカムシクイ　251
オリーブアメリカムシクイ属　261
オリーブオナガカッコウ　244
オリーブカマドドリ　243
オリーブゴシキタイヨウチョウ　230
オリーブコバシハチドリ　244
オリーブコムシクイ　230
オリーブサメビタキ　244
オリーブタイヨウチョウ　244
オリーブチャツグミ　252
オリーブハナドリモドキ　244
オリーブヒタキ　236
オリーブヒヨドリ　252
オリーブフウキンチョウ属　230
オリーブフタスジハエトリ　233
オリーブミツスイ属　258
オリーブミドリモズ属　230
オリーブムシクイ　238
オリイヤマガラ　184
オレンジウソ　226
オレンジキヌバネドリ　226
オレンジハタオリ　226
オレンジバト　269
オレンジハナドリ　251
オンドリ　19

カ

カイツブリ　110, 276
カイツブリ科　109, 203
カイツブリ属　266
カエデチョウ科　7, 195
カオグロアメリカムシクイ　30
カオグロカザリドリ属　232
カオグロガビチョウ　196
カオグロシトド　55, 56, 264
カオグロスズメモドキ　250
カオグロトキ　241
カオグロハワイミツスイ属　62, 241

カオグロバンケン　241
カオグロマルハシ　235
カオグロモリツバメ　232
カオジロウミツバメ属　261
カオジロヒヨドリ　236
カオジロムシクイ属　225
カキイロコノハズク　262
カギハシタイランチョウ　249
カギハシトビ　40
カギハシヒヨドリ属　265
カグー　46, 48, 282
カグー科　46
カケス　193, 291
カケス属　258
ガケツバメ　246
カゲロウチョウ　247
カゴシマアオゲラ　167
カササギ　27, 32, 193, 278
カササギヒタキ科　55, 183, 221
カササギビタキ科　8
カササギヒタキ属　55, 183
カササギフエガラス　267
カササギモズ属　268
カサドリ　244
カサドリ属　229
カザノワシ　42
カザリショウビン　25, 245
カザリドリ科　7
カザリドリモドキ属　53
カシラダカ　187
カタグロトビ　227
カタグロトビ属　15
カタジロアリドリ　241
カタシロワシ　156, 238
カタビロクロツバメ　243
ガチョウ　12
カツオドリ　89, 115
カツオドリ科　93, 115
カッコウ　8, 22, 23, 161
カッコウ科　94, 160
カッコウハヤブサ属　11
カッショクペリカン　90, 99, 281
カトリタイランチョウ属　265
カナダカモメ　145
カナダガン　202, 265
カナダヅル　151
カナリア　301

カナリア属　55
カニチドリ　46, 48
カニチドリ科　46
カニチドリ属　256
ガバールオオタカ　41
カバイロハッカ　251
ガビチョウ　194
ガビチョウ属　258
カベバシリ属　267
ガマグチヨタカ属　262
カマドドリ科　7
カマドムシクイ　226
カモ　13, 233
カモ科　11, 12, 13, 127, 202, 203, 210, 220
カモメ　11, 21, 146, 274
カモメ科　21, 93, 145
カモメ属　21, 145
カヤクグリ　174, 247
カラアカハラ　177
カラカラ　63, 77
カラカラ属　262
カラシラサギ　126, 235
カラス　31, 32
カラス科　7, 8, 32, 193, 208
カラス属　7, 32, 193
カラスバト　21, 159, 209
カラスフウチョウ　246
カラタイランチョウ属　255
ガラパゴスアホウドリ　89
ガラパゴスキイロムシクイ　92, 97
ガラパゴスコバネウ　94, 106
ガラパゴスササゴイ　90, 99
ガラパゴスチドリ　94, 107
ガラパゴスノスリ　89
ガラパゴスバト　89, 93, 105
ガラパゴスフィンチ　91
ガラパゴスフィンチ属　258
ガラパゴスフクロウ　94, 98
ガラパゴスペンギン　61, 87, 88, 94, 106, 258
ガラパゴスマネシツグミ　90, 98
ガラパゴスミヤコドリ　94, 108
カラフトアオアシシギ　141, 201, 238, 300
カラフトチュウヒバリ　169
カラフトフクロウ　242

カラフトムシクイ　181
カラフトムジセッカ　181
カラフトワシ　156
カラムクドリ　192
カリガネ　128
カリフォルニアコンドル　39, 281
カリフォルニアコンドル属　15
カルガモ　129, 245, 290
カルカヤインコ　228
カルカヤバト　242
カレドニアセンニョムシクイ　236
カレドニアメジロ　253
カレドニアモズヒタキ　282
カワアイサ　135
カワアジサシ　226
カワウ　116
カワガラス　174
カワガラス科　7, 28, 174
カワガラス属　28, 174
カワセミ　⑩, 25, 26, 166, 211
カワセミ科　12, 25, 26, 165, 210, 214, 220
カワセミ属　25, 165
カワビタキ属　264
カワラバト　21, 195
カワラバト属　21, 159
カワラヒワ　124, 189, 207
カワリサンコウチョウ　55, 56, 282
カワリシロハラミズナギドリ　111
カワリハタオリ　255
ガン　12, 272
カンダブミツスイ　263
カンムリウミスズメ　150, 197
カンムリオオタカ　251
カンムリカイツブリ　110, 203
カンムリカイツブリ属　262
カンムリカッコウ　161
カンムリコサイチョウ　224
カンムリゴシキドリ属　267
カンムリサンジャク属　228
カンムリシギダチョウ　256
カンムリシャクケイ　246
カンムリシャコ　43, 282
カンムリズク属　24
カンムリセイラン　43
カンムリタイランチョウ属　245
カンムリチメドリ　227

カンムリツクシガモ　129, 210
カンムリハナドリ属　260
カンムリハワイミツスイ　281
カンムリハワイミツスイ属　62
カンムリヒバリ　28
カンムリフウキンチョウ属　235
カンムリワシ　156, 204, 300
カンムリワシ属　250

キ

キアオジ　186, 232
キアシアオバト　244
キアシシギ　141
ギアナアカクロカザリドリ　256
ギアナヨタカ　241
キーウイ　57, 58, 72
キイロアメリカムシクイ　92
キイロオーストラリアヒタキ　232
キイロカササギヒタキ　231
キイロカンムリサギ　90, 104
キイロタヒバリ　240
キイロモズヒタキ　226
キエリアオゲラ　236
キエリボタンインコ　261
キエリミヤビゲラ　231
キオビフウキンチョウ　226
キガオキンノジコ　240
キガオミツスイ　261
キガシラインコ　239
キガシラカナリア　228
キガシラカマドドリ　223
キガシラシトド　188
キガシラセキレイ　170
キガシラフウキンチョウ　253
キガシラミドリマイコドリ　236
キガシラムクドリモドキ属　253
キクイタダキ　182
キクスズメ属　266
キゴシトゲハシムシクイ　231, 282
キゴシホウセキドリ　253
キゴシミドリフウキンチョウ　236
キゴロモコメワリ　225
キジ　18, 19, 158, 271, 272, 277, 290
キジオライチョウ　42
キジ科　17, 18, 19, 42, 158, 195, 213, 220
キジ属　19, 158

和名索引　311

キジバト　22, 160, 289, 290
キジバト属　21
キジマミドリヒヨドリ　236
キズキンカオグロムシクイ　236
キセキレイ　171
キタアマツバメ　164
キタキバシリ　185
キタシベリアジュリン　187
キタタキ　168, 210
キタチャノドハタオリ　229
キタホオグロカエデチョウ　230
キタホオジロガモ　135
キタメンガタハタオリ　251
キツツキ　26, 27
キツツキ科　26, 27, 167, 205, 206, 210
キツツキフィンチ　64, 88, 92
キツネチョウゲンボウ　224
キヌバネドリ属　267
キノドガビチョウ　237
キノドマユカマドリ　238
キノドミツスイ　236
キノドミドリカッコウ　236
キノドヤブムシクイ　232
キノボリ科　8
キバシガモ　252
キバシサンジャク　236
キバシバンケンモドキ　223
キバシヘラサギ　236
キバシリ　30, 185
キバシリ科　7, 30, 185
キバシリ属　30, 185
キバシリハワイミツスイ属　62
キバシリモドキ科　8
キバタン　65, 289, 301
キバネヒヨドリ　236
キバラウグイス　236
キバラカギハシタイランチョウ　232
キバラキヌバネドリ　232
キバラクロヒワ　253
キバラサイホウチョウ属　261
キバラサボテンミソサザイ　253
キバラシャコバト　243
キバラスミレフウキンチョウ　253
キバラナゲキタイランチョウ　239
キバラフタスジハエトリ　236

キバラムクドリモドキ　236
キバラメグロハエトリ　243
キバラヤブシトド　237
キバラヤブモズ　226
キバラヤマメジロ　237
キビタイダルマエナガ　237
キビタイハタオリ　244
キビタイヒメゴシキドリ　231
キビタイボウシインコ　243
キビタイメジロ　236
キビタキ　8, 182, 242, 273
キボウシアオゲラ　253
キボウシアカゲラ　226
キボウシスミレフウキンチョウ　240
キホオアメリカムシクイ　231
キホオカンムリガラ　253
キホオコゴシキドリ　236
キホオゴシキドリ　231
キボシオニキバシリ　244
キボシハチドリ　230
キマユコタイランチョウ　252
キマユタイランチョウ属　264
キマユハシナガタイランチョウ　231
キマユヒメドリ属　242
キマユヒメマイコドリ　246
キマユペンギン　60
キマユホオジロ　186, 231
キマユムシクイ　181
キマユヤブシトド　232
キミドリインコ　236
キミドリコウライウグイス　236
キミミクモカリドリ　231
キムネコノハヒヨドリ　239
キムネヒメムシクイ　228
キムネミドリカザリドリ　226
キュウカンチョウ　66, 264
キュウカンチョウ属　32
キュウシュウエナガ　183
キュウシュウゴジュウカラ　185
キュウシュウフクロウ　164
キューバウタムクドリモドキ　226
キョウジョシギ　94, 138, 258
キョウジョスズメ　244
キョクアジサシ　8, 148
キリアイ　140

キリチカムシクイ属　267
キレンジャク　173
キンイロツバメ　235
キンイロヒタキ　230
ギンガオエナガ　237
キンカチョウ　238, 301
キンクロハジロ　131, 132, 237
キンケイ　245
キンケイ属　231
ギンザンマシコ　189
ギンザンマシコ属　261
キンセイチョウ属　262
キンソデウロコインコ　228
ギンバシ属　256
キンバト　160, 209
キンバト属　229
キンバネツリスドリ　231
キンパラ　196
ギンパラ　196
キンパラアメリカムシクイ　231
ギンパラコビトドリモドキ　241
キンミノヒメアオバト　240
キンミノフウチョウ　288
ギンムクドリ　191, 249
キンムネチメドリ　231
キンメチメドリ属　231
キンメハゴロモガラス　253
キンメフクロウ　163, 203
キンメフクロウ属　23
キンメペンギン　60
ギンモリバト　225
キンランチョウ　196

ク

クイナ　20, 152
クイナ科　19, 20, 152, 199, 200, 210, 213
クイナ属　20, 152
クイナチメドリ属　256
クサカリドリ科　7
クサカリドリ属　261
クサシギ　141, 244
クサビヒメキツツキ　224
クサムラツカツクリ属　258
クサムラドリ科　7
クジャク　19
クジャク属　19

クビワアマツバメ　253
クビワインコ属　23
クビワカモメ　146
クビワガラス　251
クビワキンクロ　131
クビワコウテンシ　169
クビワコガモ属　228
クビワシャコ　250
クビワミフウズラ　46, 47, 267
クビワミフウズラ科　46
クビワミフウズラ属　261
クビワヤマセミ　251
クマゲラ　167, 206, 291
クマシャコ　42
クマタカ　16, 155, 204, 217, 220
クマタカ属　13, 16
クマドリバト　22
クリイロイワヒバリ　239
クリイロツグミ　247
クリイロバンケンモドキ　230
クリオアリドリ　238
クリガシラコビトサザイ　229
クリガシラフウキンチョウ属　246
クリノドイロムシクイ　245
クリノドオタテドリ　229
クリバネスズメ　229
クリハラツグミ　237
クリハラヒメウソ　229
クリビタイモズチメドリ　223
クリムネアカメヒタキ　268
クルマサカオウム　52, 54
クレナイミツスイ　249
グレナダオオヒタキモドキ　259
クロアカツクシガモ　252
クロアカツバメ　243
クロアゴアオヒタキ　227
クロアシアホウドリ　111
クロアジサシ　93, 103, 149
クロアジサシ属　255
クロアリドリ　242
クロアリモズ　242
クロイタダキアメリカムシクイ　243
クロウタドリ　30, 178
クロウミツバメ　114, 198
クロエリハクチョウ　241
クロオオタカ　241

クロオビヒナフクロウ　23
クロガオサケイ　234
クロガケツバメ　237
クロカッコウハヤブサ　11
クロカマハシフウチョウ　288
クロガモ　131
クロカンムリヒタキ　243
クロキンパラ属　242
クロコサギ　225
クロコシジロウミツバメ　114
クロコンドル　39, 225
クロサギ　126
クロサバクヒタキ　240
クロサンショウクイ属　172
クロジ　187
クロシコンチョウ　237
クロジョウビタキ　176, 244
クロタイランチョウ　233
クロチュウヒ　241
クロツグミ　177, 219, 221
クロツラヘラサギ　127
クロツリスドリ　239
クロヅル　151
クロトウゾクカモメ　144, 260
クロトキ　127, 241
クロトキ属　126
クロネコマネドリ属　242
クロハゲワシ　🄱, 15, 38, 156
クロハゴロモガラス　233
クロハタオリ　242
クロハヤブサ　251
クロハラアジサシ　147
クロハラキンランチョウ　243
クロハラフウキンチョウ　225
クロハラミツスイ　234
クロハラヤマシトド　228
クロバンケンモドキ属　264
クロヒゲスズメハタオリ　248
クロビタイアジサシ　224
クロビタイウズラ　225
クロビタイハチドリ　233
クロビタイミドリモズ　242
クロヒタキ属　241
クロヒメキツツキ　225
クロヒワ　225
クロフウキンチョウ属　266
クロホロホロチョウ　43

クロマイコドリ　226
クロムネトビ　40, 242
クロヨタカ　242
クロライチョウ　16
軍艦鳥　89
グンカンドリ科　93, 115

ケ

ケアシノスリ　15, 70, 85, 156
ケイオニサンショウクイ　262
ケイマフリ　149
ケープカラムシクイ　251
ケープペンギン　58, 60, 72
ケバネウズラ　43
ケリ　137, 214, 216
ケワタガモ　131

コ

コアオアシシギ　140
コアカゲラ　168
コアカメチャイロヒヨ　234
コアジサシ　8, 149
コアホウドリ　111
コイカル　190
ゴイサギ　24, 118, 120, 199
ゴイサギ属　24
コイソヒヨドリ　248
コイミドリインコ　235
コウギョクチョウ属　239
コウゲンタヒバリ　266
コウザンマシコ　245
コウテイペンギン　59, 87, 291
コウテンシ属　28
コウノトリ　🄵, 🄶, 12, 126, 198, 276, 290, 291,
コウノトリ科　12, 126, 198
コウノトリ属　12, 126
コウハシショウビン属　12
コウミスズメ　150, 263
コウモリダカ　40
コウモリハヤブサ　248
コウライアイサ　135
コウライウグイス　🄱, 192
コウライウグイス科　8, 192
コウライウグイス属　192
コウライキジ　19, 158
コウラン　196

声良　9, 159
コーチャアリモズ　262
コオバシギ　139
コオリガモ　131
コオロギムシクイ属　250
コガネオインコ　266
コガネオハチドリ属　231
コガネゲラ属　231
コガネサファイアハチドリ　231
コガネスズメ　31
コガネスズメ属　226
コガネハタオリ　251
コガモ　8, 129
コガラ　184
コガラパゴスフィンチ　91
コキアシシギ　141
コキジバト　21, 22
コキミミミツスイ　243
コキンメフクロウ　23, 24, 196
コクガン　70, 83, 127
コクガン属　227
コクカンチョウ属　258
コクチョウ　196
コクマルガラス　32, 193, 233
極楽鳥　62, 74, 221
コグンカンドリ　115
コゲラ　168
コケワタガモ　131
コサギ　126, 200
コザクラインコ　301
コサメビタキ　183, 219, 221
コシアカアリサザイ　228
コシアカキジ　239, 282
コシアカセッカ　227
コシアカツバメ　170
コシアカツリスドリ　238
コシアカネズミドリ　229
コシアカマユカマドドリ　234
コシアカミドリチュウハシ　238
コシアカヤブタイランチョウ　235
コシギ　143
ゴシキキンパラ　246
ゴシキセイガイインコ　238
コシギ属　258
ゴシキタイランチョウ　247
ゴシキノジコ　31
ゴシキヒワ　31

コシジロアジサシ　148
コシジロイソヒヨドリ　177, 264
コシジロウミツバメ　94, 107, 113
コシジロガモ属　11
コシジロキンパラ　301
コシジロサバクヒタキ　240
コシジロショウビン　237
コシジロタイランチョウ　268
コシジロノスリ　240
コシジロヒヨドリ　226
コシジロヤマドリ　158, 279
コシャクシギ　142, 202
ゴジュウカラ　27, 30, 185
ゴジュウカラ科　7, 30, 185
ゴジュウカラ属　30, 185
コジュケイ　158
小樹上フィンチ　92
コジュリン　186, 206
コスズガモ　131
コスメルツグミモドキ　238
コセイキムクドリ　230
コダーウィンフィンチ　92, 96
コダイマキエインコ　253
小地上フィンチ　91, 95
コチドリ　136, 290
コチョウゲンボウ　15, 21, 157
コチョウゲンボウ属　15
コトドリ　66
コトドリ科　7, 66
コトラツグミ　177
コノハズク　23, 24, 163, 217, 220, 275
コノハズク属　24
コノハドリ　233
コノハドリ科　7, 31
コノハドリ属　230
コノハヒヨドリ属　230
コハクチョウ　8, 128
コバシチドリ　137, 259
コバシチドリ属　256
コバシハエトリ属　53, 261
コバシハチドリ属　229
コバタン　251
コバネウ　87, 88
コヒクイドリ　260
ゴビズキンカモメ　145
コビトドリモドキ属　53

コビトハエトリ属　256
コビトハヤブサ　249
コビトペンギン　60, 87
コビトマイコドリ属　268
コビトミツオシエ　263
コビトメジロ属　244
コヒバリ　169
コフウチョウ　288
コフクロウ　23
コブハクチョウ　12, 128
コブハゲミツスイ　225
コベニヒワ　189
コボウシインコ　224
コホオアカ　186
コマダラアオゲラ　243
ゴマダラフウキンチョウ　246
コマチスズメ　245
コマチスズメ属　234
コマツグミ　211
コマドリ　29, 134, 175, 208, 271, 276, 278, 300
コマドリ属　29
ゴマバラワシ　255
ゴマバラワシ属　262
ゴマフオウギセッカ　255
ゴマフオウギセッカ属　255
ゴマフスズメ　188
コマミジロタヒバリ　171
コミズナギドリ　113
コミチバシリ　268
コミミズク　23, 94, 163, 236
コムクドリ　191
コメボソムシクイ　181
コメワリ属　259
コモロオオチュウ　237
コモンアフリカアオゲラ　246
コモンシギ　140
コモンシギダチョウ　242
コモンハイイロアラレチョウ　232
コヨシキリ　180
コルリ　175
コロンビアオナガカマドドリ　234
コンゴウインコ　63, 75
コンゴウインコ属　63
コンゴクジャク　43
コンセイインコ　66, 67, 252
コンドル　14, 15, 36, 40

コンドル科　15, 39
コンドル属　15

サ

サカツラガン　128, 202
サカツラトキ　239
サギ　12
サギ科　12, 24, 44, 89, 90, 116, 199, 210, 213
サクラスズメ　258
桜ブンチョウ　301
サケイ　159
サケイ科　159
ササゴイ　64, 118
サザナミジアリドリ　250
サザナミスズメ　227
サシバ　8, 155, 214, 217
サシバ属　15
薩摩鶏　9, 159
サバクカマドドリ属　256
サバクガラス属　262
サバクヒタキ　176
サバクヒタキ属　53
サバクマシコ　266
サバンナシトド　188
サビイロオナガカマドドリ　237
サビイロカマドドリ　247
サビイロタチヨタカ　227
サビイロヤブチメドリ　251
サファイアハチドリ　249
サボテンカマドドリ属　267
サボテンフィンチ　30, 91, 264
サボテンミソサザイ　227
サメイロセッカ　232
サメビタキ　183
サメビタキ属　55, 182, 259
サヤハシチドリ属　230
サヨナキドリ　29
サヨナキドリ属　29
サルクイワシ　41
サルクイワシ属　261
サルタンガラ　266
サルタンガラ属　241
サルハマシギ　139, 235
サンカノゴイ　116, 199, 250
サンクリストバルムシクイ　260
サンコウチョウ　183, 219, 221, 226, 275
サンコウチョウ属　55, 267
サンショウクイ　172, 219, 221
サンショウクイ科　7, 172, 221
サンショウクイ属　244
サンショクウミワシ　269
サンショクキムネオオハシ　251
サンショクツバメ　237
サンショクハタオリ　251
サンショクヒタキ　242
サンショクフウキンチョウ　259
サンタマルタケンハチドリ　244
サンタマルタヤブタイランチョウ　261
サントメサンコウチョウ　226

シ

ジェンツーペンギン　59
シギ　20, 89
シギ科　19, 20, 21, 94, 138, 200, 201, 202, 214
シキチョウ　29, 30, 264, 282
シキチョウ属　30
シコンチョウ　229
シジュウカラ　30, 121, 184, 290, 291
シジュウカラ科　7, 30, 184, 207, 212
シジュウカラガン　127, 202, 300
シジュウカラ属　30, 184
シズカシトド　266
始祖鳥　17
シダムシクイ属　259
シチトウメジロ　185
シチホウバト　21
シチホウバト属　21
シチメンチョウ　17, 42
シチメンチョウ科　17
シチメンチョウ属　17
地鶏　9, 159
シトロンインコ　226
シノトームスメインコ　66
シノリガモ　131
シベリアアリスイ　167
シベリアオオハシシギ　140, 202
シベリアオオモズ　173
シベリアシメ　191
シベリアジュリン　187
シベリアセンニュウ　180
シベリアムクドリ　191
シマアオジ　187, 226
シマアカモズ　173
シマアジ　130
シマアリモズモドキ　250
シマエナガ　183
シマオキヌバネドリ　253
シマオゲラ属　231
シマキンパラ　195, 196
シマクイナ　152, 235
シマゴマ　175, 266
シマセゲラ　70, 86
シマセンニュウ　180, 207
シマテンニョゲラ　252
シマノジコ　187
シマハヤブサ　157, 205, 290
シマフクロウ　162, 203, 291
シマメジロ　185
シメ　31, 191
シメ属　31
シャカイハタオリ　66
シャカイハタオリドリ　266
シャカイハタオリドリ属　261
ジャコウインコ属　258
ジャノメドリ　46, 48, 238
ジャノメドリ科　46
ジャマイカシマセゲラ　247
ジャマイカムクドリモドキ　240
シャモ　9, 159
ジャワエナガ属　263
ジャワチメドリ　246
ジャワハッカ　196
ジャワヒムネハナドリ　249
ジャワヨタカ　245
シュイロフウキンチョウ属　228
ジュウイチ　161
ジュウシマツ　289, 301
樹上フィンチ　30, 88
シュモクドリ　44, 45
シュモクドリ科　44
小国　9, 159
ショウジョウコウカンチョウ属　229
ショウジョウトキ　196

ショウジョウフウチョウモドキ 288
ショウドウツバメ 169
ジョウビタキ 8, 123, 176
ジョウビタキ属 245
シラオネッタイチョウ 114
シラガカイツブリ属 245
シラガゴイ属 259
シラガサイチョウ 224
シラガツグミヒタキ 243
シラガテリムク 224
シラガトビ 40
シラガフウキンチョウ 224
シラガホオジロ 186, 240
シラギクタイランチョウ属 53, 234
シラコバト 160, 273
シラサギ 278
シラナミアリモズ 243
シラハシハエトリ 251
シラヒゲミスズメ 150
シラヒゲオタテドリ属 263
シラヒゲドリ属 263
シラフコウギョクチョウ 248
シラボシオオタカ 251
シラボシカササギヒタキ 238
シラボシクイナ 245
シリアカマルハシミツスイ 250
シリグロヒメミズナギドリ 244
シロアゴツバメ 242
シロアゴフウキンチョウ 231
シロアジサシ 21, 149
シロアジサシ属 21
シロエリオオハム 109
シロエリカササギヒタキ 269
シロエリガビチョウ 266
シロエリガラス 233
シロエリカワラバト 224
シロエリズグロインコ 224
シロエリツグミ 224
シロエリハゲワシ 15, 36, 37, 38, 237
シロエリハゲワシ属 15
シロエリバト 235
シロエリヒタキ 224
シロエリヤブシトド 224
シロオビミドリツバメ 224

シロガオアマドリ属 238
シロガオヤブシトド 224
シロガオリュウキュウガモ 269
シロカザリフウチョウ 288
シロガシラ 172, 209
シロガシラカマドドリ属 232
シロガシラカラスバト 240
シロガシラショウビン 264
シロガシラ属 172
シロカツオドリ属 259
シロカマハシフウチョウ 63, 74
シロカモメ 146
シロキツツキ 228
シロクロアリドリ 238
シロクロヒナフクロウ 243
シロズキンモズ 255
シロスジキンパラ 251
シロスジミツスイ 224
シロチドリ 136, 275, 281
シロハタフウチョウ 62, 74
シロハヤブサ 157
シロハラ 178
シロハラアマツバメ属 266
シロハラアメリカムシクイ 239
シロハラオナガ 240
シロハラカトリタイランチョウ 242
シロハラクイナ 153
シロハラクイナ属 225
シロハラクロヒタキ 227, 266
シロハラクロヒタキ属 266
シロハラゴジュウカラ 185
シロハラコバシタイヨウチョウ 244
シロハラサケイ属 159
シロハラチュウシャクシギ 142
シロハラトウゾクカモメ 144
シロハラベニノジコ 234
シロハラホオジロ 186
シロハラマイコドリ 244
シロハラミズナギドリ 112
シロハラミズナギドリ属 263
シロハラミドリハチドリ 228
シロヒゲカマドドリ属 245
シロヒゲヒヨドリ 228
シロビタイウズラバト 228
シロビタイチドリ 241

シロビタイマイコドリ 249
シロフクロウ 69, 80, 162
シロフクロウ属 259
シロフルマカモメ 243
シロフルマカモメ属 260
白ブンチョウ 301
シロボウシフウキンチョウ 228
シロボシアリモズモドキ 246
シロボシキンパラ 240
シンジュアリモズ 241
シンジュアリモズ属 241
シンジュウロコインコ 244
シンジュカマドドリ属 241
シンジュトビ 40

ス

ズアオアトリ 31
ズアオオウギヒタキ 233
ズアオサファイアハチドリ属 235
ズアオジョウビタキ 227
ズアオハチドリ属 233
ズアオホオジロ 186
ズアオミドリハチドリ 252
ズアカアオバト 160
ズアカアリフウキンチョウ 247
ズアカアリモズ 248
ズアカアリヤイロチョウ 248
ズアカウロコインコ 247
ズアカエナガ 232
ズアカキヌバネドリ 234
ズアカサザイ 49, 51
ズアカサトウチョウ 227
ズアカショウビン 232
ズアカチメドリ 248
ズアカミカドバト 247
ズアカミツスイ 234
ズアカミドリハチドリ 233
ズアカミユビゲラ 282
ズアカモズ 265
ズアカヤブシトド 237
スキハシコウ 259
ズキンガラス 32
ズキンコウカンチョウ 51, 52
ズキンコウカンチョウ科 52
ズキンハゲワシ 40
ズキンハゲワシ属 259
ズクヨタカ科 24

ズクヨタカ属　24
ズグロアオサギ　241
ズグロアカイカル属　244
ズグロアカムシクイ　229
ズグロアメリカムシクイ　250
ズグロオウゴンチョウ　226
ズグロオオコノハズク　225
ズグロガモ　225
ズグロカモメ　146, 291
ズグロゴジュウカラ　226
ズグロサバクヒタキ　224
ズグロシギダチョウ　226
ズグロチドリ　247
ズグロチャキンチョウ　187
ズグロツグミヒタキ　234
ズグロトラフサギ　235
ズグロハグロドリ　258
ズグロハシナガミツスイ　289
ズグロヒメコノハドリ　243
ズグロミゾゴイ　118, 199
ズグロミツドリ属　230
ズグロムシクイ　55, 56
ズグロムシクイ属　55, 179, 266
ズグロヤイロチョウ　169
スゲヨシキリ　264
スジハラビンズイ　240
ススイロヒロハシ　238
ススイロメンフクロウ　251
スズガモ　131, 241
スズメ　31, 55, 191
スズメ科　7, 31
スズメ属　31, 55
スズメハタオリ属　262
スナイロオタテドリ属　267
スナイロムジツグミ　238
スナチムシクイ属　249
スナバシリ　256
スナバシリ属　256
スマトラガマグチヨタカ　245
スミレオミカドバト　248
スミレオミドリハチドリ　252
スミレフウキンチョウ　252
スミレフウキンチョウ属　256
スミレミドリツバメ　251
スラメンフクロウ　242
スンダベニサンショウクイ　242
スンダルリチョウ　237

スンバコサメビタキ　264

セ

セアオノスリ　249
セアオフウキンチョウ　233
セアカスズメ　236
セアカハゲラ　228
セアカマユカマドドリ　234
セアカミソサザイ　248
セアカミツユビカワセミ　248
セアカヤマシトド　31
セイカイハチドリ属　244
セイキヒノマルチョウ　233
セイキムクドリ　229
セイコウチョウ　245
セイコウチョウ属　235, 251
セイタカシギ　20, 143
セイタカシギ科　20, 143
セイタカシギ属　20
セイタカノスリ　19, 41
セイタカノスリ属　19
セイラン　11, 19, 43
セイロンガビチョウ　232
セイロンジチメドリ　237
セイロンバンケン　230
セキショクヤケイ　9, 19
セキセイインコ　52, 66, 196, 301
セキレイ　8, 28
セキレイ科　7, 28, 170
セキレイ属　28, 170
セグロアオバズク　267, 268
セグロアジサシ　148, 237
セグロウズラ　241
セグロカッコウ　161
セグロカモメ　145, 225
セグロクマタカ　42
セグロコゲラ　228
セグロサバクヒタキ　176
セグロセキレイ　28, 171
セグロノスリ　245
セグロミズナギドリ　113
セグロヤイロチョウ　289
セグロレンジャクモドキ　242
セグロレンジャクモドキ属　244
セジロコゲラ　70, 81
セジロタヒバリ　171
セッカ　182

セッカカマドドリ属　261
セッカ属　53
セボシアリモズ　238
セボシオオガシラ　241
セボシオオガシラ属　259
セレベスサトウチョウ　250
セレベスチメドリ　237
セレベスハナドリ　226
セレベスバンケンモドキ　228
センダイムシクイ　181
センニョヒタキ　249
センニョヒタキ属　250
センニョムシクイ　224, 236

ソ

ゾウゲカモメ　147, 234
ゾウゲカモメ属　260
ソウゲンライチョウ　70, 84
ソウゲンライチョウ属　268
ソウゲンワシ　264
ソウシチョウ　194, 195, 240
ソコトラムシクイ属　239
ソデグロヅル　151
ソデグロムクドリ　242
ソマリアニシキタイヨウチョウ　229
ソライロノジコ　237
ソライロボウシマイコドリ　232
ソリハシシギ　141
ソリハシシギ属　269
ソリハシセイタカシギ　144
ソリハシセイタカシギ属　143
ソロモンハナドリ　223

タ

ダーウィンフィンチ　30, 61, 64, 87, 88, 91, 92, 95
ダイサギ　70, 84, 118, 223
ダイシャクシギ　21, 142
ダイシャクシギ属　21
ダイゼン　137
ダイトウウグイス　179
ダイトウノスリ　156, 157, 205
ダイトウハシナガウグイス　212
ダイトウミソサザイ　174, 212
ダイトウヤマガラ　212
タイヨウチョウ科　8

タイランチョウ　226, 245
タイランチョウ科　7, 11, 53, 94
タイリクワシミミズク　162
タイワンオナガ　282
タイワンコノハズク　250
タイワンツグミ　53
タカ　15
タカ科　11, 13, 14, 15, 16, 19, 40, 44,
　　89, 154, 203, 204, 205, 214, 220, 221
タカサゴクロサギ　118
タカサゴモズ　173
タカブシギ　141
タケドリ　245
タゲリ　138
タシギ　19, 143
タシギ属　19
タスジインコ　242
タソガレドリ　18
ダチョウ　11, 38, 44, 45, 55, 57
ダチョウ科　11, 44
ダチョウ属　11
タチヨタカ属　259
タテガミガン属　12
タテジマカマドドリ　236
タテジマヒヨドリ　240
タテフカナリア　251
タテフハナドリ　223
タニシトビ　266
タニンバルオリーブヒタキ　239
タネアオゲラ　167
タネコマドリ　175
タネワリキンパラ　249
タネワリキンパラ属　263
タネワリ属　229
タヒチショウビン　268
タヒバリ　28, 172
タヒバリ属　28
タマシギ　136, 291
タマシギ科　135
タマシギ属　135
ダルマエナガ　179
ダルマエナガ科　8
ダルマワシ　41, 282
ダルマワシ属　267
タンザニアイロムシクイ　225
タンチョウ　19, 151, 199, 272, 290,
　　291, 300

タンバリンバト　267
タンバリンバト属　267
タンビカンザシフウチョウ　288
タンビコタイランチョウ属　11
タンビヒタキ　236

チ

チゴハヤブサ　157
チゴモズ　173, 214, 216, 251
チシマウガラス　116, 198
チシマシギ　139, 202
地上フィンチ　30, 88
チドリ　20
チドリ科　20, 94, 136, 214
チドリ属　20, 136
チベットチメドリ　250
チメドリ　227
チメドリ科　8, 179, 194
チモールコウライウグイス　252
チモールミカドバト　231
チモールミツスイ　269
チャイロオウギセッカ　240
チャイロオナガ　268
チャイロカナリア属　245
チャイロカマハシフウチョウ　288
チャイロゴシキドリ属　228
チャイロジチメドリ　224
チャイロジュウイチ　268
チャイロショウビン　263
チャイロタイランチョウ　251
チャイロツグミモドキ　249
チャイロネズミドリ　27
チャイロヒヨドリ　235
チャイロフウキンチョウ属　259
チャイロムジチメドリ　237
チャイロモリムシクイ　252
チャイロヨタカ　227
チャイロヨタカ属　268
チャガシラコウグイス　227
チャガシラショウビン　224
チャガシラハタオリ　234
チャキンチョウ　227
チャックウイルヨタカ　69, 79
チャツグミ属　229
チャノドインコ　261
チャノドサザイチメドリ　227
チャノドハタオリ　253

チャバネアカメヒタキ　246
チャバネコウハシショウビン　12,
　　225
チャバネテンニョゲラ　26
チャバネミドリハチドリ　227
チャバラウズラ　250
チャバラオオタカ　239
チャバラヒメクイナ　241
チャバラヤブフウキンチョウ　249
チャボ　9, 159
チャボウシアメリカムシクイ　227
チャボウシエナガカマドドリ　237
チャボウシセッカ　261
チャボウシハエトリ　225
チャボウシヒメムシクイ　227
チャミミチメドリ　229
チャムネツバメ属　244
チャムネハチクイ　259
チャムネヒメジアリドリ　235
チャムネミツスイ　236
チャムネミツスイ属　253
チャムネミヤマテッケイ　227
チャムネヤブヒタキ　227
チュウサギ　126
チュウジシギ　143
チュウシャクシギ　94, 142
チュウダイズアカアオバト　160
チュウヒ　16, 156, 205, 250
チュウヒ属　16
チョウゲンボウ　16, 157
チョウゲンボウ属　16
チョウセンエナガ　183
チョウセンオオタカ　204
チョウセンタヒバリ　247
チョウセンハシブトガラス　194
チョウセンメジロ　185

ツ

ツアモツシギ　228
ツクシガモ　129, 203
ツグミ　8, 29, 30, 54, 120, 178, 211,
　　274
ツグミ科　8, 53, 175, 208
ツグミ属　30, 53, 175
ツグミモドキ属　29
ツチスドリ　233
ツチスドリ科　8, 31

ツツドリ　161, 249
ツノウズラ　42
ツノウズラ属　18
ツノメドリ　150
ツバメ　8, 28, 170
ツバメオオガシラ　251
ツバメ科　7, 28, 169
ツバメ属　28, 164, 169, 232
ツバメチドリ　144
ツバメチドリ科　144
ツバメチドリ属　144
ツバメトビ　40
ツバメトビ属　15
ツバメハチドリ属　256
ツバメフウキンチョウ　51, 52
ツバメフウキンチョウ科　52
ツミ　15, 155, 205
ツメナガセキレイ　170, 236
ツメナガホオジロ　188
ツメバケイ　46, 47
ツメバケイ科　46
ツリスガラ　184
ツリスガラ科　7, 184
ツリスガラ属　184
ツル　19
ツル科　19, 151, 199
ツルクイナ　153
ツルシギ　140
ツル属　19, 151
ツルモドキ　46, 48
ツルモドキ科　46

テ

デュオールカササギヒタキ　225
テリカッコウ　240
テリカッコウ属　229
テリハインコ属　229
テリハオウチュウ　225
テリハメキシコインコ　239
テリムクドリ属　239
テルハバト　231
テンニョゲラ属　26
テンニンチョウ属　269

ト

ドウイロエメラルドハチドリ　249
ドウイロテリムク　233

トウゾクカモメ　144
トウゾクカモメ科　144
トウゾクカモメ属　144, 266
東天紅　9, 159
トウネン　138, 248
ドウバネインコ　229
トウヒチョウ属　261
唐丸　9, 159
ドードー　67, 68
トカゲノスリ　41
トガリハシ　49, 50
トガリハシ科　7, 49
トキ　39, 127, 198, 274, 291, 300
トキイロコンドル　40, 64, 78
トキ科　12, 126, 198
トゲハシムシクイ科　7
ドバト　21, 194, 195, 196
トビ　15, 16, 154
トビ属　16
トモエガモ　129, 218, 220, 236
トラツグミ　177, 208
トラツグミ属　53, 269
トラフサギ　240
トラフサギ属　251
トラフズク　23, 24, 163
トラフズク属　23
トリスタンバン属　245

ナ

ナイチンゲール　29
ナキイスカ　190, 240
ナキサイチョウ属　256
ナキシャクケイ属　261
ナキハクチョウ　128, 256
ナベコウ　16, 126, 242
ナベヅル　20, 151, 199, 277
ナミエヤマガラ　184
ナンキョクアジサシ　252
ナンキョクフルマカモメ属　267
ナンベイトラフズク　266
ナンヨウオオクイナ　152, 200
ナンヨウショウビン　166
ナンヨウセイコウチョウ　251
ナンヨウマミジロアジサシ　148

ニ

ニシアカアシチョウゲンボウ　269

ニシカモメ　228
ニシキタイヨウチョウ　232
ニシコクマルガラス　193
ニシツバメチドリ　262
ニジハチドリ　233
ニジハバト属　22
ニジフウキンチョウ　245
ニシモリタイランチョウ　249
ニショクハタオリ属　266
ニセタイヨウチョウ　232
ニセメンフクロウ　262
ニセメンフクロウ属　261
ニッケイウズラチメドリ　232
ニッケイハエトリ　232
日本鶏　9, 159
ニュージーランドカイツブリ　248
ニュージーランドクイナ属　19
ニュウナイスズメ　191, 249
ニューブリテンツミ　289
ニルギリガビチョウ　256
庭師鳥　62, 74
ニワシドリ科　8
ニワトリ　19

ネ

ネズミウミツバメ　239
ネズミオタテドリ　266
ネズミカザリドリモドキ　250
ネズミタイランチョウ　249
ネズミドリ科　27
ネズミドリ属　27
ネズミムシクイ　242
熱帯鳥　89
ネッタイチョウ科　93, 114

ノ

ノーフォークメジロ　224
ノガン　20, 154, 267
ノガン科　20, 154
ノガン属　20, 154
ノグチゲラ　27, 167, 205, 279, 300
ノグチゲラ属　27
ノゴマ　175
ノジコ　187, 251
ノスリ　15, 156, 205
ノスリ属　15
ノドアカアオジ　227

和名索引

ノドアカアメリカムシクイ 238
ノドアカアリフウキンチョウ 237
ノドアカコバシタイヨウチョウ 247
ノドアカタイヨウチョウ 228
ノドアカチドリ属 259
ノドアカツグミ 178
ノドアカフウキンチョウ 248
ノドアカミドリカサドリ 230
ノドアカミヤマテッケイ 248
ノドグロアリドリ属 259
ノドグロインカシトド 239
ノドグロシトド属 241
ノドグロチドリ属 267
ノドグロツグミ 178
ノドグロミツオシエ 65
ノドグロミハマテッケイ 226
ノドグロユミハチドリ 250
ノドグロルリアメリカムシクイ 69, 81
ノドジロアオカケス 242
ノドジロコビトクイナ 241
ノドジロツバメ 224
ノドジロハナドリ 235
ノドジロミツスイ 224
ノドジロメジロハチドリ 229
ノドジロヤブヒタキ 252
ノドフヤブフウキンチョウ 246
ノハラツグミ 178
ノビタキ 53, 176
ノビタキ属 264

ハ

ハイイロアジサシ 149, 229
ハイイロアホウドリ属 261
ハイイロウミツバメ 113
ハイイロカザリドリモドキ 224
ハイイロガン 127
ハイイロカンムリガラ 234
ハイイロシマセゲラ 239
ハイイロセッカ 251
ハイイロチュウヒ 155, 233
ハイイロツチスドリ属 31
ハイイロノスリ 41, 243
ハイイロバト 245
ハイイロヒレアシシギ 144
ハイイロペリカン 12, 115

ハイイロマユアリサザイ 250
ハイイロミズナギドリ 113, 238
ハイイロモリツバメ 237
ハイエボシトド 238
ハイガオアオバト 238
ハイガシラアホウドリ属 267
ハイガシラオオタカ 245
ハイガシラカマドドリ 249
ハイガシラスズメヒバリ 238
ハイガシラタイランチョウ 245
ハイガシラトビ 40
ハイガシラバト 245
ハイグロアリドリ 265
ハイゴシハリオアマツバメ 232
ハイズキンコタイランチョウ 238
ハイタカ 15, 16, 155, 204, 218, 220, 232
ハイタカ属 15, 154
ハイノドヤブフウキンチョウ 228
ハイバネアリサザイ 250
ハイバネツグミヒタキ 245
ハイビタイハナドリ 269
ハイムネオオナガカマドドリ 239
ハイムネチメドリ 227
ハイムネヒメモズモドキ 249
ハイムネメジロハエトリ 238
ハウチワドリ属 55
ハギマシコ 189
ハクオウチョウ 240
ハクガン 128, 227
ハクガン属 12
ハクセキレイ 171
ハクチョウ 12, 13, 271, 272, 277
ハクチョウ亜属 13
ハクチョウ属 12, 13
ハクトウワシ 13, 14, 69, 79, 240, 281
ハグロシロハラミズナギドリ 112
ハグロマユカマドドリ 246
ハグロムクドリモドキ 231
ハゲコウ属 240
ハゲワシ 15, 34, 36, 38
ハゲワシ属 15
ハゴロモムシクイ属 265
ハシグロアビ 109
ハシグロカワセミ 249
ハシグロクロハラアジサシ 147

ハシグロハエトリ属 262
ハシグロヒタキ 176
ハシジロアビ 109
ハシジロコサイチョウ 244
ハシナガウグイス 179
ハシナガサザイチメドリ属 264
ハシナガシャコ属 264
ハシナガタイランチョウ 228
ハシナガヌマミソサザイ属 267
ハシナガハエトリ属 245
ハシナガバト属 239
ハシナガヒバリ属 255
ハシナガホシガラス 193
ハシビロガモ 130
ハシビロコウ 44, 45
ハシビロコウ科 44
ハシブトアオバト 22
ハシブトアジサシ 148
ハシブトアジサシ属 258
ハシブトウミガラス 149
ハシブトオオヨシキリ 181
ハシブトオニサンショウクイ 227
ハシブトガラ 184, 260
ハシブトガラス 65, 194
ハシブトカワセミ属 26
ハシブトゴイ 118, 210
ハシブトシトド 229
ハシブトダーウィンフィンチ 92
ハシブトバト属 22
ハシブトペンギン 60
ハシボソカモメ 145
ハシボソガラス 32, 65, 194
ハシボソガラパゴスフィンチ 91
ハシボソキツツキ 226
ハシボソタイランチョウ 269
ハシボソミズナギドリ 113
ハシリチメドリ科 8
ハジロアカハラヤブモズ 226
ハジロアホウドリ 256
ハジロイロムシクイ 230
ハジロオオシギ属 229
ハジロカイツブリ 110, 242
ハジロカザリドリ 226
ハジロカナリア 240
ハジロクロハラアジサシ 147
ハジロコチドリ 136
ハジロシャクケイ 224

ハジロミズナギドリ　111
ハジロヨタカ　228
ハタオリ属　55, 191, 262
ハタオリドリ科　7, 55, 191
ハチクイ　26, 166
ハチクイ科　26, 166
ハチクイ属　26, 166
ハチクマ　154, 214, 216
ハチジョウツグミ　178
ハチスカタイヨウチョウ　262
ハチドリ科　52
ハチマキムシクイ属　29
ハッカチョウ　192, 195
ハト　21
ハト科　19, 21, 22, 93, 159, 195, 209, 210
ハナガサインコ　238
ハナガサハチドリ属　225
ハナドリ科　8
パナマクビワウズラ　234
パナマシロクロマイコドリ　229
ハネナガインコ属　262
ハハシニワシドリ属　264
ハハジマメグロ　207, 212, 300
バハマツバメ　28, 233
バハマツバメ属　228
パプアオウギワシ　41
パプアオオセッカ　224
パプアオオタカ　289
パプアハナドリ属　241
バフハウチワドリ　251
ハマシギ　20, 139
ハマダラインコ　250
ハマダラムクドリ　250
ハマヒバリ　169
ハマヒバリ属　256
ハヤブサ　16, 157, 205, 217, 220, 261
ハヤブサ科　15, 16, 157, 205, 220
ハヤブサ属　15, 16, 157
バライロガシラインコ　267
バライロムクドリ属　260
パラオムナジロバト　228
バラノドハチドリ　236
バラマユマシコ　247
バラムネキジバト　239
バラムネフウキンチョウ属　247

バラムネヤブモズ　233
バラムネヤブモズ属　247
パラワンガラ　224
パラワンコクジャク　234
ハリオアマツバメ　164, 214, 216
ハリオシギ　143
ハリモモチュウシャクシギ　142
バルカンコガラ属　244
ハルマヘラクイナ属　238
ハルマヘラコウライウグイス　244
ハルマヘラショウビン　237
ハワイガン　265, 281
ハワイシロハラミズナギドリ　112
ハワイノスリ　266
ハワイマシコ属　61
ハワイミツスイ　61
ハワイミツスイ科　[2]
ハワイミツスイ属　62
バン　153, 230

ヒ

ヒガシハイイロエボシドリ　253
ヒガシヒゲヤブコマドリ　246
ヒガシラゴシキドリ　226
ヒガラ　184, 225
ヒガラモドキ　235
ヒガラモドキ属　230
ヒクイドリ　57, 58, 62, 260
ヒクイナ　152, 213, 215, 237
ヒゲアオゲラ属　267
ヒゲオカマドドリ　238
ヒゲガラ　179
ヒゲナガフクロウ属　269
ヒゲペンギン　60
ヒゲミソサザイ属　261
ヒゲワシ　36, 40
ヒゴロモマシコ　247
ヒシクイ　128
ヒジリカワセミ　264
ヒスイインコ　231
ヒスパニオラキヌバネドリ　247
ヒタキ科　8, 29, 30, 53, 55, 94, 182, 212, 221
ヒタキタイランチョウ属　259
ヒダハゲワシ　36
ヒトイロカザリドリモドキ　239
ヒドリガモ　13, 130, 133

比内鶏　9, 159
ヒナフクロウ属　23
ヒノドゴシキドリ　247
ヒノマルウロコインコ　239
ヒノマルテリハチドリ属　223
ヒバリ　28, 169, 271, 273, 279
ヒバリ科　7, 28, 169
ヒバリシギ　138
ヒバリ属　28, 169
ヒバリチドリ属　267
ヒビタイゴシキドリ　250
ヒムネアカゲラ　229
ヒムネオオハシ　234
ヒムネキキョウインコ　250
ヒムネハチドリ　246
ヒメアオカケス属　233
ヒメアオカワセミ　232
ヒメアオゲラ　230
ヒメアカクロサギ　227
ヒメアマツバメ　164, 165
ヒメイソヒヨ　177
ヒメウ　116
ヒメウズラシギ　138
ヒメウタイムシクイ　[15]
ヒメウミツバメ属　113
ヒメエンビシキチョウ　268
ヒメオウギワシ　41
ヒメオウギワシ属　14
ヒメオウチュウ　223
ヒメオニキバシリ　238
ヒメオビロハチドリ　249
ヒメカモメ　145
ヒメキヌバネドリ　252
ヒメキンメフクロウ　23
ヒメクイナ　152
ヒメクビワインコ　23
ヒメクビワカモメ　147, 247
ヒメクビワカモメ属　247
ヒメクロウミツバメ　114
ヒメコアハワイマシコ　236
ヒメコウテンシ　28, 169
ヒメコウテンシ属　28
ヒメコガネゲラ　282
ヒメコノハドリ属　31
ヒメコンゴウインコ　265
ヒメサザイチメドリ　224
ヒメジカマドドリ属　258

ハ　ヒ　フ　ヘ　ホ　和名索引

ヒメショウビン　26
ヒメシロハラミズナギドリ　112
ヒメチョウゲンボウ　157
ヒメツバメチドリ　239
ヒメノガン　154
ヒメハイタカ　266
ヒメハジロ　70, 85, 135, 223
ヒメハマシギ　138
ヒメハヤブサ属　16
ヒメヒタキ属　234
ヒメマルオハチドリ属　249
ヒメミツオシエ属　263
ヒメモリバト　159
ヒメヤマセミ　26
ヒメヤマセミ属　26
ヒョウモンシチメンチョウ　42
ヒヨクドリ　288
ヒヨドリ　119, 172, 225
ヒヨドリ科　7, 172, 209
ヒヨドリ属　258
ヒラハシハエトリ属　267
ビリーチャツグミ　237
ビルマタケアオゲラ　252
ヒレアシシギ科　144
ヒレアシシギ属　144
ヒレアシトウネン属　256
ヒレンジャク　119, 173
ビロードキンクロ　131
ヒロハシ科　7
ヒロハシサギ　44, 45
ヒロハシ属　7
ヒロハシハチクイモドキ属　234
ヒロハシムシクイ　289
ヒワ　30,
ヒワ属　31, 55
ビンズイ　171

フ

フィジーオオタカ　248
フィジークイナ　245
フィジークイナ属　259
フィジーヒメアオバト属　231
フィジーヒラハシ　226
フイリアオバズク　246
フィリピンカンムリワシ　239
フィリピンキヌバネドリ　225
フイリモズヒタキ　289

フウチョウ科　8
フウチョウモドキ　231
フウチョウモドキ属　249
フエガラス科　8
フエガラス属　266
フエフキサギ　266
フエフキサギ属　266
フエフキタイランチョウ　266
フエフキタイランチョウ属　266
フキナガシタイランチョウ属　258
フキナガショタカ　269
フクロウ　8, 23, 24, 164
フクロウオウム　238
フクロウ科　23, 24, 94, 162, 203, 220
フクロウ属　24, 162
フサホロホロチョウ　43
フジイロムシクイ属　240
フジボウシハチドリ　252
フタオビチドリ　269
フタオビチドリ属　259
ブタゲモズ科　7
フタスジアメリカムシクイ　268
フタスジマシコ　247
フッドマネシツグミ　91
ブッポウソウ　166, 206
ブッポウソウ科　166, 206
ブドウバト　252
フトオオナガフウチョウ　250
フナガモ属　266
ブユムシクイ属　245
ブラジルシギダチョウ　251
フラミンゴ　89
フラミンゴ科　94
プリンシペカナリア　248
フルマカモメ　111
フロレスオオコノハズク　266
ブロンズタイヨウチョウ　233
ブンチョウ　259, 301
フンボルトペンギン　61, 87

ヘ

ヘイワインコ属　235
ヘキチョウ　196
ベニアジサシ　148
ベニアメリカムシクイ属　256
ベニイロタイランチョウ　94, 97

ベニインコ　228
ベニエリフウキンチョウ　249
ベニカザリドリ属　238
ベニカザリフウチョウ　234
ベニガシラヒメアオバト　245
ベニキジ　43, 233
ベニコンゴウインコ　63, 75, 230
ベニスズメ　195, 196
ベニタイランチョウ属　246
ベニハシゴジュウカラ　49, 51, 232
ベニハシハワイミツスイ　232
ベニバト　160
ベニバラウソ　190
ベニハワイミツスイ　61
ベニビタイカマドドリ　226
ベニビタイガラ　236
ベニビタイガラ属　229
ベニヒワ　30, 189, 236
ベニヒワ属　30
ベニマシコ　190
ベニマシコ属　268
ベニマユフウキンチョウ　253
ヘビクイワシ　44, 47, 265
ヘビクイワシ科　44
ヘビクイワシ属　264
ヘビワシ　41
ヘラサギ　12, 127
ヘラサギ属　12
ヘラシギ　139, 201
ペリカン　11, 12, 89
ペリカン科　12, 90, 114
ペリカン属　12, 114
ペルームネアカマキバドリ　255
ベンガルアジサシ　148
ペンギン　58, 69, 87
ペンギン科　59, 94

ホ

ホウオウジャク　55, 56
ボウシゲラ　246
ホウセキドリ　246
ホウセキドリ科　8
ホウセキドリ属　244
ホウセキハチドリ　226
ホウロクシギ　142
ホオアカ　186, 218, 220, 236
ホオアカインコ属　238

ホオアカセイコウチョウ　232
ホオアカトキ　256
ホオアカニュートンヒタキ　225
ホオアカフウキンチョウ　248
ホオグロカエデチョウ　234
ホオグロスズメモドキ　248
ホオジロ　8, 186, 273, 290
ホオジロアリモズ　243
ホオジロウソ　240
ホオジロ科　8, 31, 55, 91, 92, 95, 185, 206, 220
ホオジロカマドドリ属　269
ホオジロガモ　135, 282
ホオジロ属　185
ホオジロハクセキレイ　171
ホオジロヒメウソ　240
ホオダレムシクイ科　8
ホーンビル　12, 257
ボゴタクイナ　249
ホシガラス　121, 193
ホシガラス属　259
ホシキバシリ属　264
ホシサボテンミソサザイ　258
ホシノドヒタキ属　258
ホシハジロ　130
ホシムクドリ　70, 86, 192
ホシメキシコインコ　235
ホシヨタカ　250
ホソオテリムク属　262
ホソオライチョウ属　261
ホトトギス　161, 277
ホトトギス科　23
ホトトギス属　23, 160
ボナパルトカモメ　145
ホノオアリドリ　243
ホノオタイヨウチョウ　235
ボリビアコビトドリモドキ　250
ボリビアモリフウキンチョウ　228
ホロホロチョウ　43
ホンケワタガモ　131
ホンセイインコ　196
ホンセイインコ属　23
ホントウアカヒゲ　175, 208, 300

マ

マイコドリ科　7, 27
マイコドリ属　27
マエカケカザリドリ　246
マエカケカザリドリ属　264
マガイコビトペンギン　60
マガモ　13, 129
マガモ属　13, 127
マカロニペンギン　60, 231
マガン　12, 127, 291
マガン属　12
マキノセンニュウ　180
マキバタヒバリ　262
マグダレナシギダチョウ　264
マグパイ　32
マシコ属　55
マスカリンミズナギドリ　225
マスクカツオドリ　88, 89, 93, 108
マゼランカモメ属　240
マゼランチドリ　266
マゼランペンギン　61
マダガスカルサンコウチョウ　242
マダガスカルシャコ　42
マダガスカルチメドリ属　259
マダガスカルヘビワシ　41
マダガスカルヘビワシ属　235
マダガスカルモズ科　49
マダラウミスズメ　150, 241
マダラシロエリハゲワシ　36, 38
マダラシロハラミズナギドリ　111
マダラチュウヒ　156, 241
マダラハゲワシ　37, 38
マダラハシナガタイランチョウ　241
マダラフルマカモメ　111
マツカケス　233
マトグロソクロアリドリ　241
マナヅル　20, 151, 199
マネシツグミ　88, 89, 262
マネシツグミ科　8, 90, 91
マネシツグミ属　90, 258
マヒワ　189
マミジロ　177, 219, 221
マミジロアジサシ　148
マミジロアメリカムシクイ　261
マミジロアリドリ属　259
マミジロイカル属　264
マミジロイシチドリ　227
マミジロクイナ　152, 210
マミジロクイナ属　245
マミジロタヒバリ　171
マミジロビタキ　182
マミジロヒヨドリ　240
マミジロマルハシミツドリ　235
マミジロミソサザイ属　267
マミジロムジヒタキ　245
マミジロモリゲラ　226
マミチャジナイ　178, 243
マミヤイロチョウ科　7
マメカワセミ　240
マメミツオシエ　65
マメルリハインコ　232
マメワリ　243
マユカマドドリ属　261
マユグロアホウドリ　241
マユグロアホウドリ属　267
マユグロナキサンショウクイ　226
マユダチペンギン　60
マルハシミツドリ　232
マレーミツオシエ　65
マングローブアオヒタキ　248
マングローブフィンチ　88, 92, 96, 258
マングローブモズモドキ　244
マンゴーハチドリ属　225

ミ

ミカヅキシマアジ　130
ミカドガン　128
ミカドガン属　261
ミカドバト　223
ミコアイサ　135, 223
ミサゴ　14, 44, 47, 154, 204
ミサゴノスリ　41
ミズカキチドリ　94
ミズナギドリ科　111
ミズベアメリカムシクイ属　244
ミゾゴイ　118, 199, 213, 215
ミソサザイ　29, 174, 212
ミソサザイ科　8, 29, 174, 212
ミソサザイ属　29, 174
ミゾハシカッコウ　94
ミツアカインコ　248
ミツオシエ　65, 263
ミツオビアメリカムシクイ　251
ミツスイ　230
ミツスイ科　8, 207, 212

ミツユビカモメ 147
ミツユビカワセミ属 26
ミドリインコ属 255, 256
ミドリオナガムシクイ 234
ミドリオハチドリ 252
ミドリオリーブシトド 230
ミドリカザリハチドリ 229
ミドリカザリハチドリ属 262
ミドリカッコウ 233
ミドリカッコウ属 23, 231
ミドリコウライウグイス 230
ミドリコバシハエトリ 236
ミドリスズメインコ 244
ミドリチュウハシ 245
ミドリツバメ属 239, 266
ミドリトウヒチョウ 230
ミドリノドグロシトド 253
ミドリハチドリ属 52
ミドリビタイハチドリ 252
ミドリヒメコノハドリ 31, 252
ミドリヒヨドリ属 261
ミドリフウキンチョウ 233
ミドリマイコドリ属 230
ミドリマダラバト 229
ミドリムシクイ 243
ミドリメジロ 252
ミドリメジロハエトリ 252
ミドリモズチメドリ 253
ミドリヤブモズ属 267
ミドリヤマセミ属 230
ミドリワカケインコ 23
ミナミアリヒタキ 256
ミナミオナガミズナギドリ 112
ミナミオビチュウヒワシ 235
ミナミコシアカフウキンチョウ 236
ミナミチゴハヤブサ 265
ミナミハイタカ 227
ミナミメグロヤブコマ 227
ミナミメンフクロウ 24, 164
ミナミユリカモメ 241
ミノキジ 43
ミノバト 21
ミノバト属 21, 228
ミヒダハゲワシ 38
ミフウズラ 154
ミフウズラ科 18, 153
ミフウズラ属 18, 153

ミミアオゴシキドリ 235
ミミカイツブリ 110
ミミグロネコドリ 242
ミミグロレンジャク 225
ミミジロオリーブミツスイ 224
ミミジロガビチョウ 227
ミミジロゴシキドリ 240
ミミズク 23, 24
ミミナガフクロウ属 24
ミミヒダハゲワシ 14
ミヤコショウビン 166, 210
ミヤコドリ 136
ミヤコドリ科 94, 136
ミヤコドリ属 136, 238
ミヤビゲラ属 267
ミヤマカケス 193
ミヤマガラス 194
ミヤマシトド 70, 81, 188
ミヤマテッケイ 232
ミヤマノスリ 259
ミヤマビタキ 183
ミヤマヒタキモドキ 237
ミヤマホオジロ 187, 234
ミユビゲラ 168, 206
ミユビシギ 139
ミンダナオコノハドリ 236
ミンドロハナドリ 247

ム

ムギマキ 182
ムクドリ 31, 192, 231
ムクドリ科 7, 31, 32, 66, 191, 195
ムクドリ属 31, 191
ムクドリモドキ科 7
ムクドリモドキ属 233
ムコジマメグロ 207, 212
ムジアメリカムシクイ属 268
ムジアリモズ 252
ムシクイカマドドリ属 267
ムシクイトビ 16
ムシクイトビ属 16
ムシクイフィンチ 64, 88, 92, 96
ムジコバシタイヨウチョウ 249
ムジセッカ 181, 237
ムジヒメシャクケイ 269
ムジルリツグミ 282
ムツオビツグミ 242

ムナオビトサカゲリ属 253
ムナオビハチドリ属 226
ムナグロ 137
ムナグロアカハラ 177
ムナグロオオギヒタキ 243
ムナグロヤブムシクイ 243
ムナグロワタハチドリ 242
ムナジロウロコインコ 224
ムナジロガラス 224
ムナジロカワガラス 28
ムナジロホロホロチョウ 43
ムナジロミドリハチドリ 230
ムナフセッカ 267
ムナフハシナガタイランチョウ 245
ムナフハナドリ 231
ムナボシモリジアリドリ 243
ムネアカアリツグミ 248
ムネアカイカル属 261
ムネアカゴシキドリ 238
ムネアカタイランチョウ 228
ムネアカタヒバリ 172, 229
ムネアカハナドリモドキ 261
ムネアカハヤブサ 234
ムネアカヒタキタイランチョウ 248
ムネアカマキバドリ属 258
ムネアカマシコ 246
ムネアカミソサザイ 249
ムネアカヤブクグリ 264
ムネアカルリノジコ 225
ムラサキサギ 126, 246
ムラサキサンジャク 233
ムラサキズキンテリムク 246
ムラサキツグミ 232
ムラサキテリオハチドリ 251
ムラサキハナサシミツドリ 237
ムラサキボウシインコ 235
ムラサキマシコ 246
ムラサキモリバト 246
ムラサキモリバト属 255
ムラサキヤイロチョウ 237

メ

メガネクモカリドリ 236
メガネケワタガモ属 239
メガネチメドリ 248

メガネツグミ 251
メガネモズ科 7
メキシコルリハインコ 233
メグロ 185, 207, 212
メグロメジロ属 230
メジロ 4, 117, 185, 271, 276, 279, 291
メジロ科 8, 185
メジロガモ 130
メジロカモメ 240
メジロカラスモドキ 227
メジロクロウタドリ 240
メジロ属 185, 253
メジロハエトリ属 53, 256
メジロハシボソヒバリ 223
メジロミツスイ属 258
メスグログンカンドリ 225
メダイチドリ 136
メボソムシクイ 181
メボソムシクイ属 55, 261
メリケンキアシシギ 141
メンガタフウキンチョウ 242
メンカブリインコ属 263
メンドリ 19
メンフクロウ 24, 69, 80
メンフクロウ科 23, 24, 164
メンフクロウ属 23, 24, 164

モ

モア 67
モーリシャスメジロ 230
モーリシャスルリバト 243
モグリウミツバメ 268
モズ 8, 173, 276, 290
モズ科 7, 173, 214
モズガラス属 256
モスケミソサザイ 174
モズサンショウクイ属 251
モズ属 173
モズタイランチョウ属 255
モズヒタキ科 7
モズモドキ科 7
モミヤマフクロウ 164
モモアカチドリ 231
モモアカチドリ属 234
モモアカノスリ 41, 252
モモアカハイタカ 227

モモイロインコ 247
モモイロペリカン 115
モモグロサイチョウ 12
モモジロクマタカ 250
モリカナリア 249
モリクイナ属 256
モリゲラ 231
モリツグミ 242
モリツバメ 192
モリツバメ科 8, 192
モリツバメ属 192, 255
モリバト 21
モリヒメコマドリ属 266
モリムシクイ属 264
モリヤツガシラ属 244
モルッカオオサンショウクイ 259
モルッカツミ 234
モルッカメジロ 225
モンツキアリヒタキ 241

ヤ

ヤイロチョウ 169, 206, 278
ヤイロチョウ科 7, 168, 206
ヤイロチョウ属 168
ヤエヤマシロガシラ 172, 209
ヤクシマカケス 193
ヤシオウム 225
ヤシドリ 49, 51
ヤシドリ科 7, 49
ヤシドリ属 256
ヤシハゲワシ 40
ヤツガシラ 26, 27, 49, 50, 167
ヤツガシラ科 26, 49, 167
ヤツガシラ属 26, 167
ヤドリギツグミ 179
ヤブアリモズ属 267
ヤブゲラ 246
ヤブコマドリ属 235
ヤブサザイ属 269
ヤブサメ 179
ヤブセンニュウ属 255
ヤブフウキンチョウ属 230
ヤブムシクイ属 249
ヤマウズラ属 18
ヤマガラ 121, 184, 207, 252, 290
ヤマゲラ 167
ヤマザキヒタキ 176, 235

ヤマシギ 142, 264
ヤマシギ属 21, 138
ヤマシトド属 31
ヤマショウビン 125, 165
ヤマショウビン属 26
ヤマセミ 125, 165, 217, 220, 240, 290
ヤマトトゲオカマドドリ属 259
ヤマドリ 158, 218, 220, 271, 272, 273
ヤマヌレバカケス 241
ヤマハウチワドリ 245
ヤマパプアチメドリ 229
ヤマハワイマシコ属 61
ヤマハワイミツスイ属 62
ヤマヒバリ 174
ヤマミカドバト 227
ヤンバルクイナ 19, 20, 152, 153, 199

ユ

ユーカリインコ 266
ユーカリインコ属 246
ユキシャコ 42
ユキハラミドリハチドリ 230
ユキハラミドリハチドリ属 230
ユキホオジロ 188, 243
ユキヤマウズラ 42
ユビナガウズラ 42
ユミハシハチドリ属 52
ユミハシハワイミツスイ 61
ユリカモメ 8, 21, 133, 145, 264, 274

ヨ

ヨイロハナドリ 246
ヨウガンカモメ 93, 105
ヨウガンサギ 89, 100
ヨウム 22, 23, 66
ヨウム属 23
ヨーロッパアマツバメ 28
ヨーロッパオオライチョウ 16
ヨーロッパカヤクグリ 258
ヨーロッパコマドリ 29, 300
ヨーロッパチュウヒ 223
ヨーロッパトウネン 138
ヨーロッパハチクイ 26, 288

ヨーロッパビンズイ 171
ヨーロッパムナグロ 225
ヨーロッパヤマウズラ 18
ヨーロッパヨタカ 24
ヨコジマオニキバシリ 26
ヨコジマチョウゲンボウ 253
ヨコジマハシリカッコウ 247
ヨコフウズラ 42
ヨゴレインコ 249
ヨシガモ 129
ヨシキリ属 53
ヨシゴイ 116
ヨタカ 24, 165, 214, 216
ヨタカ科 24, 164, 214
ヨタカ属 24, 164
ヨナクニカラスバト 159, 197, 209

ラ

ライチョウ 16, 158, 198, 259, 271, 274, 275, 289, 300
ライチョウ科 16, 158, 198
ライチョウ属 16
ラケットハチドリ 53, 54
ラケットブッポウソウ 288
ラッパチョウ 263
ラッパチョウ属 263

リ

リュウキュウアオバズク 163
リュウキュウアカショウビン 166
リュウキュウオオコノハズク 163, 203
リュウキュウガモ 128
リュウキュウカラスバト 159, 210
リュウキュウキジバト 160
リュウキュウコノハズク 163

リュウキュウサンコウチョウ 183
リュウキュウサンショウクイ 172
リュウキュウツバメ 170
リュウキュウツミ 155, 205
リュウキュウハシブトガラス 194
リュウキュウヒクイナ 152
リュウキュウヨシゴイ 116, 232
リョコウバト 69, 71, 258

ル

ルソンクイナ 242
ルソンセイコウチョウ 252
ルビートパーズハチドリ属 231
ルリアゴハチドリ 243
ルリイロコバシタイヨウチョウ 226
ルリカケス 193, 208, 279, 289
ルリガラ 184, 234
ルリコノハドリ科 7
ルリサンジャク 231
ルリチョウ属 259
ルリツグミ 281
ルリノジコ属 31
ルリノドタイヨウチョウ 233
ルリノドハチクイ 26, 252
ルリノドハチドリ 232
ルリハチメドリ 234
ルリバト属 19
ルリバネハチドリ属 263
ルリビタキ 176, 301
ルリミツユビカワセミ 226

レ

レア 55, 57, 63, 76
レモンバト属 225
レンカク 19, 135

レンカク科 19, 135
レンジャク科 7, 173
レンジャク属 173, 227
レンジャクモドキ属 244

ロ

ロイヤルペンギン 60
ロライマカマドドリ 223

ワ

ワカクサフウキンチョウ属 230
ワカケホンセイインコ 194, 195
ワカバインコ 231
ワキアカコビトハエトリ 248
ワキアカツグミ 179
ワキアカハイタカ 229
ワキジロアリサザイ属 256
ワキジロカンザシフウチョウ 288
ワキジロスズメヒバリ 249
ワキチャアメリカムシクイ 70, 82
ワキフチメドリ属 232
ワシ 13
ワシカモメ 146, 237
ワシノスリ 41
ワシミミズク 23, 162
ワシミミズク属 23
ワタアシハチドリ 233
ワタハラハチドリ属 229
ワタボウシハチドリ 224
ワタリアホウドリ 110, 256
ワタリガラス 31, 194
ワモンオニキバシリ 243
ワライカモメ 146
ワライカワセミ 25, 66
ワライフクロウ 224

属名索引

本索引は本書に掲載した鳥の属名索引である.
14 **16** などは口絵の番号.

A

Acanthis 30
Acanthiza 282
Accipiter 15, 154, 155, 204, 205, 220, 221, 266, 289
Acridotheres 192, 195, 196
Acrocephalus 53, 180, 181, 264
Acryllium 43
Actitis 141
Aegithalos 30, 183
Aegithina 31
Aegolius 23, 163, 203
Aegotheles 24
Aegypius **14**, 14, 15, 156
Aesalon 15
Aethia 150, 263
Aethopyga 262
Afropavo 43
Agapornis 261, 301
Agelastes 43
Agriocharis 42
Agriornis 255
Agrobates 255
Aidemosyne 258
Aix 129, 196, 220, 291
Alaemon 255
Alauda 28, 169
Alca 149
Alcedo 25, 165, 166
Alectoris 19
Alectoroenas 19
Alectroenas 19
Alopochen 196
Alsocomus 255
Amandava 195
Amaurornis 153
Amazilia 52
Amblyornis 255, 288
Ammodramus 255
Anairetes 255

Anas 13, 127, 129, 130, 220, 266, 290
Anastomus 259
Androphilus 255
Anous 93, 103, 149, 255
Anser 12, 127, 128, 202, 291
Anthropoides 151, 269
Anthus 28, 171, 172, 262, 266
Anurophasis 42
Apalis 55
Apalopteron 185, 207, 212, 300
Aptenodytes 59, 255, 291
Apteryx 58, 72
Apus 28, 164, 165
Aquila 14, 156, 204, 214, 264, 300
Ara 63, 75, 265
Aramus 46, 48
Aratinga 261
Archaeopteryx 17
Ardea 12, 90, 100, 116, 124, 126
Ardeola **16**, 118
Arenaria 94, 107, 138, 258
Argusianus 19, 43
Arremon 266
Arses 267
Artamus 192, 255
Asio 23, 24, 94, 98, 163, 266
Astur 15
Asturina 41
Athene 23, 24, 196
Aviceda 11
Aythya 70, 83, 130, 131

B

Balaeniceps 44, 45
Bambusicola 158
Baryphthengus 255
Bebrornis 255
Bombycilla 119, 173
Botaurus 70, 84, 116, 199

Brachyramphus 150
Bradypterus 53, 255
Branta 70, 83, 127, 202, 265, 281, 300
Brotogeris 255, 256
Bubo 23, 69, 80, 162
Bubulcus 90, 118
Bucephala 70, 85, 135, 282
Buceros 257, 282
Bulweria 112
Busarellus 41
Butastur 15, 155, 214
Buteo 15, 70, 85, 89, 156, 205, 259, 266
Butorides 64, 89, 90, 99, 100, 118
Bycanistes 256

C

Cacatua 52, 54, 65, 301
Cactospiza 92
Calandrella 28, 169
Calcarius 188
Calidris 20, 138, 139, 202
Callichelidon 28
Callipepla 42
Caloenas 21
Calonectris 112
Caloperdix 42
Camarhynchus 92, 96, 258
Campephaga 172
Campyrorhynchus 258
Caprimulgus 24, 69, 79, 164, 165, 214
Caracara 63, 77
Carduelis 31, 55, 124, 189, 207
Carpodacus 55, 189, 266
Casmerodius 70, 84
Casuarius 58, 260
Catamblyrhynchus 51, 52
Catharacta 145

Catospiza　92, 96
Celeus　26
Centrocercus　42
Cepphus　149
Cercomacra　265
Cerorhinca　150
Cerorhyncha　150
Certhia　30, 185
Certhidea　64, 92, 96
Ceryle　26, 125, 165, 290
Cettia　179, 212, 290
Ceyx　26
Chalcophaps　160, 209
Charadrius　20, 94, 107, 136, 262, 269, 281, 290
Chaunoproctus　190, 212
Chelictinia　40
Chelidon　28, 170
Chen　12
Chenonetta　12
Chlidonias　147
Chondrohierax　40
Chrysococcyx　23
Ciccaba　23
Cichlopasser　177
Cichlornis　29
Cicinnurus　288
Ciconia　🔳, 12, 126, 198, 290, 291
Cinclus　28, 174
Circus　16, 155, 156, 205, 264
Cisticola　53, 182, 261, 267
Clamator　161
Clangula　131
Clytoceyx　26
Clytomyias　289
Coccothraustes　31, 191, 290
Cochlearius　44, 45
Coeligena　53
Colius　27
Columba　21, 159, 195, 209, 210, 290
Copsychus　29, 30, 264, 282
Coracias　288
Coracina　172, 259, 262
Coragyps　39
Corvus　7, 31, 32, 65, 193, 194, 259
Corydon　28

Coturnicops　152
Coturnix　17, 158, 213
Cracticus　256
Creagrus　93, 103
Crocethia　139
Crotophaga　94
Crypturellus　264
Cuculus　22, 23, 160, 161, 268
Cursorius　256
Cyanocitta　70, 82
Cyanopica　32, 193
Cyanoptila　182
Cygnus　12, 13, 128, 196, 256
Cypselus　28

D

Dacelo　25
Dactylortyx　42
Daption　111
Delichon　28, 170
Dendrocitta　268, 282
Dendrocolaptes　26
Dendrocopos　168, 206, 291, 300
Dendrocygna　128, 269
Dendroica　69, 70, 81, 82, 92, 97
Dendronanthus　170
Dicaeum　269
Dicrurus　192
Dinopium　282
Dinornis　67, 71
Diomedea　89, 110, 111, 198, 256, 300
Diphyllodes　288
Drepanornis　63, 74, 288
Dromaius　57, 58, 256
Dromas　46, 48, 256
Dryocopus　167, 168, 206, 210, 291
Dryotriorchis　41
Dulus　49, 51, 256

E

Ectopistes　69, 71, 258
Egretta　90, 118, 126, 200
Elaenia　53
Elanoides　15, 40
Elanus　15
Emberiza　185, 186, 187, 188, 206, 220, 290

Empidonax　53, 256
Enicurus　268
Eophona　190
Epimachus　256, 288
Eremobius　256
Eremophila　169, 256
Ereunetes　256
Ergaticus　256
Erithacus　29, 175, 208, 266, 300, 301
Eudocimus　196
Eudromia　256
Eudromias　137, 256, 259
Eudyptes　60, 256
Eudyptula　60
Eulabeornis　256
Euodice　256
Eupetes　256
Eupetomena　256
Euphonia　256, 259
Euplectes　196
Eurocephalus　255
Eurylaimus　7
Eurynorhynchus　139, 201
Eurypyga　46, 48
Eurystomus　166, 206
Euscarthmus　256
Eutriorchis　41

F

Falco　15, 16, 21, 157, 205, 220, 261, 265, 269, 281, 290
Ficedula　182
Formicivora　256
Foulehaio　263
Fratercula　150
Fregata　93, 101, 115
Fringilla　31, 188
Fulica　20, 153
Fulmarus　111

G

Gallicrex　153
Gallinago　19, 143, 202, 214, 266, 300
Gallinula　152, 153, 200
Gallirallus　19, 20, 152, 153
Gallus　9, 19, 159
Gampsonyx　40

Garrulax 194, 196, 256, 258, 266
Garrulus 193, 208, 258, 289, 291
Gavia 11, 109
Gelochelidon 148, 258
Geobates 258
Geococcyx 268
Geospiza 91, 258, 264
Geotrygon 22
Geranoaetus 41
Geranospiza 19, 41
Geronticus 256
Glareola 144, 262
Glaux 23
Glossopsitta 258
Glycichaera 258
Gorsachius 118, 199, 213
Gracula 32, 66, 264
Grus 19, 20, 151, 199, 290
Gubernatrix 258
Gubernetes 258
Gygis 21, 149
Gymnogyps 15, 39
Gymnogypus 281
Gymnorhina 267
Gypaetus 40
Gypohierax 40
Gyps 15, 38

H

Haematopus 94, 108, 136
Haematortyx 43
Halcyon 26, 122, 125, 165, 166, 210, 214, 263, 264, 268, 282
Haliaeetus 13, 14, 69, 79, 154, 155, 203, 269, 281
Hamirostra 40
Harpia 41
Harpiopsis 41
Helmitheros 268
Hemignathus 61
Hemitriccus 53
Henicopernis 289
Hesperornis 18
Heteroscelus 141
Hierax 16
Himantopus 20, 143
Himatione 2, 62
Hippolais 15, 262
Hirundapus 164, 214

Hirundo 28, 164, 169, 170
Histrionicus 131
Hydrobates 113
Hydrophasianus 19, 135
Hydroprogne 147
Hypositta 49, 51
Hypsipetes 119, 172, 258

I

Ichthyophaga 258
Ictinaetus 42
Ictinia 16
Indicator 65, 263
Ithaginis 43
Ixobrychus 116, 118

J

Jacana 135, 260
Jynx 26, 27, 167, 267

K

Kaupifalco 41
Ketupa 162, 203, 291

L

Lacedo 25
Lagopus 16, 158, 198, 259, 289
Lanius 173, 214, 256, 258, 265, 290
Larus 21, 93, 105, 145, 146, 264, 291
Leiothrix 195
Leipoa 258
Leistes 258
Leptodon 40
Leptosomus 49, 50
Lerwa 42
Leucosticte 189
Lichmera 258
Limicola 140
Limnodromus 140, 202
Limosa 142
Locustella 180, 207
Lonchura 195, 196, 268, 301
Lophoictinia 40
Lophostrix 24
Lophotes 11
Lophura 282
Loxia 190

Loxioides 61
Loxops 62
Lunda 151, 197
Luscinia 29, 175
Lymnocryptes 143, 258

M

Machaerhamphus 40
Machetornis 258, 264
Malaconotus 258
Manucodia 288
Margaroperdix 42
Megaceryle 70, 85, 211, 220
Megadyptes 60
Megalurulus 282
Megalurus 180, 207, 300
Megatriorchis 289
Melaenornis 266
Melamprosops 62
Melanerpes 70, 86
Melanitta 131
Melanochlora 266
Melanocorypha 28, 169
Melanoperdix 42
Meleagris 17, 42
Melierax 288
Melopsittacus 66, 196, 301
Menura 66
Mergus 135
Merops 26, 166, 259, 288
Microhierax 16
Micronisus 41
Micropalama 139
Micropsitta 263
Milvus 16, 154
Mimus 90, 258, 262
Modulatrix 258
Monarcha 55, 183, 269
Monticola 177, 264
Morphnus 14, 41
Morus 259
Motacilla 28, 170, 171
Muscicapa 55, 182, 183, 221, 259, 264
Muscivora 70, 82
Myiarchus 53, 259
Myiophoneus 259
Myiotheretes 261
Myrmecocichla 256

Myrmoborus 259
Myrmophylax 259
Myzomela 256, 269

N

Naja 36, 38
Nannopterum 94, 106
Necrosyrtes 40, 259
Neophema 261
Neophron 40, 65
Nesoclopeus 259
Nesomimus 90, 91, 98
Netta 13, 130
Niltava 55
Ninox 122, 163, 220, 259, 266, 267, 268
Nipponia 127, 198
Nippponia 291
Nisaetus 220
Nucifraga 121, 193, 259
Numenius 21, 94, 142, 202
Numida 43
Nyctanassa 90, 104, 259
Nyctea 69, 80, 162, 259
Nyctibius 259
Nycticorax 24, 118, 120, 210
Nyctiornis 259
Nymphicus 52, 270, 301
Nystalus 259

O

Oceanites 113
Oceanodroma 94, 107, 113, 114, 198, 259
Ochthornis 259
Ocreatus 53, 54
Oena 21
Oenanthe 53, 176
Olor 13
Ophrysia 43
Opisthocomus 46, 47
Orchesticus 259
Oreomenes 259
Oreomystis 62
Oreopholus 259
Oreophylax 259
Oreortyx 18, 42
Oreoscopus 259
Oriolus 14, 192

Ornithion 11
Oropezus 259
Ortalis 269
Ortyxelos 18
Oryzoborus 259
Otis 20, 154, 267
Otus 24, 163, 203, 220, 266
Oxyechus 259
Oxylabes 259
Oxyruncus 49, 50

P

Pachycephala 282
Pachyramphus 53
Padda 259, 301
Pagodroma 260
Pagophila 147, 260
Palmeria 62, 281
Pandion 44, 47, 154, 204
Panurus 179
Parabuteo 41
Paradisaea 3, 62, 73, 221, 255, 288
Paradoxornis 179
Paramythia 260
Paroreomyza 62
Parotia 288
Parra 260
Parus 30, 121, 184, 207, 212, 260, 290
Passer 31, 55, 191
Passerculus 188
Passerella 188
Passerina 31
Pastor 260
Pavo 19, 195, 291
Pedioecetes 261
Pedionomus 46, 47, 261, 267
Pelagodroma 261
Pelargopsis 12
Pelecanoides 268
Pelecanus 12, 90, 99, 114, 115, 281
Perdix 18
Pericrocotus 172, 221
Pernis 154, 214
Petroica 261
Peucedramus 261
Pezopetes 261

Phaethon 93, 102, 114
Phaethornis 52
Phalacrocorax 115, 116, 198
Phalaropus 144
Phaps 22
Phasianus 19, 158, 290
Phasidus 43
Pheucticus 261
Pheugopedius 261
Philacte 261
Philentoma 268
Philetairus 66, 261, 266
Philohela 261
Philomachus 140, 261, 263
Philortyx 42
Philydor 261
Phleocryptes 261
Phloeoceastes 261
Phodilus 261, 262
Phoebastria 261
Phoebetria 261
Phoenicircus 256
Phoenicopterus 94, 196
Phoenicurus 123, 176
Photodilus 261
Phrygilus 31
Phyllastrephus 261
Phyllergates 261
Phylloscartes 53, 261
Phylloscopus 55, 181, 182, 207, 261
Phytotoma 261
Pica 32, 193
Picoides 70, 81, 168, 206
Picus 27, 70, 123, 167, 206
Pinguinus 68, 69
Pinicola 189, 261
Pionus 267
Pipile 261
Pipilo 261
Pipra 27
Pithecophaga 41, 261
Pitta 168, 169, 206, 289
Platalea 12, 127
Platyspiza 92
Plectrophenax 188
Plocepasser 262
Ploceus 55, 191, 255, 262
Pluvialis 137, 201

Pluvianellus　266
Podargus　262
Podiceps　109, 110, 203, 262
Podicipedidae　109
Podoces　262
Poeoptera　262
Poephila　262, 301
Poicephalus　262
Poiocephalus　262
Polemaetus　255, 262
Polemistria　262
Poliolimnas　152, 210
Polyborus　262
Polyerata　262
Polysticta　131
Porzana　152, 213
Praedo　262
Prinia　55
Prionochilus　261
Procellaria　111
Procelsterna　149
Prodotiscus　263
Prosopeia　263
Prunella　174, 258
Psaltria　263
Pseudonestor　61
Psittacella　23
Psittacula　23, 195
Psittacus　22, 23, 66
Psittirostra　61
Psophia　263
Psophodes　263
Pternistis　263
Pterocles　159
Pterodroma　111, 112, 263
Pterophanes　263
Pteroptochos　263
Ptilinopus　269
Ptilopachus　43
Ptiloris　288
Ptynx　24
Pucrasia　43
Puffinus　112, 113
Purpureicephalus　266
Pycnonotus　172, 196, 209
Pygoscelis　59, 60, 291
Pyrenestes　263
Pyrocephalus　94, 97
Pyrrhula　31, 190, 290

Pyrroglaux　262

Q

Querula　264

R

Rallina　152, 200
Rallus　20, 152, 199
Ramphastos　32
Raphus　67, 68
Recurvirostra　143, 144
Regulus　182
Remiz　184
Rhagologus　289
Rhea　57, 63, 76
Rheinardia　43
Rheinartia　43
Rhinocetos　46, 48
Rhinoplax　269
Rhipidura　55
Rhizothera　264
Rhodopis　268
Rhodostethia　147
Rhopodytes　264
Rhyacornis　264
Rhynchortyx　42
Rhynochetos　282
Rimator　264
Riparia　169
Rissa　147
Rollulus　43, 282
Rostratula　135, 136, 291
Rostrhamus　266
Rupicola　264

S

Sagittarius　44, 47, 264, 265
Sakesphorus　264
Salpingornis　264
Salpornis　264
Saltator　264
Saltatoricula　264
Sapheopipo　27, 167, 205, 300
Sarcoramphus　40, 64, 78
Satrapa　264
Saxicola　53, 176, 264
Scenopoeetes　264
Sclerurus　264
Scoeniophylax　264

Scolopax　21, 70, 83, 138, 142, 143, 200, 264
Scops　24
Scopus　44, 45
Scytalopus　266
Scythrops　264
Seicercus　264
Semeiophorus　269
Semioptera　62, 74
Semnornis　265
Sericulus　288
Serinus　55, 301
Serpophaga　265
Setophaga　265
Setornis　265
Sialia　281, 282
Sigelus　266
Sirystes　266
Sitta　27, 30, 185
Somateria　131
Spelaeornis　266
Speotyto　266
Spheniscus　60, 61, 72, 94, 106, 258
Sphenurus　160
Spilornis　156, 204, 300
Spizaetus　13, 16, 42, 155, 204
Sporopipes　266
Steatornis　49, 50
Steganura　55, 56
Stercorarius　144, 260, 266
Sterna　8, 148, 149
Stiphrornis　266
Strepera　266
Streptopelia　21, 22, 160, 289
Strix　24, 162, 164, 291
Struthidia　31
Struthio　11, 44, 45, 57
Sturnella　255
Sturnus　31, 70, 86, 191, 192
Sula　93, 102, 108, 115
Surnia　24, 161
Surniculus　161
Sylvia　55, 56, 179, 266
Symplectes　266
Synallaxis　261
Synthliboramphus　150, 197
Syrigma　266
Syrmaticus　158, 220

Syrrhaptes 159

T

Tachybaptus 110, 266
Tachycineta 266
Tachyeres 266
Tachymarptis 266
Tachyphonus 266
Tadorna 129, 203, 210
Tarsiger 176
Teledromas 267
Telespyza 61
Telmatodytes 267
Telophorus 267
Terathopius 41, 267, 282
Terpsiphone 55, 56, 183, 221, 267, 282
Tersina 51, 52
Tetrao 16, 158
Tetrastes 158, 267
Tetrax 154
Thalassarche 267
Thalasseus 147, 148, 267
Thalassogeron 267
Thalassoica 267
Thalassornis 11
Thamnistes 267
Thamnomanes 267
Thamnophilus 262, 267
Thamnornis 267
Thinochorus 267
Thinocorus 267
Thinornis 267
Threskiornis 126, 127
Thripadectes 264, 267
Thripias 267
Thripophagus 267
Thryothorus 267
Thyellodroma 267
Tichodroma 267
Timalia 179
Tinnunculus 16
Tityra 258
Tolmomyias 267
Touit 266
Toxorhamphus 289
Trachyphonus 267
Treron 22, 267
Tribonyx 267
Trichocichla 29
Tringa 140, 141, 201, 202, 300
Tripsurus 267
Troglodytes 29, 174, 212
Trogon 267
Trugon 22
Tryngites 140
Turdus 30, 53, 54, 120, 175, 177, 178, 179, 208, 211, 212, 221, 261
Turnix 153, 154
Turtur 267
Tympanistria 267
Tympanuchus 70, 84, 268
Tyranneutes 268
Tyrannus 53, 54, 268, 269
Tyto 23, 24, 69, 80, 164

U

Upupa 26, 27, 49, 50, 167
Uragus 190, 268
Uria 149, 197
Urolestes 268
Urosphena 179
Urotriorchis 41

V

Vanellus 137, 138, 214
Veles 268
Vermivora 261, 268
Vestiaria 61, 62
Vidua 269
Vini 66, 67
Vitia 260
Vultur 15, 40

X

Xanthomyza 261
Xema 146
Xenicus 269
Xenoglaux 269
Xenops 269
Xenus 141, 269
Xolmis 268

Z

Zeledonia 49, 51
Zenaida 93, 105
Zonotrichia 55, 56, 70, 81, 188, 264
Zoothera 53, 177, 208, 221, 267, 269
Zosterops 185, 291

種小名索引

本索引は本書に掲載した鳥の種小名および亜種小名の索引である．
14 **15** などは口絵の番号．

a

aalge 149, 197
acadicus 23
accentor 255
acuminata 139
acuta 130
adamsii 109
adeliae 59, 291
aedon 181
aegyptiaca 196
aeruginosus 205
aethereus 93, 102
afer 196
affinis 131, 164, 165
akahige 29, 175, 300
alba 21, 24, 69, 80, 118, 139, 149, 171
albatrus 110, 198, 300
albellus 135
albeola 70, 85, 135
albertisi 288
albicilla 14, 154, 182, 203
albifrons 12, 127, 149, 291
albosignata 60
albus 70, 84
alcinus 40
alcyon 70, 85, 211
aleutica 148
alexandrinus 136, 281
alienus 255
alpestris 169
alpina 20, 139
amami 208
amamiensis 184
amamii 184
amandava 195
amauroptera 12
amaurotis 119, 172
americana 57, 63, 70, 76, 83, 130
amnicola 180

amurensis 157, 168, 185
anaesthetus 148
anaethetus 148
angolensis 40
anguitimenes 255
anser 127
antarctica 60
antipodes 60
antiquus 150
apiaster 26, 288
apoda 255
apus 28
aquaticus 20, 152
archipelagicus 65
arctica 109
arctoa 189
ardeola 46, 48
argentatus 145
argus 43
ariel 115
arquata 21, 142
arundinaceus 180
arvensis 28, 169
asiatica 185
asiaticus 20, 136
astur 41
ater 184
atra 20, 153
atratus 39, 196
atricapilla 55, 56, 188
atricapillus 30
atricilla 146
atrocaudata 183, 221
atrogularis 178
atthis 166
aurea 177
aureola 27, 92, 187
aureus 208
auritus 110
auroreus 123, 176
australis 58, 72

avosetta 144
awokera 27, 123, 167

b

bacchus 118
badius 262
baeri 130
bairdii 138
bakeri 288
bakkamoena 203
bangsi 148, 166
barbatus 40
bellicosa 255
bellicosus 255
bengalense 282
bengalensis 148, 166
benghalensis 136, 291
bennetti 260
bergii 147, 148
bernicla 70, 83, 127
bianchii 173
biarmicus 179
bicornis 257, 282
bifasciata 190
bimaculata 169
bistrigiceps 180
blakistoni 162, 203, 291
bochaiensis 175
bonasia 158
borealis 181
borissowi 162
boyciana 126, 198
brachyura 169, 206
brachyurus 289
brandtii 193
brevipes 141, 152, 210
brevirostris 147
bruijnii 63, 74
bubo 23, 162
buccinator 128, 256
bucephalus 173, 290

bulleri　112
bulwerii　112
buteo　15, 156, 205

c

cachinnans　256
caerulescens　19, 41, 69, 81, 128
caledonica　282
caledonicus　118, 210
californianus　39
californicus　281
caligata　15
calliope　175
calonyx　166, 206
camelus　44, 45, 57
canadensis　127, 151, 202, 300
canagicus　128
canaria　301
candida　149
canorus　22, 23, 161, 194
cantans　179
canus　167
canutus　139
capense　111
capensis　21, 24, 164
capillatus　116
carbo　116, 149
cardis　177, 221
carduelis　31
caripensis　49, 50
carneipes　112
carnifex　256
carolae　288
carolinensis　69, 79
carolinus　70, 86
caryocatactes　121, 193
caspia　147
cassinii　190
castanea　26
castro　114
casuarius　58, 260
caudacutus　164, 214
caudatus　30, 183
cauta　256
cayanensis　40
cbinensis　14
celaenops　178, 208
centralasiae　173
certhia　26

certhiola　180
cerulea　149
cervinus　172
chalybatus　288
cheela　156, 204, 300
cheleensis　169
chinensis　167, 192
chirurgus　135
chloris　166
chloroptera　63, 75
chloropus　153
chrysaetos　14, 156, 204, 214, 300
chrysocome　60
chrysolaus　178
chrysolophus　60
chrysophrys　186
chrysorrhoa　282
ciconia　12, 126, 198, 290, 291
cinclus　28
cinctus　42
cineraceus　192
cinerea　12, 28, 124, 126, 153, 169, 171
cinereus　137, 141, 152, 210, 214
cinnamomeus　116
cinnamomina　210
cioides　186, 290
ciopsis　186
ciris　31
cirrhata　151, 197
citreola　170
citrinella　186
clanga　156
clangula　135, 282
clypeata　130
coccinea　61
coccothraustes　31, 191
cochlearius　44, 45
colchicus　19, 158
collaris　131, 174
coloratus　188
columba　149
columbarius　21, 157
columbianus　128
columboides　23
congensis　43
conirostris　91
connectens　194

consoblinus　184
corallirostris　49, 51
corax　31, 194
corniculata　150
cornix　32
coromanda　122, 166, 214
coromandus　161
coronata　49, 51
coronatus　181
corone　32, 65, 194
coturnix　158
crassirostris　92, 118, 146, 210
crecca　129
crepitans　263
crispus　12, 115
cristata　70, 82, 129, 148, 210
cristatella　150
cristatellus　192, 195
cristatus　19, 24, 49, 50, 110, 173, 195, 203, 214, 291
cruentus　43
cuculatus　67, 68
cucullatus　135
cupido　70, 84
currucoides　282
cursor　256
curvirostra　22, 190
cyana　32, 193
cyane　175
cyaneus　155
cyanomelaena　182
cyanomelana　182
cyanurus　176, 301
cyanus　184
cygnoides　128, 202
cygnus　128

d

dactylatra　93, 108, 115
dauma　177, 208
daurica　170, 185
dauricus　193
dauurica　183, 221
davisoni　177
decaocto　160
demersus　60, 72
deserti　176
diadema　51, 52
difficilis　91

diffusus 192
diphone 179, 212, 290
discolor 49, 50
discors 130
dissimilis 177
divaricatus 172, 221
dolei 281
domestica 21
domesticus 9, 159, 191
dominica 137, 201
dominicus 49, 51
doriae 289
dorsalis 31
dougallii 148
dubius 136, 290
dybowskii 154

e

eburnea 147
ecaudatus 41, 282
elegans 163, 187
enucleator 189
epops 26, 27, 49, 50, 167
eques 256
eremita 256
erithacus 22, 23, 66
erythrinus 189
erythrogenys 186
erythropleura 185
erythropus 128, 140
erythropygia 174
erythrothorax 152
eulophotes 126
eunomus 178
eurhinus 202
eurhythmus 116
eurizonoides 152, 200
europaea 27, 30, 185
europaeus 24
euryzona 152, 200
euryzonoides 200
excubitor 173, 256
exilis 65
externa 111
exulans 110, 256

f

fabalis 128
falcata 129

falcinellus 140
familiare 185, 207, 212, 300
familiaris 30, 185
fasciatus 42
fasciolata 180
ferina 130
ferrea 176
ferreorostris 190, 212
ferruginea 129, 139, 183
fervida 174
flammea 30, 189
flammeus 23, 94, 98, 163
flava 169, 170
flavicollis 118
flavipes 141
forficata 70, 82
forficatus 40
formicivora 256
formosa 129, 220
formosae 160, 282
forsteri 59, 291
fortis 91
franciscanus 196
frugilegus 194
fruitii 205
fucata 186, 220
fugax 161
fujiyamae 155, 204
fulicarius 144
fuliginosa 91
fuliginosus 93, 105
fuligula 131
fulva 137
fulvus 15, 38
fumigatus 174
funereus 163, 203
furcata 113
furcatus 93, 103
furuitii 157, 290
fusca 131, 152, 213
fuscata 148
fuscatus 181
fuscescens 164

g

gabar 41
galapagoensis 89, 93, 105
galericulata 129, 220, 291
galerita 65, 301

gallapavo 42
gallinago 19, 143
gallopavo 17
gallus 9, 19, 159
gambelii 188
garrulus 173
garzetta 126, 200
genei 145
gentilis 155, 204, 221
giganteus 67, 71
glacialis 111
gladiator 258
glandarius 193, 291
glareola 141
glaucescens 146
glaucoides 146
godlewskii 171
goisagi 118, 199, 213
grandis 28, 171
grayii 16
grisegena 110
griseigena 110
griseisticta 183
griseiventris 190
griseus 113, 140
grus 151
gryphus 15, 40
guarauna 46, 48
gubernator 258
guianensis 41
guilielmi 288
gularis 15, 155, 177, 205
gustavi 171
guttata 301
guttifer 141, 201, 300
gutturalis 170

h

hahasima 207, 300
haje 36, 38
haliaetus 44, 47, 154, 204
hanedae 116
hardwickii 143, 202, 214, 300
haringtoni 176
harpyia 41
harrisi 94, 106
heliaca 156
helias 46, 48
heliobates 92, 96, 258

hemilasius 156
hercules 25
herodias 12, 90, 100
hiaticula 136
himantopus 20, 139, 143
hirundo 148
histrioicus 131
histrionica 22
hoazin 46, 47
hodgsoni 171
hollandicus 52, 270, 301
hondoensis 164
horii 167
hornemanni 189
horsfieldi 161, 177
hortulana 186
hortulorum 177
huhula 23
humboldti 61
humilis 160
hybrida 147
hyemalis 131
hyperboreus 146
hyperythrus 161
hypoleuca 112
hypoleucus 141

i

ibis 90, 118
ichthyaetus 145
ignita 282
ijimae 158, 182, 207
iliaca 188
iliacus 179
illex 183
immer 109
immutabilis 111
impennis 68, 69
incanus 141
indica 153, 160, 209
indicator 65
indicus 128, 152, 155, 165, 170, 214
inexpectata 111
inornata 197
inornatus 181
inouyei 168, 206
inquisitor 258
insignis 289

insularis 184, 185
intermedia 126, 172
interpres 94, 107, 138, 258
irrorata 89
isabellina 176
islandica 135
isura 40
iwasakii 155, 205

j

janthina 21, 159, 209, 290
japonensis 19, 151, 182, 194, 199, 205, 290
japonica 17, 119, 158, 163, 164, 167, 169, 170, 173, 185, 193, 204, 213, 291
japonicus 154, 156, 158, 163, 172, 183, 193, 198, 205
jarkondensis 159
javanense 282
javanica 128
javanicus 196
javensis 168, 210
jefferyi 41
jessoensis 167
jocosus 196, 258
jouyi 159, 210
jubatus 46, 48
juncidis 182
jutatus 282

k

kamtschatschensis 146
karpowi 19, 158
kawarahiba 189
kiautschensis 162
kittlitzi 189, 207
kiusiuensis 183
kizuki 168
komadori 29, 175, 208, 300
krameri 195
kurodae 164

l

lagopus 15, 70, 85, 156
lanceolata 180
lapponica 142
lapponicus 188
latifascia 187

lawesii 288
leadbeateri 52, 54
lempiji 163, 203
lentiginosus 70, 84
lepturus 114
lerwa 42
leschenaultii 136
leucocephala 186
leucocephalus 13, 14, 69, 79, 281
leucogaster 115
leucogeranus 151
leucomelas 112
leucopareia 127, 202, 300
leucophrys 70, 81, 188
leucopsis 171
leucoptera 190
leucopterus 147
leucorhoa 94, 107, 113
leucorhynchus 192
leucorodia 12, 127
leucostigma 289
leucotos 168, 206, 291, 300
leucurus 15
lherminieri 113
lidthi 193, 208, 289
lifordi 151
limosa 142
lineatus 154
lithographica 17
livia 21, 195
lobatus 144
lomvia 149
longicauda 144, 289
longipennis 148, 169
longirostris 112
lonnbergi 169
lucionensis 173
lugens 171
lugubris 125, 161, 165, 220, 290
lunata 148
lutea 195
luteus 31

m

macao 63, 75
maccormicki 145
macdonaldi 91
macrocercus 192

macrolopha 43
macrorhynchos 65, 193, 194
macrourus 41
madagarensis 42
madagascariensis 142
magellanicus 61
magnificens 93
magnificus 288
magnirostris 91
magnus 183
maja 196
major 121, 166, 168, 177, 184, 206, 208, 290
malacca 196
malayensis 42
maldivarum 144
malimbica 26
mandshuricus 194
manillensis 195
mariei 282
marila 131
mariloides 131
marmoratus 150
martius 167, 206, 291
matsudairae 114, 198
mauri 138
mechowi 288
medioximus 160
megala 143
megarhynchos 29
melanocephala 187
melanocephalus 127
melanoleuca 141
melanoleucos 156
melanoleucus 41, 42
melanolophus 118, 199
melanosternon 40
melanotos 139
melaschistos 172
meleagrides 43
meleagris 43
mendiculus 61, 94, 106
mendicus 258
merganser 135
merula 30, 178
meyeri 288
micropterus 161
migrans 16, 154
migratoria 190

migratorius 69, 71, 211, 258
minimus 143
minor 60, 70, 83, 93, 101, 115, 127, 168, 184, 288
minussensis 148
minuta 138
minutilla 138
minutus 142, 145, 202
mira 21, 143, 200
miyakoensis 166, 210
modesta 23, 258
modularis 258
mollis 173
mollissima 131
momiyamae 164
monacha 20, 151, 199
monachus 14, 15, 40, 156
monedula 193
mongolus 136
monocerata 150
monogrammicus 41
monorhis 114
monorthonyx 42
montanella 174
montanus 184, 191
montifringilla 31, 188
morienllus 259
morinellus 137
morio 259
mosukei 174
mugimaki 182
musica 259
mutus 16, 158, 198, 259, 289

n

namiyei 170, 175, 184, 208, 300
nanus 94
narcissina 182
nativitatis 113
naumanni 30, 120, 157, 178
nebouxii 93, 102
nebularia 141
neglecta 111
nicobarica 21
niger 43, 147
nigra 16, 42, 126, 131
nigricollis 41, 110
nigriloris 184
nigripennis 112

nigripes 111
nilotica 148
nipalensis 16, 155, 164, 204, 220
nippon 127, 198, 291
nisosimilis 155, 204
nisus 15, 155, 204, 220
nitens 159, 209, 290
nitida 41
nivalis 188
noctua 23, 24, 196
noguchii 27, 167, 205, 300
novaeguineae 25, 41
novaehollandiae 57, 58, 66
novaezeelandiae 171
noveboracensis 152
nubilosa 148
nugator 259
nycticorax 24, 118, 120
nympha 206
nyroca 130

o

obscurus 178
occidentalis 90, 99, 281
oceanicus 113
ocellata 42, 43
ochotensis 180, 207
ochropus 141
ochruros 176
oculea 42
oenanthe 176
oenas 159
ogawae 174
okinawae 19, 152, 153, 184, 199
olivacea 64, 92, 96
olivaceus 184
olor 12, 128
onocrotalus 115
oreobates 259
oreophilus 259
orientalis 21, 155, 160, 166, 180, 204, 206, 289
orii 172, 174, 193, 209, 212
ornata 187
ornatus 166
oryzivora 259, 301
osai 194
oscitans 259
oshiroi 156, 205

ossifragus 259
ostralegus 136
otus 23, 24, 163
owstoni 168, 184, 206, 207, 291, 300

p

pachyrhynchus 60
pacifica 109
pacificus 112, 164
pallasi 187
pallasii 174
pallens 203
palliatus 94, 108
pallida 92, 165
pallidissimus 146
pallidus 178
palumbus 21
palustris 184, 260
papa 40, 64, 78
papua 59
paradisaea 8, 55, 56, 148
paradisi 55, 56, 282
paradoxus 159
parasiticus 144, 260
parens 260
parva 182
parvulus 90, 92, 96, 98
patagonicus 59
pauper 92
pekinensis 169
pelagicus 116, 155, 203
pendulinus 184
penelope 13, 130
pensylvanica 70, 82
percnopterus 40, 65
percussus 261
perdix 18
peregrina 261
peregrinus 16, 157, 205, 220, 261, 290
permagnus 160
pernix 261
perplexus 156, 204
personata 190, 261
personatus 290
perspicillata 131
perspicillatus 196
pertinax 261

petechia 92, 97
petrophila 261
petrosus 43
phaeopus 94, 142
phaeopyga 152
phaeopygia 112
philadelphia 145
philippensis 177, 191
philomelos 179, 261
phoenicurus 153
phryganophila 261
phrygia 261
pica 32, 193
picta 26, 42
pilaris 178
pileata 125, 165
pileatus 149
pipiens 261
pipixcan 146
placidus 136, 262
plancus 63, 77
platyrhynchos 13, 129
pleschanka 176
pleskei 180, 207
plumbea 16
podargina 262
poecilorhyncha 129, 290
poliocephalus 53, 161
poliopterus 289
pollens 262
pollicaris 147
polyglotta 262
polyglottos 262
pomarinus 144
praecox 262
pratensis 262
pratincola 262
primigenius 262
princeps 263
proregulus 181
provocator 263
pryeri 163, 180, 203, 207, 300
psittacula 92, 150
ptilocnemis 139, 202
ptilorhynchus 154, 214
pubescens 70, 81
pugnax 140, 263
pulchella 25

pumilio 263
punctulata 195
purpurea 126
pusilla 150, 152, 186, 263
pusio 263
pygmaea 150
pygmeus 139, 201
pyrrhula 31, 190, 290
pyrrhulina 188

q

querquedula 130
querula 55, 56, 264

r

raggiana 62, 73, 221
ranivorus 264
rapax 264
regalis 18
regius 288
regulus 182
relictus 145
religiosa 66, 264
restrictus 179, 212
rex 44, 45
richardsi 210
ridibundus 21, 145, 264
riocourii 40
riparia 169
rixosus 264
robustus 60
rosacea 190
rosea 147
roseicollis 301
roseilia 185
roseus 189
rouloul 43, 282
ruber 94, 196
rubescens 180
rubida 174
rubinus 94, 97
rubricauda 114
rudis 26
rudolphi [3], 288
rueppelli 38
ruficollis 110, 138, 178
rufina 13, 130
rupicola 264
rustica 170, 187

rusticola   142, 264
rusticolus   157
rutila   187
rutilans   191

s

sabini   146
sacra   126
saltuarius   264
sancta   264
sandvicensis   265, 281
sandwichensis   188
sanguinea   2
sanguiniceps   43
saturata   167, 170
saturatus   161, 191
saularis   282
saundersi   146, 291
sauralis   29, 30, 264
saurophaga   264
saxatilis   149, 177, 264
scandens   91, 264
scandiaca   69, 80, 162
scansor   264
schach   173
schistisagus   146
schlegeli   60
schoeniclus   188
schoenobaenus   264
schvedowi   204
schwarzi   181
sclateri   60
scolopaceus   140
scops   163, 220
scrutator   264
scutulata   122, 163, 220
segregata   264
semipalmatus   94, 107, 140, 202
semitorques   163
senator   265
sepiaria   200
sericeus   191
serpentarius   44, 47, 265
serrator   135
serva   265
severa   265
severus   265
sialis   281
sibilans   175, 266

sibilator   266
sibilatrix   266
sibirica   183, 221
sibiricus   177, 190
sieboldii   160
silens   266
silvicola   266
sinensis   116, 149, 172, 192, 209
sinica   124, 189, 207
sinotoi   66
smyrnensis   282
sociabilis   266
socialis   266
socius   66, 266
soemmerringii   158, 220
solandri   111
solitaria   143, 266
solitarius   177, 266
soloensis   155
sordida   169
sparverius   281
spatulatus   288
spectabilis   41, 131
speluncae   266
sphenocercus   173
spilonotus   16, 156, 205
spinoletta   28, 172
spinus   189
splendens   194
spodocephala   187
sponsa   196
spurius   266
squamata   42
squamatus   135
squameiceps   179
squamiceps   172
squatarola   137
stagnatilis   140
stejnegeri   159, 172, 176, 185, 209
stellaris   116, 199
stellata   11, 109
stelleri   131
stenura   143
stimpsoni   160
stolidus   93, 103, 149
strenua   266
strepera   129, 266
strepitans   266

striata   301
striatus   27, 64, 90, 99, 118
sturninus   191
stygius   266
subalaris   288
subbuteo   157
subfurcatus   164
subminuta   138
subruficollis   140
subrufus   175, 208
sula   93, 115
sulcirostris   94
sulphurata   187
sultanea   266
sumatrana   148
sundevalli   89, 100
sunia   163, 220
superba   289
superciliosa   43
superciliosus   173, 266
surda   266
suscitator   154
svecica   175
swainsonii   40
sylvanus   266
synoicus   266

t

taciturnus   266
tadorna   129, 203
tahitica   170
tahitiensis   142
takatsukasae   167
tanensis   175
tarda   20, 154, 267
tegimae   172
telephonus   161
telescophthalmus   267
temminckii   138
tenellipes   181
tenuirostris   113, 139, 142
terrestris   22, 177, 212, 267
tetrax   154
tetrix   16
textrix   267
thayeri   145
theomacha   267, 268
thoracica   158
thoracicus   42

tibicen 267
tigrinus 173, 214
tinniens 267
tinnunculus 16, 157
toco 32
torquata 53, 176
torquatus 46, 47, 267
torquilla 26, 27, 167, 267
totanus 140, 202
totogo 163
townsendi 188
toyoshimai 156, 205
tracheliotus 14
tranquebarica 160
trichas 30
tricolor 144
tridactyla 147
tridactylus 168, 206
trifasciatus 91
tristrami 114, 186
trivialis 171
trivirgatus 183
troglodytes 29, 174, 212
tumultuosus 267
tundrae 136
turtur 22
tympanistria 267
tyrannus 53, 54, 268

u

ultramarina 66, 67
ulula 24
umbretta 44, 45
uncinatus 40
underwoodi 53, 54
undulatus 66, 196, 301
unicinctus 41
uralensis 24, 164, 291
urbica 28, 170
urile 116, 198
urinator 268
urogallus 16
urophasianus 42

v

vagabunda 268
vagans 268
valisineria 130
vallisneria 130
vana 268
vanellus 138
variabilis 187
varius 121, 184, 207, 212, 290
vegae 145
velata 268
velatum 268
velatus 268
velox 268
venerata 268
vermivorus 268
versicolor 19, 159, 210, 290
vesper 268
vespertinus 269
vetula 269
vexillarius 269
vicinitas 158
victor 269
vidua 269
viduata 269
vigil 269
violacea 90, 104
vipio 20, 151, 199
virginianus 69, 80
virgo 151, 269
viridis 26, 51, 52
viridissima 31
viscivorus 179
vocifer 269
vociferans 269
vociferus 269
vulgaris 70, 86, 192
vulnerata 269
vulneratum 269
vulturinum 43

w

wallacei 62, 74
webbianus 179
wumizusume 150, 197

x

xanthodryas 181

y

yamashinai 160, 209
yessoensis 186, 206

z

zanthopygia 182

〔著者略歴〕
平嶋義宏（ひらしま　よしひろ）
1925年　台北市に生まれ．
1949年　九州大学農学部卒業．以後，九州大学助手，同助教授，同教授，同図書館長を歴任．
1989年　定年退官．
1989年　バングラデシュ農業大学院計画チームリーダー（国際協力事業団）
1993年　宮崎公立大学初代学長．
2003年　勲二等瑞宝章受章．
現在，九州大学名誉教授，宮崎公立大学名誉教授，農学博士．

〔主な著書〕
『昆虫採集学』1991年と『新版　昆虫採集学』2000年（馬場金太郎と共編），九州大学出版会．
『生物学名命名法辞典』1994年，平凡社．
『生物学名概論』2002年，東京大学出版会．
『生物学名辞典』2007年，東京大学出版会．
『日本語でひく動物学名辞典』2015年，東海大学出版部．
『教養のための昆虫学』2017年（広渡俊哉と共編），東海大学出版部．
『図説　日本の珍虫　世界の珍虫』2017年，北隆館．（編集と分担執筆）．
ほか

Yoshihiro Hirashima
Etymology of the Scientific Names of the Birds of the World
with a Special Understanding on the Gold Musk of Phalaoh Tutankhamen

THE HOKURYUKAN CO., LTD.
3-17-8, Kamimeguro, Meguro-ku
Tokyo, Japan

世界の鳥の学名解
― ツタンカーメン王の黄金のマスクの謎 ―

平成 30 年 11 月 20 日　初版発行

〈図版の転載を禁ず〉

当社は,その理由の如何に係わらず,本書掲載の記事（図版・写真等を含む）について,当社の許諾なしにコピー機による複写,他の印刷物への転載等,複写・転載に係わる一切の行為,並びに翻訳,デジタルデータ化等を行うことを禁じます。無断でこれらの行為を行いますと損害賠償の対象となります。
また,本書のコピー,スキャン,デジタル化等の無断複製は著作権法上での例外を除き禁じられています。本書を代行業者等の第三者に依頼してスキャンやデジタル化することは,たとえ個人や家庭内での利用であっても一切認められておりません。
連絡先：㈱北隆館　著作・出版権管理室
Tel. 03(5720)1162

JCOPY 〈(社)出版者著作権管理機構 委託出版物〉
本書の無断複写は著作権法上での例外を除き禁じられています。複写される場合は,そのつど事前に,(社)出版者著作権管理機構（電話：03-3513-6969,FAX:03-3513-6979,e-mail：info@jcopy.or.jp）の許諾を得てください。

著　者　平　嶋　義　宏
発行者　福　田　久　子
発行所　株式会社　北隆館
〒153-0051　東京都目黒区上目黒3-17-8
電話03(5720)1161　振替00140-3-750
http://www.hokuryukan-ns.co.jp/
e-mail：hk-ns2@hokuryukan-ns.co.jp
印刷所　倉敷印刷株式会社

©2018　Yoshihiro Hirashima
ISBN978-4-8326-0746-0 C3545 Printed in Japan